DICTIONNAIRE

DE

POMOLOGIE

ANGERS, IMPRIMERIE LACHÈSE ET DOLBEAU.

Imp. Lemercier & Cie Paris.

DICTIONNAIRE

DE

POMOLOGIE

CONTENANT

l'Histoire, la Description, la Figure

DES

FRUITS ANCIENS ET DES FRUITS MODERNES

LES PLUS GÉNÉRALEMENT CONNUS ET CULTIVÉS

PUBLIÉ PAR

ANDRÉ LEROY

PÉPINIÉRISTE

Chevalier de la Légion d'honneur, Membre des Sociétés d'Horticulture de Paris, de Londres, des États-Unis, etc.

AVEC LA COLLABORATION DE

M. BONNESERRE DE SAINT-DENIS.

———

TOME VI — FRUITS A NOYAU

DEUXIÈME PARTIE

PÊCHES (Brugnons, Nectarines, Pavies) : 143 VARIÉTÉS

AVEC

PORTRAIT D'ANDRÉ LEROY ET CATALOGUE DE SA BIBLIOTHÈQUE POMOLOGIQUE.

———

PARIS	ANGERS
A. GOIN, Librairie Horticole	PÉPINIÈRES ANDRÉ LEROY
62, rue des Écoles, 62	(Ses Enfants, Successeurs).

1879

DU

PÊCHER.

~~~~~~~~~~~~~~~~~

I

HISTOIRE.

§ Ier. — De la Patrie et du Nom du Pêcher, Brugnonier, Nectarinier et Pavier.

Quatre branches, parfaitement distinctes, composent la famille du Pêcher : le Pêcher proprement dit, le Brugnonier, le Nectarinier et le Pavier; leurs fruits se reconnaissent aux caractères suivants :

1º *Pêche proprement dite :* peau duveteuse, chair molle, fondante, sans adhérence au noyau;

2º *Brugnon :* peau lisse et glabre, chair ferme ou mi-ferme, adhérente au noyau;

3º *Nectarine :* peau lisse et glabre, chair ferme ou mi-ferme, sans adhérence au noyau;

4º *Pavie :* peau duveteuse, chair ferme ou mi-ferme, faisant corps avec le noyau.

La Pêche proprement dite, que les Romains reçurent à la fin du règne d'Auguste, et nommèrent *Persicum*, du lieu dont ils la déclaraient native, est la seule, de ces quatre espèces, qui puisse revendiquer une telle origine. Columelle, l'auteur même qui l'a signalée, affirma le fait vers l'an 42 (*de Re rustica*, l. X, c. i), et Pline, peu après, reproduisit cette assertion (*Hist. nat.*, l. XV, c. xi, xiii, xxxiii, xxxiv), que depuis on n'a pas trop contestée.

Toutefois comme ces auteurs, en parlant des Persiques, eurent soin d'indiquer que les Gaulois en possédaient aussi certaine espèce beaucoup plus volumineuse, dont le noyau ne pouvait se détacher de la chair, et qu'on appelait *Gallicum*, vu sa patrie et pour la distinguer des pêches *Asiatica*, il devient donc naturel de rechercher la contrée d'où sont sortis *Brugnons*, *Nectarines* et *Pavies*.

Pour nous ils sont sortis de la Gaule narbonnaise et viennaise, délimitée par Auguste, et qui forme aujourd'hui nos départements les plus méridionaux.

Ainsi le Brugnon proviendrait, et tirerait sa dénomination, de Brugnoles ou Brignoles, jadis *Broniolacum*, *Brinonia*, dans le Var.

La Nectarine, longtemps classée parmi les Brugnons, dont elle porta primitivement le nom, aurait même origine que ces derniers.

Le Pavie, selon que le font soupçonner ses plus anciens synonymes — Pavaie, Auberge, Mirocoutoun — serait venu de la région qui s'étend de Narbonne à Toulouse.

Telle est notre opinion, que nous nous abstenons de développer ici, la motivant amplement, dans ce volume, à chacun des articles *Brugnon*, *Nectarine*, *Pavie*, *Pêche de Corbeil*, *Pêche Commune*, *Pêche de Vigne*, puis également aux suivants, corollaires indispensables des premiers : *Alberge*, *Brugnon Violet musqué*, *Mirlicoton*, *Nectarine Violette tardive*, *Pavie Alberge jaune*, *Pavie Mirlicoton*, *Pêches Persèques*, *Persiques et Violettes*......... Qu'il nous soit permis, toutefois, de montrer, par une courte citation, que Duhamel du Monceau, le savant académicien, l'agronome, le pomologue dont le nom jouit d'une si juste autorité, a parlé de la patrie du Pêcher en des termes qui sont loin d'infirmer les nôtres :

« Si le Pêcher — a-t-il écrit en 1768 — n'est pas originaire de notre pays, il a bien adopté pour sa patrie une terre où la seule qualité d'étranger a toujours assuré un asyle, mérité un accueil favorable, et procuré les meilleurs traitements; et il y est si parfaitement naturalisé, qu'il ne conserve, d'exotique, que le nom *Persica*. Sa famille, multipliée, diversifiée, répandue et établie partout, ressemble moins à une colonie, qu'à un peuple nombreux, ancien possesseur de ce climat..... » (*Traité des arbres fruitiers*, t. II, pp. 1 et 2.)

Et Duhamel, ajouterons-nous, n'a pas été seul à penser de la sorte; depuis 1768, Mayer (1), Étienne Calvel (2), M. Carrière (3), et d'autres encore, ont exprimé plus ou moins les mêmes doutes.

(1) *Pomona Franconica*, 1776, t. II, p. 64.
(2) *Traité complet sur les pépinières*, 1805, t. II, p. 211.
(3) *Le Jardin fruitier du Muséum*, 1875, t. VII, article BRUGNON STANWICK.

Quant à notre terme générique Pescher, Pêcher, il est venu de *Pessicus*, qui, dans les premiers temps du moyen âge, fut fait par corruption du mot *Persicus*. Au xiiiᵉ siècle nous l'écrivions déjà, Peskier et Peschier.

§ II. — Du Pêcher en Europe, depuis le Iᵉʳ siècle jusqu'à nos jours.

.1° Sa Propagation chez les Romains, les Grecs, les Italiens, les Allemands, les Hollandais, les Belges, les Américains et les Anglais.

Les ROMAINS, au rapport de leurs agronomes, commencèrent à cultiver le pêcher peu de temps avant la mort de l'empereur Auguste, arrivée l'an 14 de Jésus-Christ.

Ni Caton ni Varron n'en avaient parlé; mais Columelle et Pline le mentionnèrent dès le milieu de leur siècle — de l'année 42 à l'année 80 — ce dernier en désigna même 5 variétés (l. XV, c. xi) : les Asiatiques, les Gauloises, ou Duracines, les Supernates, ainsi nommées parce qu'on les tirait des régions montagneuses de la Sabinie, puis les Communes, et les Hâtives d'été. Palladius, venu beaucoup plus tard — cent ans, selon les uns, trois cents, selon les autres — fut moins explicite; il se contenta (l. XII, c. vii) de ces brèves indications : « Les diverses espèces « de Pêches, sont les Duracines et les Précoces de Perse; » auxquelles il ajoutait, fautivement, celles d'Arménie, dont on ne peut tenir compte, puisqu'il s'agit là des Abricots.

Pour les GRECS, expliquons vite qu'anciennement maints auteurs croyant le *Persica* synonyme du *Persea* — duquel Théophraste (l. III, c. iii et v), plus de trois siècles avant l'ère chrétienne, s'était occupé de façon très-concise — prétendirent qu'au temps d'Alexandre le Grand ces peuples possédaient déjà le Pêcher. Erreur formelle, et maintenant si démontrée qu'il serait puéril de s'attarder à la combattre. Les Grecs, au contraire, durent aux Romains la prompte connaissance de cet arbre fruitier, et nul doute, nous le pensons sans pouvoir l'affirmer, qu'ils ne se soient efforcés d'en propager chez eux les variétés citées par Pline.

Les ITALIENS, quand vint la fin du moyen âge, s'occupèrent sérieusement de tout ce qui se rapportait aux jardins, à l'agriculture; les ouvrages d'Agostino Gallo, ceux du docteur Mattioli, principalement, sont là pour en témoigner. Ils datent du xviᵉ siècle et nous ont fourni, dans nos précédents volumes, de précieux renseignements. Demandons alors au savant Mattioli, dont les *Commentaires sur Dioscoride*, parus en 1554, renferment de si complètes études sur les fruits cultivés en Italie, de nous dire quelles Pêches y mûrissaient à cette lointaine époque :

« On y compte — répond-il par la plume de Jean des Moulins, son plus ancien traducteur — plusieurs sortes de Pesches, assavoir de rouges, de couleur d'or, de vertes, de blanches et de vermeilles comme sang. Aucunes sont nommés *Duracina* (*Presses*, en françois), d'autres *Pesches-Coings*. Outre ce, aucunes sont douces, les autres aigres, aucunes vineuses, les autres un peu amères, les autres aspres. Les meilleures à manger sont les Presses, nommées Duracina parce que la chair tient si fort au noyau qu'elle ne le laisse jamais net : et de cette sorte les plus estimées sont celles que, pour estre jaunes comm'or, et pour sentir bon, on apelle Pesches-Coings. Du second rang sont celles qui, estans pelées, rendent un jus vermeil comme sang, non pour estre de meilleur goust que les autres, mais pour estre plus grosses et de plus belle couleur. S'ensuivent après, ou possible ne sont moindres que les susdites, celles qu'on dit *Pesches-Noix* : elles sont de couleur et de goust semblables aux Pesches-Coings, elles sont aussi dures d'une sorte, qu'elles n'en sont fâcheuses aus dens, ains fort plaisantes au goust. Nous avons en Toscane, et en plusieurs lieus d'Italie, une autre sorte de Pesches qui sont telles par artifice, qu'on apelle *Pesches-Amandes*, parce qu'au lieu des noyaus de Pesches, elles ont au-dedans les noyaus dous d'amandes. » (Mattioli, *Commentarii in Dioscoridem*, traduits du latin en français par Jean des Moulins en 1572, pp. 158-159.)

Il résulte de ce passage, qu'en Italie la propagation du Pêcher fut presque nulle pendant les quatorze cents ans qui s'écoulèrent de Pline à Mattioli. Les uniques nouveautés qu'on y rencontrait en 1500, étaient effectivement les variétés « à jus vermeil comme sang, » c'est-à-dire les Sanguine et Sanguinole, puis la Pêche-Amande, « à noyau complétement « doux, » laquelle, par exemple, me semble très-problématique. Quant aux Duracines ou Presses, quant aux Pêche-Coing et Pêche-Noix, ce sont Pavies, Nectarines ou Brugnons, espèces qu'au début du Ier siècle on multipliait déjà, selon Pline et Columelle, les unes à Rome, les autres dans la Gaule. A partir de 1600 la pomone italienne s'enrichit assez vite de belles et bonnes pêches, tirées le plus généralement de notre pays. Vers 1750 elle en comptait 15 variétés, chiffre qui bientôt se doubla, se tripla, puisqu'au mois d'août 1862 il existait 50 pêchers bien distincts dans le Jardin fruitier de la Société d'Horticulture de Toscane, d'après son Catalogue, et que maintenant c'est à 80 qu'il en faut porter le nombre.

Les ALLEMANDS, chez lesquels ce genre de fruit, que leur avait fourni la France, apparaît au déclin du moyen âge, n'en ont pas, dès l'abord, vulgarisé la culture. Leurs plus anciens écrivains horticoles — Johann Donizes (1547), Andreas Seidelers (1596), Michael Knaben (1620), Heinrich Hessein (1690), etc. — en signalent seulement 4 ou 5 variétés au XVIe siècle, et 8 au XVIIe. Johann Mayer, au XVIIIe, constatait du reste, dans les termes suivants, quel était, en son pays, l'état exact de la propagation du Pêcher :

« La découverte — disait-il en 1779. — de la plupart des bonnes sortes de Pêches, ne remonte pas à plus de cent cinquante ans..... C'est vers la même époque que la vraie culture du Pêcher prit naissance à Montreuil, à Bagnolet et autres lieux du voisinage..... et il y a cinquante ou soixante ans, environ, que nous commençâmes, en Allemagne, à tirer des jeunes plants des pépinières françaises, plants qui ont réussi et multiplié au delà de nos espérances. Quant à la culture, il faut l'avouer, elle est encore parmi nous dans son enfance ; un simple païsan de Montreuil en sait souvent davantage, sur cet article, que plusieurs d'entre nos jardiniers qui se croient des plus habiles. » (*Pomona Franconica*, t. II, pp. 69-70.)

Cet aveu, si dénué de tout amour-propre, explique bien pourquoi les Allemands, au commencement de notre siècle, ne possédaient encore qu'une trentaine de Pêches; ce qu'un de leurs proverbes rimés indique clairement aussi :

> *Pfirsch-Baum und Bauren Gewald*
> *Wächset schnel und vergehet bald:*

proverbe signifiant, en notre langue :

> Comme du paysan la violence extrême,
> Le Pêcher croît très-vite et disparaît de même.

Et ledit aveu montre également avec quelle promptitude, quand par nous leur furent connus les vrais principes de la culture du Pêcher, ils surent ensuite y dépasser les Italiens, les Hollandais et les Belges, puisqu'un de leurs principaux écrivains horticoles, Friedr. Jack. Dochnahl, établit que de 1858 à 1860 (*Obstkunde*, t. III) il s'en rencontrait, chez eux, 137 variétés. Leur collection, ces dernières années, s'est-elle beaucoup accrue? Nous l'ignorons, mais serions surpris si les docteurs Langethal et Lucas, si le superintendant Oberdieck, ne l'avaient pas considérablement augmentée, tant le zèle de ces pomologues est ardent, et nombreux sont leurs correspondants.

Les HOLLANDAIS et les BELGES, eux aussi, durent à la France leurs premiers Pêchers, mais le climat de ces pays, peu favorable à pareille culture, à la longue en paralysa l'essor. Lacour, en 1752 (*les Agréments de la campagne*, t. II, pp. 65-83), portait à 15 variétés, au plus, les Pêches dont la maturité s'y développait convenablement. Hermann Knoop, vingt ans plus tard (1771), en citait 36 (*Fructologie*, pp. 68-88). De nos jours, les recueils spéciaux des Belges en accusent à peine 48. (Voir Bivort, *Album* et *Annales de pomologie*, et, surtout, le *Catalogue général du Jardin fruitier de la Société Van Mons.*)

Les AMÉRICAINS, de l'aveu même de A. J. Downing (1849, *the Fruits and fruit trees of America*, p. 452), ne connurent le Pêcher que vers 1680, époque à laquelle les Anglais qui vinrent alors se fixer en Amérique, l'y importèrent. Là, sous les soins intéressés des nouveaux colons, il se propagea de divers côtés, et bientôt, trouvant en de certaines contrées un sol, un ciel excessivement propices, on l'y vit devenir un produit sérieux pour le commerce, pour l'alimentation. Ainsi, en 1817, Coxe, aux États-Unis (*Cultivation of fruit trees*, pp. 215-231), mentionnait déjà, de cet arbre, 43 variétés qui, trente ans après, avaient plus que doublé, car A. J. Downing, en 1849, en citait 97. Aujourd'hui Charles Downing (1869), frère et continuateur de ce dernier pomologue, nous en montre 250, et nous dit qu'il est loin d'avoir parlé de toutes celles qu'on y cultive. Et nous le croyons sans hésiter, quand nous lisons ces lignes, extraites d'une statistique publiée par le gouvernement même de ce pays, au cours de 1878 :

« Le Pêcher prospère admirablement, en plein air, dans les États de l'Union situés au sud du 42ᵉ degré de latitude nord, et jusqu'à une altitude de neuf mille pieds au-dessus du niveau de la mer. Ce sont principalement les péninsules de la Chesapeake et de la Delaware qui, par leur sol et leur climat, paraissent le mieux convenir à sa culture. On évalue à cinq millions le nombre des Pêchers plantés sur une superficie de vingt-mille hectares, circonscrite par la Chesapeake, le Delaware-Brandywine et le cap Charles. Trois millions de paniers de Pêches fraîches ont été, en 1877, exportés de cette région dans les diverses parties du territoire de la République; mais tous ces fruits ne sont pas consommés à l'état naturel : douze fabriques de conserves existent dans le Delaware et le Maryland, et plus d'un million de boîtes en est sorti en 1878: puis on fabrique aussi, à l'aide desdits fruits, une eau-de-vie appelée *Peach brandy.* »

Les ANGLAIS, selon notre croyance, se sont pourvus chez nous, de la Pêche, et la possédèrent assez tard — du xᵉ au xiᵉ siècle. — Leurs anciens écrivains horticoles furent longtemps presque muets sur son compte, ou tellement sobres de détails, qu'avant 1500 il devient impossible de pouvoir établir, même approximativement, quel nombre de ses variétés on rencontrait dans les jardins de la Grande-Bretagne. Nous savons seulement — et encore est-ce un Américain qui nous l'apprend (Downing, 1849, p. 452) — qu'en 1550 la culture du Pêcher y était fort à la mode. Depuis lors, Batty Langley, dans la *Pomona Londinensis* (1729), et Philip Miller, dans le *Gardener's Dictionary* (1768), ont donné de suffisants détails pour qu'il soit possible de fixer à 40 variétés, au plus, les Pêches répandues en Angleterre avant 1789. De cette date à 1840, nos voisins d'Outre-Manche augmentèrent considérablement leur école de Pêchers, puisqu'en 1842 le splendide Jardin fruitier de Chiswick, près Londres, en contenait 139 variétés. Aujourd'hui 180, pour le moins, y sont étudiées et classées.

2° DE LA PROPAGATION DU PÊCHER EN FRANCE.

Précédemment nous avons exposé notre opinion sur la patrie des Pêches proprement dites, des Brugnons, des Nectarines et des Pavies; or, ce qui va suivre semble bien de nature à la confirmer, quant à ces dernières espèces.

Nous savons en effet, grâce à la diplomatique, que dès le viᵉ siècle ce fruit n'était pas rare dans les jardins français, notamment en Touraine, puis au viiie, dans les environs de Paris, et qu'au ixe, où Picards et Orléanais le possédaient aussi, on avait déjà soin d'en préciser les diverses sortes. Cela résulte de quatre textes latins peu connus (1), dont voici la traduction analytique, et la provenance :

Le premier appartient au poëte, à l'évêque Fortunat, né près Trévise (Italie), en 530, et mort à Poitiers, dont il occupa pendant quelques années le siége épiscopal. D'esprit enjoué, de goûts fortement pantagruéliques, il a laissé des œuvres assez fantaisistes où monarques, reines, abbesses, saints, et amis, à tour de rôle sont chantés, loués, immortalisés. C'est là qu'en un jour de belle humeur, allant prier, à Tours, sur le tombeau de saint Martin, notre poëte, alors encore abbé, mentionna la Pêche au lendemain d'un plantureux repas, si plantureux, même, que l'indigestion se mit de la partie. Énumérant en des distiques intitulés IN LAUDEM MUMOLENI CONSILIARII, les nombreux plats auxquels, par lui, trop grand accueil avait été fait, il y dit entre autres choses à son ami le conseiller Mumolenus :

> . . . .
> *Attamen ante aliud data sunt mihi mitia Poma,*
>   *Persica quæ vulgi nomine dicta sonant.*
> *Lassavit dando, sed non ego lassor edendo,*
>   *Vocibus hinc cogens, hinc tribuendo dapes.*
>
> (*Fortunati opera,* t. VI de la *Collectio Pisaurensis,* p. 227.)

distiques qu'on peut traduire ainsi :

> Pommes douces, d'abord, me furent apportées,
>   Puis Pêches — qui de tous ainsi sont appelées.
> On fut las de servir sans me rassasier,
>   Aussi, pour nouveaux mets, me fallut-il crier.

Le deuxième texte émane de la *Vie de Fulrade,* décédé 14e abbé du monastère de Saint-Denis, près Paris, l'an 784, opuscule imprimé dans les *Acta Sanctorum ordinis sancti Benedicti* (sæculum III, pars secunda, p. 349). C'est sous forme légendaire et miraculeuse qu'on y voit la Pêche jouer un rôle; mais il n'importe, ferons-nous observer aux sceptiques, puisqu'ici du fond seul — la constatation de l'existence d'un Pêcher en 784 — découle la preuve annoncée : Un chevalier bavarois au service de l'empereur Charlemagne, raconte le chroniqueur, traversant un jour le verger des moines de l'abbaye, aperçoit un Pêcher garni de fruits, et tout aussitôt s'en approche, puis cueille une Pêche, malgré l'opposition du jardinier, auquel il administre même certaine correction, pour lui démontrer, sans doute, comment la force prime le droit. Mais le battu, pas

(1) Nous devons à M. Al. Messager, de Paris, riche amateur d'arboriculture fruitière, érudit écrivain horticole, l'indication des passages de Fortunat, puis des *Acta Sanctorum* et d'Odon et Lupus, sur le Pêcher; qu'il en reçoive ici nos vifs remerciements, ces textes — que nous n'avons produits qu'après étude et collation — étant des plus précieux pour le sujet traité.

content, implore saint Denis, qui l'exauce; et voilà que la main voleuse et brutale, du chevalier, soudain se dessèche! Tout penaud, alors il reconnaît ses torts, reçoit du thaumaturge et du jardinier, son pardon, et d'un pied léger court suspendre, en façon d'*ex-voto*, de sa main revivifiée la fameuse Pêche sous le vestibule du couvent, où longtemps, paraît-il, elle demeura comme témoignage du fait.

Le troisième texte nous est fourni par Charlemagne; il est daté de la 32e année de son règne, c'est-à-dire de 800, se trouve au titre *de Villis*, des Capitulaires, recueil qui fut entièrement dicté par ce prince, et la phrase que nous en détachons — « *Volumus quod in horto omnes habeant... de arboribus*..... PERSICARIOS DIVERSI GENERIS » — montre qu'à cette époque si reculée, le genre Pêcher comptait déjà certaines espèces bien déterminées, bien reconnues. (Voir Étienne Baluze, *Regum Francorum capitularia*, 1677, t. I, pp. 341-342.)

Enfin notre quatrième texte est tiré des lettres de Lupus, abbé de Ferrières, près Montargis, à Odon, abbé de Corbie, près Amiens [et non pas abbé de *Corbeil*, près Paris, comme d'aucuns l'ont avancé par mauvaise interprétation du mot *Corbeinsis*]. Lupus y donne, à son confrère, avis qu'il lui envoie, selon sa promesse, par courrier plusieurs sortes de Pêches, avec recommandation d'en semer les noyaux. Ce qu'Odon, lit-on dans une autre épître de l'abbé de Ferrières, eut grand soin de pratiquer. Ces lettres, publiées par André du Chesne (*Historiæ Francorum et Normannorum scriptores*, 1636, t. II, pp. 784-782), ne portent ni quantième, ni millésime, mais elles furent écrites après 851, date de la nomination d'Odon comme abbé de Corbie, et avant 860, année dans laquelle ce même abbé devint évêque de Beauvais. Lupus, lui, avait été appelé à gouverner Ferrières en novembre 841, et n'y résidait plus en 862 (*Gallia christiana*, t. X, col. 1270, t. XII, col. 159, et *Histoire littéraire de la France*, t. V, p. 255).

Ainsi donc il reste parfaitement avéré que de toute antiquité — puisque les extraits ci-dessus vont du VIe siècle au IXe — la Pêche et ses espèces existaient en maintes régions de la France. Malheureusement son nom générique étant le seul sous lequel on l'y désigne, il devient par là même impossible d'indiquer la dénomination particulière qu'alors on donnait à chacune de ses variétés.

Au XIIe siècle semblable difficulté se présente; deux documents en font foi : un Tarif de la prévôté de Caen, où mention apparaît « DE PESCHIS » (*Grands Rôles*, p. 193, c. 2), puis le *Coutumier de la vicomté de l'eau de Rouen*, dont le chapitre « Fruitage » offre pareil laconisme (1).

Au XVe siècle, rien n'est encore changé, sous ce rapport, quoique les noms spécifiques : Presse, Auberge, Mirocoutoun, Pêche Lisse, Pêche

---

(1) Léopold Delisle (1851), *État de l'agriculture en Normandie, au moyen âge*, p. 504.

Unie, Pêche-Noix, Pêche Dure, et Pavaie, fussent très-certainement en usage ; seulement, l'absence d'œuvres spéciales fait qu'on ne sait où les rencontrer. Dupré de Saint-Maur, jadis maître des comptes, et qui, dans son *Essai sur les monnaies*, en 1746 publia tant de précieux renseignements touchant l'argent et les denrées, n'en fournit aucun de nature à résoudre la question. Pour 1435 il dit uniquement, d'après le *Journal de Paris* : « Septembre. Cette année les mûriers ne portèrent « nulles mûres, mais il fut tant de *Pêches*, qu'un cent de très-belles « coûtait 2 deniers parisis ou 2 tournois. » Et pour 1440 : « Le cent de « *Grosses Pêches* s'est vendu 2 deniers parisis. » (Pages 56 et 60.) Ce mutisme, toutefois, bientôt va cesser, grâce à l'imprimerie, dont les produits naissants se diversifient, se généralisent, se répandent comme par enchantement.

Voici d'abord le *Grant herbier en françoys* (1485 et 1520), qui nous parle « des Presses, fruitz frois et moites au tiers degré, croissant en ung arbre « qui a ses fueilles pareilles à Amandes, mais ung peu plus longues.....; « en y a de grandes et velues qui ont aucune rougeur.....; en y a de « petites et legieres qui sont rousses ou jaunes.....; et de doulces avec « aucune aigreur..... » (Pages 67 recto et 68 verso.)

Vient ensuite Charles Estienne et son *Seminarium* (1530 et 1540), où sont citées et décrites nos plus anciennes variétés, nos plus anciennes espèces : les Corboliennes, ou Pêches de Corbeil, ou Pêches Communes, les Duracines, les Presses, les Pêches-Noix, les Avant-Pêches, dites aussi Pêches de Troyes.

Puis c'est Olivier de Serres, dont le *Théâtre d'agriculture et ménage des champs*, édité en 1604, contient sur le Pêcher de si curieux détails, qu'on voudrait pouvoir les reproduire tous. Donnons les principaux :

« L'ON ABONDE EN ESPECES DE PESCHES — explique-t-il — discernees par leurs diverses grandeurs, couleurs, saveurs. Les *Grosses Jaunes durans* [tardives], surpassent toutes autres en bonté, pour leur agreable goust et longue conservation, se laissans facilement secher au soleil : comme c'est aussi du naturel de toutes autres Pesches, que d'estre pellees et sechees pour le facile despouillement de leurs noiaux..... Les *Auberges*, incarnates d'un costé, jaunes de l'autre, colorees de rouge-brun en la chair attachee au noiau, sont fort prisees. Celles aussi de jaune doré, *duracines*, aians la chair ferme.... De compagnie avec les raisins se meurissent les Auberges, excepté une espece [l'*Avant-Pêche blanche*] qui est plustost meure que les autres d'environ six sepmaines, et ce qui en outre la rend recommendable, est la saveur muscate qu'elle a particuliere : au reste de plus petit corps qu'aucune des autres......... Les *Presses, Pavies, Mirecotons, Alempers* (?), *Broignons ou Groignons, Pesche-Noix, Pesche Noire, et semblables fruits à noiau*, sont tous de mesme parentage avec les susnommés : mais par divers entemens, à la longue, se sont esloignés de leur origine. De ces fruitiers-ci, exacte distinction n'en peut estre faite qu'avec beaucoup de difficulté, se diversifians encores à toutes les fois qu'on les transmue de terroir ou de climat..... » (Livre VI, pp. 618-619.)

Ici, douze espèces et variétés de Pêches, pour le moins, sont presque toutes mentionnées sous leur nom; toutes y sont, en outre, fort reconnaissables, sauf les Alempers, desquelles nous ne saurions indiquer le synonyme actuel. On voit donc combien le Pêcher était répandu chez nous, pendant et peu après le moyen âge, et combien, surtout, Brugnons et Pavies s'y multipliaient à l'infini, comme se plaît à l'établir le seigneur du Pradel, qui habitait leur pays de prédilection, si ce n'est leur patrie : le Vivarais, dans le nord-est du Languedoc.

D'Olivier de Serres, passons à le Lectier, procureur du roi à Orléans au commencement du XVIIe siècle. Le rarissime Catalogue de l'immense verger qu'il avait formé dans cette ville, nous a rendu déjà, par son classement méthodique, par sa nombreuse et sûre nomenclature, de trop grands services au cours de ce *Dictionnaire*, pour que nous n'en ayons pas un encore à lui demander. Empruntons alors la liste de sa collection de Pêchers, car elle montre de la plus précise façon quelle était, en ce siècle assez lointain, la richesse de la France en bonnes Pêches de jardin :

Catalogue du Verger et Plant de le Lectier, d'Orléans (1628).

PESCHERS HASTIFS ET TARDIFS.

1. Avant-Pesches Blanches, ou Pesches de Troye.
2. Avant-Pesches jaunes, ou Alberges.
3. Grosses Alberges d'aoust.
4. Rossanes, ou Pavies Jaunes.
5. Pesche de Magdelaine.
6. Pavies d'Ambre.
7. Pesche-Prune.
8. Angeliques, ou Persilles.
9. Pesches Cerises, Brugnons.
10. Perseques.
11. Scandalis blanc et jaune.
12. Parcoupes.
13. Brignons musqués de Bearn, très-gros.
14. Pesche Admirable, de Gaillon.
15. Pesche de Pau, ou Lyon, ou Bourgongne.
16. Pesche de Vigne fromentée.
17. Pesche toute jaune.
18. Pesche Rave.
19. Pesche Dure d'hyver.
20. Pesches incarnates dedans.
21. Rossanes d'hyver.
22. Mirecotton blanc.
23. Mirecotton jaune.
24. Mirecotton de Jarnac.
25. Pavies Raves.
26. Alberges de Provence, toutes jaunes et rouges dedans, tardives.
27. Pescher à Fleur double, portant fruict.

A cette époque, quoiqu'une telle collection témoignât de beaucoup d'engouement pour les produits du Pêcher, ces 27 variétés, cependant, ne représentaient certes pas le chiffre total des Pêches de nos jardins et de nos vignobles. Aussi, supposer que ce dernier peut y avoir été de 40 environ, semble-t-il très-naturel, quand surtout, dès 1651, on entendait Bonnefond, dans la Préface de son *Jardinier français*, dire qu'il « Connois-« soit des Dames de grande condition qui vendoient la levée des fruicts « de leurs arbres, à des fruictiers qui payoient argent comptant, et par

« advance, sur quoy elles fondoient partie de leurs revenus. » Du reste Merlet, ce doyen des pomologues français, nous y autorise presque, puisque son *Abrégé des bons fruits*, imprimé trente-neuf ans plus tard (1667), en contenait 38 variétés au moins, dont voici les noms :

Liste des Pêches décrites par Merlet, en 1667.

1. Avant-Pesche blanche musquée.
2. Avant-Pesche rouge musquée, ou Pesche de Troye.
3. Double de Troye.
4. Alberge Jaune.
5. Alberge Rouge.
6. Alberge Violette.
7. La Magdelaine blanche.
8. Pavi Blanc.
9. Magdelaine rouge, ou Pesche Païsanne.
10. Pesche-Cerise.
11. La Royale.
12. Belle-Chevreuse (*il y en a de plusieurs especes*).
13. Pesche d'Italie.
14. Dreuselle, ou Sanguinole.
15. Pesche Bourdin.
16. Pesche d'Andilly.
17. Pesche Veloutée.
18. Grosse-Violette.
19. Petite-Violette.
20. Téton de Vénus.
21. Pesche à Fleur double.
22. L'Admirable.
23. Pesche-Abricot, ou Scandalie.
24. La Narbonne.
25. La Pesche Commune, ou Pesche de Corbeil.
26. La Bellegarde.
27. Pesche de Pau.
28. Pavi Monstrueux.
29. La Persique.
30. Rossane de Languedoc.
31. Pesche Jaune licée.
32. Pavi Jaune, tardif.
33. Presse Blanche.
34. Pesche de Saulves.
35. Mericoton.
36. Pesche Betrave.
37. Chevreuse tardive.
38. Violette tardive, ou Panachée.

Mais le moment arrive (1635-1650) où l'espalier, cet abri, ce protecteur tutélaire de la Pêche, apparaît d'un bout à l'autre de la France, et dès lors la culture du Pêcher s'améliore, s'étend considérablement, stimulés que sont les jardiniers par la classe riche, à laquelle les qualités exquises, le brillant coloris, le surcroît de volume communiqués aux Pêches par la nouvelle méthode arboricole, inspire un intérêt des plus marqués; si marqué, même, que divers horticulteurs, ceux de Montreuil, particulièrement, désormais en tireront d'énormes revenus.

De 1650 à 1799 l'accroissement des variétés, pour ce genre de fruit, marcha très-lentement. On possédait, choisies, appréciées, une quarantaine d'excellentes Pêches, que chacun s'attachait à rendre meilleures encore, plutôt qu'à s'efforcer d'en grossir le nombre; et leur nomenclature, tant en Province qu'à Paris, se maintenait la même, à peu près. qu'au temps de Merlet (1667), puis de le Lectier (1628). Prouvons-le en reproduisant la liste des Pêchers que Pierre Leroy cultivait à Angers, en 1790, et la liste de ceux qu'André Thouin, en 1792, transplanta de la pépinière des pères Chartreux, desquels le couvent venait d'être supprimé, dans le Jardin des Plantes, dont il était directeur :

Catalogue, pour 1790, de Pierre Leroy, fleuriste et pépiniériste à Angers.

PÊCHES POUR JUILLET.

1. L'Avant-Pêche blanche.
2. L'Avant-Pêche de Troies.

PÊCHES POUR AOUT.

3. La Double de Troies, ou Mignonne.
4. La Grosse-Mignonne.
5. L'Alberge Jaune.
6. La Magdeleine blanche.
7. La Magdeleine rouge.
8. La Magdeleine de Gourson.
9. La Petite-Magdeleine.
10. La Belle-Pourprée.
11. La Royale.
12. La Chevreuse.
13. La Pêche de Malthe.
14. La Violette hâtive.

PÊCHES POUR SEPTEMBRE.

15. Le Pêcher de Naples.
16. L'Admirable rouge.
17. L'Admirable jaune.

18. La Jaune-Lie.
19. La Grosse-Violette.
20. Le Téton de Vénus.
21. La Grosse-Pourprée.
22. La Pêche-Cerise.
23. La Calande.
24. La Grosse-Noire de Montreuil.
25. La Chancelière.
26. La Bourdine.
27. La Pêche de Pau, ou Monstrueuse du Canada.
28. La Persique.
29. Le Brignon Romain.
30. Le Brignon Violet.
31. La Sanguine, ou Bétrave.
32. La Grosse-Nivette.
33. La Magdeleine tardive.
34. Le Pavis de Pompon.
35. Le Pavis Blanc.
36. Le Pavis Angoumois.
37. Le Pêcher à Fleur double.
38. Le Pêcher Nain, à mettre en pot.

Liste des Pêchers transplantés, en octobre et novembre 1792, de la Pépinière des Chartreux, à Paris, dans le Jardin des Plantes de cette même ville.

1. Avant-Pêche blanche.
2. Avant-Pêche rouge.
3. La Double de Trois (sic).
4. L'Alberge Jaune.
5. Madelaine blanche.
6. Pourpre hâtive.
7. La Grosse-Mignonne.
8. La Chevreuse hâtive.
9. Madelaine de Courson.
10. Pêche de Malthe.
11. La Chancelière.
12. Pêche-Cerise.
13. La Galande.
14. Madelaine à petites fleurs.
15. Cardinal Furstemberg.
16. Transparente ronde.
17. La Vineuse de Fromentin.

18. Petite-Violette hâtive.
19. Grosse-Violette hâtive.
20. Bourdine.
21. Admirable, ou Belle de Vitri.
22. L'Incomparable en Beauté.
23. La Belle-Beauté.
24. Pêche Teindoux.
25. Téton de Vénus.
26. Chevreuse tardive.
27. Nivette véritable.
28. La Royale.
29. Pêche Monfrin.
30. Pourprée tardive.
31. Persique.
32. Pavis Rouge de Pomponne.
33. Pêche de Peau (sic).
34. Pêche Sanguinole.

Mais nous sommes au XIXᵉ siècle, et chez nous tout change avec lui, même les goûts horticoles; le nouveau, seul, est recherché, fait loi; de là cette manie des semis, ces excès d'importation devenus à la fin cause de gêne, embarras réel pour les pépiniéristes. La statistique ci-dessous — que nous dressons à l'aide d'ouvrages très-autorisés, très-spéciaux —

démontrera du reste, mieux que tout raisonnement, la progression dont il s'agit, et rendra plus frappants, aussi, les inconvénients qui doivent certainement en résulter :

Auteurs.	Titre de l'Ouvrage et date de l'Édition.	Pêches.
BONNEFOND	1653. Le Jardinier français	37
LE MOINE TRIQUEL	1659. Instructions pour les arbres fruitiers	38
MERLET	1667. L'Abrégé des bons fruits (1ʳᵉ édit.)	38
DOM CLAUDE ST-ÉTIENNE	1670. Nouvelle instruction pour connaître les bons fruits	113 (1)
MERLET	1690. L'Abrégé des bons fruits (3ᵉ édit.)	49 décrites. 55 mentionnées.
LES PÈRES CHARTREUX	1736. Catalogue de leurs pépinières de Paris	35
CHAILLOU, PÉPINIÉRISTE	1755. Catalogue de ses pépinières de Vitry-sur-Seine	41
DUHAMEL	1768. Traité des arbres fruitiers	43
LES PÈRES CHARTREUX	1785. Catalogue de leurs pépinières de Paris	40
FILLASSIER	1791. Dictionnaire du Jardinier français	47
ÉTIENNE CALVEL	1805. Traité complet sur les pépinières	52 décrites. 60 mentionnées.
LOUIS NOISETTE	1839. Le Jardin fruitier	63
ANDRÉ LEROY, PÉPINIÉRISTE A ANGERS	1852. Catalogue descriptif et raisonné des arbres fruitiers et d'ornement	41
	1856. Ibid	79
DECAISNE ET CARRIÈRE	1858. Le Jardin fruitier du Muséum	80
ANDRÉ LEROY	1860. Catalogue descriptif et raisonné des arbres fruitiers et d'ornement	107
	1865. Ibid	148
ALPHONSE MAS	1874. Le Verger	120
LES FRÈRES SIMON-LOUIS ET O. THOMAS, PÉPINIÉRISTES A METZ	1876. Guide pratique de l'amateur de fruits	335

Aujourd'hui, qui voudra réunir dans ses pépinières toutes les variétés de Pêcher connues en France, devra donc, prenant exemple sur les frères Simon-Louis, non plus en multiplier 335, ce nombre, depuis 1876, étant déjà dépassé, mais en planter 400, pour le moins !.....

Quand on songe qu'une telle augmentation, qui affecte tous nos genres fruitiers, s'est produite en un quart de siècle à peine, et ne semble pas prête à s'arrêter, il est très-permis de la déplorer et d'engager les pépiniéristes à passer désormais, sérieusement, de la collection à la *sélection*. Exemple que nous leur donnons pour les Pêchers, dont 123 seulement vont être décrits, sur lesquels 80 au plus sont vendus par sujets ; des autres, nous ne livrons que rameaux pour la greffe.

(1) Ce chiffre de 113 variétés ne saurait être accepté ; il le faut réduire d'un bon tiers, eu égard au grand nombre de fruits qui dans cet opuscule, simple Catalogue, après tout, sont plusieurs fois cités sous des noms différents : chose positive, dont notre *Dictionnaire* fournit maintes preuves.

II

CULTURE.

---

§ Ier. — Temps Anciens.

En l'an 42, Columelle (l. V. c. x, et l. *de Arbor.*, c. xxv), recommandait aux Romains, qui ne connaissaient le Pêcher que depuis une quarantaine d'années, de le planter pendant l'automne, avant le solstice d'hiver, pour le greffer ensuite vers les ides de février. Ces conseils étaient sages.

Palladius, au ve siècle, leur en donnait un plus grand nombre, seulement certains d'entre eux, quand on les suivit, durent amener de bien fâcheux résultats. De ces conseils, voyons d'abord ceux où la critique n'a presque rien à relever :

« Février — écrit cet agronome — est le moment de semer, dans les pays à climat tempéré, les noyaux de la Pêche, fruit dont vous grefferez l'arbre sur lui-même, ou sur le Prunier, ou sur l'Amandier; l'Avant-Pêcher, toutefois, ne prospérera que sur le Prunier..... On peut aussi le greffer en écusson dès les calendes de mai. » (*De Re rustica,* l. II, c. xv, l. V, c. v.)

Erreur à signaler ici, quant à l'Avant-Pêcher, qu'on greffe indistincte-ment sur Amandier, Franc ou Prunier; et simple observation à faire pour la greffe en écusson, qui, pratiquée au mois de mai, réussira fort rarement, mais dont la reprise est assurée beaucoup plus tard, particu-lièrement en juillet.

Parlant de la greffe du Pêcher, Palladius indique avec précision com-ment on l'opère; et, chose surprenante, la méthode qu'il préconise n'a pas encore varié, nos pépiniéristes le reconnaîtront à la lecture de sa description :

« Sur de jeunes branches de Pêcher saines et fécondes — explique-t-il — choisissez un bouton qui paraisse d'une belle venue, cernez-le en carré, à la distance de deux doigts, et de façon à ce qu'il occupe le centre de la quadrature, puis, à l'aide d'un ins-trument bien affilé, enlevez avec dextérité cette partie de l'écorce, sans endommager le bouton. Après quoi, et de semblable manière, détachez aussi, de l'arbre à greffer, un écusson également pris en convenable endroit, et dans sa place mettez celui du Pêcher, l'y fixant soigneusement par des ligatures, et veillant surtout à n'en pas abîmer le germe. Cela fait, vous l'enduirez de boue, mais laisserez le bouton libre. Les branches supérieures de l'arbre, ainsi que ses souches, devront ensuite être coupées. Vingt-et-un jours écoulés, ôtez les ligatures, et vous verrez le bouton de Pêcher merveilleusement incorporé dans ledit arbre. » (*Ibidem*, l. VII, c. v.)

Enfin le même agronome résumait comme suit les autres avis qu'il adressait aux jardiniers, quant à la culture du Pêcher :

« Dans les pays chauds — ajoutait-il — semez en novembre les noyaux de Pêche, et seulement en janvier partout ailleurs ; mettez-les, en des planches façonnées, chacun à deux pieds de distance, pour les transplanter quand les tiges seront poussées, et qu'ils y soient enfouis la pointe en bas, à deux ou trois doigts, au plus, de profondeur. Quelques personnes les font sécher peu avant cette opération, puis les ramassent dans des paniers, avec de la terre mélangée de cendre ; pour moi, souvent je les conserve sans aucun soin jusqu'au moment de les semer..... En contrées froides et sujettes aux grands vents, les Pêchers meurent s'ils ne sont abrités.... . Replantez-les, dès l'âge de deux ans, dans de petites fosses, mais ne les espacez pas trop, pour que mutuellement ils s'y protègent contre le soleil.... Taillez-les à l'automne, n'enlevant que les brindilles pourries ou desséchées, autrement celui dont vous couperiez quelque branche verte, périrait..... » (*Ibidem*, l. XII, c. vii.)

Ces préceptes sont des plus rationnels, et suivis encore par les arboriculteurs, sauf le dernier, car on taille impunément, dans l'automne, les parties vertes du Pêcher.

Palladius, par exemple, s'éloignait complétement de la saine pratique, quand il assurait que le Pêcher pouvait vivre sur le Platane, puis sur le Saule, où même ses fruits se trouvaient dépourvus de noyau!! Et certes qu'il n'était pas moins naïf, en sa recommandation de l'arroser, au moment de la floraison, pendant trois jours avec du lait de chèvre, pour lui faire rapporter de volumineux fruits. Comme aussi, disait-il, on obtiendra des Pêches empreintes extérieurement de caractères graphiques, si, sept jours après en avoir semé des noyaux, on les déterre, alors qu'ils s'entr'ouvrent, on en retire l'amande, sur laquelle, avec du cinabre, on écrit un nom quelconque, et qu'ensuite on replace, rajustant, ligaturant le tout, qu'enfin de nouveau l'on recouvre de terre.

En dehors de ces pratiques superstitieuses, il est donc constant que l'ensemble des principes émis sur la culture du Pêcher, au v⁰ siècle, par cet agronome, ne manqua ni de sagesse ni d'observation. Voilà pourquoi l'ouvrage de Palladius devint, pendant le moyen âge, et longtemps après, une espèce d'*Almanach du Bon-Jardinier*, que chacun consulta, plagia, compila, principalement chez nous, où même on sut y grossir encore le chapitre des procédés excentriques :

Nicolas du Mesnil n'écrivait-il pas en 1560, dans son *Traité de l'art d'enter, planter et cultiver les jardins :*

« Pour avoir Pesches deux moys plustost que les autres, entez en Vigne ou en Meu-
« rier..... Si elles chéent de l'arbre, soyent boutez dedans les racines d'icelui, des

« tingens [tampons, chevilles] faictz de Pins ou de Saulx, et soyent fort serrez ? »
(Pages 119-120.)

Et Charles Estienne, un vrai savant, cependant, n'imprimait-il point
en 1564, dans la *Maison rustique :*

« Pour faire Pesches *rouges,* sept jours apres que·vous avez planté le noyau, retirez-
le de terre, et dans l'ouverture de la coquille mettez-y du vermillon, ou cinabre, puis
le replantez. Ou encores, entez la Grosse Pesche sur le Rosier Rouge, ou sur le Prunier
de Damas rouge ?..... » (Page 73.)

Oui, ces stupéfiantes façons de traiter le Pêcher eurent cours jusqu'au
commencement du XVIIe siècle, non-seulement en France, mais aussi dans
les autres pays; et comme il est positif que les résultats promis, ne se
réalisaient pas, on peut croire que les amateurs, les curieux qui les pour-
suivaient, ne s'y attardaient guère, en présence de la triste figure que
faisaient leurs arbres !... De ces curieux, il en fut pourtant qui durent
jouir d'une grande béatitude horticole, s'ils parvinrent à posséder un
Pêcher semblable à celui dont parlait, en 1605, le docteur parisien Antoine
Mizauld :

« Dans le *Traicté de la Magie naturelle* — racontait-il — j'ai leu qu'un arbre qu'on appe-
loit communément le Délice et plaisir des jardins, n'estoit pas mal-plaisant en sa grosseur et grandeur. Il estoit mi-parti en trois grosses branches; en l'une on y cueilloit
de deux sortes de Raisins, qui n'avoyent point de pepins et estoyent de diverses couleurs, et medecinaux, car les uns provoquoyent à dormir, et les autres laschoyent le
ventre. La seconde branche portoit DES PESCHES, produisant par intervalles des Pesches
ET DES NOIX-PESCHES séparément, sans qu'il y eût point de noyau dedans; que s'il s'en
trouvoit quelcun qui eût noyau, il estoit doux et de bon goust comme une Amande, et
mesme représentoit la face tantost d'un homme, tantost d'une beste. La troisieme pro-
duisoit des Cerises sans noyau, et des aigres, et des douces, ensemble des Oranges.....
Cet arbre jettoit sa fleur au printemps et nourrissoit ses fruits plus outre que du temps
légitime, car ils demeuroyent dessus, et par sa faculté continuelle il suppeditoit des fruits
toute l'année à chacun, lesquels venoyent par ordre les uns après les autres, et la
portée se renouvelloit..... » (*Le Jardin medecinal,* pp. 229-230.)

Malheureusement ce merveilleux porte-Pêches, Raisins, Cerises et
Oranges, ne put faire l'admiration des Français : il était planté en terre
étrangère, inconnue, Jean-Baptiste Porta, d'après lequel Mizault l'a mentionné, ayant négligé d'indiquer le lieu où il le rencontra. Aujourd'hui
réparer un tel oubli deviendrait assez difficile. Cependant, et sans trop
grands efforts d'imagination, peut-être pourrait-on le dire sorti du pays
des Chimères — la Lycie, dans l'Asie-Mineure — et penser que Porta, né
à Naples en 1540, en fut l'obtenteur unique. Physicien célèbre, voyageur
passionné, ingénieur militaire, au besoin, ce savant possédait bien les titres
requis pour justifier de pareille paternité. Tout permet donc, même les
Magiæ naturalis libri XX, dans lesquels il le signala, de lui attribuer un
aussi précieux gain !...

Ceci démontré, voyons BRIÈVEMENT, afin de quitter le moins possible
le terrain pomologique, quels ont été, depuis 1630, les progrès réalisés,
en arboriculture, à l'égard du Pêcher.

§ II⁰. — Temps modernes.

Lorsqu'en 1644 le père du marquis de Pomponne, Robert Arnauld d'Andilly, alors âgé de 57 ans, se démit de ses emplois à la Cour pour se livrer, dans l'abbaye de Port-Royal-des-Champs, près Paris, à l'arboriculture fruitière, sa passion dominante, il dit à la reine Anne d'Autriche, en prenant congé d'elle : « Si l'on rapporte à Votre Majesté que je cultive « des espaliers à Port-Royal, qu'elle le croie, car j'espère bien lui en faire « manger des fruits. » Ce propos, que nous ont conservé les Mémoires du temps et les biographes, n'était pas propos léger : d'Andilly fit annuellement, en effet, cadeau d'excellentes Poires et de volumineuses Pêches à la mère de Louis XIV, qui ne mourut qu'en 1666.

A cette époque (1644), l'espalier comptait à peine huit années d'existence, et quelques grands seigneurs, seulement, le faisaient expérimenter. Arnauld d'Andilly, vers 1635, puis ce digne abbé le Gendre, dont nous nous sommes si longuement occupé déjà, dans nos précédents volumes, furent les premiers à l'étudier, à le perfectionner. Avec lui, avec eux, le Pêcher gagna plus encore, peut-être, que le Poirier, en ce sens que les précautions prises pour y préserver du froid, ses fleurs, eurent presque toujours un plein succès, qui se traduisit par de belles récoltes, alors qu'ailleurs ce fruit manquait généralement. Aussi l'espalier reste-t-il le point de départ, tant pour la taille que pour tous autres soins, d'une *nouvelle méthode de culture* dont les maîtres les plus estimés, outre les deux que nous venons de mentionner, ont été chez nous, pour la période qui s'écoula de 1650 à 1800 :

1⁰ Jean de la Quintinye, directeur des vergers de Louis XIV, et que ses *Instructions pour les jardins fruitiers et potagers* (1690) rendirent à tout jamais célèbre ;

2⁰ René Girardot, ancien mousquetaire, qui vers 1680 se retira dans son domaine de Malassis, entre Montreuil et Bagnolet (Seine), et devint la souche officielle de cette dynastie d'arboriculteurs spéciaux, si vantés, si jalousés pour les admirables Pêches que depuis lors ils n'ont cessé de produire ;

3⁰ Dom le Gentil, dit frère François, auteur du *Jardinier solitaire* (1704) et régisseur, à Paris, de la pépinière des pères Chartreux ;

4⁰ De Combles, agronome et littérateur, né à Lyon. On connaît peu son état civil, mais le remarquable *Traité de la culture des Pêchers*, qu'il publia en 1745, puis réédita en 1750, 1751 et 1770, lui valurent un tel renom dans le monde horticole, qu'une cinquième édition de ce livre fut imprimée en 1822, et s'écoula rapidement ;

5⁰ Duhamel, dont le volumineux, dont le magnifique *Traité des arbres fruitiers* (1768) est toujours très-recherché, très-consulté ;

6º Le Pelletier, qui eut à la Cour charge de fourrier et prit sa retraite à Frépillon, près Montmorency, où vers 1760 il *inventa*, pour l'espalier, *la forme carrée*, adoptée depuis par les Montreuillais, et dont il décrivit les principes et dessina les figures en 1770, dans un *Essai sur la taille des arbres fruitiers*, devenu des plus rares aujourd'hui ;

7º De Calonne (Claude-François), avocat et agronome, parent du personnage, de même nom, qui fut contrôleur général des finances sous Louis XVI. Son *Essai d'agriculture* (1779) renferme un excellent chapitre sur le Pêcher ; on y trouve aussi de précieux détails touchant l'origine, les prix, les usages des pépinières de Vitry-sur-Seine ;

8º Enfin la Bretonnerie, en 1784, dans l'*École du jardin fruitier*, parla de ce même arbre avec toute la science d'un praticien éclairé.

Mais le XIXe siècle n'aura pas été inférieur au XVIIIe, à l'égard du perfectionnement apporté dans la culture des Pêchers ; nombre d'ouvrages (1), à leur tour, pourront en témoigner. Qui n'a lu, parmi les principaux, ceux d'Etienne Calvel (1805), de Félix Malot (1841), du comte Lelieur (1842), de Poiteau (1846), de J. Decaisne (1858-1877), des du Breuil (1861), d'Eugène Forney (1862-1863), de Paul de Mortillet (1865) ; et, d'hier (1875), celui de M. Hippolyte Langlois, intitulé : *le Livre de Montreuil-aux-Pêches?*... En ce dernier, les pratiques les plus usitées, comme aussi les plus particulières, des arboriculteurs de cette terre privilégiée du Pêcher, sont savamment décrites ; même le nouveau, le précieux procédé de l'*éclat* des branches — l'entaille en esquille — dû à M. Chevalier ainé, qui, non content de doter, à son aide, de rameaux de remplacement la base des coursonnes éclatées, obtient encore, au-dessus de la cassure, des fruits plus volumineux et de maturité plus hâtive, que les fruits venus sur d'autres arbres de la variété dont un sujet a subi cette opération.

C'est également au XIXe siècle, et à la France, qu'il appartient de revendiquer, et non point au pomologue anglais George Lindley, l'excellente méthode de classement, par les glandes et les fleurs, de nos centaines de variétés de Pêcher. Elle date de 1810, fut découverte par un magistrat d'Alençon, puis chaudement recommandée par le botaniste Poiteau, qui dans le *Cours d'horticulture* qu'en 1853 il fit imprimer, après l'avoir professé, raconte ainsi comment les faits se passèrent :

« En 1809 — explique-t-il — quatre sections étaient admises pour le Pêcher : 1° fruits à duvet dont la chair quitte le noyau ; 2° fruits à duvet dont la chair ne quitte pas le noyau ; 3° fruits lisses dont la chair est adhérente au noyau ; 4° fruits lisses dont la chair quitte le noyau........ C'était déjà beaucoup, que ces quatre classes, mais ce n'était pas encore assez. Il était réservé à M. Desprez, juge à Alençon, représentant du peuple en 1810, et qui venait à Paris à la pépinière du Luxembourg, de porter son attention sur les Pêchers, et de voir que ces arbres avaient des glandes globuleuses ou

(1) On trouvera les titres de ces divers ouvrages, à la fin du présent volume, dans le *Catalogue de la Bibliothèque pomologique d'André Leroy*, où ils sont classés d'après la date de leur publication.

réniformes, ou nulles, ce qui augmentait de trois les quatre caractères ci-dessus ; et si l'on ajoute à ces sept caractères les trois que fournissent les fleurs, qui sont grandes, moyennes et petites, cela fait dix caractères aidant singulièrement à distinguer les unes des autres nos différentes variétés de Pêches. Il y avait déjà deux ans que je m'occupais sérieusement à peindre et à décrire les arbres fruitiers, lorsque M. Desprez me fit remarquer les glandes qu'il avait vues sur la plupart des feuilles des Pêchers. Nous examinâmes ensemble tous les Pêchers de l'école du Luxembourg — 43 variétés — et trouvâmes que, de tous ces arbres, les uns avaient les feuilles munies de glandes globuleuses, les autres de glandes réniformes, et que d'autres enfin n'avaient aucunes glandes......... Après avoir bien vérifié ces caractères avec M. Desprez, je restai fort honteux, moi qui peignais et décrivais les arbres fruitiers avec beaucoup d'attention, de n'avoir pas encore observé les glandes des feuilles du Pêcher, quand j'avais déjà remarqué des choses beaucoup plus petites. Quoi qu'il en soit, il doit paraître bien étrange que jusqu'en 1810 aucun des nombreux auteurs qui ont parlé du Pêcher, n'ait fait mention desdites glandes......... Ce silence m'a frappé, j'ai fait des recherches pour savoir s'il était bien fondé, et NULLE PART JE N'AI TROUVÉ PERSONNE QUI EN EÛT PARLÉ AVANT M. DESPREZ ET MOI......... Duhamel seul, en sa *Physique des arbres* (1758, t. I, pl. 13, fig. 119, lettre *f*, p. 185), les a mentionnées avec celles des Abricotiers, des Cerisiers et des Acacias,......... mais d'une manière si imparfaite, qu'il n'en parle plus dans son *Traité des arbres fruitiers*, publié en 1768......... Les différents pépiniéristes auxquels je parlai de cette découverte, ne crurent pas d'abord à mon assertion....., même Louis Noisette, mon ami, et l'un des plus habiles d'entr'eux......... Cependant, en 1825, il a admis entièrement, dans son *Manuel du jardinier,* les glandes globuleuses, réniformes et nulles ;......... et Lelieur de Ville-sur-Arce, dans ses deux éditions de la *Pomone française,* publiées l'une en 1817, et l'autre en 1842, a fait également usage des glandes des Pêchers, que je lui avais appris à connaître......... George Lindley, célèbre botaniste anglais, qui en 1831 a publié son *Guide to the orchard and kitchen garden,* les y décrit aussi......... et le pomologue américain A. J. Downing, en 1846, dans *the Fruits and fruit trees of America*......... Ainsi il y a bientôt cent ans que les glandes des Pêchers ont été connues de Duhamel, il y a quarante ans que M. Desprez a retrouvé et m'a fait remarquer ces glandes, et depuis quarante ans je les ai toujours étudiées, et toujours trouvées constantes dans leurs deux formes et dans leur absence sur certains Pêchers...... ... et je suis persuadé que, sans l'emploi de ces glandes, on ne pourra jamais parvenir à reconnaître avec assurance les différentes sortes de Pêches qui existent actuellement ; et comme aucun des pépiniéristes de France ne fait encore (1853) usage de ces glandes dans les *Catalogues* qu'il publie, on peut-être sûr que les noms des Pêchers qu'ils fournissent, ne sont fondés sur aucune autorité, et qu'il n'y a que très-peu d'entr'eux qui soient d'accord sur les noms qu'ils donnent à leurs Pêchers......... » (*Cours d'horticulture*, t. II, pp. 281-285.)

Le reproche qu'en 1853 Poiteau adressait ainsi aux pépiniéristes, était non moins fondé que son opinion sur la nécessité de recourir aux glandes, pour posséder enfin un classement sûr et normal, des Pêchers. En 1879 — mais grâce uniquement à ses efforts, à ses persévérants conseils — ce reproche ne serait plus mérité, la méthode qu'il préconisa faisant loi partout, et pour tous, et la généralité des Catalogues descriptifs spécifiant quelles glandes, quelles fleurs existent aux variétés de Pêcher qu'on y annonce.

C'est là, il le faut avouer, un progrès immense désormais réalisé, que tous apprécieront, arboriculteurs et propriétaires, chacun ayant un intérêt sérieux à ne plus être exposé, les uns à vendre, les autres à recevoir des Pêchers dont l'étiquette représentait *seule*, trop souvent, la variété demandée. On doit donc une vive reconnaissance à Desprez, et surtout à Poiteau, sans l'insistance duquel il eût encore fallu, peut-être, de longues années pour obtenir ces heureux résultats.

En terminant ce chapitre, et pour ceux qui ne pourraient s'inspirer, quant à la culture moderne du Pêcher, des nombreux ouvrages signalés plus haut, donnons un résumé succinct de ses pratiques les plus suivies :

Dans les sols calcaires, pierreux, secs ou siliceux, le Pêcher se greffe sur Amandier ou sur Franc; en terres fortes et humides, le Prunier lui convient mieux.

L'espalier au midi, jamais au nord, le moins possible au couchant, voilà la forme et l'exposition que cet arbre préfère.

Pour qu'il réussisse en plein-vent, il devra provenir d'un semis, ou bien être greffé sur lui-même, et c'est en ce cas qu'on le dit Pêcher de Vigne ou Sauvageon. Élevé de la sorte, il fructifie abondamment, et ses produits sont très-bons, surtout dans nos départements du Midi. Cependant il ne saurait, ainsi, vivre de longs jours : abandonnant la base des branches, sa végétation afflue à leurs extrémités, de telle façon, même, qu'en six ou sept ans il se dégarnit et bientôt demeure stérile ; moment à choisir pour le rabattre, afin de le renouveler. Mais cette opération, pour le plein-vent comme pour l'espalier, ne se fait presque plus au printemps ; elle se fait, avec succès, au début de juin, époque où des variations subites de température ne sauraient atteindre les jeunes bourgeons, lesquels peuvent, alors, s'aoûter avant l'hiver et résister ensuite assez facilement aux grands froids. Ce qui n'aurait pas lieu, *la chose est à noter*, si l'arbre était rabattu en juillet.

Il est sage, encore, de se rappeler qu'il devient indispensable, pour le déplanter, d'attendre qu'une forte gelée en ait entièrement arrêté la sève, sans quoi sa reprise sera très-incertaine.

III

USAGES ET PROPRIÉTÉS DU PÊCHER.

§ Iᵉʳ. — Fruit.

Un poëte dont j'ai eu l'ingratitude d'oublier le nom, a laissé sur les Pêches, ces deux vers, harmonieusement techniques :

> La Pêche flatte l'œil, et le goût, et la main,
> De sa chair embaumée et de son doux carmin.

Vertumne et Pomone n'ont jamais, en effet, possédé dans leurs jardins produit plus charmant, plus exquis, plus digne des soins de l'arboriculteur et de l'hommage du mangeur délicat et friand. Aussi Poiteau, dans l'Introduction de sa *Pomologie française* (1846, p. 21), pensant à ces mêmes qualités, s'écriait-il enthousiasmé : « Oui, la Pêche est véritablement le « roi des fruits ! » Sentiment que nous partageons, comme de toute antiquité l'ont partagé ceux qui ne voulurent pas croire aux propriétés malfaisantes qu'on lui prêtait, à l'avantage du *Persea*, seul capable, et coupable, du crime d'empoisonnement, ainsi que le déclara Pline :

« Il est faux — écrivait-il — que la Pêche soit chez les Perses un poison douloureux, et que leurs rois, par esprit de vengeance, l'aient importée en Egypte, où la bonté du sol aurait fini par la rendre moins nuisible. Les vrais savants ne reconnaissent cette propriété, qu'au *Perséa*, arbre tout autre que le Pêcher, et duquel les fruits ressemblent aux Sébestes, quand ils commencent à rougir. » (*Historia naturalis*, l. XV, c. XIII.)

Aussi Pline — même livre, chapitre XI — a-t-il eu soin de dire : « Les « malades recherchent la Pêche, elle ne leur est nullement nuisible; j'en « ai vu vendre jusqu'à trente sesterces. » Cette somme, qui représente chez nous plus de trois francs, montre bien quelle estime les Romains professèrent pour ce genre de fruit, qu'anciennement nos pères mangeaient au commencement des repas, « Pour froider l'ardeur d'humeur « colerique et conforter l'estomac qui a perdu l'appetit et est en abhomi- « nation de viandes. » (*Le Grant herbier en françoys*, 1520, fᵒ 88.)

Le docteur Venette, à la fois pomologue, arboriculteur et médecin, écrivait de la Rochelle, en 1683, d'excellentes choses sur les Pêches, prenant plaisir à vanter leurs vertus, à prémunir contre certains inconvénients dont il importe de se défier, dans leur usage :

« Si Galien — déclarait-il — eût vécu de nos jours, et qu'il eût goûté les Pêches, que l'art et l'industrie de nos jardiniers a renduës si recommandables, je suis assuré qu'il auroit eu pour ces sortes de fruits une toute autre opinion. Les Pêches que l'on portoit à Rome, du temps de ce medecin, venant, par mer, de Sicile ou des environs de Naples, estoient en partie corrompuës avant qu'on les y eût portées ; ce qui obligea alors Galien de les mepriser, et de les blâmer même comme des alimens tres-pernicieux aux hommes……… Elles ont une vertu purgative qui les fait infiniment estimer des sains et des valetudinaires, qui aiment bien mieux manger à jeun quatre ou cinq excellentes Pêches, et boire ensuite de l'eau ou du vin, pour se lâcher le ventre, que de prendre une medecine, dont le nom fait même de l'horreur à ceux qui la boivent le plus courageusement……… Quoyque le vin pur soit la seule chose qui s'oppose à la froideur et à l'humidité de ce fruit, cependant si l'on en boit beaucoup de petit ou de mediocre, l'on tombe dans des vomissemens et des flux de ventre, qui quelquefois degenèrent en dyssenterie ; au lieu *qu'un peu d'excellent vin pur* corrige par son feu les mauvaises qualitez de la Pêche………… » (*De l'usage des fruits des arbres pour se conserver en santé, ou pour se guérir lorsque l'on est malade*, pp. 26-31.)

Et le bon docteur, sur ce dernier point, ajoute : « C'est peut-être cette « experience qui a donné lieu à ce vers latin :

« *Petre, quid est Pescha ?…. — Cum vino, nobilis esca ;* »

vers léonin que nous traduirons ainsi :

Ton avis sur la Pêche, Pierre ?
— Elle est, avec du vin, nourriture princière.

Puis du dicton passant aux préceptes, à la morale, Venette se lamente d'être obligé d'écrire son livre, parce qu'il restera la preuve « Que « les estomacs de 1683 n'estoient plus aussi bons que ceux de nos Peres, « s'estant affoiblys par les plaisirs que les derniers hommes ont pris dans « leur façon de vivre ; » (pp. 1 et 2) d'où la nécessité, pour lui, disait-il, de publier, à leur intention, un traité des fruits………

Que de choses, provenues également de source doctorale, nous pourrions consigner, ici, sur l'impuissance non moins grande de la généralité des estomacs, en 1879, à digérer les Pêches, les Abricots et les Prunes, si la crainte de nous attirer la colère des générations actuelles, ne nous conseillait, avec Boileau,

d' « Imiter de Conrart le silence prudent !… »

Parlons bien plutôt des prix excessifs qu'atteint, presque partout, ce fruit de luxe.

En Russie, par exemple, notamment à Saint-Pétersbourg, les marchands de la perspective Newsky l'exposent, dès le 20 mai, dans leurs montres, étiqueté 30 à 35 kopecks, soit 1 fr. 20 à 1 fr. 30 la Pêche moyenne, de qualité médiocre, et mûrie, cela se devine, par la culture forcée. (Voir Masson, *Voyage horticole en Europe*, 1847, p. 18.)

En Amérique, ainsi que déjà nous l'avons rapporté (p. 14), plus de trois millions de paniers de Pêches, à l'état frais, se vendent annuellement, de juillet à novembre, dont les plus belles et les meilleures sont souvent payées jusqu'à 10 pence — 1 franc — pour les desserts des hôtels à la mode et ceux des richissimes industriels ou commerçants, si nombreux en ce pays de cosmopolites.

Chez les Anglais, elles coûtent également des prix très-élevés, mais seulement les volumineuses et tardives, à coloris accentué; les autres sortes, au contraire, surtout les Nectarines, sont loin, vu leur abondance, de s'y vendre au poids de l'or.

En France, dans les contrées où l'on cultive la vigne, rien n'est moins cher, ni si commun, que la Pêche; elle y encombre rues et marchés, y figure sur toutes les tables, y régale prolétaires et bourgeois. Cependant on y fait choix des variétés qui peuvent être transportées, et toutes sont envoyées à Paris, ce Minotaure dont la voracité ne semble jamais satisfaite. Les Bouches-du-Rhône, la Corrèze, la Dordogne, la Drôme, le Gard, la Gironde, l'Hérault, l'Indre-et-Loire, la Nièvre, le Var, sont les principaux départements d'où proviennent ces envois, qu'on effectue par paniers de 12 à 15 kilogrammes, ou par colis de six caisses, pesant chacune 2 kilogrammes. Leur moyenne annuelle atteint 820,000 kilogrammes, et le prix de 5 fr. 50 pour le panier de 10 kilogrammes, ou de 50 centimes par kilogramme de fruit (1).

Mais dans les arrivages ci-dessus ne sont pas comprises les fameuses Pêches des Montreuillais, si succulentes, si volumineuses, si colorées ! On en récolte annuellement une moyenne de 12 millions, dont les plus hâtives et les plus tardives se vendent 2 à 3 francs la pièce, et les autres 5 à 6 centimes. Au total, 1 million de francs, pour le moins, qui se répartit entre les arboriculteurs de Montreuil et de ses environs. Joli denier, bien fait pour encourager les gens du pays, et qu'on ne peut croire denier fantaisiste, M. Hippolyte Langlois (1875), dans l'ouvrage duquel nous le puisons, déclarant qu'il émane des statistiques existant à la Mairie même de Montreuil. (Voir le Livre de Montreuil-aux-Pêches, p. 101.) Il faut dire, aussi, que les Parisiens connaissent depuis longtemps ces admirables fruits, et que le proverbe :

> Grosse Pêche, petit noyau,
> Petite Pêche et gros noyau,

leur est familier. Or, comme le volume, ici, ajoute nécessairement à la qualité, les habitants de Montreuil sont donc certains de toujours spéculer à l'aise sur la gourmandise des Crésus de la Capitale.

Ce n'est pas, du reste, qu'au naturel que l'on mange la Pêche : les cuisinières l'utilisent en compote, en marmelade; les confiseurs, les liquoristes en tirent d'assez jolis bénéfices en la conservant soit par la méthode Appert, soit dans l'eau-de-vie, ce à quoi la Grosse-Mignonne et la Galande,

---

(1) Ces chiffres sont extraits du curieux livre publié en 1875 par M. Armand Husson, membre de l'Institut, et dont le titre : les Consommations de Paris, est entièrement justifié. On devra, pour les Pêches, le consulter aux pages 427, 429, 430, 435, 446 et 447.

se prêtent admirablement; ou bien encore ils en font un excellent ratafia, qui même est des plus digestifs.

Un dernier mot nous reste à dire, quant à l'usage des produits du Pêcher, mais qui sera très-court, puisqu'il s'agit uniquement des Noyaux et de leur Amande.

Au temps de Pline on en faisait, avec de l'huile et du vinaigre, certain liniment sous l'influence duquel, prétendait-on, disparaissaient migraines et autres maux de tête. Ce calmant efficace provenait, évidemment, de l'acide prussique dont est remplie l'amande de la Pêche, et devait alors, ainsi que l'huile fébrifuge qu'on en extrayait, offrir quelque sérieux danger; motif qui sans doute aura fini par engager les médecins à le proscrire, au lieu de le prescrire. Pilés, et cuits dans le vinaigre jusqu'à réduction en bouillie, ils passaient également, aux yeux des anciens, comme merveilleuse panacée contre « la *pelade;* » aussi, dans l'intérêt des crânes dénudés, publions-nous ladite recette, mais sans la vouloir déclarer infaillible....... Brûlés, ces mêmes Noyaux servent à fabriquer le Noir de Pêche, si recherché en peinture; puis encore, au naturel et concassés, à donner arome et saveur à la liqueur appelée Eau de Noyau.

§ II. — Bois.

Il serait difficile, surtout en France, de trouver bois ayant un grain plus fin et prenant un plus beau poli, que le bois du Pêcher. Son emploi, cependant, n'est guère usité dans l'ébénisterie ou la tabletterie. Cela tient probablement au manque de grosseur de l'arbre, qui rarement vit assez longtemps pour acquérir un volume convenable. C'est en feuilles, qu'on le débite, et quand il est encore un peu vert. Pour le tour, par exemple, travaillez-le bien sec, sous peine d'y développer de nombreuses gerçures. Une fois verni, il a très-agréable aspect, grâce à ses nombreuses veines rouge-brun et marron clair. Sa pesanteur, à complète siccité, est, par pied cube, de 26 kilogrammes 211 grammes.

Jadis, les Fleurs et les Feuilles du Pêcher eurent place aussi, comme ses autres produits, dans la Pharmacopée; les premières, au rang des purgatifs; les secondes, à celui des insecticides : pilées, puis appliquées sur le nombril des enfants, elles tuaient aussitôt les vers qui les tourmentaient. Avis donc aux mères, aux nourrices !

IV

DESCRIPTION ET HISTOIRE

DES

ESPÈCES ET VARIÉTÉS DU PÊCHER.

.

PÊCHES.

A

1. Pêche ABBÉ DE BEAUMONT.

Description de l'arbre. — *Bois :* peu fort. — *Rameaux :* nombreux, étalés, assez courts, grêles, rouge-brique à l'insolation, vert jaunâtre à l'ombre, ayant à la base l'épiderme légèrement exfolié. — *Lenticelles :* clair-semées, de grandeur variable, arrondies ou allongées. — *Coussinets :* aplatis. — *Yeux :* écartés du bois, petits, coniques, très-duveteux, à écailles brunes et disjointes, souvent placés entre deux boutons à fleur. — *Feuilles :* peu nombreuses, petites, vert sombre en dessus, vert blanchâtre en dessous, lancéolées-élargies, faiblement acuminées, irrégulièrement dentées et crénelées. — *Pétiole :* court et bien nourri, étroitement cannelé, lavé de carmin sur sa face postérieure. — *Glandes :* globuleuses, petites, placées à la base de la feuille ou sur le pétiole. — *Fleurs :* grandes et rose tendre.

Fertilité. — Abondante.

Culture. — L'espalier ne lui serait nullement avantageux, tant pour la végétation que pour la fertilité ; la forme qu'il préfère, c'est le plein-vent.

Description du fruit. — *Grosseur :* considérable. — *Forme :* globuleuse, très-régulière, à sillon sensiblement marqué. — *Cavité caudale :* large et profonde. — *Point pistillaire :* attaché sur un très-petit mamelon. — *Peau :* bien duveteuse, se détachant difficilement, blanchâtre sur le côté de l'ombre, ponctuée et marbrée de carmin à l'insolation. — *Chair :* blanchâtre, mais quelque peu rosée autour du noyau. — *Eau :* abondante, fort sucrée et agréablement acidulée. — *Noyau :* non adhérent, moyen, ovoïde, ayant les joues assez plates et l'arête dorsale tranchante et prononcée.

Pêche Abbé de Beaumont.

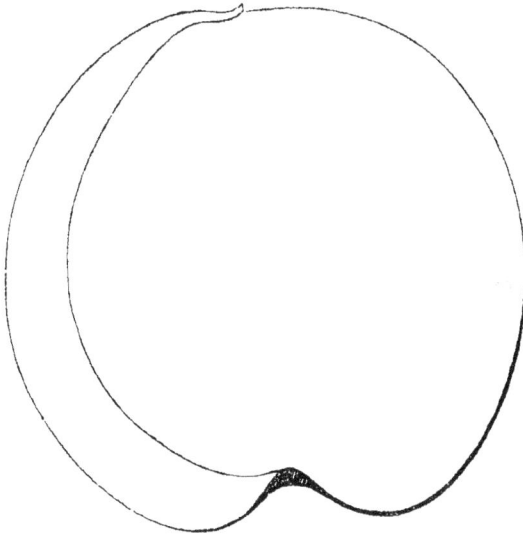

Maturité. — Fin juillet.

Qualité. — Première.

Historique. — Cette si jolie pêche provient de la commune de Daumeray, près Durtal (Maine-et-Loire), et remonte au xviiie siècle. Le pied-type poussa spontanément, et longtemps la nouvelle variété resta localisée dans le canton. J'en suis le promoteur. Je l'ai mise dans le commerce en 1868, après l'avoir dédiée à M. l'abbé de Beaumont, qui me l'avait signalée puis offerte dès 1862, et dont la famille en possède, à Daumeray même, un sujet très-âgé.

Pêches : ABRICOT *ou* D'ABRICOT,

— ABRICOTÉE,

— ABRICOTÉE A NOYAU PARTAGÉ,

— ABRICOTINE,

Synonymes de pêche *Admirable jaune.* Voir ce nom.

2. Pêche ACTON SCOT.

Description de l'arbre. — *Bois :* fort. — *Rameaux :* assez nombreux, érigés, gros, longs, légèrement flexueux, ridés au sommet, rouge clair au soleil et vert jaunâtre à l'ombre, ayant l'épiderme amplement exfolié. — *Lenticelles :* assez abondantes, petites, arrondies, grises et squammeuses. — *Coussinets :* saillants et se prolongeant, sur leurs côtés, sensiblement en arête. — *Yeux :* écartés du bois, gros, ovoïdes-obtus, aux écailles duveteuses et noirâtres, flanqués, généralement de deux boutons à fleur. — *Feuilles :* grandes et planes, vert jaunâtre en dessus, vert blanchâtre en dessous, ovales-allongées, courtement acuminées, irrégulièrement dentées. — *Pétiole :* de longueur moyenne, gros, largement et profondément cannelé, sanguin sur la majeure partie de sa face postérieure. — *Glandes :* de grosseur variable, la plupart globuleuses et quelques-unes réniformes, attachées sur le bord inférieur de la feuille. — *Fleurs :* moyennes et d'un rose violâtre.

FERTILITÉ. — Grande.

CULTURE. — Le prunier lui convient mieux, comme sujet, que l'amandier ; et l'exposition du midi est celle qu'il réclame, soit en espalier, soit en plein vent.

Description du fruit. — *Grosseur :* moyenne. — *Forme :* irrégulièrement sphérique, toujours plus volumineuse sur un côté que sur l'autre, légèrement comprimée aux pôles, à sillon peu sensible. — *Cavité caudale :* modérément développée. — *Point pistillaire :* petit et fixé sur un faible mamelon. — *Peau :* très-duveteuse, se détachant aisément, à fond jaune clair et blafard qui disparaît, à l'insolation, sous une ample couche de rouge-cramoisi. — *Chair :* verdâtre, fine et fondante, très-rarement nuancée de carmin auprès du noyau. — *Eau :* des plus abondantes, vineuse, bien sucrée, possédant une saveur vraiment exquise. — *Noyau :* non adhérent, petit, ovoïde fortement arrondi, excessivement renflé sur ses deux joues, à pointe très-émoussée et arête dorsale assez saillante.

Pêche Acton Scot.

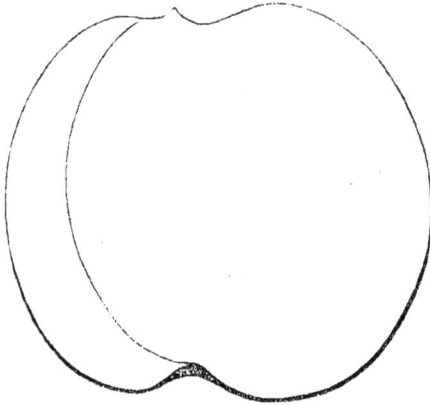

MATURITÉ. — Commencement d'août.

QUALITÉ. — Première.

Historique. — Thomas Knight, mort en 1838 et qui fut longtemps président de la Société d'Horticulture d'Angleterre, est l'obtenteur de cette excellente variété, qu'il gagna dans son domaine de Downton, à Chelsea, près Londres. Elle provient — écrivait-il le 31 décembre 1814 (*Transactions*, t. II, pp. 140-143) — d'un croisement de la pêche Noblesse avec l'Avant-Pêche rouge. Knight la soumit à l'appréciation des pomologistes ses collègues, le 3 janvier 1815, puis en distribua des greffes, et bientôt les Anglais la cultivèrent abondamment. En France, nos pépiniéristes la possèdent depuis une trentaine d'années.

3. Pêche ADMIRABLE.

Synonymes. — *Pêches :* 1. Admirable de Gaillon (le Lectier, d'Orléans, *Catalogue des arbres cultivés dans son verger et plant*, 1628, p. 30). — 2. Early Admirable (Langley, *Pomona*, 1729, p. 103, pl. 30, fig. 2). — 3. De Montagne-Amande (de Lacour, *les Agréments de la campagne*, 1752, t. II, p. 79). — 4. Admirable native (Société Économique de Berne, *Traité des arbres fruitiers*, 1768, t. I, p. 198). — 5. Admirable ordinaire (les Chartreux, de Paris, *Catalogue de leurs pépinières*, 1775, p. 13). — 6. Admirable rouge (Pierre Leroy, d'Angers, *Catalogue de ses jardins et pépinières*, 1790, p. 27). — 7. Avant-Pêche Admirable (Christ, *Handbuch über die Obstbaumzucht*, 1817, p. 596, nº 19). — 8. Munderschöne (*Id. ibid.*). — 9. Admirable longue (de Poiteau, *Pomologie française*, 1846, nº 30; — et Paul de Mortillet, *les Meilleurs fruits*, 1865, t. I, p. 118, nº 19). — 10. Admirable sanguine (Congrès pomologique, session de 1857, *Procès-Verbal*, p. 5). — 11. Grosse-Admirable (*Id. ibid.*). — 12. Wunderschöner Lack (Dochnahl, *Obstkunde*, 1858, t. III, p. 209, nº 72).

Description de l'arbre. — *Bois :* faible. — *Rameaux :* assez nombreux, étalés, longs et grêles, droits, rouge-brun olivâtre à l'insolation, d'un beau vert sur l'autre face, et généralement, à la base, portant sur l'épiderme quelques exfoliations. — *Lenticelles :* nulles. — *Coussinets :* peu ressortis. — *Yeux :* plaqués sur l'écorce, petits, coniques-pointus, aux écailles noirâtres, mal soudées et duveteuses; ils sont aussi, parfois, entourés de boutons à fruit. — *Feuilles :* assez nombreuses, grandes, épaisses, vert sombre en dessus, vert clair en dessous, lancéolées-élargies, courtement acuminées, et souvent ondulées sur leurs bords, qui sont finement dentés et surdentés. — *Pétiole :* gros et long, rigide, tomenteux, profondément cannelé. — *Glandes :* petites, globuleuses, placées sur le pétiole ou à la base de la feuille. — *Fleurs :* moyennes et rose pâle.

Fertilité. — Plutôt modérée que grande.

Culture. — Sa végétation assez active le rend propre à toutes les formes et permet de le greffer sur toute espèce de sujets.

Description du fruit. — *Grosseur :* volumineuse et souvent considérable. — *Forme :* globuleuse légèrement allongée, aplatie à la base, mamelonnée au sommet et marquée d'un sillon rarement très-prononcé. — *Cavité caudale :* bien développée. — *Point pistillaire :* recourbé et s'élevant sur un mucron assez saillant. — *Peau :* quittant aisément la chair, fort duveteuse, jaune blanchâtre à l'ombre, jaune d'or sur l'autre face, où elle est en outre lavée de rouge clair puis marbrée et panachée de rouge-feu. — *Chair :* blanchâtre, très-fine, compacte et mi-ferme, mais fondante, toujours quelque peu sanguinolente auprès du noyau. — *Eau :* excessivement abondante et sucrée, relevée par une agréable saveur acidulé et par un

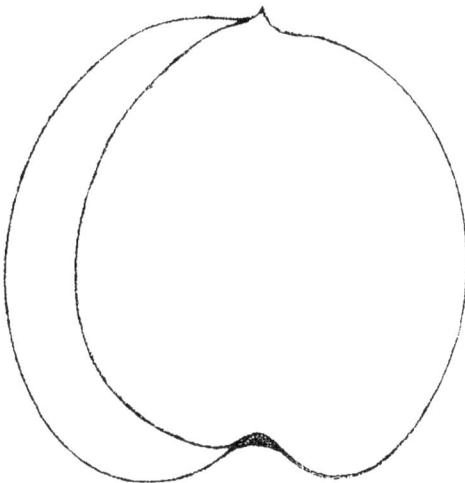

parfum des plus délicats. — *Noyau :* non adhérent, moyen ovoïde, peu renflé, ayant la pointe aiguë, longue, et l'arête dorsale modérément ressortie.

Maturité. — Commencement et courant de septembre.

Qualité. — Première.

Historique. — Trois fois séculaire, la pêche Admirable a dû son nom aussi bien à l'ensemble des précieuses qualités de sa chair, qu'au ravissant coloris de sa peau. Le Lectier, procureur du roi à Orléans, fut le premier à la signaler. Il le fit en 1628, page 30 du *Catalogue* de ce fameux verger que dès 1590 il commençait à créer. Et l'on doit croire qu'en 1628 cette variété était encore dans toute sa nouveauté, puisque le Lectier mentionna jusqu'au lieu d'où elle provenait : « La « pêche Admirable, de Gaillon, » précisa-t-il. — Mais de quel Gaillon?.... Est-ce de celui situé non loin d'Evreux, et si connu par sa prison centrale, ou de l'un des trois villages qui s'élèvent sur le territoire des communes de Conflans-Sainte-Honorine, Meulan et Viroflay, dans le département de Seine-et-Oise?... Sachant combien, anciennement, la culture du pêcher fut surtout en honneur chez les grands seigneurs qui habitaient les environs de Paris, je regarderais plutôt, je l'avoue, cette dernière contrée comme ayant été le berceau de ce fruit exquis, que de le supposer né dans la Normandie. Disons toutefois, laissant au hasard le soin d'éclaircir mon doute, qu'avant 1688 l'Admirable, ayant déjà fait son chemin, paraissait non-seulement sur la table de Louis XIV, mais était même élevée, et des plus choyées, à Versailles, aux frais de ce monarque, par le directeur des jardins, Jean de la Quintinye, qui dans son enthousiasme pour elle écrivait en 1690 :

« Les *Admirables* viennent en foule dès la my-septembre. Bon Dieu! quelles Pêches en grosseur, en coloris, en delicatesse de chair, en abondance d'eau, en sucre, en goût relevé!! Qui est-ce qui n'en est pas charmé, et particulièrement de celles qui ont meuri en plein air?... C'est une des plus parfaites que nous connaissons, aussi ne ferois-je point de jardin où elle n'entre infailliblement. » (*Instruction pour les jardins fruitiers & potagers,* 1690, t. I, pp. 417 et 433.)

Les Anglais tardèrent peu à nous emprunter l'Admirable; la preuve s'en trouve dans la *Pomona* de Langley, publiée en 1729, et qui contient la description et la figure de cette pêche, qu'on rencontre depuis fort longtemps dans tous les pays où peut vivre le pêcher. Les Allemands, surtout, la tenaient en haute estime ; et Mayer, leur Duhamel, dont il fut, du reste, le contemporain, terminait ainsi le très-long article qu'en 1779 elle lui avait inspiré :

« ...... Sa beauté et ses excellentes qualités lui ont mérité le nom qu'elle porte et le rang avant les meilleures pêches..... C'est un chef de race; on compte dans sa famille, 1° l'Admirable jaune, 2° le Pavie jaune, 3° la Royale, 4° la Belle de Vitry ou l'Admirable tardive, et, enfin, 5° le Pavie Camus [ou de Pomponne]. » (*Pomona franconica,* t. II, pp. 352-353.)

Observations. — En raison de la fermeté de sa chair, l'Admirable supporte parfaitement le transport; et même, pour la manger meilleure, convient-il de la laisser deux ou trois jours au fruitier. — Quoique les Hollandais l'aient sur-nommée Montagne-Amande, on ne saurait voir en elle le fruit appelé pêche *Amande*, dès 1772, par l'abbé Roger Schabol (t. II, p. 71), puisqu'il le disait « d'un « goût amer, et bon uniquement pour mettre en compote; » ce qui, certes, ne s'applique pas à notre Admirable, partout et toujours si savoureuse. Cette pêche *Amande*, maintenant perdue, se retrouverait sans doute parmi les Pavies de mau-vaise qualité dont on encombre les marchés des grandes villes du Midi de la

France, et même ceux de Paris. — Assez souvent on a prétendu que la Belle de Vitry ne différait en rien de l'Admirable. C'est une erreur, elle en diffère par une maturité de quinze jours plus tardive, une chair moins délicate, une eau moins abondante, puis aussi par certains caractères de l'arbre; toutes choses dont on se rendra compte aisément en comparant nos descriptions des deux variétés. — Dans ses *Meilleurs fruits* (1865, t. I, p. 113), M. de Mortillet nomme *Admirable hâtive*, une fausse Madeleine rouge; il faudra donc se bien garder de la confondre avec l'Admirable, qui parmi ses synonymes possède cette même dénomination. — Enfin Poiteau (1846, *Pomologie française,* t. I, n° 30) a caractérisé une *Admirable longue*, en tout semblable à l'Admirable, mais qu'à tort il a supposée identique avec la Chevreuse hâtive, ou Belle-Chevreuse, de Duhamel. — J'ajoute que le pêcher Admirable est fort sujet à la cloque, et je reproduis, comme utile avertissement à ses nombreux cultivateurs, les lignes suivantes, de Fillassier, qui dans le *Jardinier français* lui consacrait, en 1791, un intéressant article :

« Tant que l'arbre est en santé — écrivait-il — le noyau reste petit; il grossit quand il perd son embonpoint, et souvent même il s'entrouvre; alors les progrès du fruit, cessent, et on le voit tomber avant sa maturité. Ce phénomène est un diagnostique sûr, qui sollicite de prompts remèdes. » (T. II, p. 341.)

Pêches : ADMIRABLE DE GAILLON,

— ADMIRABLE HATIVE,

} Synonymes de pêche *Admirable.* Voir ce nom.

4. Pêche ADMIRABLE JAUNE.

Synonymes. — *Pêches* : 1. SCANDALIS JAUNE (le Lectier, d'Orléans, *Catalogue des arbres cultivés dans son verger et plant,* 1628, p. 30). — 2. GROSSE PÊCHE JAUNE (le père Triquel, *Instruction pour les arbres fruitiers,* 1639, p. 150). — 3. PÊCHE ABRICOT (Merlet, *l'Abrégé des bons fruits,* 1667, pp. 41-42). — 4. SCANDALIE (*Id. ibid.*). — 5. D'ABRICOT (la Quintinye, *Instruction pour les jardins fruitiers et potagers,* 1690, t. I, p. 441). — 6. ADMIRABLE JAUNE TARDIVE (*Id. ibid.*). — 7. SANDALIE (*Id. ibid.*). — 8. ABRICOTÉE (Liger, *Culture parfaite des jardins fruitiers et potagers,* 1714, p. 444; — et Duhamel, *Traité des arbres fruitiers,* 1768, t. II, p. 33.). — 9. DE BURAT (de Lacour, *les Agréments de la campagne,* 1752, t. II, pp. 80 et 81; — et de Launay, *le Bon-Jardinier,* 1807, p. 141). — 10. HERMAPHRODITE (de Lacour, *ibidem*). — 11. JAUNE TARDIVE (*l'Agronome ou la Maison rustique mise en forme de dictionnaire,* 1770, t. III, p. 32). — 12. D'ORANGE (Herman Knoop, *Fructologie,* 1771, p. 78 ; — et Thompson, *Catalogue of fruits cultivated in the garden of the horticultural Society of London,* 1842, p. 109). — 13. ADMIRABLE JAUNE ABRICOTÉE (Roger Schabol, *la Pratique du jardinage,* 1772, t. II, p. 132). — 14. SANDALIE HERMAPHRODITE (de Launay (*ibidem*). — 15. DE BURAI (*Id. ibid.*). — 16. GROSSE-JAUNE TARDIVE (Thompson, *ibidem*). — 17. YELLOW ADMIRABLE (*Id. ibid.*). — 18 ABRICOTÉE A NOYAU PARTAGÉ (*Id. ibid.*). — 19. GELBE WUNDERSCHÖNE (Langethal, *Deutsches Obstcabinet,* 1854-1860, t. VII, f^lle II, 1). — 20. GROSSE-JAUNE DE BURAY (du Breuil, *Cours d'horticulture,* 1854, t. II, p. 654). — 21. SCANDALIAN (Robert Hogg, *the Fruit manual,* 1862). — 22. GOLDEN RATH-RIPE (*Idem,* édit. 1866, p. 235). — 23. DE BURE (O. Thomas, *Guide pratique de l'amateur de fruits,* 1876, p. 214).

Description de l'arbre. — *Bois :* assez fort. — *Rameaux :* très-nombreux et légèrement étalés, peu longs, de grosseur moyenne, vert jaunâtre à l'ombre, rouge carminé sur l'autre face et couverts d'exfoliations épidermiques à la base.

— *Lenticelles :* clair-semées, petites, arrondies et grises. — *Coussinets :* larges et saillants. — *Yeux :* placés entre deux boutons à fruit et plaqués sur l'écorce, moyens ou petits, ellipsoïdes ou coniques-pointus, aux écailles disjointes, grisâtres et duveteuses. — *Feuilles :* nombreuses, petites, vert jaunâtre et brillant en dessus, vert blanchâtre en dessous, lancéolées-élargies, canaliculées, très-longuement acuminées en vrille, à bords finement et régulièrement découpés en dents de scie surmontées chacune d'un très-petit cil noir. — *Pétiole :* court et peu nourri, rigide, étroitement cannelé, sanguin en dessous dans toute la longueur de la feuille. — *Glandes :* globuleuses, petites, brunes, attachées au pétiole. — *Fleurs :* petites et rose intense.

Fertilité. — Extrême.

Culture. — On le greffe indistinctement, vu sa grande vigueur, sur prunier, franc ou amandier, avec certitude de l'y voir parfaitement prospérer, sous quelque forme que ce soit.

Description du fruit. — *Grosseur :* au-dessus de la moyenne. — *Forme :* régulièrement globuleuse, à sillon modérément marqué. — *Cavité caudale :* prononcée. — *Point pistillaire :* petit et recourbé, placé de côté sur un très-faible mamelon. — *Peau :* s'enlevant difficilement, bien cotonneuse, jaune légèrement verdâtre à l'ombre, mais amplement lavée de carmin au soleil. — *Chair :* jaune intense, assez ferme, fine et fondante. — *Eau :* abondante, sucrée, agréablement parfumée et quelque peu acidulée. — *Noyau :* non adhérent, petit ou moyen, ovoïde, sans mucron, à joues plates et arête dorsale presque émoussée.

Pêche Admirable jaune.

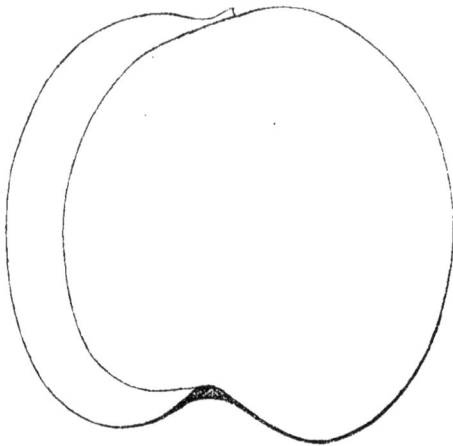

Maturité. — Vers le milieu de septembre.

Qualité. — Première.

Historique. — L'Admirable jaune, non moins âgée ni moins estimée que l'Admirable, c'est également — comme il en a été pour cette dernière — dans le *Catalogue* arboricole du magistrat le Lectier, d'Orléans, que j'en ai découvert la plus ancienne trace. Elle y figurait alors (1628) sous sa dénomination primitive, *Scandalis,* venue jusqu'à nous, mais remplacée, depuis bientôt deux cents ans, par le surnom Admirable jaune, qui n'en est, après tout, que la traduction. Dérivé du verbe latin *scandere* (briller, surpasser), duquel fut fait, escande, terme roman ayant même valeur, pêche Scandalis signifiait effectivement, au temps de le Lectier (1560-1635), fruit surpassant, en mérite, ses congénères. Relégué parmi les archaïsmes, ce mot, actuellement, n'est plus utilisé, mais au xvie siècle il n'en était pas ainsi, surtout dans notre Anjou, province où paraît avoir pris naissance cette vieille variété. Merlet, du moins, conduit à le supposer, car il constatait en 1667 (p. 42) qu'on la nommait Scandalis, « dans l'Anjou, » et, ailleurs, « pêche Abricot pour le goust de sa chair. » Je dirai cependant qu'en 1779 de Calonne la prétendit (*Essais d'agriculture*, p. 152) « tirée de Bayonne, » sans fournir toutefois aucune preuve à l'appui de son assertion, qui n'a, que je sache, trouvé créance chez les pomologistes, tous étant muets sur la provenance de l'Admirable jaune.

Observations. — Si le plein vent enlève quelque volume aux fruits de ce pêcher, en revanche il augmente, et de beaucoup, leur qualité; compensation bien faite pour encourager les jardiniers à l'élever sous cette forme. — De semis il se reproduit très-identique, ce qui n'a pas peu contribué à généraliser sa culture. — Duhamel (1768, t. II, p. 33) a dit « que la fleur de l'Admirable jaune, « était grande, mais que parfois on trouvait de petites fleurs à ce même pêcher. » C'est une erreur formelle; nulle variation n'existe dans les fleurs de cet arbre, qui sont toujours de petite dimension. Duhamel parlait aussi (*ibid.*) « d'une « autre Admirable jaune, ou d'une variété de celle-ci, qui portait de grandes fleurs « et donnait des fruits plus gros. » Que pouvait être cette pêche? sous quel nom la possède-t-on aujourd'hui?... S'il est impossible de le savoir, on peut du moins assurer qu'elle faisait partie des pêches à chair jaune, puisque l'auteur ici rectifié la réunissait presque à celle que nous venons d'étudier. — M. Charles Buisson, pomologue distingué habitant la Tronche, près Grenoble (Isère), a gagné de semis, en 1863, plusieurs pêchers fort méritants, qui presque tous ont attiré l'attention de notre Congrès, notamment en 1865 et 1868. Or, dans le nombre figurait une variété appelée *Jaune admirable*, nom bien fait pour amener quelque confusion entre ce gain et l'Admirable jaune; aussi croyons-nous devoir signaler le nouveau-né qui, peu connu présentement, ne saurait manquer de l'être en vieillissant.

PÊCHES : ADMIRABLE - LONGUE,

—   ADMIRABLE ORDINAIRE,   Synonymes de pêche *Admirable*. Voir ce nom.

—   ADMIRABLE ROUGE,

5. Pêche ADMIRABLE SAINT-GERMAIN.

Description de l'arbre. — *Bois :* assez fort. — *Rameaux :* peu nombreux, étalés, grêles et de longueur moyenne, légèrement géniculés, lisses, vert glauque à l'ombre, rouge-brique à l'insolation et portant à la base quelques traces d'exfoliation épidermique. — *Lenticelles :* petites, très-rares, et même faisant souvent défaut. — *Coussinets :* bien développés. — *Yeux :* parfois accompagnés de boutons à fleur, écartés du bois, gros, ovoïdes ou ellipsoïdes, aux écailles brunes, duveteuses et disjointes. — *Feuilles :* nombreuses, grandes, épaisses, vert clair en dessus, vert-pré en dessous, ovales-élargies, planes ou contournées, longuement acuminées en vrille, et, sur leurs bords, plutôt crénelées que dentées. — *Pétiole :* gros, long, flexible, quelque peu tourmenté sur le rameau, étroitement mais profondément cannelé. — *Glandes :* petites, globuleuses, situées à l'extrémité du pétiole. — *Fleurs :* moyennes et d'un beau rose.

FERTILITÉ. — Satisfaisante.

CULTURE. — Il se plaît sur toute espèce de sujets, et se prête également bien à toutes les formes.

Description du fruit. — (N'ayant pu, ces deux dernières années, déguster cette pêche, nous sommes forcé de n'en donner ni la figure ni les caractères; nous pouvons seulement, de mémoire, renseigner sur l'époque de sa maturité, ainsi que sur sa qualité.)

MATURITÉ. — Commencement d'août.

QUALITÉ. — Première.

Historique. — Comme la Jaune admirable, dont nous venons de parler dans le paragraphe OBSERVATIONS du précédent article, le pêcher Admirable Saint-Germain était obtenu de semis, en 1863, par M. Charles Buisson, au bourg de la Tronche (Isère), et c'est l'obtenteur même qui nous en offrit des greffons en 1866, avec prière de propager cette nouvelle variété. Ne pas lui donner place ici, eût donc été blâmable, et d'autant mieux qu'en 1868 le Congrès pomologique (session de Bordeaux) s'exprimait ainsi à l'égard de diverses pêches sorties des semis de notre zélé correspondant :

« La Commission s'occupe en bloc des Pêches présentées à l'étude par M. Buisson... D'un avis unanime il est reconnu qu'elle ne peut continuer utilement de maintenir à l'étude des fruits qui n'ont été présentés que par leur obtenteur, et qui sont totalement inconnus. D'ailleurs M. Buisson a écrit qu'*il avait perdu les pieds-mères de ses pêchers, bien qu'ils ne le soient pas totalement* AU MOYEN DE LA DISSÉMINATION DE GREFFES QU'IL EN AVAIT ANTÉRIEUREMENT FAITE; que dès lors il devient impossible de constater sûrement l'identité desdits pieds-mères, et que ces variétés resteront indécises, si elles ne sont pas perdues. En conséquence la Commission propose de rayer de la liste des fruits à étudier, les sept pêches suivantes : *Admirable Saint-Germain, Belle-Chartreuse, Bonne-Julie, Cécile Mignonne, Félicie, Léonie, Royale-Chartreuse,* — et l'Assemblée adopte cette proposition. » (Session de 1868, *Procès-Verbal*, p. 24.)

Des sept pêchers mis si prestement à l'index, au grand déplaisir de leur obtenteur, *cinq* sont encore dans nos pépinières, tous provenus, à titre gracieux, du jardin de M. Charles Buisson. Ce sont, outre l'Admirable Saint-Germain, les variétés Cécile Mignonne, Félicie, Léonie, et Royale-Chartreuse, décrites chacune à son rang alphabétique. Et nous sommes heureux, ajoutons-le, de pouvoir leur consacrer un article, puisque c'est aider à leur propagation et confrontation, ce qui diminuera les regrets de M. Buisson, dont partie des derniers gains de pêcher auront au moins un état civil.

PÊCHE ADMIRABLE SANGUINE. — Synonyme de pêche *Admirable*. Voir ce nom.

PÊCHE ADMIRABLE TARDIVE. — Synonyme de *Belle de Vitry*. Voir ce nom.

PÊCHES ALBERGES. — Très-anciennement on appelait ainsi les pêches à chair adhérente au noyau et d'un beau jaune, telle, par exemple, que l'*Alberchigo* des Espagnols (notre Pavie Alberge jaune ou pêche Mirlicoton), qui passe pour avoir laissé son nom à toute la famille des Alberges. Mais plus tard, malheureusement, il en fut de cette dénomination comme il en avait été de celle des Griottes et des Guignes : on l'appliqua à maintes pêches ayant un caractère si différent, qu'il en faussait entièrement le sens, d'où naquirent une foule d'erreurs, que nous rectifierons chacune en sa place. Certains pomologues ont cru le mot Alberge synonyme de Persègue ou Persèque. Il ne saurait l'être, cette dernière pêche ayant la chair non adhérente ; témoin le passage suivant de M. Delon, de Nîmes, rapporté en 1805 par l'abbé Grégoire, dans ses savantes notes sur le *Théâtre d'agriculture et mesnage des champs* d'Olivier de Serres : « *Perseguié, Passegrié*, mot patois « languedocien ; en français, *pêcher*. On distingue le *Passegrié* de l'*Aubergé* ; « celui-ci produit l'Auberge, dont la chair adhère au noyau ; en français, « Pavie....... Le fruit du *Passegrié*, ou Pessigre, ou Persec, est moins gros que « le Pavie... Son noyau se détache... » (T. II, pp. 499-500.) Le terme Alberge appartient à la nomenclature du Pêcher, puis à la nomenclature de l'Abricotier, où déjà — tome V, pp. 35-36 — j'ai dû m'en occuper assez longuement ; on voudra donc bien, pour tous autres détails historiques, recourir à cet article.

Pêche ALBERGE. — Synonyme d'*Avant-Pêche jaune*. Voir ce nom.

Pêche ALBERGE HÄRTLING. — Synonyme de *Pavie Alberge jaune*. Voir ce nom.

Pêches ALBERGE JAUNE. — Synonymes d'*Avant-Pêche jaune* et de *Pavie Alberge jaune*. Voir ces noms.

Pêche ALBERGE (PETITE-). — Voir *Petite-Alberge*.

Pêches ALBERGE ROUGE. — Synonymes d'*Avant-Pêche rouge* et de pêche *Rossanna*. Voir ces noms.

Pêches ALEXANDRA et ALEXANDRA NOBLESSE. — Voir pêche *Noblesse*, au paragraphe Observations.

Pêche AMANDE. — Voir pêche *Admirable*, au paragraphe Observations.

Pêches : AMANDIFORME,

———

— AMANDIFORME DE CHINE.

Synonymes de pêche *Montigny*. Voir ce nom.

Pêche ANGELINE. — Voir *Nectarine Cerise*, au paragraphe Observations.

Pêche ANGÉLIQUE. — Synonyme de *Nectarine Cerise*. Voir ce nom.

———

Pêche d'ANGERVILLERS. — Synonyme de *Nectarine Violette hâtive*. Voir ce nom.

———

Pêches ANGLAISES. — Voir au mot *Brugnon*.

———

Pêche ANGLAISE BLANCHE. — Synonyme de *Nectarine Blanche d'Andilly*. Voir ce nom.

———

Pêche d'ANGLETERRE. — Synonyme de *Nectarine Violette tardive*. Voir ce nom.

———

Pêche d'ANGOUMOIS. — Synonyme de *Pavie Alberge jaune*. Voir ce nom.

———

Pêche ASCEOLA. — Synonyme de *Osceola*. Voir ce nom.

———

Pêche AUBERGE. — Synonyme de *Pavie Alberge jaune*. Voir ce nom, puis aussi l'article *Pêches Alberges*.

———

Pêche AUBERGE JAUNE. — Synonyme de *Pavie Alberge jaune*. Voir ce nom.

———

Pêche AUBERGE ROUGE. — Synonyme de pêche *Rossanne*. Voir ce nom.

———

Pêche AVANT. — Synonyme de pêche *Mignonne* (*Grosse-*). Voir ce nom.

———

Pêche AVANT-BLANCHE. — Synonyme d'*Avant-Pêche blanche*. Voir ce nom.

———

Pêche AVANT-PÊCHE ADMIRABLE. — Synonyme de pêche *Admirable*. Voir ce nom.

———

6. Pêche AVANT-PÊCHE BLANCHE.

Synonymes. — *Pêches : 1.* De Troyes hative (Charles Estienne, *Seminarium et plantarium fructiferarum præsertim arborum quæ post hortos conseri solent*, 1540, p. 62). — 2. Avant-Pêche de Troyes (le Lectier, d'Orléans, *Catalogue des arbres cultivés dans son verger et plant*, 1628, p. 30; — et Claude Mollet, *Théâtre des jardinages*, édit. de 1678, p. 62). — 3. De Troyes (le Lectier, *ibid.*; — et Merlet, *l'Abrégé des bons fruits*, 1667, p. 36). — 4. De Troix blanche (le père Triquel, *Instruction pour les arbres fruitiers*, 1659, p. 148). — 5. Avant-Pêche

MUSQUÉE (Merlet, *ibid.*, p. 35). — 6. AVANT-PÊCHE MUSQUÉE ROUGE (*Id. ibid.*, p. 36). —
7. PETITE-AVANT-PÊCHE BLANCHE (la Quintinye, *Instruction pour les jardins fruitiers et potagers*,
1690, t. I, p. 416). — 8. NAINE (Herman Knoop, *Fructologie*, 1771, p. 86). — 9. DE NOIX DE
MUSCADE BLANCHE (*Id. ibid.*, p. 78). — 10. HATIVE DE CORBEIL (Fillassier, *Dictionnaire du jardinier français*, 1791, t. II, p. 330). — 11. AVANT-PÊCHE DE BOYE (J. V. Sickler, *Teutscher
Obstgärtner*, 1794-1804, t. XIV, p. 187). — 12. NUTMEG BLANCHE (Forsyth, *Treatise on the culture and management of fruit trees*, 1802; traduction de Pictet-Mallet, 1805, pp. 49 et 347). —
13. FRÜH-MONTAGNE (Christ, *Obstbaumzucht*, 1817, p. 598, n° 25). — 14. WEISSE FRÜHE (*Id.
ibid.*). — 15. AVANT-BLANCHE (Thompson, *Catalogue of fruits cultivated in the garden of the
horticultural Society of London*, 1826, p. 79, n° 126). — 16. EARLY WHITE NUTMEG (*Id. ibid.*).
— 17. WHITE NUTMEG (*Id. ibid.*). — 18. AVANT-PÊCHE BLANCHE MUSQUÉE (Dittrich, *Handbuch
der Obstkunde*, 1840, t. II, p. 326, n° 12). — 19. WHITE AVANT (Thompson, *ibid.*, édition de
1842, p. 117). — 20. BLANCHE MUSQUÉE (Dochnahl, *Obstkunde*, 1858, t. III, p. 196, n° 14).

Description de l'arbre. — *Bois :* faible. — *Rameaux :* assez nombreux,
étalés, courts, grêles, un peu géniculés, vert herbacé à l'ombre et marron lavé
de rouge sombre sur l'autre face, puis ayant, à leur base, l'épiderme sensiblement
exfolié. — *Lenticelles :* clair-semées, petites, arrondies et grisâtres. — *Coussinets :*
aplatis. — *Yeux :* accompagnés de boutons à fleur et noyés dans l'écorce, moyens,
ovoïdes-obtus, à écailles noirâtres, disjointes et légèrement duveteuses. —
Feuilles : abondantes, petites, vert-gai en dessus, vert jaunâtre en dessous, lancéolées, longuement acuminées, gaufrées au centre et, sur leurs bords, dentées
en scie, puis surdentées. — *Pétiole :* court et grêle, à cannelure peu prononcée.
— *Glandes :* faisant défaut. — *Fleurs :* moyennes, d'un rose très-pâle.

FERTILITÉ. — Modérée.

CULTURE. — Sur franc, amandier ou prunier, sa végétation restant toujours
chétive, il exige l'espalier, où même il ne fait que de faibles arbres.

Description du fruit. — *Grosseur :* très-petite. — *Forme :* le plus souvent
ovoïde-arrondie, mais quelquefois assez régulièrement globuleuse et toujours
mamelonnée au sommet, puis marquée d'un sillon large
et profond. — *Cavité caudale :* de dimensions moyennes.
— *Point pistillaire :* brun et fort exigu. — *Peau :* bien
attachée, fine et duveteuse, à fond blanc verdâtre qui
passe au jaune blafard à l'insolation, où elle est plus
ou moins nuancée de rouge carminé. — *Chair :* entièrement blanche, fondante, peu fibreuse. — *Eau :* abondante, vineuse, sensiblement sucrée et musquée. —
Noyau : non adhérent, petit, ovoïde, faiblement rustiqué, ayant la pointe émoussée, les joues peu renflées
et l'arête dorsale assez coupante.

Avant-Pêche blanche.

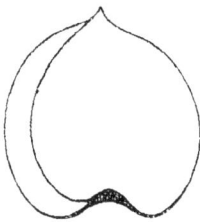

MATURITÉ. — Commencement et courant de juillet.

QUALITÉ. — Deuxième.

Historique. — En 1540 le savant imprimeur et docteur Charles Estienne,
consignait avec soin dans le *Seminarium*, un de ses plus rares ouvrages, l'origine
du bon et charmant petit fruit que nous venons de décrire :

« Les pêches hâtives que vulgairement, disait-il, on appelle AVANT-PÊCHES, sont aussi
nommées PÊCHES DE TROYES [*Persica Trecacina*], parce que c'est de cette ville, voisine de
Paris, qu'elles ont été tirées. » (Pages 62-63.)

Peu après — en 1589 — le même Estienne et son gendre Liébault, parlant longuement, en leur *Agriculture et Maison rustique*, de ce même pêcher, le caractérisèrent ainsi :

« L'*Avant-Pescher* est une espece de pescher, portant fruit plus menu, et qui devance en naissance et maturité celuy du pescher, dont ledit nom luy est donné, autrement appelé *Pescher de Troyes*, de fort bon goust et nullement mal-faisant : en tout le surplus il est semblable au pescher...... Il aime telle terre que le prunier, et vient de noyau ou de plante..... De fleurs d'Avant-Pescher, vous tirerez une huile singuliere pour temperer la furie des fievres, en frottant le poulx de chaque bras, les temps et l'espine du dos du febricitant, avant que l'accez le prenne. » (Livre III, chap. XXXII, p. 217.)

Vers 1600 le Lectier, qui cultivait cet arbre dans son verger d'Orléans, lui donnait également les dénominations signalées par Charles Estienne, puisqu'en 1628, à la page 30 du *Catalogue* des collections arboricoles de cet amateur, on lisait : « AVANT-PESCHE BLANCHE, ou PESCHE DE TROYE. » Enfin en 1652 le *Théâtre des jardinages*, de Claude Mollet, annonçait à son tour (p̃. 62) : « LE PESCHER DE « TROYES, autrement nommé AVANT-PESCHE, portant son fruict à maturité un peu « après la S. Jean, pourquoy on l'appelle AVANT-PESCHE. » Donc, ce pêcher si précoce est non-seulement un des plus anciens qui soient parus dans les jardins français — où certes on peut croire, l'y voyant bien connu en 1540, qu'au XVᵉ siècle il s'y trouvait déjà — mais c'est encore lui, la chose ressort incontestablement des textes ici produits, qui *seul* a droit au synonyme Avant-Pêcher de Troyes, qu'en 1768 Duhamel (t. II, p. 7) attribua, par erreur, à l'Avant-Pêcher rouge, dont les fruits ne mûrissent qu'au début d'août, plusieurs semaines après ceux de l'Avant-Pêcher blanc, ou de Troyes. Or, elle était importante à signaler, cette erreur, car depuis 1768, négligeant de remonter aux sources mêmes de la pomologie, nos écrivains horticoles ont, sur ce point, tous copié Duhamel sans soumettre son dire à la moindre vérification. Du reste on a longtemps confondu, et l'on confond encore aujourd'hui, la Petite-Avant-Pêche blanche, ou de Troyes, qui nous occupe, avec la Grosse-Pêche de Troyes ou Avant-Pêche Madeleine, ou, mieux, Pêche-Double de Troyes, que nous étudierons plus loin (letttre *D*), et que les pépiniéristes prennent généralement pour la véritable Avant-Pêche, devenue maintenant presque introuvable. Mais c'est le cas, en terminant — et, ceci, je crois l'avoir uniquement lu dans le *Jardin medecinal* du docteur Mizauld, publié en 1605 — de montrer qu'au XVᵉ siècle le nom d'ABRICOT s'appliquait aussi à l'Avant-Pêche :

« Nous avons — écrivait ce docteur, un des grands érudits d'alors — nous avons en ces quartiers trois sortes de Pesches. L'une est appelée *Avantpesche*, pour ce qu'il vient long temps devant les autres Pesches : d'où aussi il a prins le nom d'ABRICOT entre les François, qui est autant à dire que Premier meur. » (Quarreau VII, p. 164.)

Dans notre Vᵉ volume, en traitant des Abricots, nous avions expliqué (p. 3) que Pline, Columelle et Dioscoride, ayant à les signaler — leur importation venait d'avoir lieu chez les Romains et chez les Grecs — le firent avec tant de brièveté, tant d'ambiguïté, que plus tard certains commentateurs, mais très-induement, se demandèrent si l'Avant-Pêche blanche n'aurait pas été, par hasard, le fruit dont ces trois agronomes avaient ainsi parlé ?... Connaissant l'origine française de l'Avant-Pêche blanche, nous répondîmes, non ; et l'on a vu que ce fut avec raison. Quant au fait consigné par le docteur Mizauld, est-il réellement exact ; a-t-on, en France, jamais appelé Abricot, l'Avant-Pêche ? Ne serait-ce point là, plutôt, quelque réminiscence, mal définie, du texte de Pline sur les

Pêches, texte où les Abricots passent, aux yeux de tous, pour figurer sous le nom de *Pêches précoces?...* Je le pense, mais n'ai pas moins cru devoir rapporter ce fait, curieux à plus d'un titre.

Observations. — Merlet (1667), il me semble, eût dû réunir à son Avant-Pêche musquée blanche, celle qu'il nomme (p. 35) Avant-Pêche musquée rouge, et dit tout aussi précoce que la Blanche. Le même espalier porte souvent, en effet, des Avant-Pêches blanches à peine nuancées de rouge pâle et d'autres amplement recouvertes de rouge vif. — Il n'est pas d'arbre fruitier, paraît-il, qui se prête mieux à la culture en pot, que l'Avant-Pêcher blanc, pourvu qu'il ait été greffé sur rejetons de prunier épineux ou sauvage, vulgairement appelé Pelossier. Les Hollandais, au XVIIIᵉ siècle, le destinaient généralement à cet usage, aussi l'avaient-ils surnommé pêcher Nain, dénomination qui ne saurait, toutefois, le faire confondre avec la variété spéciale, de ce nom, également propre à être élevée en pot, mais dont les produits n'arrivent à maturité qu'à la fin de septembre.

PÊCHES : AVANT-PÊCHE BLANCHE MUSQUÉE,

—   AVANT-PÊCHE BLANCHE (PETITE-),   }   Synonymes d'*Avant-Pêche blanche.* Voir ce nom.

—   AVANT-PÊCHE DE BOYE,

---

7. Pêche AVANT-PÊCHE JAUNE.

Synonymes. — *Pêches* : 1. ALBERGE (le Lectier, d'Orléans, *Catalogue des arbres fruitiers cultivés dans son verger et plant*, 1628, p. 30 ; — et la Quintinye, *Instruction pour les jardins fruitiers et potagers*, 1690, t. I, p. 417). — 2. DE TROIX JAUNE (le père Triquel, prieur de Saint-Marc, *Instruction pour les arbres fruitiers*, 1659, p. 148). — 3. ALBERGE JAUNE (la Quintinye, *ibid.*). — 4. FRÜHER APRIKOSENPFIRSICH (Dochnahl, *Obstkunde*, 1808, t. III, p. 218, nᵒ 104). — 5. GELBE FRÜHE (*Id. ibid.*).

Description de l'arbre. — *Bois :* assez fort. — *Rameaux :* nombreux, érigés, de grosseur et longueur moyennes, légèrement flexueux, rouge terne au soleil, jaune verdâtre à l'ombre, très-exfoliés à la base et ridés au sommet. — *Lenticelles :* abondantes, petites, arrondies, carminées, saillantes. — *Coussinets :* bien ressortis et de chaque côté se prolongeant en arête. — *Yeux :* généralement accompagnés de boutons à fleur, à peine écartés du bois, gros, ovoïdes-obtus, aux écailles brunes, duveteuses, mal soudées. — *Feuilles :* abondantes, petites, vert jaunâtre et luisant en dessus, vert glauque en dessous, très-longuement acuminées, planes ou faiblement gaufrées au centre, puis bordées de larges mais peu profondes dents que surmonte un cil marron. — *Pétiole :* de longueur et grosseur moyennes, rouge violacé, à cannelure peu prononcée. — *Glandes :* réniformes, bien développées, placées au sommet du pétiole. — *Fleurs :* grandes et d'un rose intense.

Fertilité. — Ordinaire.

Culture. — L'espalier convient particulièrement à ce pêcher, que sa précocité, que la lenteur de sa végétation conseillent de ne pas destiner au plein-vent.

Description du fruit. — *Grosseur :* au-dessous de la moyenne. — *Forme :* sphérique, mamelonnée au sommet, plus ou moins comprimée à ses extrémités et portant sur ses deux faces un sillon généralement très-accusé. — *Cavité caudale :* large et profonde. — *Point pistillaire :* des plus petits, souvent placé de côté. — *Peau :* mince, très-duveteuse, s'enlevant avec facilité, à fond d'un jaune intense, très-amplement lavée de brun-rouge et de rouge-brique. — *Chair :* assez compacte, jaune, sauf près du noyau, où elle est faiblement carminée. — *Eau :* abondante, douce, sucrée, douée d'un parfum agréable. — *Noyau :* non adhérent, petit, sensiblement arrondi, bombé, surtout vers la base, ayant l'arête dorsale peu marquée et la pointe terminale aussi courte qu'émoussée.

Pêche Avant-Pêche jaune.

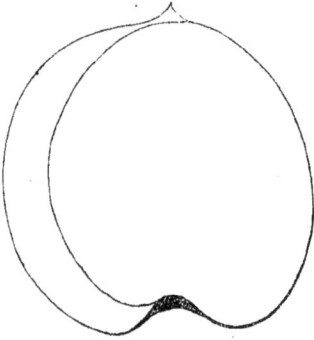

Maturité. — Vers la moitié du mois de juillet.

Qualité. — Deuxième.

Historique. — Connue dès le xive siècle, l'Avant-Pêche jaune fut signalée par le Lectier; en 1628 il la cultivait à Orléans, et, le premier peut-être, eut le tort de la surnommer pêche Alberge, puisqu'elle est à chair non adhérente au noyau, caractère que n'offrent pas les Alberges, dont le noyau fait, au contraire, corps avec la chair. Le moine Triquel (1659) l'appelait pêche « *de Troix jaune.* » Serait-elle donc aussi, comme l'Avant-Pêche blanche, originaire de la Champagne? Volontiers nous le croirions, sachant combien, en ce pays vignoble, on cultivait le pêcher, qu'anciennement on y plantait, on y semait dans les vignes.

Observations. — Duhamel (1768), qui ne tint pas compte des glandes, en ses descriptions du pêcher, s'est grandement trompé quand il a dit que l'arbre de l'Avant-Pêche jaune ressemblait à celui de l'Avant-Pêche blanche. Ils sont des plus distincts, ce dernier étant complétement dépourvu de glandes, et l'autre, au contraire, en ayant de réniformes. Mais plusieurs caractères les séparent encore, que l'on reconnaîtra facilement par la seule comparaison de nos descriptions. — L'Avant-Pêcher jaune, greffé sur rejetons de prunier sauvage, ou Pélossier, convient merveilleusement pour la culture en pot, où ses fruits assez volumineux, et très-colorés, produisent même un charmant effet. Il ne faut pas les confondre, vu leur synonyme commun, pêche Alberge jaune, avec le Pavie-Alberge jaune.

Pêche AVANT-PÊCHE JAUNE. — Synonyme de *Pavie Alberge jaune.* Voir ce nom.

Pêche AVANT-PÊCHE MADELEINE. — Synonyme de pêche *Double de Troyes.* Voir ce nom.

Pêches : AVANT-PÊCHE MUSQUÉE,

——————

— AVANT-PÊCHE MUSQUÉE ROUGE,

} Synonymes d'*Avant - Pêche blanche*. Voir ce nom.

Pêche AVANT - PÊCHE ROUGE. — Voir *Avant-Pêche blanche*, au paragraphe Historique.

——————

8. Pêche AVANT-PÊCHE ROUGE.

Synonymes. — *Pêches* : 1. Alberge Rouge (Merlet, *l'Abrégé des bons fruits*, 1667, p. 36 ; — et la Quintinye, *Instruction pour les jardins fruitiers et potagers*, 1690, t. I, p. 448). — 2. De Noix de Muscade Rouge (Herman Knoop, *Fructologie*, 1771, p. 78). — 3. Nutmeg Rouge (Forsyth, *Treatise on the culture and management of fruit trees*, traduction de Pictet-Mallet, 1805, pp. 49 et 347). — 4. Saint-Laurent Rouge (de Launay, *le Bon-Jardinier*, 1807, p. 139). — 5. Avant-Rouge (Thompson, *Catalogue of fruits cultivated in the garden of the horticultural Society of London*, 1826, p. 73, n° 125). — 6. Brown Nutmeg (*Id. ibid.*). — 7. Early Red Nutmeg (*Id. ibid.*). — 8. Red Nutmeg (*Id. ibid.*). — 9. Red Avant (*Idem*, édition de 1842, p. 117). — 10. Kleiner Rother Frühe (Dochnahl, *Obstkunde*, 1858, t. III, p. 203, n° 43).

J'ai longtemps possédé dans ma collection d'anciens pêchers, cette variété peu méritante, qui mûrit fin juillet, est à *glandes réniformes* et à *grandes fleurs*, mais l'ayant perdue, et la petitesse de son fruit n'en pouvant faire une pêche qu'il fût urgent de multiplier, je ne me suis pas occupé de l'y remplacer. Je le regrette aujourd'hui, qu'on la confond généralement avec l'Avant-Pêche blanche, ou de Troyes, ainsi qu'avec la Double de Troyes. Duhamel (1768), croyons-nous, est le pomologue qui le premier se méprit à son égard, en lui attribuant erronément le synonyme Avant-Pêche de Troyes, que nous avons prouvé (p. 47) appartenir uniquement à l'Avant-Pêche blanche. Néanmoins il connut très-bien ce pêcher, dont il a laissé la description suivante :

« C'est rarement un grand arbre; il donne peu de bois et beaucoup de fruit. Ses *bourgeons* sont rouges et menus. Ses *feuilles* sont d'un vert jaunâtre, gaudronnées ou froncées auprès de la nervure du milieu, assez larges, terminées par une pointe aiguë, recourbées en dessous et dentelées très-peu profondément. Ses *fleurs* sont grandes, de couleur rose. Son *fruit* est plus gros que l'Avant-Pêche blanche, étant de treize à quatorze lignes de longueur et de quinze à seize lignes de diamètre. Il est rond, divisé d'un côté suivant sa longueur par une gouttière très-peu profonde. Il est fort rare qu'il soit terminé par un mamelon. Aux deux côtés de l'endroit où le mamelon seroit placé, on aperçoit deux petits enfoncements, dont l'un est l'extrémité de la gouttière. Sa *peau* est fine, velue, colorée d'un vermillon fort vif du côté du soleil, qui s'éclaircit en approchant du côté de l'ombre, où la peau est d'un jaune clair. Sa *chair* est blanche, fine, fondante, un peu teinte de rouge sous la peau, du côté du soleil, mais sans aucuns filets rouges auprès du noyau. Son *eau* est sucrée et musquée, ordinairement d'un goût moins relevé que celle de l'Avant-Pêche blanche, mais plus relevé dans certains terrains. Son *noyau* est petit, long de sept lignes, large de six, épais de cinq, gris clair; il quitte bien la chair, pour l'ordinaire, mais quelquefois il s'en détache si peu, qu'on prendroit cette pêche pour un petit Pavie. » (*Traité des arbres fruitiers*, t. II, p. 7.)

Et ce fut précisément à l'adhérence assez fréquente, du reste, de sa chair au noyau, que l'Avant-Pêche rouge dut jadis d'être appelée *Alberge rouge*, nom sous

lequel Merlet en 1667 (p. 36), puis la Quintinye en 1690 (t. I, p. 448), l'ont caractérisée. On la croit d'origine française, mais je n'ai rencontré aucun document
qui pût me renseigner sur la contrée dont elle serait native. Son arbre est un
de ceux qui convient le mieux pour la culture en pot, mais il faut alors le greffer
sur rejeton de prunier sauvage. Son extrême fertilité ne diminue pas, sous cette
forme exiguë; aussi rien de plus agréable à voir, que ce pêcher nain tout cou-
vert de fruits rachetant par leur riche coloris, leur faible volume.

Pêche AVANT-PÊCHE DE TROYES. — Synonyme d'*Avant-Pêche blanche*.
Voir ce nom ; voir aussi l'article *Avant-Pêche rouge*.

Pêche AVANT-ROUGE. — Synonyme d'*Avant-Pêche rouge*. Voir ce nom.

B

Pêche BARRAL. — Synonyme de pêche *de Syrie*. Voir ce nom.

Pêche BARRINGTON. — Synonyme de pêche *Chancelière*. Voir ce nom.

Pêche BEARNISCHE. — Synonyme de pêche *de Pau*. Voir ce nom.

Pêche BEAUTIFUL CHEVREUSE. — Synonyme de pêche *Chevreuse hâtive*. Voir ce nom.

Pêche BEAUTY OF BEAUCAIRE. — Synonyme de pêche *Belle de Beaucaire*. Voir ce nom.

Pêche BELLE-BAUCE. — Synonyme de pêche *Belle-Beausse*. Voir ce nom.

Pêche BELLE-BAUCE ou BELLE-BAUSSE. — Synonyme, PAR ERREUR, de pêche *Grosse-Mignonne*. Voir *Belle-Beausse* et *Mignonne* (*Grosse-*), au paragraphe OBSERVATIONS.

---

9. Pêche BELLE DE BEAUCAIRE.

Synonyme. — *Pêche* BEAUTY OF BEAUCAIRE (Elliott, *Fruit book*, 1854, p. 290).

Description de l'arbre. — *Bois :* assez fort. — *Rameaux :* peu nombreux, étalés plutôt qu'érigés, courts, moyens, vert jaunâtre à l'ombre, rouge terne au soleil, où ils sont en outre ponctués de carmin vif; leur base est couverte de larges exfoliations épidermiques. — *Lenticelles :* clair-semées, petites, arrondies. — *Coussinets :* peu développés. — *Yeux :* rarement accompagnés de boutons à fleur, plaqués sur l'écorce, volumineux, coniques-pointus, aux écailles grises et duveteuses. — *Feuilles :* peu nombreuses, grandes ou très-grandes, vert brillant en dessus, vert-pré en dessous, épaisses, lancéolées-élargies, longuement acuminées en vrille, planes pour la plupart, et légèrement dentées ou crénelées.

— *Pétiole :* gros, court, étroitement et peu profondément cannelé. — *Glandes :* petites, globuleuses, placées sur le pétiole. — *Fleurs :* très-petites, rose foncé.

FERTILITÉ. — Satisfaisante.

CULTURE. — Il fait de beaux arbres sur tous sujets et sous toutes formes.

Description du fruit. — *Grosseur :* au-dessus de la moyenne, et parfois plus volumineuse. — *Forme :* sphérique, inéquilatérale, aplatie à la base, faible-

Pêche Belle de Beaucaire.

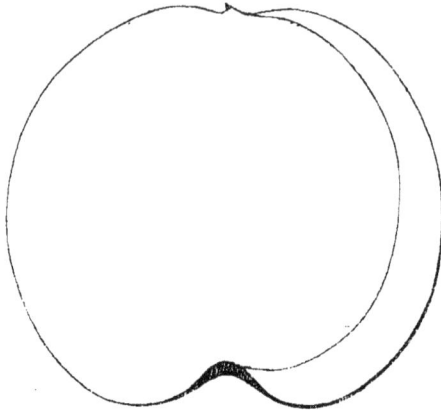

ment mamelonnée au sommet, à sillon peu prononcé. — *Cavité caudale :* étroite, assez profonde. — *Point pistillaire :* petit, noirâtre et placé de côté sur le mamelon. — *Peau :* quittant aisément la chair, fine et fort duveteuse, jaune verdâtre à l'ombre, ponctuée et fouettée, au soleil, de carmin vif lavé de rouge-brun. — *Chair :* blanc verdâtre, fondante, mais fibreuse, marbrée de rouge autour du noyau. — *Eau :* des plus abondantes, très-sucrée, à peine acidule, assez savoureuse. — *Noyau :* non adhérent et plutôt gros que moyen, ovoïde-allongé, fortement rustiqué, ayant les joues bien renflées, la base sensiblement tronquée et le sommet aigu.

MATURITÉ. — Vers la mi-août.

QUALITÉ. — Deuxième.

Historique. — Dès 1823 cette pêche était cultivée dans le jardin de la Société d'Horticulture de Londres, où son arbre portait le n° 22, ainsi que le constate le *Catalogue* dudit jardin, pour l'année 1826 (p. 72). Et plus tard — 1842 — publiant une nouvelle édition de ce *Catalogue,* Thompson y décrivait la Belle de Beaucaire (p. 110, n° 5), en faisant observer qu'il la trouvait très-ressemblante avec la Bellegarde : « *Very like Bellegarde,* » disait-il. Ce qui est une erreur positive, puisque la pêche Bellegarde possède de grandes fleurs et n'offre aucune espèce de glandes, alors que l'arbre de la Belle de Beaucaire porte, au contraire, des glandes globuleuses et de très-petites fleurs. L'unique nom sous lequel je la rencontre ainsi, pour la première fois, me fait croire qu'elle fut gagnée dans les environs de Beaucaire (Gard), et propagée par Urbain Audibert, célèbre pépiniériste tarasconnais, mort en 1846, dont l'établissement, aujourd'hui conduit par ses fils, est situé près de Beaucaire, sur les limites mêmes du département des Bouches-du-Rhône, dans la partie qui confine à celui du Gard. Toujours est-il que le *Catalogue* de cet horticulteur l'a mentionnée, chez nous, bien avant tous autres. Pour moi, je ne l'ai connue qu'en 1856, et mise au commerce en 1858 (*Catalogue,* p. 22, n° 11). Mais les Américains, la chose est curieuse à noter, déjà la possédaient en 1854, comme on le voit dans le *Fruit book* d'Elliott, de cette date, où, page 290, elle est parfaitement caractérisée, puis déclarée d'origine étrangère.

———

PÊCHE BELLE DE BEAUCE. — Synonyme de pêche *Belle-Beausse.* Voir ce nom.

10. Pêche BELLE-BEAUSSE.

Synonymes. — *Pêches :* 1. BELLE-BAUCE (les Chartreux, de Paris, *Catalogue de leurs pépinières*, 1775, p. 11). — 2. BELLE DE BEAUCE (Dittrich, *Systematisches Handbuch der Obstkunde*, 1840, t. II, p. 320, n° 4). — 3. SCHÖNE VON BEAUCE (*Id. ibid.*). — 4. MIGNONNE TARDIVE (Mas, *le Verger*, 1867, t. VII, p. 79, n° 38).

Description de l'arbre. — *Bois :* fort. — *Rameaux :* assez nombreux, érigés plutôt qu'étalés, longs, de moyenne grosseur, vert à l'ombre, rouge-brique ponctué de carmin au soleil, ayant, à la base, l'épiderme sensiblement exfolié. — *Lenticelles :* rares, petites, linéaires, rousses et squammeuses. — *Coussinets :* bien saillants. — *Yeux :* presque toujours accompagnés de boutons à fleur et des plus écartés du bois, gros ou très-gros, ovoïdes-obtus, aux écailles brunes, cotonneuses et mal soudées. — *Feuilles :* peu nombreuses, grandes, vert brillant en-dessus, vert gai en-dessous, épaisses, ovales-allongées, longuement acuminées, planes ou légèrement gaufrées au centre et largement, mais peu profondément, dentées et crénelées sur leurs bords. — *Pétiole :* gros et très-long, plus ou moins tomenteux, rougeâtre en dessous, à cannelure étroite et profonde. — *Glandes :* les unes réniformes, les autres globuleuses, attachées à l'extrémité du pétiole. — *Fleurs :* grandes et rose vif.

FERTILITÉ. — Abondante.

CULTURE. — Sa grande vigueur le rend particulièrement propre à former de beaux plein-vent, et s'accroît encore si, au lieu de le greffer sur prunier, on lui donne pour sujet le franc ou l'amandier.

Description du fruit. — *Grosseur :* au-dessus de la moyenne et souvent plus volumineuse. — *Forme :* globuleuse, inéquilatérale, aplatie aux pôles, à sillon bien marqué. — *Cavité caudale :* large et profonde. — *Point pistillaire :* moyen, brun et presque à fleur de fruit. — *Peau :* mince, s'enlevant facilement, bien cotonneuse, à fond blanc verdâtre ou jaunâtre qui se nuance, à l'insolation, de carmin clair lavé de rouge violâtre. — *Chair :* d'un blanc jaunâtre ou verdâtre, quelque peu rougeâtre sous la peau, très-fine et très-fondante, sanguinolente autour du noyau. — *Eau :* excessivement abondante, sucrée, des plus agréablement acidulée et parfumée. — *Noyau :* non adhérent, de moyenne force, ovoïde, bombé, courtement acuminé, ayant l'arête dorsale large et quelque peu tranchante.

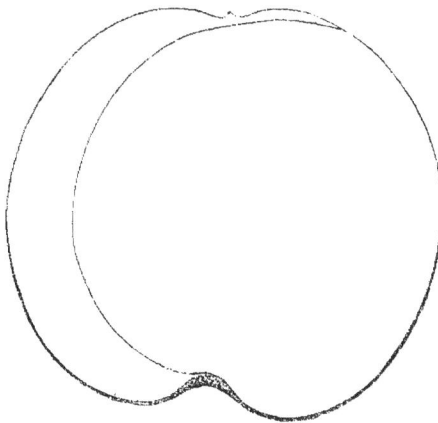

MATURITÉ. — Commencement de septembre.

QUALITÉ. — Première.

Historique. — On a cru longtemps que cette excellente pêche était originaire de la Beauce, nos pépiniéristes ayant généralement orthographié son nom,
dans leurs Catalogues, comme s'orthographie celui de la contrée si justement
appelée le grenier de la France. Mais il n'en est rien, et beaucoup savent aujour-
d'hui que la Belle-*Beausse* — ainsi doit s'écrire ce nom — fut au contraire gagnée
à Montreuil, près Paris, localité où la culture du pêcher a pris, depuis deux siècles,
le plus remarquable développement, et porté l'aisance chez ceux qui s'y sont
livrés. Joseph Beausse, dit la Brette, surnom que lui valut le titre de syndic de
Montreuil, donnant droit au port de l'épée, mourut en 1754, âgé de 80 ans, avec
la réputation d'un arboriculteur de premier ordre, et en léguant aux siens une
notable fortune. M. Hippolyte Langlois, qui dans son traité sur le pêcher, intitulé
le *Livre de Montreuil-aux-Pêches*, et publié en 1875, parle assez longuement de
Joseph Beausse, n'a pas fait connaître l'époque à laquelle ce dernier obtint la
Belle-Beausse : « Il laissa — lit-on seulement en cet ouvrage — dans sa famille,
« dans le pays ensuite, une variété de pêche appelée, de son nom, la Belle-Beausse,
« fruit princier qui valut des millions à ses concitoyens. » (Pages 18-19.) Plus
heureux, nous pouvons, à quelques années près, indiquer la date d'obtention de
cette variété : elle remonte au plus à 1740, et le premier Catalogue marchand
qui la mit en vente, fut, en 1752, celui des Chartreux. Christophe Hervy, alors
directeur des pépinières que possédaient, à Paris, ces moines arboristes, s'éprit
même d'une vraie passion pour le gain de Joseph Beausse, et par tous les moyens
en son pouvoir le propagea dans la riche et nombreuse clientèle des Chartreux,
qui de la France s'étendait à l'Espagne, l'Allemagne, l'Angleterre et la Suisse.
Aussi le fils de Christophe Hervy, en mémoire de l'intérêt porté par son père, à
ce fruit, voulut-il, en 1803, le décrire dans le *Traité des pépinières* d'Etienne Calvel,
description que je vais reproduire, afin de bien établir, surtout, l'identité de cette
pêche, encore mal connue des jardiniers, et même des pomologues :

« Il était juste — disait Hervy fils — que cette pêche reçût le nom l'habile cultivateur de
Montreuil, Joseph Beausse, qui l'avait obtenue. C'est un hommage flatteur que lui consacre
la reconnaissance de ses contemporains. Duhamel (1768) né l'a point décrite; elle n'est principalement connue que par le *Catalogue* des Chartreux, chez qui feu Christophe Hervy l'a
cultivée avec un soin qui a fixé l'attention des amateurs. L'ARBRE est vigoureux et porte bien
ses *bourgeons*, gros, forts et allongés, rouges au soleil, chargés de *boutons* un peu éloignés,
mais forts, et portés sur un *support* saillant. Les *fleurs* sont grandes, bien ouvertes et d'un
rouge vif; ses *feuilles* sont larges, allongées et légèrement dentelées à leur extrémité, qui est
un peu pointue. Le FRUIT est gros, rond, se colore d'un rouge presque écarlate. La *peau* est
fine et se détache facilement de la *chair*, qui est, à la surface, colorée de rouge, et d'un
rouge vif autour du noyau. C'est une excellente pêche qui mûrit au commencement de septembre. » (T. II, pp. 230-231, n° 27.)

Observations. — Le consciencieux et si regrettable M. Mas a caractérisé
en 1865, dans le tome VII du *Verger* (p. 163, n° 80), une Belle-Beausse qui, quoi qu'il
en ait dit, n'est pas la vraie, celle des Chartreux et d'Hervy, dont la description
est ici donnée; mais sous le n° 38 du même volume (p. 79), et le nom *Mignonne*
tardive, il en présente une autre que tout rattache parfaitement à la variété
gagnée par Joseph Beausse. Pareille confusion avait besoin d'être indiquée, en
raison même du mérite de l'ouvrage où elle a été commise. Et c'est aussi le cas
de M. Paul de Mortillet, lequel réunit fautivement à la Belle-Beausse, les pêches

Vineuse de Fromentin et *Pourprée hâtive* de Duhamel, puis *Vineuse hâtive* de Poiteau, fruits n'ayant aucun rapport avec elle; on peut s'en convaincre en recourant aux articles où nous les décrivons. — Une autre méprise avait lieu, dès 1817, dans le *Bon-Jardinier*, lorsqu'on y déclarait identiques l'*Admirable* et la *Belle de Vitry*, avec la Belle-Beausse..... Ajoutons que c'en serait une, également, de classer ce dernier nom parmi les synonymes de la *Grosse-Mignonne*, comme beaucoup l'ont déjà fait.

Pêches BELLE-BEAUTÉ. — Synonymes de pêches *Chancelière* et *Mignonne* (*Grosse-*). Voir ces noms.

Pêche BELLE-CATHERINE.—Voir pêche *Catherine*, au paragraphe Observations.

Pêche BELLE-CHARTREUSE. — Voir pêche *Admirable Saint-Germain*, au paragraphe Historique, et pêche *de Syrie*, au paragraphe Observations.

Pêches : BELLE-CHEVREUSE,

— BELLE-CHEVREUSE HATIVE,   Synonymes de pêche *Chevreuse hâtive*. Voir ce nom.

— BELLE-CHEVREUX,

------

11. Pêche BELLE-CONQUÈTE.

Description de l'arbre. — *Bois :* peu fort. — *Rameaux :* assez nombreux, étalés, longs et grêles, ridés au sommet, complétement exfoliés à la base, d'un vert jaunâtre à l'ombre et d'un beau rouge carminé au soleil. — *Lenticelles :* clair-semées, petites, proéminentes, rousses, arrondies. — *Coussinets :* saillants et de chaque côté se prolongeant en arête. — *Yeux :* écartés du bois et généralement accompagnés de boutons à fleur, petits ou moyens, coniques-obtus, aux écailles cotonneuses, roussâtres et disjointes. — *Feuilles :* nombreuses, petites, vert mat en dessus, vert glauque en dessous, ovales-allongées et lancéolées, longuement acuminées, planes ou canaliculées, ayant les bords ondulés, crénelés et dentés; à l'automne, elles deviennent presqu'entièrement rouges. — *Pétiole :* de longueur et grosseur moyennes, profondément cannelé, légèrement tomenteux, carminé en dessous. — *Glandes :* petites, globuleuses, attachées sur le pétiole. — *Fleurs :* très-grandes, d'un rose assez pâle.

Fertilité. — Abondante.

CULTURE. — Doué d'une bonne vigueur, il fait de beaux arbres pour l'espalier et prospère passablement en plein vent.

Description du fruit. — *Grosseur :* volumineuse. — *Forme :* irrégulièrement globuleuse, plus développée à la base qu'au sommet, ayant le sillon large mais peu profond. — *Cavité caudale :* prononcée. — *Point pistillaire :* apparent, quoique placé dans une dépression assez sensible. — *Peau :* épaisse, s'enlevant avec une certaine difficulté, très-duveteuse, à fond jaune blanchâtre, lavée et ponctuée de carmin à l'insolation. — *Chair :* blanchâtre, fine, bien fondante. — *Eau :* des plus abondantes, très-sucrée, délicatement acidulée et parfumée. —*Noyau :* non adhérent, moyen, ovoïde, bombé, ayant la pointe terminale longue, aiguë, et l'arête dorsale presqu'émoussée.

Pêche Belle-Conquête.

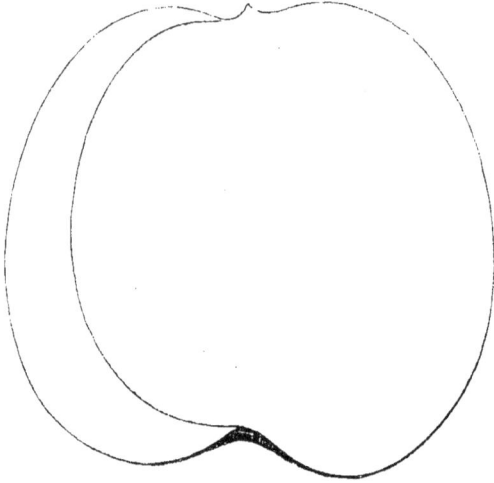

MATURITÉ. — Derniers jours d'août.

QUALITÉ. — Première.

Historique. — Quelle est l'origine de cette pêche, que son nom semble rattacher à notre pomone?... S'il faut prononcer d'après le document qui la fit connaître au monde horticole, feu Laurent de Bavay, mort en 1855 pépiniériste à Vilvorde-lez-Bruxelles, serait son obtenteur, ou tout au moins son promoteur. Le *Catalogue* de cet arboriste très-estimé, fut en effet, dans l'année 1852, le premier à la signaler, mais rien n'y disait qu'on dût la regarder comme un gain récent provenu de l'établissement même. Et, selon moi, le croire devient assez difficile, les pomologues belges, contrairement à leur habitude, ayant négligé de caractériser cet excellent fruit, et de l'inscrire au rang de ceux dont ils réclament l'indigénat. Puis une chose, aussi, confirme mon doute : c'est de voir la Société Van Mons publier en mars 1858, au chapitre de ses fruits *nouveaux*, une liste d'Abricotiers et de Pêchers *envoyés de Hollande*, en 1855, par M. Otto Lander, horticulteur à Boskoop, près Gouda, et d'y trouver précisément (pp. 154 et 212) le nom du pêcher Belle-Conquête..... Il se peut donc, à dates si rapprochées, que Laurent de Bavay, l'un des fondateurs de la Société Van Mons, eût également et antérieurement reçu de Boskoop, sa Belle-Conquête, dont le nom peut bien, après tout, n'être qu'une traduction du hollandais?..... Enfin, laissons au temps le soin d'éclaircir ces questions.

———————

PÊCHE BELLE DE DOUAI. — Synonyme de pêche *Belle de Doué*. Voir ce nom.

———————

12. Pêche BELLE DE DOUÉ.

Synonymes. — *Pêches :* 1. Belle de Douai (Robert Hogg, *the Fruit manual*, 1862). — 2. Schöne von Doue (Lucas, *Illustrirtes Handbuch der Obstkunde*, 1869, t. VI, p. 447).

Description de l'arbre. — *Bois :* fort. — *Rameaux :* peu nombreux, étalés et arqués, gros, longs, légèrement flexueux, rouge carminé au soleil, d'un vert jaunâtre à l'ombre, ayant, à leur base, l'épiderme très-exfolié. — *Lenticelles :* abondantes, assez grandes, linéaires ou arrondies, roussâtres et squammeuses. — *Coussinets :* peu saillants et de chaque côté se prolongeant en arête. — *Yeux :* écartés du bois, généralement flanqués de boutons à fleur, gros, ovoïdes-obtus et très-renflés, aux écailles duveteuses, grisâtres et bien soudées. — *Feuilles :* nombreuses, moyennes, vert jaunâtre en dessus, vert blanchâtre en dessous, lancéolées-élargies, longuement acuminées en vrille, planes ou légèrement ondulées sur les bords, qui sont profondément dentés et surdentés. — *Pétiole :* long ou moyen, bien nourri, sanguin en dessous, à cannelure très-acusée. — *Glandes :* globuleuses, petites, attenantes au pétiole. — *Fleurs :* très-petites, rose intense.

Fertilité. — Grande.

Culture. — Il fait sur franc, amandier ou prunier, des espaliers et des pleinvent qui ne laissent rien à désirer.

Description du fruit. — *Grosseur :* moyenne et parfois plus volumineuse. — *Forme :* globuleuse, inéquilatérale, à sillon fortement marqué. — *Cavité caudale :* prononcée. — *Point pistillaire :* petit et à fleur de fruit. — *Peau :* mince, s'enlevant aisément, très-duveteuse, à fond vert jaunâtre, lavée et ponctuée de rouge terne au soleil. — *Chair :* blanc verdâtre, fine, fondante, sanguinolente autour du noyau. — *Eau :* des plus abondantes, sucrée, délicieusement acidulée et parfumée. — *Noyau :* non adhérent, ellipsoïde, courtement mucroné, ayant les joues renflées et l'arête dorsale quelque peu tranchante.

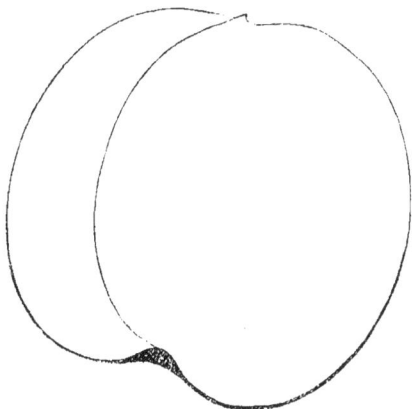

Maturité. — Vers le milieu d'août.

Qualité. — Première.

Historique. — En 1865, M. Paul de Mortillet, bien connu par ses riches collections d'arbres fruitiers et ses études pomologiques, s'occupant de la pêche ici décrite, la reléguait presque au rang des synonymes :

« J'ai demandé à plusieurs reprises — disait-il — et à divers pépiniéristes, la *Belle de Doué*..... mais j'ai toujours reçu sous ce nom une pêche à fleurs petites et à glandes réniformes, parfaitement identique à la *Reine des Vergers*. Sans donc nier qu'il peut exister une Belle de Doué à fleurs petites et à glandes globuleuses, appartenant par conséquent à la parenté des Galandes, je suis autorisé à dire que, pour beaucoup d'horticulteurs, cette variété est synonyme de Reine des Vergers. » (*Les Meilleurs fruits*, t. II, p. 173.)

Ce doute exprimé par M. de Mortillet, n'était nullement fondé; il put le reconnaître dès 1868, dans le *Verger*, où le très-regrettable M. Mas décrivit et

figura la Belle de Doué, que Poiteau, en 1842, avait du reste signalée et caractérisée à la page 176 du XXXIᵉ volume des *Annales de la Société d'Horticulture de
Paris*. Gagnée de semis en 1839, à Doué-la-Fontaine (Maine-et-Loire), par le
pépiniériste Dimia-Chatenay, qui s'empressa d'en adresser en 1842 de très-beaux
spécimens à M. Jamin, un de ses confrères parisiens, cette pêche fut vite propagée,
grâce surtout à l'appui que lui prêta Poiteau, dans le recueil le plus répandu que
l'horticulture eût alors à sa disposition. Et certes elle méritait, par son exquise
saveur, de prendre place en nos jardins ; mais le nom sous lequel on l'y introduisit, m'a toujours semblé trop prétentieux, ce fruit dépassant rarement
la grosseur moyenne, comme le constatait Poiteau (1842), en lui accordant « un
« diamètre de 68 millimètres, sur un peu plus de hauteur ; » et c'était une pêche
de choix qu'il avait dégustée, une de celles offertes à Jamin par Dimia-Chatenay,
qui, naturellement, ne dut pas envoyer les plus petites.

Observations. — La Belle de Doué ressemble beaucoup à la Grosse-Mignonne,
seulement leurs arbres diffèrent, l'un ayant de très-petites fleurs, alors que
l'autre, celui de la dernière, en porte de très-grandes. — On peut aisément
expédier sur les marchés cette excellente pêche, car elle se conserve pendant
plusieurs jours en parfait état.

Pêche BELLE DE FERRIÈRE. — Synonyme de pêche *Mignonne (Grosse-)*. Voir
ce nom.

Pêche BELLE DE JERSEY. — Synonyme de pêche *Unique*. Voir ce nom.

Pêche BELLE DE MALTE. — Synonyme de pêche *de Malte*. Voir ce nom.

Pêches BELLE DE PARIS. — Synonymes de pêche *Madeleine blanche* et de
pêche *de Malte*. Voir ces noms.

Pêche BELLE POURPRÉE. — Synonyme de pêche *Pourprée hâtive*. Voir ce
nom.

Pêches BELLE-TILLEMONT et BELLE DE TILLEMONT. — Synonymes de
pêche *Galande*. Voir ce mot ; voir aussi pêche *Bourdine*, au paragraphe Observations.

Pêche BELLE TOULOUSAINE. — Synonyme de pêche *Belle de Toulouse*. Voir ce
nom.

13. Pêche BELLE DE TOULOUSE.

Synonymes. — *Pêches* : 1. TARDIVE DE TOULOUSE (Congrès pomologique, session de 1869, *Procès-Verbaux*, p. 31; et session de 1872, p. 9). — 2. SOUVENIR DE JEAN REY (Carrière, *le Jardin fruitier du Muséum*, 1872, t. VII). — 3. BELLE TOULOUSAINE (O. Thomas, *Guide pratique de l'amateur de fruits*, 1876, p. 246). — 4. SCHÖNE TOULOUSERIN (*Id. ibid.*).

Description de l'arbre. — *Bois* : assez fort. — *Rameaux* : peu nombreux, étalés et arqués, gros et longs, flexueux, rouge carminé au soleil, vert jaunâtre sur l'autre face et légèrement exfoliés à leur base. — *Lenticelles* : clair-semées, arrondies, grisâtres. — *Coussinets* : ressortis et se prolongeant en arête. — *Yeux* : souvent accompagnés de boutons à fleur et rapprochés du bois, volumineux, ovoïdes-obtus, aux écailles cotonneuses, noirâtres et mal soudées. — *Feuilles* : de moyenne grandeur, vert clair en dessus, vert blanchâtre en dessous, épaisses, ovales-allongées, assez courtement acuminées, ondulées sur les bords, gaufrées à leur milieu, puis finement dentées et surdentées. — *Pétiole* : gros, assez court, étroitement cannelé, complétement sanguin dans toute la longueur de la feuille. — *Glandes* : réniformes, bien apparentes, collées sur le pétiole. — *Fleurs* : petites, rose clair.

FERTILITÉ. — Satisfaisante.

CULTURE. — Si toutes les formes et tous les sujets conviennent à ce pêcher, l'espalier, cependant, favorise toujours beaucoup la maturité de ses produits.

Description du fruit. — *Grosseur* : assez volumineuse. — *Forme* : globuleuse plus ou moins ovoïde, parfois irrégulière et bossuée, à sillon faiblement accusé. — *Cavité caudale* : large et profonde. — *Point pistillaire* : petit et presque saillant. — *Peau* : mince et quittant aisément la chair, duveteuse, jaune clair et blafard à l'ombre, quelque peu lavée de carmin vif à l'insolation. — *Chair* : blanc verdâtre, rougeâtre au centre, assez filandreuse. — *Eau* : très-abondante, rarement bien sucrée, vineuse et douée d'une certaine saveur. — *Noyau* : non adhérent, ovoïde-allongé, bombé dans sa partie supérieure, très-plat à sa base, ayant la pointe terminale courte, aiguë, et l'arête dorsale tranchante.

MATURITÉ. — Commencement du mois de septembre.

QUALITÉ. — Deuxième.

Historique. — Jean Rey, habile pépiniériste de Toulouse, où il est mort âgé de 67 ans, le 17 novembre 1862, fut l'obtenteur de cette variété, qu'il gagna de semis en 1859. Les frères Barthère, horticulteurs même ville, en ont été les premiers propagateurs. M. Carrière a décrit la Belle de Toulouse dans *le Jardin fruitier du Muséum* (t. VII), puis aussi la pêche *Souvenir de Jean Rey*, que

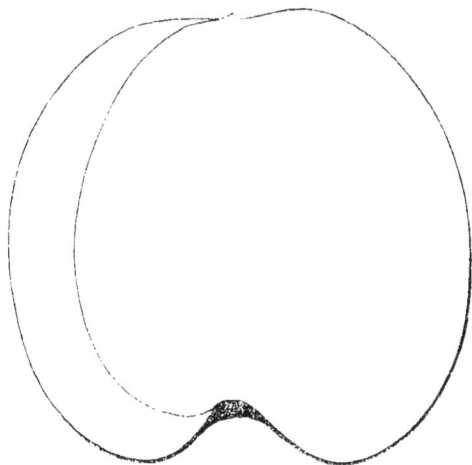

cependant nous devons réunir à celle-ci. Glandes, fleurs, maturité, rien effectivement ne diffère en ces deux pêchers, non plus que dans leurs produits. Et le
savant rédacteur de la *Revue horticole* le reconnaîtra sur un simple examen.
Mais de telles erreurs ne sont que trop faciles à commettre, surtout lorsqu'on
n'étudie pas sans désemparer les diverses variétés d'un genre.

14. Pêche BELLE DE VITRY.

Synonymes. — *Pêches :* 1. Admirable tardive (Duhamel, *Traité des arbres fruitiers*, 1768,
t. II, p. 36; — les Chartreux, de Paris, *Catalogue de leurs pépinières*, 1775, p. 10). — 2. The
Bellis (Société Économique de Berne, *Traité des arbres fruitiers*, 1768, t. II, p. 200). —
3. Schöne von Vitry (J. V. Sickler, *Teutscher Obstgärtner*, 1799, t. XI, p. 216). — 4. Late
Admirable (Thompson, *Catalogue of fruits cultivated in the garden of the horticultural Society
of London*, 1842, p. 110). — 5. Grosse-Admirable (Dochnahl, *Obstkunde*, 1858, t. III, p. 210,
n⁰ 73).

Description de l'arbre. — *Bois :* fort. — *Rameaux :* nombreux, gros,
longs, étalés et rigides, légèrement géniculés, vert gai à l'ombre, et d'un rose
qui passe au rouge vif à l'insolation; ils sont en outre couverts d'exfoliations
épidermiques à leur base. — *Lenticelles :* assez rares, petites, blanches, arrondies.
— *Coussinets :* peu saillants et formant arête sur les côtés. — *Yeux :* entourés de
boutons à fleur, et bien écartés du bois, volumineux, coniques-pointus très-
allongés, aux écailles duveteuses, grisâtres et disjointes. — *Feuilles :* nombreuses,
de grandeur moyenne, vert-sombre en dessus, vert jaunâtre en dessous et pana-
chées, pour la plupart, de blanc ou de jaune; ovales-allongées, longuement
acuminées en vrille et bordées de dents très-fines que surmonte un cil marron.
— *Pétiole :* court, bien nourri, roide, vert jaunâtre et parfois légèrement lavé de
carmin, à cannelure étroite et profonde. — *Glandes :* globuleuses, petites, attachées sur le limbe inférieur de la feuille. — *Fleurs :* petites, rose intense.

Fertilité. — Remarquable.

Culture. — Il réussit non moins bien sur amandier que sur prunier, et fait de
convenables plein-vent, malgré sa vigueur modérée; toutefois l'espalier lui
sera toujours plus profitable, sous
le double rapport de l'abondance,
du volume et de la qualité de ses
produits.

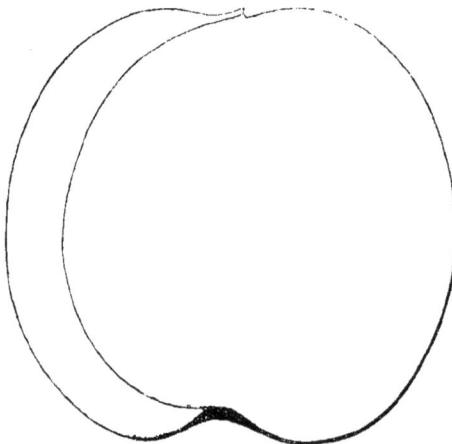

Description du fruit. — *Grosseur :* au-dessus de la moyenne. —
Forme : globuleuse, légèrement inéquilatérale, bossuée, non mamelonnée, à sillon peu profond. —
Cavité caudale : assez grande. —
Point pistillaire : occupant le centre
d'une faible dépression où très-
souvent il est obliquement placé. —
Peau : épaisse, s'enlevant avec facilité, des plus duveteuses, à fond
blanc verdâtre presque entièrement
lavé de pourpre. — *Chair :* blanchâtre, nuancée de vert, compacte, quoique

bien fondante, rosâtre auprès du noyau. — *Eau :* abondante, acide, vineuse, sucrée et délicatement parfumée. — *Noyau :* non adhérent, assez petit, ovoïde et bombé, fortement mucroné, ayant l'arête dorsale émoussée.

MATURITÉ. — Commencement de septembre.

QUALITÉ. — Première.

Historique. — La Belle de Vitry, dont le nom indique le lieu d'origine, Vitry-sur-Seine, de tout temps renommé pour ses pépinières d'arbres fruitiers, fut signalée par notre vieux Merlet, en 1675, dans la seconde édition de son *Abrégé des bons fruits :*

« C'est une très-grosse Pesche camuse — écrivait-il — charnuë et pleine de bosses, qui est tardive et des plus excellentes, son goust estant relevé; est fort rouge vers le noyau, qu'elle a petit, et ressemble assez à la Pesche Admirable, laquelle est plus ronde. » (Pages 39 et 40.)

L'obtention de cette variété ne doit guère remonter au delà de 1670. Elle acquit promptement une véritable vogue, et fut cultivée dans tous les jardins des environs de Paris. Mais c'est au cours du XVIIIe siècle, qu'elle atteignit l'apogée de sa gloire, quand un abbé, pomologue éminent de ces temps-là, s'avisa chaque année, à la Saint-Louis, de l'offrir au roi, enjolivée du nom du monarque et des armes de France. Etienne Calvel, qui nous a transmis ce détail, explique ainsi le moyen dont se servait l'abbé Roger Schabol, pour décorer de la sorte ses Belle de Vitry : « Il les couvrait, dit-il, d'un papier huilé sur lequel il dessinait le nom et « les armes de Louis XV, puis découpait ce qu'il voulait faire colorer par le soleil. » (*Traité sur les pépinières*, 1805, t. II, pp. 225-226.)

Observations. — Cette pêche, pour être mangée dans toute sa bonté, a besoin de passer quelques jours au fruitier. Anciennement nombre d'amateurs préféraient, cependant, la laisser mûrir sur l'arbre, et plaçaient au-dessous un sac en crin ou un filet, afin qu'en tombant de maturité, rien ne pût la meurtrir. — Les Anglais possèdent une *Late Admirable* qui n'est nullement identique avec la Belle de Vitry, quoiqu'on l'ait parfois affirmé, mais qui se rapporte bien, par exemple, à notre très-antique pêche Royale (voir ce nom). — M. Mas, dans *le Verger* (t. VII, n° 98), a signalé deux fausses Belle de Vitry : celle caractérisée par Lepère, et dite à fleurs de première grandeur, laquelle est une Mignonne; puis celle à feuilles dépourvues de glandes — une Madeleine, alors — qu'ont décrite Lindley, Downing et Thomas, de Metz.

PÊCHE BELLE DE MES YEUX. — Synonyme de pêche *Vineuse hâtive*. Voir ce nom.

---

15. PÊCHE BELLEGARDE.

Synonyme. — GROSSE-PÊCHE (dom Claude Saint-Etienne, *Nouvelle instruction pour connaître les bons fruits*, 1670, p. 131).

Description de l'arbre. — *Bois :* fort ou très-fort. — *Rameaux :* des plus nombreux, gros, longs, érigés, lisses, vert jaunâtre à l'ombre, rouge olivâtre au soleil et sensiblement exfoliés à la base. — *Lenticelles :* assez-rares, grandes, arrondies, squammeuses et proéminentes. — *Coussinets :* peu développés. — *Yeux :* légèrement écartés du bois et placés parfois entre des boutons à fleur, moyens, coniques-pointus, aux écailles duveteuses, brunes, faiblement disjointes. — *Feuilles :* très-nombreuses, petites ou moyennes, vert brillant en dessus, vert mat en dessous, ovales-allongées, courtement acuminées, à bords finement et régulièrement dentés et surdentés. — *Pétiole :* de longueur moyenne, grêle, flexible, laissant retomber la feuille, à cannelure étroite et profonde. — *Glandes :* faisant complétement défaut. — *Fleurs :* grandes et d'un rose très-pâle.

Fertilité. — Abondante.

Culture. — Excessivement rustique, il devient surtout remarquable en plein vent et n'est que bien rarement atteint des maladies auxquelles sont sujets ses congénères; on le greffe sur franc, prunier ou amandier.

Description du fruit. — *Grosseur :* moyenne, et quelquefois plus volumineuse. — *Forme :* sphérique, inéquilatérale, comprimée aux pôles, faiblement mamelonnée au sommet, à sillon large et peu profond. — *Cavité caudale :* très-prononcée. — *Point pistillaire :* placé de côté dans une dépression assez marquée.—*Peau :* épaisse, se détachant bien, excessivement duveteuse, d'un vert très-clair à l'ombre, et quelque peu lavée de carmin à l'insolation. — *Chair :* blanc verdâtre, fondante et fine. — *Eau :* abondante, sucrée, vineuse, de saveur fort agréable. — *Noyau :* non adhérent, moyen et arrondi, ayant les joues faiblement renflées, la pointe terminale presque nulle et l'arête dorsale assez tranchante.

Pêche Bellegarde.

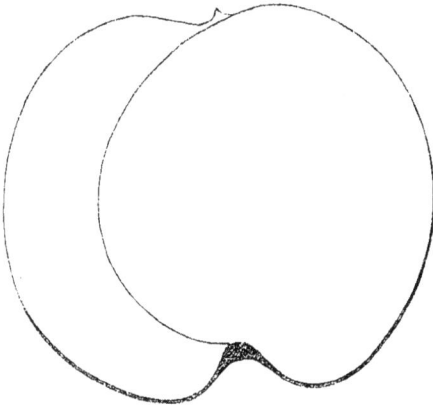

Maturité. — Commencement du mois de septembre.

Qualité. — Première.

Historique. — Merlet est le premier pomologue qui ait signalé la Bellegarde. Il le fit en 1667, page 42 de son *Abrégé des bons fruits*, la disant « grosse, longue, « blanche dehors et dedans, et tardive; » caractères qui sont bien les siens. Aujourd'hui, cette pêche est généralement confondue avec la Galande, variété dont nous nous occuperons plus loin, et cette méprise vient uniquement de ce qu'en 1768 Duhamel décrivit une Bellegarde à laquelle il appliqua le synonyme *Galande,* mais qu'il s'empressa de déclarer (t. II, p. 31) « très-différente de la Belle-« garde de Merlet, » déclaration dont on eût dû tenir un meilleur compte. Merlet resta muet sur l'origine de ce fruit; seulement, comme il s'attachait avant tout à la recherche des variétés nouvelles cultivées dans les environs de Paris, où se trouvait sa résidence, ceci nous conduit à penser que le pêcher Bellegarde provient de cette contrée. Et même, ajoutons-le, du village de Montreuil, où mourut, le 24 juillet 1646, le fameux Octave de Bellegarde, archevêque de Sens, à la mémoire duquel, croyons-nous, fut dédié ce gain si méritant.

Pêche BELLEGARDE. — Voir *Galande*, au paragraphe Observations.

Pêche the BELLIS. — Synonyme de pêche *Belle de Vitry*. Voir ce nom.

---

16. Pêche BERGEN JAUNE.

Synonyme. — *Pêche* Bergen's Yellow (A. J. Downing, *the Fruits and fruit trees of America*, 1849, p. 490, n° 53).

Description de l'arbre. — *Bois :* assez fort. — *Rameaux :* nombreux, érigés et étalés, de longueur et grosseur moyennes, non géniculés, vert jaunâtre à l'ombre, rouge sombre à l'insolation et légèrement exfoliés à la base. — *Lenticelles :* rares, petites, linéaires. — *Coussinets :* saillants. — *Yeux :* faiblement écartés du bois, volumineux, ovoïdes-pointus, aux écailles gris cendré. — *Feuilles :* petites ou moyennes, vert sombre en dessus, vert blanchâtre en dessous, ovales-allongées, courtement acuminées, planes ou contournées, à bords régulièrement dentés. — *Pétiole :* bien nourri, très-court, roide, carminé en dessous, étroitement cannelé. — *Glandes :* petites, réniformes, attachées sur le pétiole. — *Fleurs :* petites, campanulées et d'un beau rose.

Fertilité. — Abondante.

Culture. — Propre à toutes les formes il se greffe sur toute espèce de sujets et fait particulièrement d'irréprochables plein-vent.

Description du fruit. — *Grosseur :* volumineuse, assez régulière, faiblement mamelonnée au sommet, à sillon peu marqué. — *Cavité caudale :* très-profonde. — *Point pistillaire :* placé à fleur de fruit ou dans une légère dépression. — *Peau :* mince, quittant bien la chair, couverte d'un fin duvet, à fond blanc jaunâtre, plus ou moins amplement lavée et ponctuée de carmin au soleil. — *Chair :* jaune, fondante, rosée près du noyau. — *Eau :* fort abondante, bien sucrée, rafraîchissante et très-savoureuse. — *Noyau :* non adhérent, gros, ovoïde-arrondi, bombé, courtement mucroné, ayant l'arête dorsale émoussée.

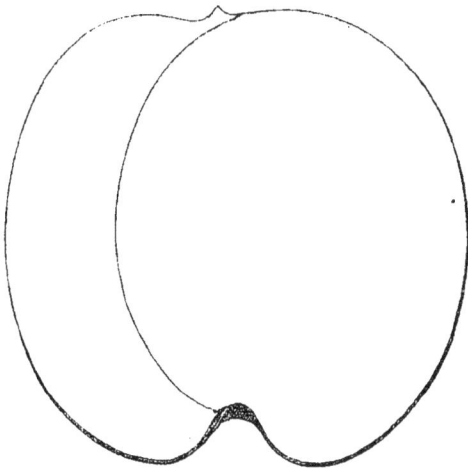

Maturité. — Fin d'août.

Qualité. — Première.

Historique. — D'origine américaine, elle porte le nom de son obtenteur; et le pomologue A. J. Downing, qui la décrivit en 1849 (p. 490), la croyait sortie de Long-Island, île considérable faisant partie de L'état de New-York, et renommée pour ses bons fruits et ses excellents fourrages.

Pêche BERGEN'S YELLOW. — Synonyme de pêche *Bergen jaune*. Voir ce nom.

---

17. Pêche BERNARDIN DE SAINT-PIERRE.

Description de l'arbre. — *Bois :* fort. — *Rameaux :* nombreux, étalés à la base, érigés au sommet, gros, longs, arqués, vert brunâtre à l'ombre, rouge sombre au soleil, exfoliés dans toute leur partie inférieure. — *Lenticelles :* rares, petites, arrondies. — *Coussinets :* peu ressortis. — *Yeux :* légèrement écartés du bois, volumineux, ovoïdes, aux écailles plus ou moins disjointes, grises et duveteuses. — *Feuilles :* nombreuses, grandes, vert brillant en dessus, vert mat en dessous, ovales-allongées, longuement acuminées en vrille, planes ou contournées, gaufrées au centre et largement, mais peu profondément, dentées en scie sur leurs bords. — *Pétiole :* assez nourri, de longueur moyenne, rigide, à cannelure très-accusée. — *Glandes :* grosses et réniformes, placées sur le pétiole ou sur le limbe inférieur des feuilles. — *Fleurs :* petites, roses et campanulées.

Fertilité. — Satisfaisante.

Culture. — Cet arbre, d'une végétation modérée, se plaît beaucoup en espalier, forme qui augmente encore le volume et la bonté de ses produits.

Description du fruit. — *Grosseur :* au-dessus de la moyenne. — *Forme :* ovoïde-arrondie, inéquilatérale, non mamelonnée au sommet, à sillon peu marqué. — *Cavité caudale :* large et profonde. — *Point pistillaire :* à fleur de fruit. — *Peau :* mince, s'enlevant avec facilité, excessivement duveteuse, blanc jaunâtre à l'ombre, marbrée et nuancée de pourpre sur le côté du soleil. — *Chair :* blanche, fine, fondante, carminée au centre. — *Eau :* des plus abondantes, très-sucrée, délicieusement acidulée et parfumée. — *Noyau :* non adhérent, assez petit, ovoïde, courtement mucroné, ayant les joues bombées et l'arête dorsale d'un faible relief.

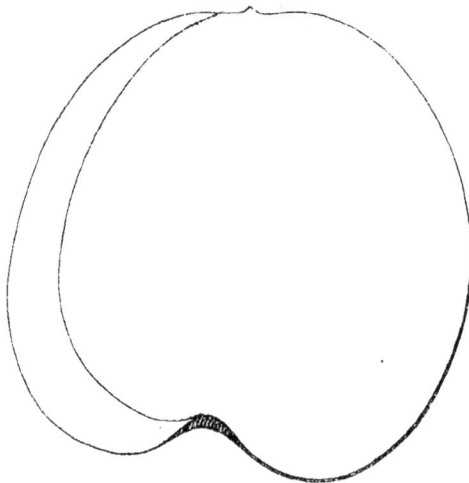

Maturité. — Commencement du mois de septembre.

Qualité. — Première.

VI.

Historique. — Ce bon et beau fruit, qui sort des anciennes pépinières Jamin et Durand, à Bourg-la-Reine, près Paris, me fut envoyé de cet établissement, en 1865, comme une nouveauté de toute récente obtention. Son mérite, et surtout son nom, m'engagèrent à le propager activement, mais il est encore fort peu répandu. Bernardin de Saint-Pierre, l'illustre écrivain auquel on l'a dédié, naquit au Havre, en 1737, et mourut à sa terre d'Eragny, près Pontoise, en 1814.

PÊCHE BERTHOLOME. — Synonyme de pêche *Roussanne Berthelanne*. Voir ce nom.

----

18. PÊCHE BESY ROBIN.

Description de l'arbre. — *Bois :* très-fort. — *Rameaux :* assez nombreux, plutôt érigés qu'étalés, gros, longs, géniculés, vert jaunâtre à l'ombre, rouge-brique lavé de carmin au soleil, et amplement exfoliés à leur base. — *Lenticelles :* rapprochées, petites, blanchâtres, oblongues ou arrondies. — *Coussinets :* bien sortis. — *Yeux :* écartés du bois, accompagnés de boutons à fleur dans toute la longueur du rameau, gros ou très-volumineux, ovoïdes-obtus, aux écailles cotonneuses, brunes et mal soudées. — *Feuilles :* de grandeur moyenne, vert brillant en dessus, vert clair en dessous, allongées, longuement acuminées, légèrement contournées, bordées de larges dents surmontées chacune d'un cil couleur puce. — *Pétiole :* de longueur moyenne, un peu grêle, tomenteux, violâtre en dessous, à cannelure étroite et profonde. — *Glandes :* très-apparentes, réniformes, fixées sur le pétiole. — *Fleurs :* petites et d'un rose intense.

FERTILITÉ. — Extrême.

CULTURE. — On peut le greffer sur amandier, franc ou prunier, il s'y prête à toutes les formes et fait toujours de très-beaux arbres.

Description du fruit. — *Grosseur :* volumineuse. — *Forme :* sphérique, comprimée aux pôles, à peine mamelonnée au sommet, bossuée, à sillon large et profond. — *Cavité caudale :* prononcée. — *Point pistillaire :* saillant ou un peu enfoncé. — *Peau :* dure et épaisse, se détachant assez difficilement, bien duveteuse, jaune verdâtre et tachetée de rouge obscur sur le côté de l'ombre, puis recouverte amplement de carmin foncé sur la face frappée par le soleil. — *Chair :* d'un blanc jaunâtre, ferme, quoique fondante, fortement rosée près du noyau. — *Eau :* très-abondante, des plus sucrées et agréablement acidulée, possédant une saveur parfumée vraiment exquise. —

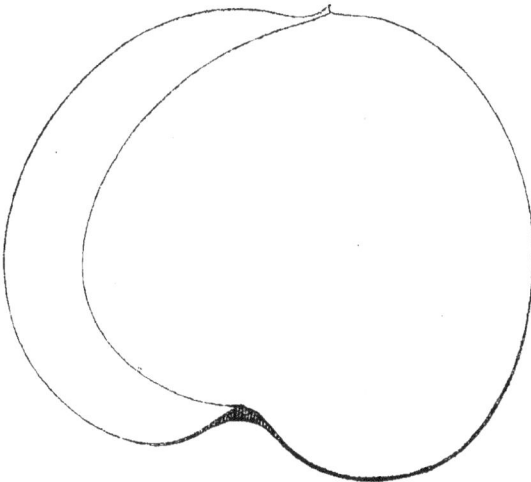

Noyau : non adhérent, très-gros, ovoïde-arrondi, bien bombé, ayant l'arête dorsale tranchante et sensiblement ressortie.

MATURITÉ. — Vers la mi-septembre.

QUALITÉ. — Première.

Historique. — Cette pêche, l'une des meilleures que nous connaissions, est provenue d'un semis fait à Angers, en 1863, par M. Besy Robin, marinier, quai des Luisettes. Le pied-mère fructifia dès 1868, mais la gelée vint en détruire les produits. Ce fut seulement en 1870 qu'on vit mûrir ses premiers fruits; et jamais récolte plus abondante n'avait été cueillie, puisqu'il portait environ deux cents pêches de la grosseur du type ici représenté.

PÊCHE BETTERAVE PRÉCOCE. — Synonyme de pêche *Sanguine.* Voir ce nom.

PÊCHE BETTERAVE TARDIVE. — Synonyme de pêche *Sanguinole.* Voir ce nom.

PÊCHE BLANCHE. — Synonyme de pêche *Bourdine.* Voir ce nom.

PÊCHE BLANCHE D'AMÉRIQUE. — Synonyme de pêcher *à Fleurs blanches.* Voir ce nom.

PÊCHES : BLANCHE D'ANDELY,

—   BLANCHE D'ANDILLY,

—   BLANCHE D'ANTILLY,

Synonymes de *Nectarine Blanche d'Andilly.* Voir ce nom.

PÊCHE BLANCHE (GROSSE-). — Synonyme de pêche *Bourdine.* Voir ce nom.

PÊCHE BLANCHE DE MORRIS. — Synonyme de pêche *Morris blanche.* Voir ce nom.

PÊCHE BLANCHE MUSQUÉE. — Synonyme d'*Avant-Pêche blanche.* Voir ce nom.

PÊCHE BLASSROTHER. — Synonyme de pêche *Teindou.* Voir ce nom.

PÊCHE BLONDE. — Voir pêche *de Corbeil,* au paragraphe OBSERVATIONS.

Pêche BLONDE. — Synonyme de pêcher *Pyramidal*. Voir ce nom.

Pêche BLONDINE. — Synonyme de pêche *Teindou*. Voir ce nom.

Pêche BLOODY. — Synonyme de pêche *Sanguinole*. Voir ce nom.

Pêcher a BOIS ET FLEURS BLANCHES. — Synonyme de pêcher *à Fleurs blanches*. Voir ce nom.

Pêcher a BOIS JAUNE. — Synonyme de pêcher *Demouilles*. Voir ce nom.

19. Pêche BOISSELOT.

Description de l'arbre. — *Bois :* fort. — *Rameaux :* très-nombreux, gros, des plus longs, légèrement étalés, flexueux, vert jaunâtre à l'ombre, rouge-brun à l'insolation, ayant, à leur base, l'épiderme exfolié. — *Lenticelles :* assez abondantes, arrondies, de grandeur variable. — *Coussinets :* saillants, avec double prolongement en arête. — *Yeux :* flanqués de boutons à fleur, écartés du bois, volumineux, ovoïdes-pointus, aux écailles duveteuses, noirâtres et mal soudées. — *Feuilles :* très-nombreuses, grandes, vert luisant en dessus, vert glauque en dessous, ovales-allongées, très-longuement acuminées, planes ou gaufrées, à bords crénelés et dentés, dont chaque dent est surmontée d'un cil marron. — *Pétiole :* gros et long, roide, étroitement et profondément cannelé, puis fortement carminé, en dessous, de son point d'attache à son autre extrémité. — *Glandes :* volumineuses, réniformes, plaquées sur le pétiole. — *Fleurs :* petites, roses.

Fertilité. — Grande.

Culture. — Sa vigueur et sa riche ramification le rendent propre à toutes les formes ; il prospère parfaitement aussi sur n'importe quel sujet.

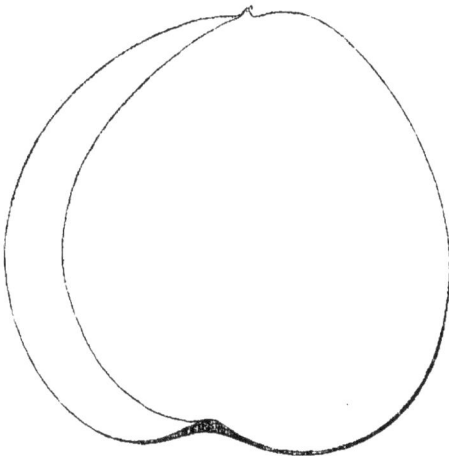

Description du fruit. — *Grosseur :* au-dessus de la moyenne et souvent plus volumineuse. — *Forme :* ovoïde-arrondie, inéquilatérale, bossuée au sommet, à sillon faiblement accusé. — *Cavité caudale :* peu développée. — *Point pistillaire :* saillant. — *Peau :* épaisse, s'enlevant aisément, couverte d'un fin duvet, blanche à l'ombre et presque entièrement marbrée et striée de rose ou de rouge à l'insolation. — *Chair :* blanche, fondante, assez compacte, carminée au centre. — *Eau :* abondante, très-sucrée, acidulée, entachée parfois d'un arrière-goût désagréable. — *Noyau :* non adhérent, de grosseur moyenne, ovoïde-allongé, plus ou moins bombé, ayant l'arête dorsale bien ressortie.

MATURITÉ. — Fin août et commencement de septembre.

QUALITÉ. — Deuxième, et quelquefois première.

Historique. — M. Auguste Boisselot, propriétaire à Nantes et fort connu pour ses heureux semis d'arbres fruitiers, est l'obtenteur de ce pêcher, dont il m'offrit des greffes en 1865, deuxième année de la fructification du pied-type. Assez capricieuse quant à la qualité, cette variété serait très-méritante, si la saveur de ses produits n'était diminuée, de temps à autre, par un arrière-goût herbacé.

PÊCHE BOLLWILLER LIEBLING. — Synonyme de pêche *Favorite de Bollwiller.* Voir ce nom.

PÊCHE BONNE-JULIE. — Voir *Admirable Saint-Germain,* au paragraphe HISTORIQUE.

PÊCHE BONOUVRIER. — Synonyme de pêche *Chevreuse hâtive.* Voir ce nom.

PÊCHES : BORDINE,

—   BOUDIN,   Synonymes de pêche *Bourdine.* Voir ce nom.

—   BOUDINE,

---

20. Pêche BOULE D'OR.

Synonyme. — *Pêche* GOLDEN BALL (Elliott, *Fruit book,* 1854, p. 292).

Description de l'arbre. — *Bois :* assez faible. — *Rameaux :* peu nombreux, étalés, grêles, de longueur moyenne, rouge-lie-de-vin à l'insolation, vert ponctué de carmin sur le côté de l'ombre. — *Lenticelles :* clair-semées, petites, arrondies. — *Coussinets :* aplatis mais se prolongeant en arête. — *Yeux :* plaqués sur l'écorce, gros relativement au rameau, ovoïdes-pointus, ayant les écailles brunes et légèrement disjointes. — *Feuilles :* abondantes, grandes, vert luisant en dessus, vert clair en dessous, ovales-allongées, sensiblement acuminées, planes, crénelées et dentées. — *Pétiole :* très-court et peu nourri, rosâtre en dessous, à faible cannelure. — *Glandes :* les unes globuleuses, les autres réniformes, attachées sur le pétiole. — *Fleurs :* petites et d'un rose intense.

FERTILITÉ. — Modérée.

CULTURE. — Le plein-vent n'est pas favorable à cet arbre, dont la végétation laisse beaucoup à désirer; il lui faut l'espalier pour acquérir un assez bon développement.

Description du fruit. — *Grosseur :* volumineuse. — *Forme :* globuleuse, fortement comprimée aux pôles, inéquilatérale, non mamelonnée au sommet, à sillon étroit mais très-profond. — *Cavité caudale :* de dimensions moyennes. — *Point pistillaire :* saillant ou presque saillant. — *Peau :* assez mince, quittant aisément la chair, des plus duveteuses, jaune d'or, striée de carmin à l'insolation. — *Chair :* jaune intense, ferme quoique bien fondante, légèrement rougeâtre au centre. — *Eau :* abondante, fort sucrée, agréablement acidulée, mais possédant parfois un arrière-goût herbacé. — *Noyau :* non adhérent, moyen, arrondi, très-bombé, ayant l'arête dorsale émoussée.

Pêche Boule d'Or.

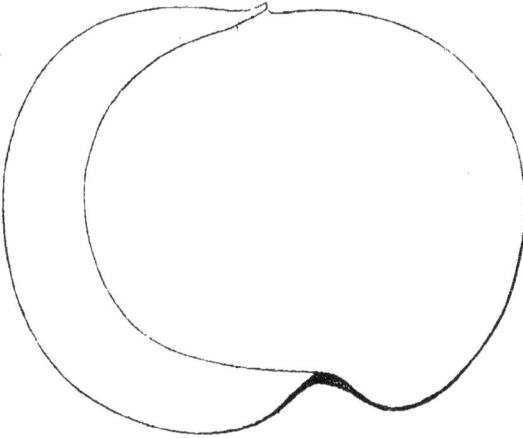

Maturité. — Vers la mi-septembre.

Qualité. — Deuxième, plutôt que première.

Historique. — La Golden Ball, ou Boule d'Or, est une pêche d'origine américaine, que le pomologue Elliott signalait en 1845, mais sans indication d'âge ni de provenance locale. Elle n'est pas très-répandue aux Etats-Unis, Downing, non plus que Coxe et Barry, ne l'ayant mentionnée. Son introduction dans mes cultures date de 1861.

Pêches : BOURDE,

—   BOURDIN,

—   BOURDIN DE NARBONNE,

Synonymes de pêche *Bourdine*. Voir ce nom.

21. Pêche BOURDINE.

Synonymes. — *Pêches :* 1. Bourde (le père Triquel, *Instruction pour les arbres fruitiers*, 1659, p. 150). — 2. Bourdin (Merlet, *l'Abrégé des bons fruits*, 1667, p. 39; — et la Quintinye, *Instruction pour les jardins fruitiers et potagers*, 1690, t. I, p. 442). — 3. Grosse-Blanche (dom Claude Saint-Etienne, *Nouvelle instruction pour connaitre les bons fruits*, 1670, p. 131; — et Thomas, *Guide pratique de l'amateur de fruits*, 1876, p. 216). — 4. Bordine (Batty Langley, *Pomona*, 1729, p. 102, pl. 38). — 5. Narbonne (Duhamel, *Traité des arbres fruitiers*, 1768, t. II, p. 20). — 6. King's George (Herman Knoop, *Fructologie*, 1771, pp. 78 et 82). — 7. De Zwol double (*Id. ibid.*). — 8. Boudin (l'abbé Roger Schabol, *la Pratique du jardinage*, 1772, t. II, p. 125). — 9. Incomparable en Beauté (de Grâce, *le Bon-Jardinier*, 1783, p. 99; — et Thomas, *ibid.*). — 10. Royale hative (la Bretonnerie, *l'École du jardin fruitier*, t. II, p. 389). — 11. Narbonnaise (Fillassier, *Dictionnaire du jardinier français*, 1791, t. II, p. 342). — 12. Boudine (de

Launay, *le Bon-Jardinier*, 1808, p. 125). — 13. French Bourdine (Thompson, *Catalogue of fruits cultivated in the garden of the horticultural Society of London*, 1826, p. 72, n° 27). — 14. Judd's Melting (*Id. ibid.*, 1842, p. 109, n° 2). — 15. Late Admirable (*Id. ibid.*). — 16. Motteux's (*Id. ibid.*). — 17. Bourdine de Narbonne (Victor Paquet, *Traité de la conservation des fruits*, 1844, p. 293). — 18. Grosse-Royale (Laurent Jamin, *Annales de la Société d'Horticulture de Paris*, 1852, p. 316). — 19. Bourdin de Narbonne (Langethal, *Deutsches Obstcabinet*, 1854-1860, t. VII, f^lle^ I, n° 2). — 20. Burdiner (Dochnahl, *Obstkunde*, 1858, t. III, p. 208, n° 69). — 21. Bourdin's Lack (*Id. ibid.*). — 22. Bourdine royale (*Id. ibid.*). — 23. Grosse-Bourdine (*Id. ibid.*). — 24. Incomparable de Narbonne (*Id. ibid.*). — 25. Narbonner (*Id. ibid.*). — 26. Blanche (Robert Hogg, *the Fruit manual*, 1866, p. 215). — 27. Motteux' Seedling (*Id. ibid.*, 1875, p. 338). — 28. Pavie Admirable (*Id. ibid.*, p. 327). — 29. Lack (*Id. ibid.*). — 30. Tardive-Admirable (*Id. ibid.*).

Description de l'arbre. — *Bois* : fort ou très-fort. — *Rameaux* : assez nombreux, érigés plutôt qu'étalés, gros et longs, légèrement flexueux, verdâtres à l'ombre, rouge-brun au soleil, et couverts, à la base, d'exfoliations épidermiques. — *Lenticelles* : rapprochées, arrondies ou linéaires, grises ou squammeuses. — *Coussinets* : bien accusés. — *Yeux* : flanqués de boutons à fleur et presque collés au bois, volumineux, ovoïdes-obtus, aux écailles grises, duveteuses et disjointes. — *Feuilles* : abondantes, assez grandes, épaisses, vert brillant en dessus, vert-pré en dessous, ovales-allongées, courtement acuminées, canaliculées, et légèrement gaufrées, à bords irrégulièrement dentés et crénelés. — *Pétiole* : de grosseur et longueur moyennes, souvent tomenteux, sanguin en-dessous, et largement mais peu profondément cannelé. — *Glandes* : petites, globuleuses, généralement placées sur le pétiole. — *Fleurs* : moyennes et d'un rose intense.

Pêche Bourdine. — *Premier Type.*

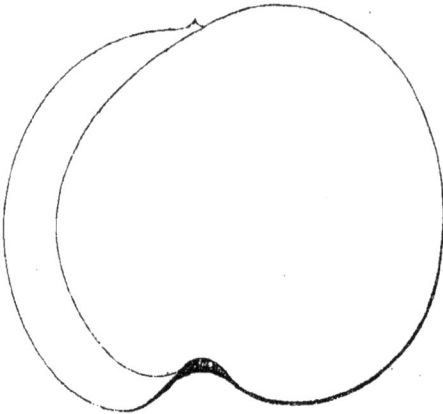

Deuxième Type.

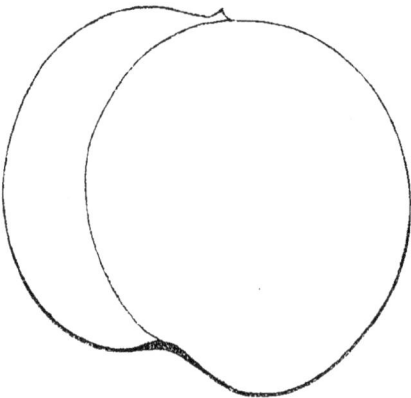

Fertilité. — Abondante.

Culture. — Sous toutes formes et sur tous sujets il devient un très-bel arbre.

Description du fruit. — *Grosseur* : moyenne, et souvent plus volumineuse. — *Forme* : assez irrégulière, sphérique, fortement inéquilatérale, peu mamelonnée, sillon large et sans profondeur. — *Cavité caudale* : de dimensions variables, plutôt moyennes que prononcées. — *Point pistillaire* : bien apparent et occupant le centre d'une légère dépression. — *Peau* : mince, s'enlevant aisément, couverte d'un épais duvet, à fond jaune blanchâtre nuancé de vert sur le côté de l'ombre et lavé du plus beau rouge vif sur l'autre face. — *Chair* : blanchâtre, très-fondante, carminée au centre. — *Eau* : excessivement abondante, sucrée, vineuse, fort délicate. — *Noyau* : non adhérent, moyen, ovoïde, courtement mucroné, aux joues bombées, à l'arête dorsale aplatie.

Maturité. — Fin d'août et commencement de septembre.

Qualité. — Première.

Historique. — De nos pomologues, Duhamel est le premier qui ait donné le synonyme *Narbonne* à la pêche Bourdine. Il le fit en 1768, dans son *Traité des arbres fruitiers* (t. II, p. 20); et depuis lors, sans nul examen, les écrivains horticoles ont accepté, ont reproduit ce synonyme. Malheureusement — et voilà le danger de profiter du dire des autres sans le contrôler — malheureusement Duhamel commettait là une erreur impardonnable, puisqu'il l'eût facilement évitée en consultant Merlet et la Quintinye. Ces deux auteurs, dont un siècle le séparait à peine, décrivaient, en effet, une pêche Bourdin, puis une pêche Narbonne, et de maturité et de caractères si tranchés, que les réunir devenait impossible; on en va juger :

« La pesche *Bourdin* — disait Merlet, en 1667 — est ronde, d'une mediocre grosseur, un peu rouge vers le noyau, sa chair est delicate, et son eau vineuse. C'est une des plus excellentes pesches, et qui charge beaucoup. » (*L'Abrégé des bons fruits*, p. 39.)

« La *Bourdin* mûrit fin d'aoust..... Elle n'est pas — écrivait avant 1690 la Quintinye — tout-à-fait si grosse que les Magdeleine, Mignonne, Chevreuse, etc., quoy que quelquefois elle en approche de fort près..... Elle charge extrêmement, et voilà ce qui fait que quelquefois les pêches en sont moins grosses qu'elles ne devroient..... Du reste elle est des plus rondes, des mieux colorées, et enfin des plus agreables à voir que nous ayons, joint que le dedans ne dément en aucune façon du monde toute cette belle phisionomie exterieure..... » (*Instruction pour les jardins fruitiers et potagers*, 1690, t. I, pp. 442, 443 et 520.)

Voyons maintenant comment ces mêmes auteurs parlèrent de la pêche Narbonne :

« Elle est fort grosse — précisait Merlet — verdastre, à chair seche et cotonneuse...., plus à estimer pour la *saison tardive* où elle se mange, que pour sa bonté. » (*Ibid.*, 1667, p. 42; 1675, p. 39.)

« Les *Narbonne* — déclarait la Quintinye — font les empressées pour accompagner les Nivette....., mûres au commencement d'*octobre*.....; mais avec toute leur beauté, qui en verité peut être appelée une beauté fardée, ces pêches-là, dis-je, feroient sagement de s'en dispenser..... » (*Ibid.*, pp. 418 et 521.)

Il sera donc, désormais, parfaitement prouvé que la pêche Narbonne a été, depuis 1768, réputée à tort identique avec la Bourdin, dont la séparent, au contraire, un écart de maturation d'environ cinq semaines, ainsi qu'une infériorité des plus notables. Mais qu'a pu devenir cette Narbonne? sous quel nom se cache-t-elle aujourd'hui?..... Je l'ignore, et j'avoue que son manque absolu de mérite ne m'a guère encouragé à tenter de la découvrir. Quant au pêcher Bourdin, c'est autre chose : cette variété, que dès 1659 le moine Triquel appelait *Bourde*, et Merlet, *Bourdin* en 1667, l'abbé Roger Schabol, mort à 77 ans en 1768, affirme qu'elle est originaire de Montreuil, près Paris. Le Grand d'Aussy, cependant, s'inscrivit en 1782 contre cette assertion, disant : « L'abbé « se trompe; la Boudine, ou Bourdine, se trouve dans les catalogues de la « Quintinye. » (*Histoire de la vie privée des Français*, t. I, p. 233.) Une telle négation, toutefois, manque de valeur, n'étant motivée que sur la mention faite par la Quintinye, du pêcher Bourdin, mention qui précisément donne, au contraire, une très-grande force à ce que rapporte Roger Schabol, dont les recherches sur la naissance de la culture des pêches, à Montreuil, datent de 1720 et se prolongèrent, sur les lieux mêmes, pendant plusieurs années :

« J'ai fait — écrivait-il avant 1768 — différentes perquisitions à Montreuil, pour avoir des anciens quelques éclaircissemens sur l'époque de la culture du pêcher..... J'en ai conféré avec les principaux personnages du lieu — Boudin, Pepin et Beausse, ce dernier décédé plus qu'octogénaire en 1754 — et le résultat a été que depuis 150 ans (c'est-à-dire depuis 1613 environ), on y cultive cet arbre comme on fait aujourd'hui..... Des gens de Montreuil, m'a-t-on dit, après avoir mangé des pêches de vigne ou de celles de Corbeil, jettèrent les noyaux dans leurs jardins ; quelques-uns ayant levé le long d'un mur, il prit fantaisie aux propriétaires de soutenir leurs branches surchargées de fruit et de les attacher à la muraille. On ignorait alors, en France, l'art d'y appliquer les arbres..... ils les y fixèrent avec des loques de leurs vieux habits..... et les pêches ainsi exposées au soleil prirent couleur, acquirent du goût et grossirent davantage..... Plusieurs particuliers de Montreuil, voyant le débit favorable de ces fruits....., cherchèrent les espèces les plus suc-culentes, les plus charnues, les plus colorées, et s'appliquèrent à les multiplier par la greffe..... et ces pêches prirent le nom de ceux qui en firent les premiers la découverte. Celle, par exemple, qu'on appelle la *Bourdine,* son vrai nom est la *Boudine,* laquelle est très-estimée à Montreuil et à Bagnolet, DOIT SON EXISTENCE AU NOMMÉ BOUDIN. » (*La Pratique du jardinage,* 1772, t. I, pp. 121 à 126.)

Par ce témoignage, selon moi méritant pleine créance, on voit donc qu'une famille Boudin habitait encore Montreuil au temps de l'abbé Schabol, qui nous apprend en outre qu'un autre Boudin avait été, dans les commencements de la culture du pêcher à Montreuil, c'est-à-dire vers 1630 ou 1640, peut-être, l'obten-teur de la variété maintenant appelée Bourdine. Alors, quoi d'étonnant que la Quintinye, mort en 1688, ait connu cette pêche ? Triquel, dès 1659, la mention-nait bien ! seulement il la nommait Bourde ; et Merlet, lui, ne la décrivait-il pas fort exactement en 1667 ?..... Certains membres de cette famille Boudin firent du reste, plus tard, souche de bourgeois à Paris, car nous lisons dans le beau travail publié en 1875 par M. Hippolyte Langlois — *le Livre de Montreuil-aux-Pêches* — qu'un célèbre arboriculteur de Montreuil, Nicolas Savart, qui devint jardinier des princes de Condé, y fut baptisé, le 27 octobre 1727, ayant pour parrain et marraine le sieur et la dame Boudin, bourgeois de Paris..... Mais en terminant ce long historique, produisons un nouveau texte qui renforce considérablement celui de l'abbé Schabol. Il est d'un homme très-estimé comme horticulteur et pomologue, la Bretonnerie, dont les ouvrages ont joui, vers la fin du siècle der-nier, d'une vogue parfaitement justifiée. Or, voici ce qu'en 1784 il crut devoir raconter, en décrivant la pêche qui nous occupe :

« La *Bourdine,* ou Royale....., n'étoit pas connue, quand le nommé BOUDIN, habitant de Montreuil, la présenta à Louis XIV. Transportée dans ses potagers, ce prince en fit tant de cas, qu'on la nomma la Royale. Ce fait, que je tiens de bonne part, a été apparemment ignoré de ceux qui font deux espèces desdites pêches. » (*L'École du jardin fruitier,* t. II, p, 389.)

Ajoutons vite, pour éviter quelque confusion, que la Royale dont il s'agit ici, était dite Royale *hâtive,* et n'avait de commun, que le nom, avec la Royale *tardive,* de même âge à peu près, et qui, plus grosse et fortement mamelonnée, mûrit trois semaines après la Bourdine, de laquelle elle diffère également par ses glandes réniformes.

Observations. — C'est erronément qu'en 1771 Herman Knoop (*Fructologie*, p. 78) attribuait à la Bourdine le synonyme *Madeleine rouge*, acquis à la Double de Troyes, et Pirolle en 1824, dans son *Horticulteur français* (p. 33), celui de *Belle de Tillemont*, qui appartient à la Galande. Et il en est de même des noms suivants : *Téton de Vénus*, *Belle-Beausse* et *Pourprée tardive*. — Le seul défaut que nous connaissions à ce pêcher, c'est que ses fruits, très-souvent mal attachés, sont sujets à tomber avant l'époque de leur maturité.

PÊCHES : BOURDINE (GROSSE-),

—   BOURDINE DE NARBONNE,

—   BOURDINE ROYALE,   Synonymes de pêche *Bourdine*. Voir ce nom.

—   BOURDIN'S LACK,

PÊCHE DE BOURGOGNE. — Synonyme de pêche *de Pau*. Voir ce nom.

PÊCHE BREAST OF VENUS. — Synonyme de pêche *Téton de Vénus*. Voir ce nom.

PÊCHE BRENTFORD MIGNONNE. — Synonyme de pêche *Galande*. Voir ce nom.

PÊCHE BRIGNON. — Voir l'article *Brugnon, Brugnonier*.

PÊCHE BRIGNON BETTERAVE. — Synonyme de *Nectarine Violette tardive*. Voir ce nom.

PÊCHES : BRIGNON MUSQUÉ,

—   BRIGNON MUSQUÉ DE BÉARN,

—   BRIGNON ROMAIN,   Synonymes de *Brugnon Violet musqué*. Voir ce nom.

—   BRIGNON VIOLET,

PÊCHE BRIGNON VIOLET HATIF. — Synonyme de *Nectarine Violette hâtive*. Voir ce nom.

PÊCHE BRIGNON VIOLET TARDIF. — Synonyme de *Nectarine Violette tardive*. Voir ce nom.

PÊCHE BROWN NUTMEG. — Synonyme d'*Avant-Pêche rouge*. Voir ce nom.

BRUGNON, BRUGNONIER (**Synonymes** : *Pêches* Brignons, *P.* Chauves *ou* Anglaises, *P.* Lisses, *P.* Mirocoutoun, *P.* Noix, *P.* Unies, *P.* Violettes). — Vers le milieu du moyen âge, *Brugnon* était déjà la dénomination donnée aux deux groupes de pêches à peau sans duvet, desquels l'un se distingue de l'autre par l'adhérence ou la non adhérence de la chair au noyau. Longtemps appelées Brugnons, Brignons ou Pêches Lisses, ces deux sortes ont maintenant, chacune, leur nom particulier : Brugnon se dit de l'espèce dont le noyau tient à la chair, et Nectarine (voir ce nom), terme emprunté aux Anglais, désigne celle à noyau libre. Primitivement le mot Brugnon s'écrivait, et se prononçait, *Brougnon;* et comme on l'appliquait, alors, également à désigner les Noix, de là vint, sans doute, le surnom Pêche-Noix, que dès 1540 Charles Estienne employait dans son *Seminarium* (p. 64). En Languedoc, on a souvent appelé *Mirocoutoun,* les Brugnons, les confondant fâcheusement ainsi avec les Pavies, dont c'était là le nom. Du reste, anciennement, Brugnon et Pavie, aux yeux du vulgaire, ne faisaient qu'un. Il s'ensuivit même que maints pomologues assurèrent que la pêche *Duracina,* des Grecs, était le Brugnon Commun. Et Couverchel, dans son *Traité des fruits,* le répétait encore en 1852; ce qui constitue une erreur formelle, puisque la *Duracina* possédait une peau duveteuse et une chair adhérente au noyau. Pour moi, c'est le Brugnon Violet musqué, connu chez nous depuis nombre de siècles, qui m'a toujours semblé le type des Brugnons. Quant à l'étymologie du mot, je crois la voir, par raison d'analogie, dans l'italien *Brugna, Brugnoca,* prune; ou, par raison de provenance, dans *Broniolacum, Brinonia,* Brugnoles, puis Brignoles, petite ville de la Provence bien connue pour son commerce de pruneaux et de vins. (Voir aussi l'article *Pavie.*)

Pêche BRUGNON D'ANGERVILLIERS. — Synonyme de *Nectarine Violette hâtive.* Voir ce nom.

Pêche BRUGNON DU BEL-ENFANT. — Synonyme de *Nectarine-Cerise.* Voir ce nom.

Pêche BRUGNON BISAM. — Synonyme de *Brugnon Violet musqué.* Voir ce nom.

Pêche BRUGNON BLANC. — Il a existé, et certes il existe encore, un fruit de ce nom, puisqu'en 1670 dom Claude Saint-Etienne le décrivait ainsi : « *Brugnon* « *Blanc* est bon à la my-aoust, un peu plus gros qu'une petite balle, longuet, « blanc dessus et dedans, licé dessus, tient au noyau; sa fleur est petite et blan- « châtre; fort bon. » (*Nouvelle instruction pour connaître les bons fruits,* p. 129.) Retrouver ce brugnon ne nous a pas été possible, soit dans la culture, soit dans les ouvrages de nos modernes pomologistes. Celui que figure et caractérise M. Carrière, dans *le Jardin fruitier du Muséum* (t. VII), est une Nectarine, et des cinq descriptions de Brugnon Blanc qui y sont reproduites d'après différents auteurs, anglais, belges, américains, français, aucune ne se rapproche de celle publiée en 1670. Nous le constatons, avec le désir qu'on puisse un jour, à l'aide du texte très-précis de Claude Saint-Etienne, propager de nouveau ce Brugnon, qu'il disait « fort bon. »

Pêches : BRUGNON BLANC,

—   BRUGNON BLANC DE BELGIQUE,

—   BRUGNON BLANC MUSQUÉ,

Synonymes de *Nectarine Blanche d'Andilly*. Voir ce nom.

Pêche BRUGNON-CERISE. — Synonyme de *Nectarine-Cerise*. Voir ce nom.

Pêche BRUGNON DES CHARTREUX. — Synonyme de *Brugnon Violet musqué*. Voir ce nom.

Pêche BRUGNON CHAUVIÈRE. — Synonyme de *Nectarine Violette hâtive*. Voir ce nom.

Pêche BRUGNON DOWNTON. — Synonyme de *Nectarine Downton*. Voir ce nom.

Pêche BRUGNON ÉCARLATE. — Synonyme de *Brugnon Violet musqué*. Voir ce nom.

Pêcher BRUGNONIER A FRUITS JAUNES. — Synonyme de *Nectarine Jaune*. Voir ce nom.

Pêches : BRUGNON HATIF,

—   BRUGNON HATIF D'ANGERVILLERS,

Synonymes de *Nectarine Violette hâtive*. Voir ce nom.

Pêche BRUGNON HATIF DE ZELHEM. — Synonyme de *Nectarine Hâtive de Zelhem*. Voir ce nom.

Pêche BRUGNON D'ITALIE. — Synonyme de *Nectarine Violette tardive*. Voir ce nom.

Pêche BRUGNON JAUNE. — De même qu'un Brugnon Blanc, nous l'avons montré ci-dessus, fut longtemps cultivé par nos jardiniers, de même aussi un *Brugnon Jaune* reçut leurs soins et obtint les honneurs de la description. Le moine feuillant Claude Saint-Etienne, qui nous a signalé le premier, va nous montrer également le second : « Bon apres la my-aoust — expliquait-il en 1670 — il est « rond, gros comme la Pesche Violette, jaune et lice dessus, sinon un peu de « rouge vers le soleil, jaunâtre dedans et tient au noyau; sa fleur est comme de « pescher; tres-bon. » (*Nouvelle instruction pour connaître les bons fruits*, p. 129.) Ce Brugnon Jaune, dont on vante ici l'excellence, me paraît, comme son congénère le Blanc, bien près d'être perdu. Mas, en 1872, a caractérisé, je le sais, un fruit qui porte ce nom (*Verger*, t. VII, n° 26), puis M. Carrière, dans *le Jardin fruitier du Muséum* (t. VII); mais outre que ce prétendu Brugnon est à noyau NON ADHÉRENT, il est encore d'une maturité beaucoup plus tardive que celle de la variété que nous voudrions tant retrouver.

PÊCHE BRUGNON JAUNE. — Synonyme de *Nectarine Jaune*. Voir ce nom.

PÊCHE BRUGNON MUSQUÉ DE BÉARN. — Synonyme de *Brugnon Violet musqué*. Voir ce nom.

PÊCHE BRUGNON NOCE BIANCA. — Voir *Nectarine Blanche d'Andilly*, au paragraphe OBSERVATIONS.

PÊCHE BRUGNON - NOIX. — Voir *Nectarine - Cerise,* au paragraphe OBSERVATIONS.

PÊCHE BRUGNON - NOIX - BLANCHE. — Voir *Nectarine Blanche d'Andilly*, au paragraphe OBSERVATIONS.

PÊCHE BRUGNON PITMASTON. — Synonyme de *Nectarine Pitmaston's Orange.* Voir ce nom.

PÊCHE BRUGNON PRÉCOCE. — Synonyme de *Nectarine-Cerise.* Voir ce nom.

PÊCHE BRUGNON PRÉCOCE DU BEL-ENFANT,

— BRUGNON RED AT THE STONE,

Synonymes de *Nectarine Violette hâtive.* Voir ce nom.

PÊCHES : BRUGNON RED ROMAN,

— BRUGNON ROMAN,

— BRUGNON DE ROME,

Synonymes de *Brugnon Violet musqué.* Voir ce nom.

PÊCHE BRUGNON DE ROME MARBRÉ. — Synonyme de *Nectarine Violette tardive.* Voir ce nom.

Pêches BRUGNON ROUGE. — Synonymes de *Brugnon Violet musqué* et de *Nectarine-Cerise*. Voir ces noms.

Pêches : BRUGNON STANWICH,

— BRUGNON DE STANWICH A AMANDE DOUCE,

} Synonymes de *Nectarine de Stanwich*. Voir ce nom.

Pêche BRUGNON VIOLET HATIF. — Synonyme de *Nectarine Violette hâtive*. Voir ce nom

---

Pêche BRUGNON VIOLET MARBRÉ. — Synonyme de *Nectarine Violette tardive*. Voir ce nom.

---

22. Pêche BRUGNON VIOLET MUSQUÉ.

Synonymes. — *Pêches :* 1. Brignon Musqué de Béarn (le Lectier, d'Orléans, *Catalogue des arbres cultivés dans son verger et plant*, 1628, p. 30). — 2. Brignon Musqué (Triquel, prieur de Saint-Marc, *Instructions pour les arbres fruitiers*, 1659, p. 149). — 3. Brignon Violet (*Id. ibid.*). — 4. Pêche-Prune (le père Rapin, *Hortorum carmen*, 1661, p. 236 ; — et dom Claude Saint-Étienne, *Nouvelle instruction pour connaître les bons fruits*, 1670, p. 138). — 5. Pêche Nectarin (Herman Knoop, *Fructologie*, 1771, p. 78). — 6. Pêche Polie (*Id. ibid.*). — 7. Pêche Sanguinole Anglaise (*Id. ibid.*). — 8. Brignon Romain (Pierre Leroy, d'Angers, *Catalogue de ses jardins et pépinières*, 1790, p. 27). — 9. Brugnon Rouge (Fillassier, *Dictionnaire du jardinier français*, 1791, t. II, p. 355). — 10. Brugnon Écarlate (Forsyth, *Treatise on the culture and management of fruit trees*, 1802 ; traduction de Pictet-Mallet, 1805, pp. 69 et 349). — 11. Pêche Muscate d'Hiver (Bosc, *Nouveau cours complet d'agriculture*, 1809, t. IX, p. 492). — 12. Nectarine Old Roman (Thompson, *Catalogue of fruits cultivated in the garden of the horticultural Society of London*, 1826, p. 87, n° 49). — 13. Nectarine Red Roman (*Id. ibid.*). — 14. Nectarine Roman (*Id. ibid.*). — 15 Nectarine Roman Red (*Id. ibid.*). — 16. Brugnon Red Roman (A. J. Downing, *the Fruits and fruit trees of America*, 1849, p. 508, n° 18). — 17. Brugnon Roman (*Id. ibid.*). — 18. Brugnon Bisam (Dochnahl, *Obstkunde*, 1858, t. III, pp. 223, n° 120). — 19. Nectarine Blutrothe (*Id. ibid.*). — 20. Brugnon de Rome (*Id. ibid.*). — 21. Brugnon des Chartreux (Carrière, *Description et classification des pêchers*, 1867, p. 93). — 22. Nectarine Romaine (O. Thomas, *Guide pratique de l'amateur de fruits*, 1876, p. 228). — 23. Nectarine Romaine Rouge (*Id. ibid.*).

Description de l'arbre. — *Bois :* fort. — *Rameaux :* peu nombreux, assez gros, longs, presque étalés, non géniculés, vert blanchâtre à l'ombre, rouge saumoné au soleil, légèrement ridés au sommet, rarement bien exfoliés à la base. — *Lenticelles :* clair-semées, petites, arrondies, jaunâtres. — *Coussinets :* très-accusés et formant arête sur les côtés. — *Yeux :* accompagnés de boutons à fleur et à peine écartés du bois, gros, ovoïdes-obtus, aplatis, aux écailles brunes, duveteuses et disjointes. — *Feuilles :* assez abondantes, grandes, épaisses, vert jaunâtre en dessus, vert glauque en dessous, ovales-allongées, longuement acuminées, bordées de dents larges et profondes qui, chacune, sont surmontées d'un cil marron. — *Pétiole :* court et des plus forts, très-flexible, sanguin en dessous, à cannelure prononcée. — *Glandes :* les unes globuleuses, les autres réniformes, placées sur le pétiole. — *Fleurs :* petites, rose foncé.

Fertilité. — Convenable et constante.

Culture. — Sa croissance assez rapide permet de le destiner à toutes les formes plein-vent, mais l'espalier seul fait acquérir à ses produits cette saveur hautement parfumée, ce volume assez considérable qui les recommandent aux amateurs de Brugnons.

Description du fruit. — *Grosseur :* au-dessus de la moyenne. — *Forme :* sphérique légèrement ovoïde, non mamelonnée, à sillon des plus accusés. —

Pêche Brugnon Violet musqué.

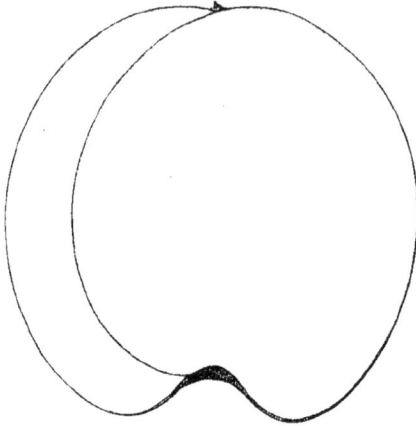

— *Cavité caudale :* très-vaste. — *Point pistillaire :* occupant le centre d'une faible dépression où il est fort apparent. — *Peau :* ferme, épaisse, lisse, à fond blanc verdâtre ou jaunâtre, amplement lavée et tachetée de pourpre à l'insolation. — *Chair :* blanche nuancée de jaune pâle, fine, compacte, non fondante, et sanguinolente auprès du noyau. — *Eau :* très-abondante et sucrée, sensiblement vineuse, possédant une légère saveur musquée qui la rend fort agréable. — *Noyau :* complétement adhérent, petit, ovoïde, courtement mucroné, aux joues renflées, à l'arête dorsale peu ressortie.

Maturité. — Commencement et courant de septembre.

Qualité. — Première.

Historique. — Voilà, je crois, le père de tous nos Brugnons, et qui du reste est connu chez nous depuis 1500. Le Lectier le cultivait à Orléans vers 1590, et l'inscrivait en 1628 au *Catalogue* général de son immense verger (p. 30), sous ce nom : « Brignons Musqués de Bearn. » Est-ce, pour lors, à supposer qu'il soit originaire de nos frontières pyrénéennes?... Je ne voudrais pas l'affirmer. Je dirais plutôt, vu son appellation spécifique primitive, que la Provence, où l'on trouve Brignoles, en latin *Broniolacum, Brinonia,* peut avoir été son berceau, et de là qu'il se propagea dans nos provinces méridionales, notamment en Béarn, contrée de laquelle il vint sans doute à le Lectier, qui fit, pendant plus de quarante ans, de pressants appels à tous les amateurs de fruits, pour enrichir de nouveautés ses collections. Et chacun sait que le Midi de la France est la terre de prédilection du Brugnonier; ses produits y acquièrent grosseur et bonté inconnues ailleurs; de même aussi les Nectarines et les Pavies. Mais avant 1676 ce Brugnon Violet musqué, grâce aux soins coûteux dont l'entourait la Quintinye, dans le potager de Louis XIV à Versailles, ne devait pas y perdre toutes ses qualités, puisque l'éminent arboriste en a hautement fait l'éloge :

« Le *Brugnon Violet*..... est un fruit qu'on peut porter assez loin sans courre aucun risque de le gâter. J'en fais un cas tres-particulier, quand on luy donne le temps de meurir si fort qu'il en devienne un peu ridé; pour lors, en vérité, il est admirable. La chair en est assez tendre, ou tout au moins n'est point dure ; elle est assez teinte autour du noyau ; l'eau et le goût en sont enchantez ; tant de bonnes qualitez doivent justifier mon choix.... » (*Instruction pour les jardins fruitiers et potagers*, 1690, t. I, pp. 439-440.)

Observations. — Comme la Quintinye vient de le dire, ce Brugnon veut mûrir sur l'arbre, et c'est seulement quand il s'en détache de lui-même, qu'on peut être certain qu'il a bien toute la saveur musquée qui le rend si délicat. Mais cette saveur s'accroît encore, quand, après l'avoir cueilli, on le laisse deux ou trois jours au fruitier. Il est également très-bon en compotes. — Bosc lui donnait en 1809 le synonyme pêche *Muscate d'Hiver*, que nous avons reproduit, en nous réservant, toutefois, d'expliquer ici qu'il ne répond aucunement à l'époque où se mange le Brugnon Violet musqué, dont la maturation a lieu commencement et courant de septembre.

PÊCHE BRUGNON VIOLET PANACHÉ. — Synonyme de *Nectarine Violette tardive*. Voir ce nom.

PÊCHE BRUGNON VIOLET TARDIF. — Synonyme de *Brugnon Violet musqué*. Voir ce nom.

PÊCHE BRUGNON VIOLET TRÈS-TARDIF. — Voir *Nectarine Violette tardive*, au paragraphe OBSERVATIONS.

PÊCHE BRUGNON DE ZELHEM. — Synonyme de *Nectarine Hâtive de Zelhem*. Voir ce nom.

PÊCHE BUCKINGHAM MIGNONNE. — Synonyme de pêche *Chancelière*. Voir ce nom.

PÊCHES : DE BURAI,

— DE BURAT,

Synonymes de pêche *Admirable jaune*. Voir ce nom.

PÊCHE BURDINER. — Synonyme de pêche *Bourdine*. Voir ce nom.

PÊCHE DE BURE. — Synonyme de pêche *Admirable jaune*. Voir ce nom.

PÊCHE DE BURE PRÉCOCE. — Synonyme de pêche *Sanguine*. Voir ce nom.

PÊCHE DE BURE TARDIVE. — Synonyme de pêche *Sanguinole*. Voir ce nom.

C

Pêche CALANDE. — Synonyme de pêche *Galande*. Voir ce nom.

---

23. Pêche CANARY.

Description de l'arbre. — *Bois* : faible. — *Rameaux* : peu nombreux, érigés, longs et grêles, non géniculés, vert herbacé à l'ombre, brun-roux clair au soleil et couverts d'exfoliations épidermiques. — *Lenticelles* : rares, blanches, arrondies. — *Coussinets* : presque aplatis. — *Yeux* : flanqués souvent de boutons à fleur et légèrement écartés du bois, assez gros, ovoïdes-pointus, aux écailles grises, duveteuses et entr'ouvertes. — *Feuilles* : abondantes, grandes, vert luisant en dessus, vert clair en dessous, lancéolées-élargies, assez courtement acuminées en vrille, planes et régulièrement dentées. — *Pétiole* : long, peu nourri, vert jaunâtre, à cannelure large et profonde. — *Glandes* : petites, globuleuses, placées à la base de la feuille ou sur le pétiole. — *Fleurs* : moyennes, d'un beau rose.

Fertilité. — Grande.

Culture. — Pour activer sa végétation, l'amandier est le sujet qu'on doit lui donner; quant à la forme sous laquelle il se développe et fructifie le mieux, c'est l'espalier.

Description du fruit. — *Grosseur* : moyenne. — *Forme* : globuleuse, irrégulière et bossuée, très-rarement mamelonnée au sommet, à sillon faiblement accusé. — *Cavité caudale* : des plus développées. — *Point pistillaire* : très-petit et presque toujours fortement enfoncé. — *Peau* : fine et tenant bien à la chair, excessivement duveteuse, à fond jaune-soufre légèrement lavé de rose pâle sur le côté frappé par le soleil. — *Chair* : jaune, fibreuse, ferme quoique fondante, peu sanguinolente autour du noyau. — *Eau* : abondante, fraîche, sucrée et acidulée, savoureuse. — *Noyau* : non adhérent, moyen, ovoïde, bien bombé, ayant la pointe terminale assez forte et l'arête dorsale modérément saillante.

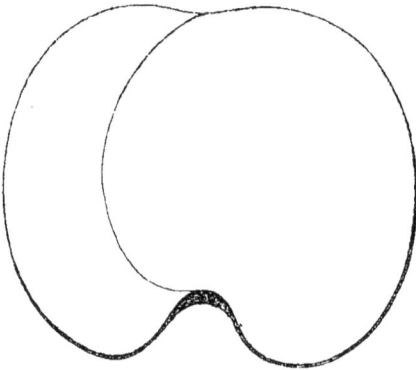

Maturité. — Commencement d'août.

Qualité. — Première, et quelquefois deuxième.

Historique. — Contrairement au dire de M. Mas (*Verger*, t. VII, p. 107), qui la fait naître chez Thomas Rivers, pépiniériste à Sawbridgeworth, près Londres, cette pêche, dont le nom [*canary*, serin] indique la couleur, est originaire des États-Unis, où dès 1854 Elliott la décrivit dans son *Fruit book* (p. 291). Downing, en 1869, la mentionnait également (p. 602); mais si ces pomologues ont eu soin de déclarer qu'elle appartenait à leur pays, il leur reste encore à signaler son obtenteur, puis la date et le lieu de l'obtention.

Pêche CARDINAL FURSTEMBERG. — Synonyme de pêche *Sanguine*. Voir ce nom.

---

24. Pêche CARDINALE.

Description de l'arbre. — *Bois :* de moyenne force. — *Rameaux :* assez nombreux, érigés, gros, peu longs, légèrement flexueux, très-exfoliés à la base, rugueux au sommet, d'un vert olivâtre sur le côté de l'ombre, et lie-de-vin à l'insolation, où ils sont en outre parsemés de taches noirâtres. — *Lenticelles :* clair-semées, petites, arrondies ou linéaires. — *Coussinets :* bien développés et se prolongeant latéralement en arêtes. — *Yeux :* généralement accompagnés de boutons à fleur, rapprochés du bois, volumineux, ovoïdes ou ellipsoïdes, à écailles quelque peu duveteuses, noirâtres et mal jointes. — *Feuilles :* abondantes, petites ou moyennes, vert brillant en dessus, vert clair en dessous, lancéolées-élargies, très-longuement acuminées en vrille, canaliculées et contournées, régulièrement bordées de dents qui chacune sont surmontées d'un cil marron. — *Pétiole :* gros, long, à cannelure large mais peu prononcée, vert en dessus et rouge violâtre en dessous, dans toute la longueur de la feuille. — *Glandes :* grosses, réniformes, collées sur le pétiole. — *Fleurs :* petites, d'un rose assez intense.

Fertilité. — Abondante.

Culture. — D'une vigueur modérée, il n'en fait pas moins sur amandier, franc ou prunier, de beaux et productifs plein-vent; l'espalier lui est très-avantageux.

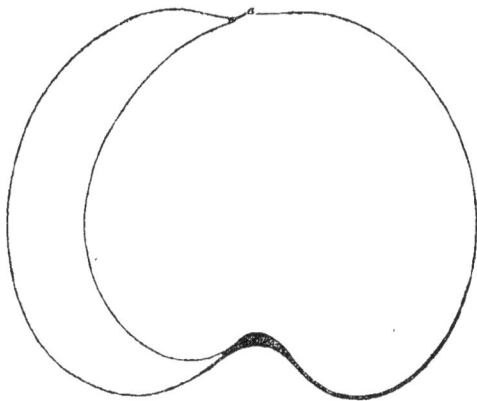

Description du fruit. — *Grosseur :* moyenne et parfois un peu plus volumineuse. — *Forme :* oblongue ou globuleuse, à peine mamelonnée, à sillon bien apparent, particulièrement sur l'une des faces. — *Cavité caudale :* très-développée. —

Point pistillaire : placé dans une faible dépression. — *Peau :* épaisse, difficile à enlever, excessivement duveteuse, carmin foncé sur le côté de l'ombre et violet noirâtre sur celui de l'insolation. — *Chair :* dure et filamenteuse, violet terne sous la peau et près du noyau, sanguinolente au centre avec quelques éclaircies d'un blanc verdâtre. — *Eau :* assez abondante, légèrement acidulée, plus ou moins sucrée, ayant un arrière-goût herbacé. — *Noyau :* non adhérent, moyen, ovoïde, peu bombé, à l'arête dorsale large mais émoussée.

MATURITÉ. — Commencement d'octobre.

QUALITÉ. — Deuxième comme fruit à compote, mais troisième comme fruit à couteau.

Historique. — Duhamel, en 1768, fut le premier auteur qui signala cette pêche, si souvent confondue avec la Sanguine, longtemps surnommée, et de nos jours encore, *Cardinal Furstemberg,* ainsi que nous le démontrerons plus loin, quand viendra le rang alphabétique de ce dernier fruit. Sous-variété de la Sanguinole, qu'elle surpasse généralement en grosseur, la Cardinale apparut vers 1760, mais ne fut pas très-appréciée, il le faut croire, puisque nos pomologues s'en sont à peine occupés depuis. Et de fait, ce n'est qu'une pêche de deuxième qualité, dont le plus grand mérite consiste à mûrir en octobre, et à pouvoir être mangée crue ou cuite. Son nom vient de la couleur pourpre particulière à sa chair et à sa peau. En 1846, Poiteau (*Pomologie française,* t. Ier) l'a figurée et caractérisée fort exactement; toutefois il n'eût pas dû lui donner le synonyme pêche *Betterave,* applicable aux seules variétés Sanguine et Sanguinole. M. Carrière (*Jardin fruitier du Muséum,* t. VII), qui aussi l'a décrite et représentée, nous la montre, lui, sous un volume si considérable, que nous eussions hésité à la reconnaître, sans le texte très-clair et très-complet accompagnant la gravure.

PÊCHE **CARDINALE DE FURSTEMBERG.** — Synonyme de pêche *Sanguine.* Voir ce nom.

PÊCHES : **CARDINALE TARDIVE,**

— **CAROTTE,**

Synonymes de pêche *Sanguinole.* Voir ce nom.

PÊCHES : **CATHARINE,**

— **CATHARINEN-HÄRTLING,**

— **CATHERINE D'ANGLETERRE,**

Voir pêche *Catherine verte,* au paragraphe OBSERVATIONS.

25. Pêche CATHERINE VERTE.

Synonyme. — *Pêche* Green Catharine (A. J. Downing, *the Fruits and fruit trees of America,* 1863, p. 616; et 1869, pp. 614-615).

Description de l'arbre. — *Bois :* peu fort. — *Rameaux :* assez nombreux, érigés, longs, grêles, non géniculés, exfoliés à la base, d'un jaune verdâtre à l'ombre et d'un rouge terne au soleil. — *Lenticelles :* clair-semées, petites, grises, arrondies. — *Coussinets :* ressortis. — *Yeux :* écartés du bois, ovoïdes-obtus, aux écailles brunes, cotonneuses et mal soudées. — *Feuilles :* abondantes, assez grandes, vert jaunâtre en dessus, jaune blanchâtre en dessous, lancéolées-élargies, très-longuement acuminées, gaufrées au centre, largement dentées et crénelées. — *Pétiole :* épais et court, rigide, carminé en dessous, à cannelure très-accusée. — *Glandes :* petites, globuleuses. — *Fleurs :* petites, rose intense.

Fertilité. — Grande.

Culture. — Pour en obtenir un bon résultat comme végétation et production, il faut lui donner l'espalier et de préférence le greffer sur amandier, sujet qui le rend beaucoup plus vigoureux.

Description du fruit. — *Grosseur :* au-dessus de la moyenne. — *Forme :* globuleuse, irrégulière, non mamelonnée, sensiblement plus large que haute, à sillon assez apparent, d'un côté surtout. — *Cavité caudale :* vaste et profonde. — *Point pistillaire :* très-enfoncé. — *Peau :* fine et s'enlevant bien, assez duveteuse, vert blanchâtre sur la face placée à l'ombre, blanc jaunâtre à l'insolation, où elle est en outre lavée de carmin velouté. — *Chair :* blanc verdâtre, fondante, légèrement filamenteuse, rosée au centre. — *Eau :* excessivement abondante, fort sucrée, acidule, à saveur délicatement parfumée. — *Noyau :* non adhérent, moyen, ovoïde-arrondi, faiblement bombé, très-rustiqué, ayant la pointe terminale peu longue et l'arête dorsale assez saillante.

Maturité. — Fin d'août et commencement de septembre.

Qualité. — Première.

Historique. — La pêche Catherine verte me fut envoyée des Etats-Unis en 1858, par le pépiniériste P. J. Berckmans, d'Augusta (Géorgie), contrée où sa culture est fort commune. Downing, le plus accrédité des pomologues américains,

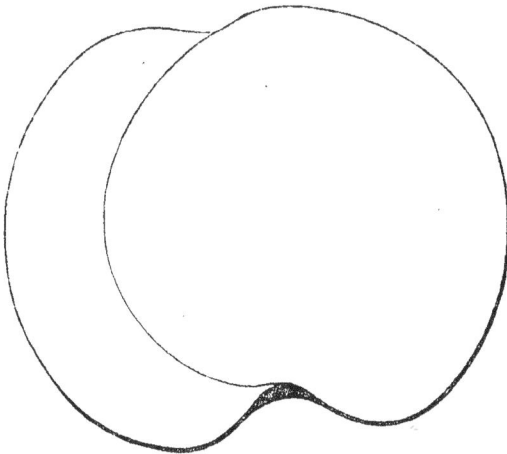

j'a décrite depuis longtemps, mais n'ayant pu découvrir encore de quel lieu elle est sortie, il la déclare « d'origine inconnue; » ce que, nécessairement, nous faisons aussi.

Observations. — Il existe chez les Anglais un *Pavie Catherine* remontant pour le moins à 1720, et que les Chartreux, de Paris, reçurent de Londres vers l'an 1770, ainsi qu'ils le constatent dans leur *Catalogue de 1775*. Presque tous les synonymes de ce Pavie pouvant amener quelque confusion entre lui et la pêche ici caractérisée, nous allons les reproduire : PAVIE BELLE-CATHERINE (les Chartreux, *Catalogue de 1775*, p. 13). — PAVIE SAINTE-CATHERINE (*Id. ibid.*). — PÊCHE CATHARINE (Thompson, *Catalogue of fruits cultivated in the garden of the horticultural Society of London*, 1826, p. 73, n° 37). — PÊCHE CATHARINEN-HÄRTLING (Dittrich, *Systematisches Handbuch der Obstkunde*, 1841, t. III, p. 307, n° 40). — PÊCHE DOCTOR COOPER (Elliott, *Fruit book*, 1854, p. 283). — PÊCHE CATHERINE D'ANGLETERRE (Dochnahl, *Obstkunde*, 1858, t. III, p. 216, n° 99). — PÊCHE BELLE-CATHERINE (*Id. ibid.*). — PÊCHE CONGRESS (Downing, *the Fruits and fruit trees of America*, 1869, p. 603). Ceux donc qui maintenant voudraient essayer de retrouver ce Pavie, dont l'introduction dans nos jardins date seulement d'un siècle, nous l'avons déjà dit, le pourront alors avec plus de facilité; les synonymes et les ouvrages que nous venons de citer, leur aplanissent bien des obstacles. Ajoutons que le Pavie Catherine, ou Belle-Catherine, a de petites fleurs, des glandes réniformes, et qu'il eut pour premier descripteur, à Londres en 1729, Batty Langley (*Pomona*, p. 107, pl. 33, fig. 6).

PÊCHER CATROS. — Synonyme de pêcher *Pleureur*. Voir ce nom.

---

26. PÊCHE CÉCILE MIGNONNE.

Description de l'arbre. — *Bois :* faible. — *Rameaux :* peu nombreux, étalés, courts et grêles, géniculés, exfoliés à la base, vert jaunâtre à l'ombre et rouge terne au soleil. — *Lenticelles :* rares, petites, arrondies. — *Coussinets :* aplatis et formant arête sur les côtés. — *Yeux :* flanqués de boutons à fleur, écartés du bois, gros ou volumineux, coniques, très-cotonneux, aux écailles brunes et assez mal soudées. — *Feuilles :* peu nombreuses, vert jaunâtre en dessus, vert blanchâtre en dessous, ovales, très-longuement acuminées, bordées régulièrement de dents aiguës qui chacune sont munies à leur sommet d'un cil noirâtre. — *Pétiole :* bien nourri, court et rigide, rosé en dessous, à cannelure étroite et peu profonde. — *Glandes :* petites et globuleuses. — *Fleurs :* grandes, d'un rose tendre.

FERTILITÉ. — Satisfaisante.

CULTURE. — Il prospère non moins bien en plein-vent, qu'en espalier, et se greffe indistinctement sur prunier de Damas noir, Mirobolan, franc et amandier.

Description du fruit. — *Grosseur :* moyenne et souvent plus considérable. — *Forme :* ovoïde, irrégulière et contournée, ayant le sommet fortement mucroné et le sillon très-accusé. — *Cavité caudale :* assez développée. — *Point pistillaire :* petit et saillant. — *Peau :* mince, se détachant assez bien de la chair, finement

Pêche Cécile Mignonne.

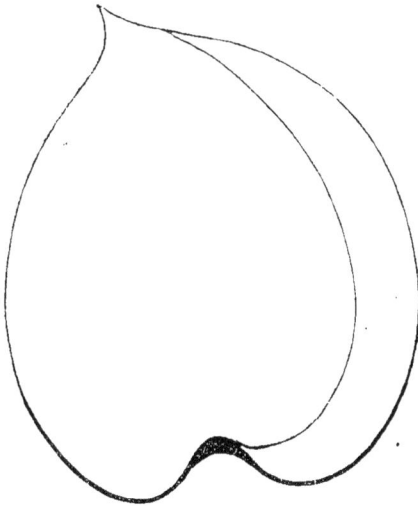

duveteuse, à fond blanc jaunâtre, admirablement ponctuée, fouettée et lavée de carmin velouté sur la face exposée au soleil. — *Chair :* blanchâtre, des plus fondantes, non filamenteuse, légèrement rosée autour du noyau. — *Eau :* abondante, bien sucrée, douce, savoureusement parfumée. — *Noyau :* non adhérent, moyen, ovoïde, peu bombé, à mucron et arête dorsale très-prononcés.

Maturité. — Commencement du mois d'août.

Qualité. — Première.

Historique. — Rien de plus joli, de plus délicieux que cette nouvelle pêche, dont la forme elle-même plaît à l'œil par son originalité. M. Charles Buisson, de la Tronche, près Grenoble (Isère), en est l'heureux obtenteur ; il la gagna de semis en 1863 et nous l'offrit en 1865. Depuis lors, presque seul à la posséder, nous nous sommes efforcé de la faire connaître partout; aussi la multiplions-nous maintenant assez abondamment; et, certes, jamais fruit ne mérita mieux d'être propagé. Soumise au Congrès en 1865 et 1868, ainsi que diverses autres pêches appartenant au même semeur, elle ne put recevoir l'appui de cette Société, pour des motifs déjà rapportés par nous, dans l'Historique de la pêche Admirable Saint-Germain (p. 43). Espérons néanmoins que son avenir n'en sera pas trop compromis.

27. Pêche CÉLESTIN PORT.

Description de l'arbre. — *Bois :* fort. — *Rameaux :* nombreux, érigés, longs, de moyenne grosseur, largement exfoliés à la base, jaune verdâtre à l'ombre, rouge carminé au soleil. — *Lenticelles :* assez rares, grandes et arrondies. — *Coussinets :* saillants, formant arête sur les côtés. — *Yeux :* sensiblement écartés du bois, volumineux, ovoïdes-pointus, à écailles roussâtres, cotonneuses et disjointes. — *Feuilles :* abondantes, assez grandes, vert-pré en dessus, vert mat en dessous, ovales-allongées, courtement acuminées, très-régulièrement et très-finement dentées. — *Pétiole :* court et épais, rigide, sanguin, à cannelure large et profonde. — *Glandes :* très-petites et globuleuses. — *Fleurs :* moyennes, d'un rose foncé.

Fertilité. — Grande.

Culture. — Cet arbre se greffe sur toute espèce de sujets, et le plein-vent lui convient non moins bien que l'espalier.

Description du fruit. — *Grosseur :* au-dessus de la moyenne et parfois plus volumineuse. — *Forme :* globuleuse, comprimée aux deux pôles, non mamelonnée, inéquilatérale, à sillon étroit et peu profond. — *Cavité caudale :* modérément développée. — *Point pistillaire :* placé dans une vaste dépression. — *Peau :* épaisse, dure et rugueuse, s'enlevant difficilement ; couverte d'un duvet court, fin et très-épais, elle est jaune verdâtre sur le côté de l'ombre et d'un rouge sombre à l'insolation. — *Chair :* blanche, compacte mais bien fondante, rosée autour du noyau. — *Eau :* des plus abondantes, très-sucrée, vineuse, possédant un parfum exquis.— *Noyau :* non adhérent, gros, ovoïde-arrondi, bombé à son milieu, fortement rustiqué, ayant le mucron raccourci et l'arête dorsale peu saillante.

Pêche Célestin Port.

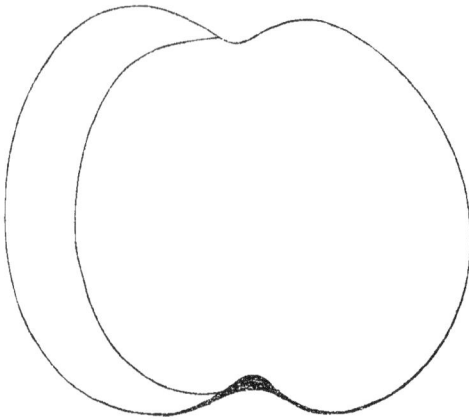

MATURITÉ. — Derniers jours d'août.

QUALITÉ. — Première.

Historique. — C'est un gain poussé spontanément à Angers, en 1863, chemin de Saint-Léonard, dans le jardin de M. Célestin Port, archiviste de Maine-et-Loire et ancien élève de l'Ecole des Chartes. L'arbre se mit à fruit en 1870. Deux ans plus tard, appelé à juger ses produits, je trouvai la nouvelle variété si parfaite, que, voulant la propager, je lui donnai le nom de son propriétaire, auquel de nombreux ouvrages — le *Dictionnaire historique* de notre département, surtout, honoré par l'Académie du grand prix Gobert en 1877 — ont acquis, avec les distinctions les mieux méritées, une flatteuse célébrité.

———————

PÊCHES : CERISE,

———————

— 	CERISE A CHAIR BLANCHE,

} Synonymes de *Nectarine-Cerise.* Voir ce nom.

———————

PÊCHER CHANCELIER A GRANDES FLEURS. — Synonyme de pêche *Chancelière.* Voir ce nom.

———————

PÊCHER CHANCELIER A PETITES FLEURS. — Voir pêche *Chancelière,* au paragraphe OBSERVATIONS.

———————

28. Pêche CHANCELIÈRE.

Synonymes. — *Pêches* : 1. Véritable Chancellière a grande Fleur (Duhamel, *Traité des arbres fruitiers,* 1768, t. II, p. 23). — 2. Chancellor (Miller, *the Gardener's and Botanist's Dictionary,* 1768, n° 14; — et Lindley, *Guide to the orchard and kitchen garden,* 1831, p. 255, n° 22). — 3. Pêcher Chancelier a grandes Fleurs (de Grâce, *le Bon-Jardinier,* 1785, p. 132). — 4. Chancellerie (Alletz, *Dictionnaire du cultivateur,* 1785, t. II, p. 169). — 5. Buckingham (Dittrich, *Systematisches Handbuch der Obstkunde,* 1841, t. III, p. 286, n° 14). — 6. Edgard's Late Melting (Thompson, *Catalogue of fruits cultivated in the garden of the horticultural Society of London* 1842, p. 111, n° 8). — 7. Late Chancellor (*Id. ibid.*). — 8. Noisette (*Id. ibid.*). — 9. Steward's Late Galande (*Id. ibid.*). — 10. Colonel Ausleys (A. J. Downing, *the Fruits and fruit trees of America,* 1849, p..472, n° 6). — 11. Véritable Chancellerie (Couverchel, *Traité des fruits,* 1852, p. 409). — 12. Schöne Kanzlerin (Dochnahl, *Obstkunde,* 1858, t. III, p. 198, n° 21). — 13. Colonel Ansley's (Robert Hogg, *the Fruit manual,* 1862). — 14. Barrington (Paul de Mortillet, *les Meilleurs fruits,* 1865, t. I, pp. 76-78). — 15. Mignonne bosselée (*Id. ibid.*). — 16. Belle-Beauté (Congrès pomologique, *Pomologie de la France,* 1872, t. VI, n° 25).

Description de l'arbre. — *Bois :* peu fort. — *Rameaux :* nombreux, étalés, gros, assez longs, non géniculés, exfoliés à la base, très-lisses au sommet, vert clair à l'ombre, rouge vineux au soleil. — *Lenticelles :* rares, de grandeur variable, arrondies, d'un rouge sanguin pour la plupart. — *Coussinets :* aplatis. — *Yeux :* parfois accompagnés de boutons à fleur, écartés du bois, volumineux, coniques-pointus, duveteux, aux écailles noirâtres et disjointes. — *Feuilles :* abondantes et grandes, vert sombre lavé de jaune-paille en dessus, vert clair en dessous, ovales-allongées, longuement acuminées en vrille, régulièrement bordées de dents très-fines, qui toutes sont surmontées d'un cil marron. — *Pétiole :* gros, court, rigide, à cannelure large et profonde. — *Glandes :* petites, globuleuses, brun-roux, attachées sur le pétiole. — *Fleurs :* grandes et d'un rose intense.

Fertilité. — Abondante.

Culture. — Il est trop chétif et trop fertile pour le destiner au plein-vent, l'espalier seul peut lui convenir.

Description du fruit. — *Grosseur :* volumineuse. — *Forme :* arrondie ou légèrement oblongue, rarement très-mamelonnée au sommet, à sillon généralement peu marqué. — *Cavité caudale :* large et profonde. — *Point pistillaire :* saillant ou faiblement enfoncé. — *Peau :* mince et très-duveteuse, quittant assez difficilement la chair, vert clair jaunâtre sur le côté de l'ombre, et plus ou moins ponctuée et lavée de rouge terne sur la face qui regarde le soleil. — *Chair :* blanc verdâtre, fondante, fine, teintée de rose auprès du noyau. — *Eau :* abondante, bien sucrée, acidule, très-savoureusement parfumée. — *Noyau :* non adhérent, moyen, ovoïde, courtement mucroné, bombé à son milieu, ayant l'arête dorsale modérément développée.

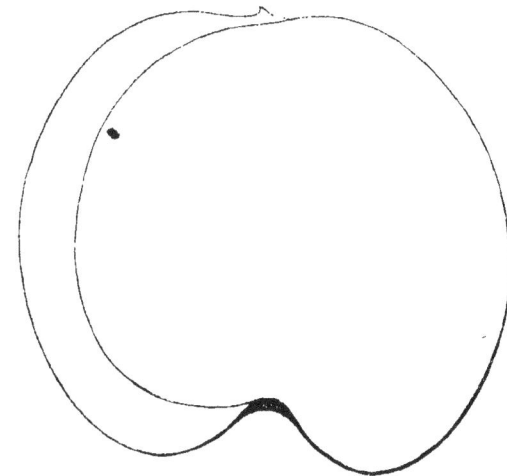

Maturité. — Fin d'août et commencement de septembre.

Qualité. — Première.

Historique. — Merlet, qui le premier décrivit cette variété, le fit seulement en 1690, dans la troisième édition de son *Abrégé des bons fruits;* vainement on compulserait donc les deux autres, celles de 1667 et de 1675, elle n'y est même pas nommée. Notre vieux pomologue, en parlant du nouveau pêcher, eut soin d'en indiquer la provenance :

« La Pesche *Chancelière* — dit-il — est une espece de Chevreuse qui est la plus grosse et la meilleure de toutes, et vient tres-bien en plein vent *dans le jardin du Chancelier Seguier, où elle a pris son origine* d'un noyau de la Pesche Chevreuse ordinaire. » (Page 23.)

La date de l'obtention manque, il est vrai, mais on peut aisément y suppléer. Pierre Seguier, chancelier de France sous Louis XIII et Louis XIV, mourut à Paris en 1672; or, ce dut être vers 1670 ou 1671 que fut gagné ce pêcher, puisque Merlet, qui habitait la Capitale et appartenait à la noblesse, ne le connaissait pas encore en 1667, et trop peu sans doute en 1675, pour déjà le recommander.

Observations. — Nombre d'erreurs ont été commises à l'égard de cette variété; la nôtre se rapporte bien à celle de Merlet, de Duhamel, de Poiteau, de Mortillet (p. 76, n° 5) et du Congrès pomologique. Les pères Chartreux ayant décrit en 1736 (p. 6) une Chancelière *à petites fleurs,* ont beaucoup contribué à jeter la confusion dans ce sujet. C'est pourquoi Duhamel, afin qu'on ne pût s'y tromper, qualifiait, en 1768, de « Véritable Chancellière a Grande Fleur » la pêche qu'il figurait et décrivait, puis faisait remarquer que « Dans plusieurs jardins on « trouvait pour la Chancellière une variété qui a la *fleur petite* et le fruit un peu « plus rond et moins hâtif. » (Pages 23-24.) De nos jours la même confusion, généralement, règne encore; aussi est-il très-regrettable que M. Paul de Mortillet, loin de chercher à la diminuer, vienne l'accroître en substituant dans ses *Meilleurs fruits* (1865, t. I, p. 76, n° 5) le nom de Mignonne bosselée à celui de Chancelière à grandes fleurs, pour donner à la *fausse* variété, celle à petites fleurs, des Chartreux, le nom, précisément, de pêche Chancelière (p. 139, n° 24). — En 1771 le Hollandais Herman Knoop croyait, sans vouloir l'assurer, que la Chancelière portait chez lui les dénominations pêche *Montagne double* et pêche *de Portugal.* Il eut raison, toutefois, de ne pas l'affirmer, puisque ces fruits étaient, expliquait-il, « à chair adhérente au noyau. » Il devient donc difficile, aujourd'hui, de reconnaître la Double-Montagne, dite aussi *Grosse-Montagne précoce,* pêche *de Lambert* et pêche *de Montauban,* puisque Knoop classe la sienne parmi les Pavies, et que maints pomologistes font partie de ces divers noms synonymes de Grosse-Madeleine, variété qui souvent même, à son tour, est prise tantôt pour la Madeleine blanche, tantôt pour la Madeleine de Courson!!

Pêches : CHANCELLERIE,

— CHANCELLOR,   } Synonymes de pêche *Chancelière.* Voir ce nom.

Pêche de CHANG-HAÏ. — Synonyme de *Pavie de Chang-Haï.* Voir ce nom ; voir aussi pêche *de Syrie,* au paragraphe Observations.

29. Pêche CHARLES RONGÉ.

Description de l'arbre. — *Bois :* fort. — *Rameaux :* nombreux, érigés, longs, gros, légèrement flexueux, quelque peu exfoliés à la base, d'un beau vert sur le côté de l'ombre et d'un rouge sombre à l'insolation. — *Lenticelles :* assez abondantes, de grandeur variable, roussâtres, arrondies. — *Coussinets :* presque plats, mais se prolongeant latéralement en arête prononcée. — *Yeux :* souvent flanqués de boutons à fleur, rapprochés du bois, gros, ovoïdes-obtus, un peu cotonneux, ayant les écailles noires et mal soudées. — *Feuilles :* nombreuses, grandes, vert clair en dessus, vert mat en dessous, ovales-allongées, longuement acuminées, dentées et surdentées en scie. — *Pétiole :* très-nourri, long, carminé en dessous, à cannelure étroite et profonde. — *Glandes :* très-petites, globuleuses, attenantes au pétiole. — *Fleurs :* petites, rose foncé.

Fertilité. — Satisfaisante.

Culture. — Sa rapide croissance sur amandier, prunier et franc, permet de l'y élever pour l'espalier, forme sous laquelle il devient très-beau; mais on peut aussi en faire des plein-vent fort convenables.

Description du fruit. — *Grosseur :* moyenne. — *Forme :* ovoïde-arrondie ou sphérique, inéquilatérale, à peine mamelonnée au sommet, à sillon très-marqué. — *Cavité caudale :* assez vaste. — *Point pistillaire :* saillant ou faiblement enfoncé. — *Peau :* épaisse, quittant bien la chair, des plus duveteuses, à fond blanc jaunâtre, ponctuée de rose sur la face placée à l'ombre et lavée de rouge-lie-de-vin sur celle qui regarde le soleil. — *Chair :* blanc verdâtre, assez ferme, non sanguinolente autour du noyau. — *Eau :* abondante, sucrée, vineuse, plus ou moins bien parfumée. — *Noyau :* adhérant légèrement à la chair par quelques filaments, moyen, ovoïde-allongé, à peine bombé, ayant l'arête dorsale vive et toujours excessivement ressortie.

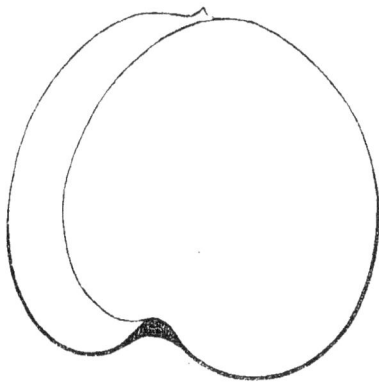

Maturité. — Vers le milieu d'août.

Qualité. — Plutôt deuxième, que première.

Historique. — Mis au commerce en 1863 par M. Galopin, pépiniériste à Liége (Belgique), le pêcher Charles Rongé provient de cette même ville et porte le nom de son obtenteur, qui peu après la première fructification du pied-type, poussé de semis, céda audit pépiniériste le droit d'exploiter ce nouveau gain.

Observations. — En 1873 la présente variété fut décrite et figurée par M. Mas, dans *le Verger* (t. VII, p. 81, n° 39), où nous reconnaissons bien, en effet, notre arbre et notre fruit; seulement, affirmons-le : depuis quatorze ans nous voyons mûrir la pêche Charles Rongé, mais on ne l'a jamais cueillie, chez nous, ni si volumineuse, ni si savoureuse que *le Verger* la montre et la déclare.

Pêche CHARTREUSE (BELLE-). — Voir *Belle-Chartreuse*.

Pêches : CHARTREUSE JAUNE,

    —   des CHARTREUX, } Synonymes de pêche *de Syrie*. Voir ce nom.

Pêches CHAUVES. — Voir l'article *Brugnon, Brugnonier*.

Pêche du CHEVALIER. — Synonyme de pêche *Téton de Vénus*. Voir ce nom.

Pêches : CHEVERUSE,

    —   CHEVREUSE, } Synonymes de pêche *Chevreuse hâtive*. Voir ce nom.

30. Pêche CHEVREUSE HATIVE.

Synonymes. — *Pêches* : 1. BELLE-CHEVREUSE (Merlet, *l'Abrégé des bons fruits*, 1667, p. 38 ; — et la Quintinye, *Instruction pour les jardins fruitiers et potagers*, 1690, t. I, p. 435). — 2. DÉLI-CIEUSE (dom Claude Saint-Étienne, *Nouvelle instruction pour connaître les bons fruits*, 1670, p. 132). — 3. CHEVREUSE (la Quintinye, *ibid.*). — 4. CHEVERUSE (Batty Langley, *Pomona*, 1729, p. 106, pl. 33, fig. 1). — 5. FAUSSE-MIGNONNE (la Bretonnerie, *l'École du jardin fruitier*, 1784, t. II, p. 384). — 6. EARLY CHEVREUSE (Thompson, *Catalogue of fruits cultivated in the garden of the horticultural Society of London*, 1826, p. 72, n° 23). — 7. BELLE-CHEVREUX (Lindley, *Guide to the orchard and kitchen garden*, 1831, p. 323, n° 96). — 8. BONOUVRIER (Lepère, *Pratique raisonnée de la taille du pêcher*, 1846, p. 147). — 9. BELLE DE CHEVREUSE HATIVE (Couverchel, *Traité des fruits*, 1852, p. 410). — 10. SCHÖNE PERUVIANISCHE (Langethal, *Deutsches Obstcabinet*, 1854-1860, t. VII, fllᵉ 1, sign. 2ᵉ). — 11. BEAUTIFUL CHEVREUSE (Dochnahl, *Obstkunde*, t. III, p. 213, n° 86). — 12. FRÜHE CHEVREUSE (*Id. ibid.*, p. 212, n° 83). — 13. FRÜHER PERUANISCHER LACK (*Id. ibid.*). — 14. PERUANERIN (*Id. ibid.*). — 15. SCHÖNE CHEVREUSE (*Id. ibid.*, p. 213, n° 86). — 16. SCHÖNER PERUANISCHER LACK (*Id. ibid.*).

Description de l'arbre. — *Bois* : très-fort. — *Rameaux* : assez nombreux, étalés et légèrement arqués, gros, longs, largement exfoliés à leur base, vert jaunâtre à l'ombre, rouge-brun terne à l'insolation. — *Lenticelles* : rares, petites, blanches, arrondies. — *Coussinets* : bien ressortis. — *Yeux* : accompagnés généralement de boutons à fleur, écartés du bois, gros, allongés, obtus, cotonneux, aux écailles mal soudées. — *Feuilles* : nombreuses, grandes ou très-grandes, vert foncé en dessus, vert-pré en dessous, ovales-allongées, longuement acuminées en vrille, bordées de dents régulières que surmontent des cils noirs. — *Pétiole* : court et gros, rigide, à cannelure prononcée. — *Glandes* : la plupart réniformes et quelques-unes globuleuses, attachées sur le pétiole. — *Fleurs* : petites et d'un beau rose.

FERTILITÉ. — Abondante.

Culture. — C'est un des pêchers les plus avantageux, comme végétation et production, qu'on puisse trouver pour le plein-vent ; l'espalier procure plus de volume, plus de coloration à ses fruits, mais ne leur est pas favorable quant à la maturité : il la retarde, au lieu de l'avancer.

Description du fruit. — *Grosseur :* au-dessus de la moyenne. — *Forme :* arrondie, régulière, très-peu mamelonnée, inéquilatérale, à sillon assez marqué.

Pêche Chevreuse hâtive.

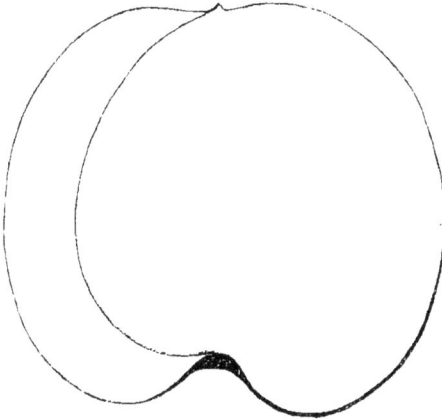

— *Cavité caudale :* de dimensions moyennes. — *Point pistillaire :* placé dans une légère dépression. — *Peau :* s'enlevant avec facilité, très-duveteuse, d'un blanc jaunâtre qui se colore de rose ou de carmin à l'insolation. — *Chair :* blanchâtre, fine, fondante, faiblement marbrée de rouge pâle autour du noyau. — *Eau :* des plus abondantes, sucrée, vineuse, possédant une saveur fort délicate. — *Noyau :* non adhérent, moyen, ovoïde, fortement mucroné, bien bombé, à l'arête dorsale modérément accusée.

Maturité. — Fin d'août et commencement de septembre.

Qualité. — Première.

Historique. — Nicolas de Bonnefond, en son *Jardinier français,* édition de 1665, déjà mentionnait une pêche Belle-Chevreuse, mais sans la décrire. Ce fut Merlet qui, deux ans plus tard, la caractérisa brièvement :

« La *Belle Chevreuse* — écrivit-il en 1667 — charge beaucoup, est d'un rouge fort vermeil et d'une eau fort douce et delicate ; elle est longuette et assez grosse ; il y en a de plusieurs especes. » (*L'Abrégé des bons fruits,* 1re édition, p. 38.)

En 1667 il aurait donc existé, suivant ce passage, « plusieurs espèces » de pêche Chevreuse?…. Non, selon moi, puisque Merlet en 1690, date de la dernière édition de sa pomologie, ne les désigne pas plus clairement, et dit aussitôt après s'être occupé de la Belle-Chevreuse : « La pesche d'Italie et la pesche Chancelière, « sont des especes de Chevreuse ; » ce qui paraît bien expliquer les termes de 1667 : « Il y a plusieurs especes de Chevreuse. » Très-évidemment, si Merlet eût connu la Chevreuse *tardive,* il l'aurait d'autant mieux signalée, qu'elle est d'un volume considérable, et fort bonne. Mais il ne la connut pas, par cette raison que le Normand, directeur des vergers de Louis XV, fut celui qui la mit en vogue, dans le *Mercure de France* de 1735 (page 1779) ; et dès l'année suivante les Chartreux la décrivaient à leur tour dans le *Catalogue de leurs pépinières* (1736, p. 8). Au reste, ce point va être établi de façon formelle un peu plus loin, à l'article de la Chevreuse tardive. Revenons, en conséquence, à la Chevreuse hâtive, qui, nous venons de le constater, était cultivée en 1665 dans les environs de Paris, et cela depuis au moins quinze ans, on le doit croire, vu la lenteur avec laquelle s'accomplissait, en ce temps, la propagation des fruits. Et notre supposition s'accorde parfaitement avec l'histoire, car en 1650 nous étions en pleine Fronde, moment où la célèbre duchesse de Chevreuse attirait tous les regards, occupait tous les esprits. Aussi rien n'est-il plus admissible, que de fixer à cette époque le gain de la pêche qui porte son nom, et d'ajouter : Ce fut à la belle et spirituelle duchesse — morte en 1679 — qu'on la dédia, et certes point à son mari, Claude de Lorraine, duc de Chevreuse, personnage dont la haute naissance fit le seul mérite. — Si Merlet se montra peu prolixe à l'égard de cette variété, la Quintinye, en 1686, en parla plus longuement :

« La *Belle-Chevreuse*, ou la *Chevreuse* — déclara-t-il — commence à marquer à peu près son merite, par la beauté de son nom; elle succede à la Mignonne........ et a de tres-grands avantages : premièrement elle ne le cede guères à aucune autre en grosseur, en beauté de coloris, en belle figure (qui est un tant soit peu longuette), en chair fine et fondante, en abondance d'eau sucrée, et de bon goût; et par dessus cela elle excelle par la fecondité de son raport; .... elle n'a d'autre défaut que celuy d'être quelquefois pâteuse, mais elle ne l'a que quand on la laisse trop meurir, ou qu'elle a été nourrie dans un fond froid et humide, ou qu'elle a rencontré un esté peu chaud, et peu sec; .... c'est une tres-bonne espece de pêche, et la plus commune parmy les gens qui en élevent pour en vendre. » (*Instruction pour les jardins fruitiers et potagers*, 1690, t. I, pp. 435-436.)

Voilà bien la Belle-Chevreuse de Merlet, le fruit que nous avons décrit et figuré; mais de la Chevreuse tardive, pas un mot, un seul, dans le recueil, pourtant si complet, de la Quintinye : nouvelle preuve qu'en 1688 elle était encore à naître. Duhamel (t. II, pp. 21-23), quatre-vingts ans plus tard, s'occupa de ces deux variétés, et très-fâcheusement pour la *hâtive*; à ce point, qu'après l'avoir caractérisée il avoue n'en vouloir certifier l'identité; croit plutôt la devoir prendre pour cette pêche d'Italie dont Merlet a parlé; puis enfin, de guerre lasse, présente comme pouvant être la vraie Chevreuse hâtive, une Belle-Chevreuse. Or, nous le déclarons sans hésiter, à nos yeux Duhamel ne s'est trompé ni dans l'un ni dans l'autre cas; ses deux pêches, sa Chevreuse hâtive et sa Belle-Chevreuse, nous semblent positivement le même fruit. L'auteur, du reste, n'a pu s'empêcher de faire observer « qu'aucune différence n'existait entre tous les caractères de « leur arbre. » Il ne s'ensuit pas moins, cependant, que les doutes ainsi exprimés ont jeté la confusion parmi nos pépiniéristes et nos pomologues, et qu'il devient, aujourd'hui, très-difficile de se procurer la *véritable* Chevreuse hâtive.

Observations. — Le pêcher *Bonouvrier* n'est autre que la variété Chevreuse hâtive, maintes fois nous l'avons constaté par l'arbre et par le fruit. D'aucuns l'assimilent à la variété Chevreuse *tardive*, erreur de laquelle ils reviendront, s'ils font attention que les glandes de ce dernier pêcher sont uniquement réniformes, et que ses produits, comme l'indique le qualificatif joint à leur nom, mûrissent quand ceux de l'autre sont mangés depuis quinze jours.

<hr>

31. Pêche CHEVREUSE TARDIVE.

Synonymes. — *Pêches* : 1. Fausse-Pourprée tardive (le Normand, *Catalogue des meilleurs fruits, avec les temps les plus ordinaires de leur maturité*, inséré dans le *Mercure de France*, nº d'août 1735, p. 1779; — et Duhamel, *Traité des arbres fruitiers*, 1768, t. II, p. 24). — 2. Chevreuse tardive pourprée (Chaillou, *Catalogue de ses pépinières de Vitry-sur-Seine*, 1755, p. 5). — 3. Lar (Herman Knoop, *Fructologie*, 1771, p. 79). — 4. Pourprée vineuse (*Id. ibid.*). — 5. Vineuse tardive (*Id. ibid.*). — 6. Mal-Nommée (de Launay, *le Bon-Jardinier*, 1807, p. 141).

— **7.** LATE CHEVREUSE (Thompson, *Catalogue of fruits cultivated in the garden of the horti-cultural Society of London*, 1826, p. 73, n° 44). — **8.** SPÄTE PERUVIANISCHE (Langethal, *Deutsches Obstcabinet*, 1854-1860, t. VII, f^lle 11 1*). — **9.** SPÄTE CHEVREUSE (Dochnahl, *Obstkunde*, t. III, p. 212, n° 85). — **10.** SPÄTER PERUANISCHER LACH (*Id. ibid.*).

Description de l'arbre. — *Bois* : fort. — *Rameaux* : peu nombreux, légèrement étalés, longs, gros, à peine géniculés, exfoliés à la base, jaune verdâtre à l'ombre, rouge terne à l'insolation, où ils sont en outre tachetés de carmin. — *Lenticelles* : clair-semées, très-petites, blanchâtres, linéaires. — *Coussinets* : aplatis. — *Yeux* : presque toujours accompagnés de boutons à fleur, faiblement écartés du bois, gros, ovoïdes-obtus, aux écailles noires et disjointes. — *Feuilles* : nombreuses, grandes, vert luisant en dessus, vert clair et mat en dessous, ovales-allongées, très-longuement acuminées, canaliculées et quelque peu contournées, à bords régulièrement dentés en scie et dont les dents sont surmontées de cils noirs. — *Pétiole* : très-nourri, de longueur moyenne, largement et profondément cannelé. — *Glandes* : grosses et réniformes. — *Fleurs* : petites, rose assez intense.

FERTILITÉ. — Abondante.

CULTURE. — Sa végétation est satisfaisante sur toute espèce de sujets, mais beaucoup plus active sur amandier, aussi faut-il l'y greffer quand on le destine aux grandes formes pour l'espalier. Le plein-vent, du reste, lui serait nuisible et contribuerait à développer les progrès de la cloque ou de la gomme, maladies qui l'envahissent aisément, et font qu'il a grand besoin de l'abri du mur.

Description du fruit. — *Grosseur* : considérable. — *Forme* : ovoïde-arrondie, très-faiblement mamelonnée, assez régulière, à sillon profond. — *Cavité caudale* : très-vaste.—*Point pistillaire* : enfoncé. — *Peau* : épaisse et duveteuse, quittant bien facilement la chair, jaune clair à l'ombre, jaune grisâtre à l'insolation, où elle est ponctuée de carmin et largement lavée de rouge-pourpre. — *Chair* : jaune verdâtre, fine, ferme et fondante, quelque peu fila-menteuse, très-sanguino-lente autour du noyau. — *Eau* : excessivement abon-dante, fraîche, vineuse et sucrée, douée d'une esquisse saveur parfumée. — *Noyau* : non adhérent, gros, ovoïde-allongé, peu bombé, lon-guement mucroné, ayant

Pêche Chevreuse tardive.

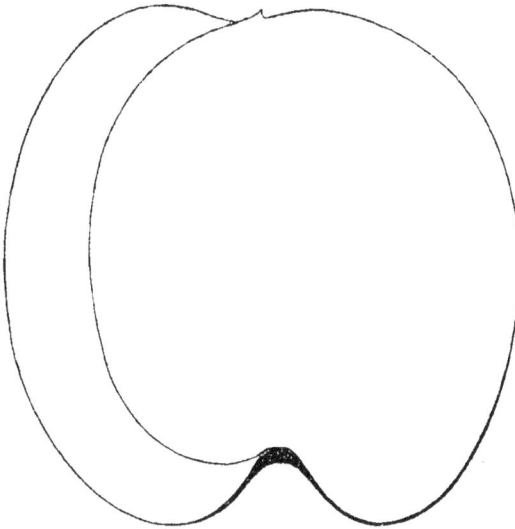

l'arête dorsale assez coupante mais modérément développée.

MATURITÉ. — Fin septembre.

QUALITÉ. — Première.

Historique. — Nous l'avons dit plus haut, à l'article Chevreuse hâtive, l'exquis et volumineux fruit que nous venons d'étudier, fut signalée par le Normand, directeur des vergers de Louis XV; et semblable pêche était vraiment régal de roi! Rien donc de plus naturel, que le successeur de la Quintinye l'ait précieusement cultivée. C'est seulement en 1735 qu'il la fit connaître au public, dans un *Catalogue descriptif et raisonné des meilleurs fruits*, opuscule de 44 pages, aujourd'hui presqu'oublié, quoique fort intéressant, et qu'alors inséra le *Mercure de France* (n° d'août 1735, pp. 1750-1789). La Chevreuse tardive provenait-elle des vergers royaux?... Nous l'ignorons; mais si nous n'avons pu le découvrir, nous pouvons du moins affirmer qu'elle remonte au plus à 1720, et que ce n'est pas elle, comme l'a dit M. Forney (1863, *Jardinier fruitier*, t. II, p. 121), que René Dahuron citait en 1696, page 146 de son *Traité de la taille des arbres;* c'était la Chevreuse *hâtive,* dont il indiquait exactement la maturité, en la plaçant auprès de la Bourdine. Les pères Chartreux, qui dès 1736 multiplièrent cette belle variété, ont beaucoup aidé aussi à sa propagation. En 1768, à Vitry-sur-Seine, les pépiniéristes soignaient tellement ce pêcher, que Duhamel (t. II, p. 25) « vit chez « eux des Chevreuses tardives ayant près de trois pouces de diamètre. » Il n'a pas encore dégénéré, Dieu merci, témoin le spécimen ici figuré, qui offre cette dimension, très-souvent même dépassée dans les produits venus sur des sujets en espalier.

Observations. — Surnommée *Pourprée,* en raison de son beau coloris, la Chevreuse tardive peut, alors, être facilement confondue avec une variété, très-ancienne, appelée Pourprée tardive. On évitera pareille méprise en se rappelant que cette dernière est beaucoup moins grosse, et mûrit trois semaines plus tôt que l'autre, dont l'arbre présente également de notables différences avec celui de la véritable Pourprée tardive. Répétons enfin que la pêche Bonouvrier ne saurait être réunie à la Chevreuse tardive, mais bien à la hâtive.

Pêche **CHEVREUSE TARDIVE POURPRÉE.** — Synonyme de pêche *Chevreuse tardive.* Voir ce nom.

Pêcher de **CHINE A FLEURS BLANCHES DOUBLES.** — Cette variété et les quatre qui vont suivre, sont plutôt ornementales que comestibles, aussi ne les multiplions-nous pas comme espèces fruitières. L'*Arbre* est à glandes réniformes et à grandes fleurs. Le *Fruit,* très-petit, duveteux, sans coloris, et très-acidulé, *mûrit* vers la mi-septembre. Rapportée de Chine à Londres, en 1844, elle mit une douzaine d'années à pénétrer chez nous, où sa culture est encore assez rare. Robert Fortune, botaniste écossais si connu par ses voyages en Chine et dans l'extrême Orient, en fut l'importateur.

Pêcher de **CHINE A FLEURS DE CAMELLIA.** — *Arbre* à glandes réniformes, à fleurs larges, très-pleines et d'un pourpre intense. *Fruit* petit, rarement coloré, duveteux, légèrement astringent. *Maturité,* mi-octobre. Son importation est également due au botaniste Robert Fortune.

Pêcher de CHINE A FLEURS DOUBLES ROSES. — Synonyme de pêcher de *Chine à Fleurs de Rosier*. Voir ce nom.

Pêcher de CHINE A FLEURS D'ŒILLET (**Synonymes :** *Pêcher* a Fleurs rayées (de quelques Pépiniéristes). — *Arbre* à glandes réniformes, à fleurs des plus grandes, semi-pleines et d'un lilas tendre ou vermillon. *Fruit* moyen, presque dépourvu de coloris, duveteux, âpre et cependant assez parfumé. *Maturité,* fin septembre. De provenance chinoise et rapporté par le même voyageur.

Pêcher de CHINE A FLEURS DE ROSIER (**Synonymes :** *Pêcher* a Fleurs de Rosier, Carrière, *Jardin fruitier du Muséum*, t. VII. — *P.* a Fleurs Doubles de Fortune, *id. ib.*—*P.* de Chine a Fleurs Doub les roses, André Leroy, *Catalogue descriptif et raisonné,* 1860). — *Arbre* à glandes réniformes, à fleurs larges, pleines et d'un rouge violâtre. *Fruit* à peine moyen, duveteux, très-rarement coloré, de goût assez agréable. *Maturité,* fin septembre. Importateur : Robert Fortune.

Pêcher de CHINE A FLEURS ROUGES DOUBLES (**Synonymes :** *Pêcher* a Fleurs Doubles cramoisies de Fortune, André Leroy, *Catalogue descriptif et raisonné,* 1860). — *Arbre* à glandes réniformes, à grandes fleurs d'un rouge écarlate. *Fruit* assez petit, duveteux, coloré, médiocre. *Maturité,* après la mi-septembre. On le doit, comme ceux ci-dessus, au voyageur Fortune.

---

32. Pêche CLÉMENCE ISAURE.

Description de l'arbre. — *Bois :* très-fort. — *Rameaux :* peu nombreux, étalés et érigés, gros, longs, non géniculés, exfoliés à la base, vert jaunâtre à l'ombre, rouge vif au soleil. — *Lenticelles :* clair-semées, petites, arrondies, roussâtres. — *Coussinets :* modérément ressortis. — *Yeux :* flanqués de boutons à fleur, plaqués sur l'écorce, volumineux, ovoïdes-aplatis, aux écailles noires et mal soudées. — *Feuilles :* abondantes, grandes ou très-grandes, vert sombre quelque peu jaunâtre en dessus, vert blanchâtre en dessous, ovales-allongées, courtement acuminées, gaufrées au centre, largement mais peu profondément dentées et crénelées. — *Pétiole :* gros, long, à cannelure bien accusée, carminé en dessous sur toute son étendue. — *Glandes :* globuleuses, attenantes au pétiole. — *Fleurs :* petites, rose assez intense.

Fertilité. — Ordinaire.

Culture. — Il fait sur franc, amandier ou prunier, de très-beaux arbres, aussi bien en espalier qu'en plein-vent.

Description du fruit. — *Grosseur :* volumineuse. — *Forme :* globuleuse, inéquilatérale, légèrement mamelonnée, à sillon bien marqué.—*Cavité caudale :* des plus vastes. — *Point pistillaire :* placé sur le sommet du mamelon. — *Peau :* mince, s'enlevant aisément, très-duveteuse, jaune d'or à l'ombre, amplement lavée de carmin à l'insolation. — *Chair :* jaune intense, fine, fondante, pourpre violâtre autour du noyau. — *Eau :* abondante, bien sucrée, vineuse, douée d'un parfum fort agréable. — *Noyau :* non adhérent, assez gros, ovoïde-arrondi, bombé, courtement mucroné, ayant l'arête dorsale peu tranchante.

Pêche Clémence Isaure.

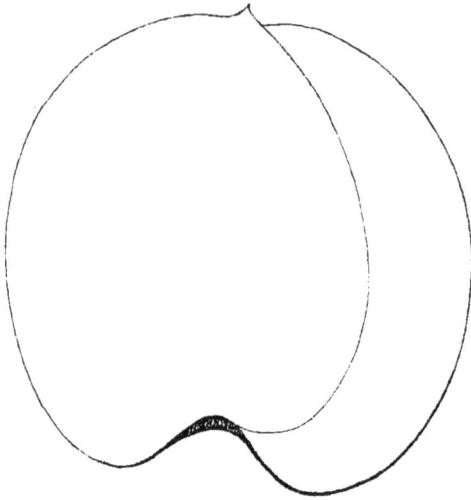

MATURITÉ. — Fin d'août et commencement de septembre.

QUALITÉ. — Première.

Historique. — MM. Barthère frères, pépiniéristes, à Toulouse, sont les obtenteurs de cette excellente pêche, dont l'arbre poussa spontanément près d'un mur, et se mit à fruit en 1854. Cinq ans plus tard (1859) M. Laujoulet, professeur d'horticulture même ville, et qui avait greffé la nouvelle variété, en récoltait de fort beaux produits et les soumettait, à Bordeaux, à l'appréciation du Congrès pomologique. Dédié à la mémoire de la célèbre fondatrice des Jeux Floraux, Clémence Isaure, morte en 1513, le gain de MM. Barthère s'est vite propagé, sous la double recommandation des qualités qui le distinguent, et surtout du nom si connu dont on l'a doté.

Observations. — M. Mas, décrivant ce pêcher en 1869 (*Verger,* t. VII, n° 22), fit remarquer que M. Carrière (1861, *Revue horticole,* p. 271) lui attribuait de *grandes* fleurs, quand cependant celles du sujet que MM. Barthère lui avaient offert en 1861, étaient *petites,* et demandait qui des deux se trompait?.... Depuis lors M. Carrière aura dù le reconnaître, lui dont les savants et consciencieux travaux sont journellement appréciés de tous, M. Mas avait raison, les fleurs du pêcher Clémence Isaure doivent être classées, non parmi les grandes, mais uniquement parmi les petites.

---

33. PÊCHE COIGNEAU.

Description de l'arbre. — *Bois :* fort. — *Rameaux :* peu nombreux, étalés à la base, érigés au sommet, gros, longs, légèrement flexueux, amplement exfoliés, vert jaunâtre à l'ombre, rouge sanguin au soleil. — *Lenticelles :* assez abondantes, grandes, arrondies et grisâtres. — *Coussinets :* saillants et se prolongeant latéralement en arête. — *Yeux :* peu écartés du bois, gros, ovoïdes-obtus, à écailles noires et bien soudées. — *Feuilles :* assez grandes, vert sombre en dessus, vert clair en dessous, ovales-allongées, courtement acuminées en vrille, légèrement gaufrées près du pétiole, à bords largement mais peu profondément dentés et crénelés. — *Pétiole :* court, de grosseur moyenne, carminé en dessous, étroitement cannelé. — *Glandes* : grosses et réniformes. — *Fleurs :* petites, rose assez intense.

Fertilité. — Abondante.

Culture. — La grande précocité dont il est doué, le recommande spécialement pour l'espalier.

Description du fruit. — *Grosseur :* moyenne. — *Forme :* irrégulièrement globuleuse et parfois presque cylindrique, bossuée, à sillon bien marqué. —

Pêche Coigneau.

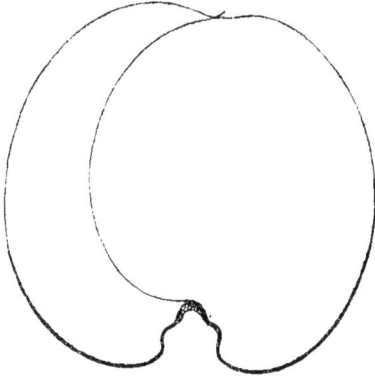

Cavité caudale : large, profonde, contournée, fortement plissée sur ses bords. — *Point pistillaire :* enfoncé. — *Peau :* assez épaisse, duveteuse, se détachant sans trop de difficulté, jaune d'or, entièrement ponctuée de carmin, lavée de rouge foncé sur le côté du soleil, et fouettée de même à la base du fruit et autour du sillon. — *Chair :* orangée, filamenteuse, ferme mais fondante, sanguinolente auprès du noyau. — *Eau :* assez abondante, sucrée, parfumée, possédant une saveur qui rappelle celle de l'abricot. — *Noyau :* non adhérent, petit, ovoïde-allongé, plus ou moins bombé, très-rustiqué, fortement mucroné, ayant l'arête dorsale sans grand relief.

Maturité. — Fin juillet et commencement d'août.

Qualité. — Première.

Historique. — Le pépiniériste P. J. Berckmans, d'Augusta, dans la Géorgie (États-Unis), nous envoyait ce pêcher en 1859, comme une nouveauté des plus estimées de la contrée, sans toutefois nous indiquer quel en était l'obtenteur, ni la localité où le pied-type avait poussé. Depuis lors notre confrère est décédé sans qu'il nous ait été possible de découvrir rien autre chose sur la pêche Coigneau. Mais le plus étrange, vu la grande bonté, vu la précocité de ce fruit, c'est le silence général des pomologues américains à son égard. Aurait-elle donc reçu quelque surnom qui, momentanément, la dissimulerait à nos yeux?.... Volontiers nous le croirions; et comme en France on ne l'a pas, non plus, encore décrite, peut-être suffira-t-il de cet article pour attirer sur elle l'attention et les recherches des hommes spéciaux.

Pêche COING. — Synonyme de *Pavie Alberge jaune.* Voir ce nom.

Pêche COLE'S WHITE MALOCOTON. — Synonyme de pêche *Morris blanche.* Voir ce nom.

Pêches COLONEL ANSLEY'S et COLONEL AUSLEY. — Synonymes de pêche *Chancelière.* Voir ce nom.

34. Pêche COLUMBIA.

Synonymes. — *Pêches :* 1. Pace (Downing, *the Fruits and fruit trees of America,* 1863, p. 629). — 2. Indian (*Idem*, 1869, p. 604). — 3. Mulatto (*Id. ibid.*).

Description de l'arbre. — *Bois :* fort. — *Rameaux :* assez nombreux, érigés, longs, un peu grêles, flexueux, très-exfoliés à la base, d'un beau vert à l'ombre et rouge terne au soleil. — *Lenticelles :* clair-semées, petites, blanches, arrondies ou linéaires. — *Coussinets :* saillants. — *Yeux :* flanqués de boutons à fleur, écartés du bois, gros, ovoïdes, aux écailles brunes et quelque peu disjointes. — *Feuilles :* assez abondantes, de grandeur moyenne, vert luisant en dessus, vert glauque en dessous, lancéolées, très-longuement acuminées, ondulées, gaufrées et contournées, à bords largement dentés et crénelés. — *Pétiole :* court, gros, rougeâtre, à cannelure étroite et profonde. — *Glandes :* assez grosses et réniformes. — *Fleurs :* moyennes, rose foncé.

Fertilité. — Satisfaisante.

Culture. — On le greffe sur prunier et sur amandier, mais il végète toujours beaucoup mieux sur ce dernier sujet; l'espalier lui est aussi bien plus avantageux que le plein-vent.

Description du fruit. — *Grosseur :* considérable, et moins volumineuse parfois. — *Forme :* irrégulièrement globuleuse, légèrement mamelonnée, inéquilatérale, à sillon bien marqué. — *Cavité caudale :* peu évasée, mais profonde. — *Point pistillaire :* ressorti. — *Peau :* épaisse, quittant mal la chair, rude au toucher, très-duveteuse, jaune verdâtre obscur sur le côté de l'ombre, striée et lavée de rouge violâtre à l'insolation. — *Chair :* jaune fortement carminée, même à la surface, ferme, plutôt mi-croquante que fondante. — *Eau :* assez abondante, plus ou moins sucrée, plus ou moins parfumée. — *Noyau :* non adhérent, gros ou très-gros, ovoïde-arrondi, bombé et courtement acuminé, ayant l'arête dorsale généralement peu développée.

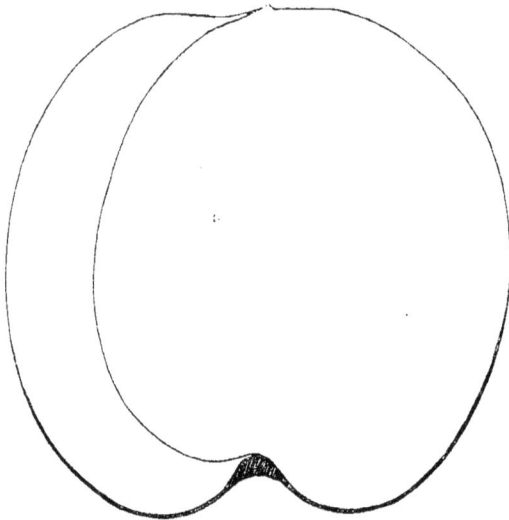

Maturité. — Vers la mi-septembre.

Qualité. — Troisième, et quelquefois deuxième.

Historique. — Variété américaine, déclarée parfaite en sa terre natale, mais mauvaise en France, dans l'Anjou, du moins, cette jolie pêche, dit le pomologue William Coxe, son obtenteur et premier descripteur, provient d'un noyau apporté de l'état de Georgia et semé dans le New-Jersey. Le pêcher Columbia est déjà d'un âge respectable, puisque Coxe l'a caractérisé en 1817, dans son *Recueil sur les arbres fruitiers d'Amérique* (p. 226, n° 30, fig. 10) ; on peut donc croire qu'il le sema tout au commencement de ce siècle, ou dans les dernières années du XVIIIe. M. Mas, qui le possédait à Bourg (Ain), et l'a fort bien décrit (*Verger*, t. VII, n° 108), met ses produits au deuxième rang. Chez nous, à Angers, il serait impossible de les y maintenir.

35. Pêche COMICE D'ANGERS.

Synonymes. — *Pêches :* 1. Madeleine jaune (Comice horticole d'Angers, *Annales,* 1843, p. 56). — 2. Madeleine jaune d'Angers (Congrès pomologique, session de 1865, *Procès-Verbaux*, p. 6). — 3. — Jaune du Comice (Mas, *le Verger*, 1867, t. VII, p. 195, n° 96). — 4. Jaune du Comice d'Angers (John Scott, *the Orchardist*, p. 221). — 5. Hative de Gascogne (O. Thomas, *Guide pratique de l'amateur de fruits*, 1876, pp. 52 et 219). — 6. Madeleine hative de Gascogne (*Id. ibid.*). — 7. Madeleine jaune du Comice d'Angers (*Id. ibid*). — 8. Jaune d'Agen (de quelques pépiniéristes).

Description de l'arbre. — *Bois :* faible. — *Rameaux :* peu nombreux, érigés, longs et grêles, légèrement flexueux, exfoliés à la base, vert jaunâtre à l'ombre, rouge fouetté de carmin à l'insolation. — *Lenticelles :* rares, blanches, arrondies ou linéaires. — *Coussinets :* peu ressortis. — *Yeux :* flanqués de deux, trois ou quatre boutons à fleur, sensiblement écartés du bois, petits, ovoïdes-obtus, cotonneux, aux écailles roussâtres et disjointes. — *Feuilles :* rarement abondantes, petites, vert jaunâtre en dessus, vert blanchâtre en dessous, lancéolées, des plus longuement acuminées, à bords irrégulièrement crénelés et dentés, chaque dent surmontée d'un cil puce. — *Pétiole :* grêle, assez long, flexible, sanguin en dessous, étroitement et profondément cannelé. — *Glandes :* moyennes, les unes globuleuses, les autres réniformes. — *Fleurs :* petites et rose foncé.

Fertilité. — Grande.

Culture. — Il réussit bien sur tous sujets, mais préfère l'espalier au plein-vent.

Description du fruit. — *Grosseur :* assez volumineuse et quelquefois considérable. — *Forme :* ovoïde-arrondie, sans mamelon ou légèrement mamelonnée, à sillon bien marqué. — *Cavité caudale :* des plus vastes. — *Point pistillaire :* saillant ou dans une faible dépression. — *Peau :* mince, se détachant très-facilement, à duvet excessivement épais, à fond jaune paille nuancé, sur le côté du soleil, de carmin foncé, puis de marbrures et de raies pourpres — *Chair :* jaune d'or, fondante, compacte, quelque peu rosée près du noyau. — *Eau :* extrêmement abondante, sucrée, acidulée, délicatement parfumée. — *Noyau :* non adhérent, gros ou assez gros, ovoïde-allongé, bombé, ayant l'arête dorsale prononcée.

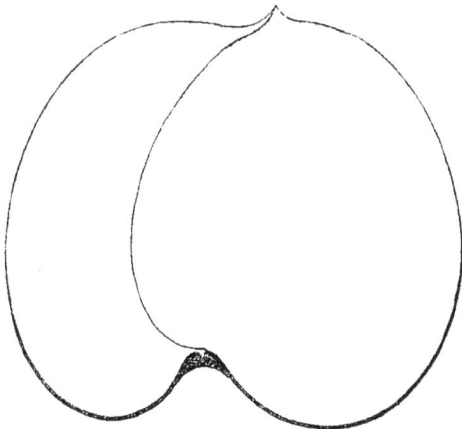

Maturité. — Fin d'août et commencement de septembre.

Qualité. — Première.

Historique. — Appelé d'abord Madeleine Jaune par le Comice horticole d'Angers, dans le jardin fruitier duquel le pied-type se mit à fruit en 1843 (*Annales*, t. III, p. 56), ce pêcher fut ensuite débaptisé pour recevoir le nom Comice d'Angers, qu'actuellement il porte à peu près partout. Il est très-répandu, et le mérite ; aussi, ces dernières années, a-t-on essayé de le présenter comme un gain méridional de toute récente obtention, en le surnommant *Madeleine de Gascogne*, puis pêcher *d'Agen*. Mais — pourquoi ne pas l'avouer ? — le plaisant, en ceci, c'est que nous-même ayant acheté la prétendue pêche d'Agen, l'avons multipliée, puis vendue, sans nous apercevoir de la fraude assez à temps pour ne point lui prêter, au moins, la publicité de nos Catalogues !.... Elle a, du reste, été décrite sous ces deux derniers surnoms, en 1876, dans le *Guide pratique de l'amateur de fruits,* publié par O. Thomas, sous-directeur des pépinières des frères Simon Louis, de Metz (voir aux pages 49, 52 et 219).

Observations. — En 1868 le Congrès pomologique, mal renseigné sur cette variété, en rejeta la culture, déclarant l'arbre « sujet au champignon, » et le fruit « peu délicat. » (*Procès-Verbal,* p. 25.) Mieux avisé, le consciencieux M. Mas, lui, se donna la peine de l'étudier, et, dans *le Verger,* rendit en 1872 ce juste hommage au pêcher calomnié : « Il est digne de faire partie de toute plantation de pêchers « d'une certaine étendue, ... et constitue un fruit de bonne qualité par l'abon-« dance de son eau sucrée, rafraîchissante, délicatement parfumée. » (T. VII, pp. 195-196, n° 96.)

---

36. Pêche COMICE DE BOURBOURG.

Description de l'arbre. — *Bois :* fort. — *Rameaux :* assez nombreux, plutôt érigés qu'étalés, gros, de longueur moyenne, très-exfoliés à la base, un peu ridés au sommet, jaune verdâtre à l'ombre, rouge carminé au soleil. — *Lenticelles :* rares, petites, brunes, arrondies. — *Coussinets :* aplatis. — *Yeux :* souvent accompagnés de boutons à fleur, légèrement écartés du bois, de moyenne grosseur, coniques, aux écailles grises, assez duveteuses et faiblement disjointes. — *Feuilles :* grandes ou moyennes, vert jaunâtre en dessus, vert blanchâtre en dessous, ovales-allongées, courtement acuminées, à bords irrégulièrement dentés et peu profondément crénelés. — *Pétiole :* long, de grosseur moyenne, sanguin de la base au sommet, à cannelure faiblement marquée. — *Glandes :* petites, de deux sortes, les unes globuleuses, les autres réniformes. — *Fleurs :* moyennes, rose intense.

Fertilité. — Satisfaisante.

Culture. — Sa grande vigueur le rend propre à toutes les formes et s'accommode de tous les sujets.

Description du fruit. — *Grosseur :* volumineuse. — *Forme :* — ovoïde-arrondie, inéquilatérale, à peine mamelonnée, ayant le sillon large et profond. — *Cavité caudale :* moyenne. — *Point pistillaire :* légèrement enfoncé. — *Peau :* assez mince, quittant bien la chair, duveteuse, d'un blanc jaunâtre lavé et strié de carmin velouté à l'insolation. — *Chair :* blanchâtre, très-fondante, nuancée de rose autour du noyau. — *Eau :* fort abondante et sucrée, agréablement acidulée et parfumée. — *Noyau :* non adhérent, moyen, ovoïde-allongé et longuement mucroné, peu bombé, ayant l'arête dorsale modérément accusée.

Pêche Comice de Bourbourg.

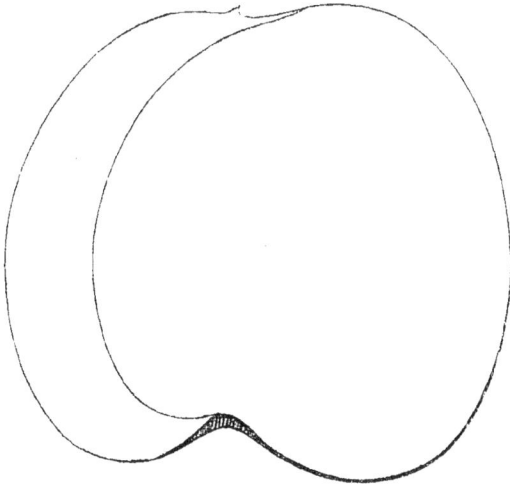

Maturité. — Vers la mi-septembre.

Qualité. — Première.

Historique. — Obtenue de semis à Bourbourg, important chef-lieu de canton du département du Nord, par le Comice horticole de cette localité, la pêche ici décrite est un fruit exquis remontant à 1850 environ, mais qu'on a mis un peu plus tard — 1855 — dans le commerce. Pour nous, qui l'avons multiplié un des premiers, c'est en 1857 qu'il nous a été vendu.

Pêcher COMMUN A FLEURS DOUBLES. — Synonyme de pêcher *à Fleurs Semi-Doubles.* Voir ce nom.

Pêche COMMUNE. — Synonyme de pêche *de Corbeil* et de pêche *Mirecotton.* Voir ces noms.

Pêche COMMUNE DES VIGNES. — Voir aux mots : *Vigne (Pêche de),* et *Corbeil (Pêche de).*

Pêche DE CONCOMBRE. — Synonyme de *Nectarine Blanche d'Andilly.* Voir ce nom.

Pêche CONFITE FRANÇAISE. — Synonyme de *Pavie Jaune.* Voir ce nom.

Pêche CONGRESS. — Voir pêche *Catherine verte,* au paragraphe Observations.

Pêches DE CORBEIL (**Synonymes :** *Pêche* COMMUNE, Merlet, *l'Abrégé des bons fruits,* 1667, p. 42 ; et la Quintinye, *Instruction pour les jardins fruitiers et potagers,* 1690, t. I, p. 423. — *Pêche* AU VIN, le Grand d'Aussy, *Vie privée des Français,* 1782, t. I, p. 232. — *Pêche* COMMUNE DES VIGNES, *passim).* — Très-anciennes, les pêches de Corbeil furent des plus estimées avant que l'art d'en cultiver de meilleures, au moyen de l'espalier, eût été généralisé. De nos jours, cette espèce n'existe plus, nous allons le prouver, mais montrer d'abord ce qu'était, originairement, le fruit ainsi appelé. Charles Estienne, en 1540, disait en son *Seminarium* (p. 63) : « Les « vraies pêches ont la chair non adhérente au noyau ; les meilleures sont celles « de Corbeil. » En 1605 le docteur Mirauld parle également (*Jardin médicinal*, p. 165) « des Pesches de Corbeil, les moins nuisibles, car elles ne se corrompent « pas aisément et sont plaisantes à l'estomach. » Le moine Triquel, en 1659, cite aussi dans ses *Instructions pour les arbres fruitiers* (p. 150) : « Les Pesches de « Corbeil, quittant le noyau, et bonnes en mesme temps que les Bourdes [Bour- « dine] et les Abricotines [Admirable jaune]. » Si ces divers passages attestent l'existence de la variété, ils sont toutefois insuffisants pour la faire connaître ; Merlet seul, en 1667, va presque la décrire : « La pesche Commune, explique-t-il, « dite pesche de Corbeil, est veluë, blonde, et assez bonne, charge beaucoup, et « vient en plein vent. » Ce texte, néanmoins, laissait encore à désirer ; Merlet le compléta donc en 1690, nous apprenant que cette pêche « etoit *ronde*, avoit bon « goust dans les terres legeres, et dans les terres fortes etoit amere et verte. » (*L'Abrégé des bons fruits*, édit. de 1667, p. 42 ; édit. de 1690, pp. 25-26.) Nous savons maintenant quels caractères principaux distinguaient la pêche de Corbeil, constatons alors qu'aucune de celles actuellement gratifiées de son nom, ou de l'un de ses synonymes, n'y a le moindre droit. Noisette (1839) mentionne une pêche *Blonde* ou de Corbeil, puis Poiteau (1846), puis Couverchel (1852), qui même la nomme aussi, *Navette ;* et Mortillet (1865), erronément, croit la *Tardive des Mignots* (Seine-et-Oise) identique avec la Blonde, de Poiteau. Mais ces variétés ne sauraient être réunies à l'antique, à la véritable pêche de Corbeil, puisque Merlet assure qu'elle était RONDE, et que les pomologues dont il s'agit nous présentent, au contraire, un fruit TRÈS-ALLONGÉ. Enfin Fillassier (1791), dans son *Dictionnaire*, donne à l'Avant-Pêche blanche le synonyme *Hâtive de Corbeil*, qui, lui non plus, ne peut nous mettre en face de la variété perdue, car elle mûrissait en même temps que la Bourdine et l'Admirable jaune, soit au commencement de septembre, et, pour lors, deux mois après l'Avant-Pêche blanche. (Voir également l'article pêche *de Vigne*.)

PÊCHE DE CORBEIL HATIVE. — Voir *Hâtive de Corbeil*, puis au mot pêche de Corbeil.

PÊCHE COTTON-APPLE. — Synonyme de *Pavie Citron*. Voir ce nom.

PÊCHE COURSONER MAGDALENE. — Synonyme de pêche *Madeleine de Courson*. Voir ce nom.

PÊCHES : CRAWFORD'S EARLY,

Synonymes de pêche *Crawford précoce*. Voir ce nom.

— CRAWFORD'S EARLY MELOCOTON,

PÊCHE CRAWFORD'S LATE MELOCOTON. — Synonyme de pêche *Crawford tardive*. Voir ce nom.

---

37. Pêche CRAWFORD PRÉCOCE.

Synonymes. — *Pêches* : 1. Crawford's Early (Hovey, *the Fruits of America*, 1847, t. I, p. 29). — 2. Crawford's Early Melocoton (*Id. ibid.*) — 3. Early Crawford (*Id. ibid.*). — 4. Melocoton précoce de Crawford (Mas, *le Verger*, 1869, t. VII, p. 45, n° 21). — 5. Willermoz (*Id. ibid.*).

Description de l'arbre. — *Bois :* très-fort. — *Rameaux :* nombreux, généralement étalés, longs, très-gros, excessivement exfoliés, jaunâtres à l'ombre et d'un rouge-brun au soleil. — *Lenticelles :* abondantes, grandes, arrondies, grises et squammeuses. — *Coussinets :* saillants. — *Yeux :* presque toujours flanqués de boutons à fleur, écartés du bois, coniques-pointus, aux écailles noirâtres et assez bien soudées. — *Feuilles :* abondantes, de grandeur variable, mais grandes pour la plupart, vert brillant et jaunâtre en dessus, vert grisâtre en dessous, ovales-allongées, s'atténuant par une pointe longue et aiguë, régulièrement bordées de dents que surmonte un cil marron. — *Pétiole :* gros et court, roide, étroitement et profondément cannelé, souvent sanguin de la base au sommet. — *Glandes :* très-petites et globuleuses. — *Fleurs :* petites, rose légèrement foncé.

Fertilité. — Très-grande.

Culture. — Il est vigoureux, mais assez délicat en plein vent; l'abri du mur lui devient donc très-avantageux, tant pour augmenter encore sa précocité, que pour le protéger contre les intempéries.

Description du fruit. — *Grosseur :* volumineuse. — *Forme :* globuleuse, sensiblement déprimée aux pôles, bossuée, inéquilatérale, non mamelonnée, à sillon peu marqué. — *Cavité caudale :* vaste et assez profonde. — *Point pistillaire :* légèrement enfoncé. — *Peau :* mince, des plus duveteuses et s'enlevant aisément, jaune d'or striée et ponctuée de purpurin, puis lavée de rouge obscur à l'insolation. — *Chair :* jaune-orangé, fondante, compacte et rougeâtre autour du noyau. — *Eau :* abondante, fraîche, vineuse, sucrée, aromatique. — *Noyau :* non adhérent, ovoïde, peu bombé, ayant le mucron court et aigu, et l'arête dorsale émoussée.

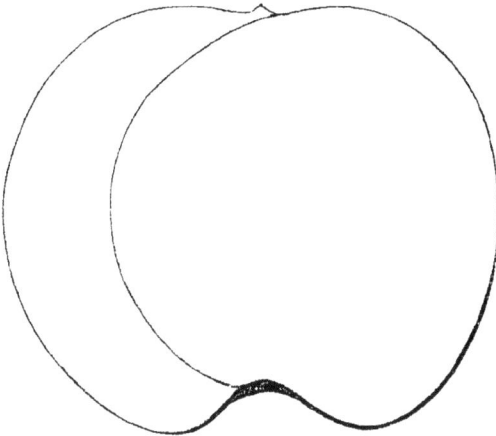

Maturité. — Commencement et courant du mois d'août.

Qualité. — Première.

Historique. — Variété américaine, elle a été gagnée vers 1840 par William Crawford, propriétaire à Middletown (New-Jersey). Hovey et Downing furent ses premiers descripteurs. En 1867 M. Mas l'a caractérisée dans *le Verger* (t. VII, p. 45, n° 21), et n'a pas hésité à lui réunir la pêche que M. Ferdinand Gaillard, pépiniériste à Brignais (Rhône), avait dédiée à M. Willermoz, directeur de l'École d'Horticulture de Lyon. Il n'existe en effet, soit pour l'arbre, soit pour le fruit, aucune différence entre cette dernière et la Crawford précoce. Et quand on saura que M. Gaillard tenait son pêcher d'un confrère américain, qui le lui expédia sans étiquette, on comprendra mieux qu'il ait cru pouvoir lui donner le nom, si connu, de l'ancien secrétaire général du Congrès pomologique.

Pêche CRAWFORD'S SUPERB MALACATUNE. — Synonyme de pêche *Crawford tardive*. Voir ce nom.

Pêche CRAWFORD TARDIVE (**Synonymes :** *Pêche* Crawford's Late Melocoton, Downing, *the Fruits and fruit trees of America,* 1849, p. 491. — Crawford's Superb Malacatune, *id. ibid.* — Tardive de Crawford, Mas, *le Verger,* 1874, t. VII, p. 231, n° 114). — Je n'ai eu de cette variété, que le nom ; l'arbre qu'on m'avait envoyé, loin d'être tardif, produisait des pêches mûrissant au milieu d'août, très-belles de grosseur et coloris, mais propres plutôt à l'ornement d'une corbeille de dessert, qu'à satisfaire le palais d'un gourmet. Je constate toutefois qu'il existe une Crawford tardive qui, volumineuse et fort délicate, se mange de septembre en octobre. Son arbre est à glandes globuleuses et à petites fleurs d'un rose intense. Elle provient, comme la *précoce*, de Middletown et du même semeur.

Pêche CRIMSON GALANDE. — Voir pêche *Galande*, au paragraphe Observations.

Pêcher CUT-LEAVED. — Synonyme de pêcher *Unique*. Voir ce nom.

D

Pêche DÉLICIEUSE. — Synonyme de pêche *Chevreuse hâtive*. Voir ce nom.

---

38. Pêche DEMOUILLES.

Synonyme. — *Pêcher* à Bois Jaune (Carrière, *Revue horticole*, de Paris, 1870-1871, pp. 11 et 549).

Description de l'arbre. — *Bois :* assez fort. — *Rameaux :* nombreux, étalés et légèrement géniculés, longs, de moyenne grosseur, quelque peu exfoliés à la base, d'un jaune verdâtre lavé et strié de rouge à l'insolation. — *Lenticelles :* faisant défaut. — *Coussinets :* bien ressortis et se prolongeant latéralement en arête. — *Yeux :* parfois flanqués de boutons à fleur, très-écartés du bois, gros, coniques pointus, aux écailles duveteuses et noirâtres. — *Feuilles :* nombreuses, moyennes et vert jaunâtre devenant, à l'automne, complétement jaune-safran, lancéolées-élargies, courtement acuminées, faiblement gaufrées, à bords crénelés et dentés. — *Pétiole :* de force et longueur moyennes, étroitement cannelé, jaune à l'ombre et lavé de carmin au soleil. — *Glandes :* réniformes pour la plupart, et quelques-unes globuleuses. — *Fleurs :* petites, rose foncé.

Fertilité. — Grande.

Culture. — Nous ne l'avons pas encore élevé en plein-vent, où l'on dit qu'il prospère parfaitement; mais à l'espalier, écussonné sur prunier, il fait de très-jolis arbres.

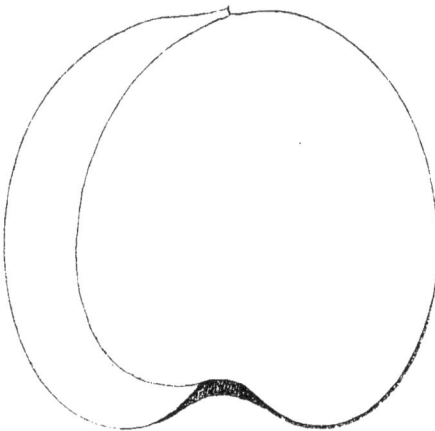

Description du fruit. — *Grosseur :* au-dessus de la moyenne. — *Forme :* arrondie, généralement comprimée à la base, à sillon peu profond. — *Cavité caudale :* très-évasée. — *Point pistillaire :* légèrement enfoncé. — *Peau :* assez épaisse, duveteuse, tenant fortement à la chair, jaune-orange, ponctuée, rayée et lavée de rouge vif sur le côté frappé par le soleil. — *Chair :* jaune intense, fondante, compacte, rosée près du noyau. — *Eau :* abondante, sucrée, vineuse, rarement bien parfumée. — *Noyau :* non adhérent, petit ou moyen, ovoïde, bombé, très-courtement mucroné, ayant l'arête dorsale émoussée.

Maturité. — Fin septembre.

Qualité. — Deuxième.

Historique. — M. Demouilles, pépiniériste à Toulouse, est le premier propagateur, sinon l'obtenteur, de ce curieux pêcher, connu seulement depuis une douzaine d'années. Le grand mérite de cet arbre consiste surtout dans la beauté, dans la singularité de ses rameaux, qui en font un sujet ornemental des plus remarquables. Son extrême fertilité, jointe au superbe coloris de ses fruits, dont la conservation est assez longue, doit aussi le rendre fort convenable pour la vente sur les marchés.

Pêche DESPREZ. — Synonyme de *Nectarine Blanche d'Andilly*. Voir ce nom.

Pêches DESSE et DESSE HATIVE. — Synonymes de pêche *Pourprée hâtive*. Voir ce nom.

Pêche DESSE TARDIVE. — Voir *Pourprée hâtive*, au paragraphe Observations.

Pêche DOCTOR COOPER. — Voir *Catherine verte*, au paragraphe Observations.

Pêche DONSELLE. — Synonyme de pêche *Sanguinole*. Voir ce nom.

Pêche DOPPELTE TROJA. — Synonyme de pêche *Double de Troyes*. Voir ce nom.

Pêche DORSETSHIRE. — Synonyme de pêche *Nivette veloutée*. Voir ce nom.

Pêche DOUBLE - MONTAGNE. — Voir *Chancelière*, au paragraphe Observations.

---

39. Pêche DOUBLE DE TROYES.

Synonymes. — *Pêches :* 1. De Troix double (le père Triquel, *Instruction pour les arbres fruitiers*, 1659, p. 148). — 2. Avant-Pêche Madeleine (dom Claude Saint-Étienne, *Nouvelle instruction pour connaître les bons fruits*, 1670, p. 136). — 3. Grosse-Pêche de Troyes (*Id. ibid.*, p. 141). — 4. Passe-Violette (Batty Langley, *Pomona*, 1729, p. 103, pl. 30, fig. 3). — 5. Petite-Mignonne (le Normand, *Catalogue descriptif des meilleurs fruits*, inséré dans le *Mercure de France*, n° d'août 1735, p. 1777 ; — et Duhamel, *Traité des arbres fruitiers*, 1768, t. II, p. 8). — 6. Mignonnette (Société Économique de Berne, 1768, t. I, p. 190). — 7. De Troyes tardive (Duhamel, *ibid.*). — 8. Madeleine rouge (*L'Agronome ou la Maison rustique mise en forme de dictionnaire*, 1770, t. III, p. 29). — 9. Paysanne (*Ibid.*). — 10. De Saint-Jean (*Ibid.*). — 11. Petite-Mignonnette (Mayer, *Pomona franconica*, 1776, t. II, p. 326). — 12. Early Mignonne (Thompson, *Catalogue of fruits cultivated in the garden of the horticultural*

Society of London, 1826, p. 76, n° 104). — 13. Small Mignonne (Lindley, *Guide to the orchard and kitchen garden*, 1831, p. 266, n° 39). — 14. Zwolsche (Dittrich, *Systematisches Handbuch der Obstkunde*, 1840, t. II, p. 342, n° 35). — 15. Petite-Madeleine de Lyon (Congrès pomologique, session de 1857, *Procès-Verbal*, p. 5). — 16. Doppelte Troja (Dochnahl, *Obstkunde*, 1858, t. III, pp. 213-214, n° 89). — 17. Kleiner lieblicher Lack (*Id. ibid.*). — 18 Madeleine Mignonne (*Id. ibid.*). — 19. Mignonne hative (*Id. ibid.*). — 20. Mignonne précoce (*Id. ibid.*). — 21. Petite-Mignonne hative (*Id. ibid.*). — 22. Petite-Précoce (*Id. ibid.*). — 23. Hative (Congrès pomologique, *Pomologie de la France*, 1873, t. VI, n° 29). — 24. Mignonnette de Troyes (O. Thomas, *Guide pratique de l'amateur de fruits*, 1876, p. 217).

Description de l'arbre. — *Bois :* peu fort. — *Rameaux :* assez nombreux, érigés plutôt qu'étalés, longs, grêles, légèrement flexueux, exfoliés à la base et ridés au sommet, vert herbacé à l'ombre, rouge-brique au soleil. — *Lenticelles :* rares, petites, arrondies, grises et squammeuses. — *Coussinets :* peu saillants. — *Yeux :* souvent flanqués de boutons à fleur, écartés du bois, petits ou moyens, aux écailles duveteuses, noirâtres et assez bien soudées. — *Feuilles :* peu nombreuses, petites, lisses et minces, vert mat en dessus, vert-pré en dessous, ovales-allongées, très-longuement acuminées, à bords faiblement crénelés et dentés. — *Pétiole :* long, grêle, flexible, sanguin en dessous, du sommet à la base, étroitement et peu profondément cannelé. — *Glandes :* petites et de deux sortes, les unes globuleuses, les autres réniformes. — *Fleurs :* petites, rose assez intense.

Fertilité. — Modérée.

Culture. — Il pousse convenablement pendant ses premières années, puis soudain sa végétation s'appauvrit; on doit donc le placer à l'espalier pour en obtenir des arbres passables et pour hâter aussi sa maturité précoce, qui constitue son principal mérite.

Description du fruit. — *Grosseur :* petite. — *Forme :* régulièrement globuleuse, faiblement mamelonnée, à sillon peu prononcé. — *Cavité caudale :* large mais sans grande profondeur. — *Point pistillaire :* placé sur un petit mucron, et presque toujours à fleur de fruit. — *Peau :* mince, finement duveteuse, quittant assez bien la chair, à fond jaune clair et verdâtre qui se lave très-amplement, à l'insolation, de rouge foncé ponctué de roux et de purpurin. — *Chair :* blanche, ferme, à peine veinée de rose auprès du noyau. — *Eau :* suffisante, vineuse, plus ou moins sucrée et parfumée. — *Noyau :* non adhérent quand le fruit est bien mûr, petit, ovoïde ou elliptique, bombé, très-courtement mucroné, ayant l'arête dorsale peu développée et non coupante.

Pêche Double de Troyes.

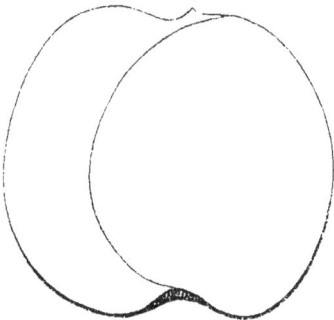

Maturité. — Commencement et courant d'août.

Qualité. — Deuxième.

Historique. — La Double de Troyes, aujourd'hui si souvent confondue avec sa sœur cadette l'Avant-Pêche blanche, ou Pêche de Troyes, décrite ci-devant, page 45, est d'origine champenoise, et connue depuis environ deux siècles et demi. Le moine Triquel, en 1659, nous paraît être celui qui le premier l'a signalée : « Pesche *de Troix double*, disait-il, quitte le noyau ; » et c'était tout, car les Catalogues de fruits contenus dans son *Instruction pour les arbres fruitiers*, ne sont rien moins que descriptifs. Dom Claude Saint-Étienne, en 1670, fut beaucoup plus prolixe pour cette variété :

« *Grosse* ou *Double Pesche de Troye* — écrivit-il — est bonne vers la fin d'aoust, rondelette, peu plus grosse qu'une balle, d'un rouge brun dessus et blanche dedans; quitte le noyau, et est ferme et seche comme ûn Abricot; rouge autour du noyau; quitte sa peau fort aisément. » (*Nouvelle instruction pour connaître les bons fruits*, 1670, p. 141.)

La Quintinye lui décernait en 1688, pour sa précocité surtout, des louanges qui, je le crains, pourront actuellement paraître exagérées :

« C'est — déclarait-il — une merveilleuse petite pêche pour, dans le commencement d'aoust, reveiller l'idée des bonnes qu'on a euës les années précedentes....... Elle est fort colorée, et ronde avec un si peu que rien de tette au bout. Je l'aime de tout mon cœur...... Nous sommes bien malheureux de ne la pouvoir deffendre des fourmis. » (*Instruction pour les jardins fruitiers et potagers*, 1690, t. I, pp. 417 et 440.)

Duhamel (1768) l'a figurée et décrite, et lui reconnaît bien les mêmes caractères que la Quintinye, sauf toutefois pour ses fleurs, « très-petites, » dit-il, contrairement à son devancier, qui croit pouvoir les classer « au nombre des grandes. » Mais le fait est, qu'elles ne sont ni très-petites ni vraiment grandes ; elles sont petites pour ceux établissant seulement deux divisions, et moyennes quand on en établit trois. Ce charmant fruit ne tarda guère à passer de nos jardins dans les jardins des environs de Londres, où dès 1729 Batty Langley le mentionnait en sa *Pomone* (p. 103, pl. 30, fig. 3) comme une variété acclimatée. Les Anglais, du reste, ont toujours fort recherché les arbres fruitiers propres à la culture en pot, culture à laquelle celui-ci se prête admirablement. Les Allemands se sont aussi sérieusement occupés, mais beaucoup plus tard, de la Double de Troyes, dont leurs pomologues citaient déjà, dès la fin du xviii° siècle, les principaux synonymes.

Observations. — Afin de rendre plus difficile la confusion de cette variété avec l'Avant-Pêche blanche, vu le surnom *Pêche de Troyes,* qui leur est commun, nous avons ajouté le qualificatif *hâtive*, au synonyme particulier à la dernière, et *tardive* à celui qui concerne la Double de Troyes. — L'Avant-Pêche rouge, ainsi qu'on peut s'en assurer plus haut (pp. 50-51), ne saurait être réunie, comme d'aucuns l'ont pensé, à la pêche ici décrite, qu'il faut également ne pas croire semblable à la *Madeleine rouge tardive* ni à la *Paysanne* ou *Madeleine de Courson*, quoique cette Avant-Pêche rouge ait pour synonymes les noms Paysanne et Madeleine rouge. — Au temps de Merlet (1675) on supposait à la Double de Troyes, une sous-variété, « la *Violette* fort brune ; » ce fut évidemment le plus ou moins de coloration du fruit qui fit naître une telle supposition, le même pêcher portant souvent des pêches à peau d'un rouge vif, et d'autres, les mieux frappées par le soleil, où ce rouge vif passe au pourpre excessivement foncé. Et force nous est de le croire, puisque depuis très-longtemps le nom de cette *Double de Troyes violette* ne figure plus dans la nomenclature.

Pêche DOUBLE DE TROYES VIOLETTE. — Voir *Double de Troyes*, au paragraphe OBSERVATIONS.

Pêcher DOUBLE WHITE. — Synonyme de pêcher *de Chine à Fleurs blanches doubles*. Voir ce nom.

Pêche DREUSEL. — Synonyme de pêche *Sanguinole*. Voir ce nom. .

---

40. Pêche DRUID HILL.

Description de l'arbre. — *Bois :* de moyenne force. — *Rameaux :* peu nombreux, étalés et arqués, longs, assez grêles, exfoliés à la base, vert blanchâtre à l'ombre, rouge-carmin au soleil. — *Lenticelles :* clair-semées, petites, arrondies, roussâtres et squammeuses. — *Coussinets :* aplatis, mais se prolongeant latéralement en arête. — *Yeux :* flanqués parfois de boutons à fleur, volumineux, coniques-pointus, ayant les écailles duveteuses, noirâtres et bien soudées. — *Feuilles :* peu nombreuses, moyennes, vert clair en dessus, vert sombre en dessous, ovales ou ovales-allongées, longuement acuminées en vrille, légèrement contournées, à bords largement et profondément dentés en scie. — *Pétiole :* long, grêle, tomenteux, rosé, à cannelure étroite. — *Glandes :* petites et globuleuses. — *Fleurs :* petites, rose foncé.

Fertilité. — Ordinaire.

Culture. — Il pousse modérément en espalier, n'importe sur quel sujet. Nous ignorons encore ce qu'on peut en attendre comme arbre de plein-vent.

Description du fruit. — *Grosseur :* volumineuse. — *Forme :* globuleuse, sensiblement inéquilatérale, à très-faible mamelon et sillon très-peu marqué. — *Cavité caudale :* prononcée. — *Point pistillaire :* saillant ou parfois légèrement enfoncé. — *Peau :* épaisse, finement duveteuse, s'enlevant aisément, d'un blanc jaunâtre nuancé de vert, à l'ombre, et amplement lavé de carmin foncé à l'insolation. — *Chair :* blanc jaunâtre, complétement fondante, rougeâtre autour du noyau. — *Eau :* très-abondante, des plus sucrées, savoureusement acidulée et parfumée. — *Noyau :* non adhérent et moyen, ovoïde-arrondi, très-courtement mucroné, peu bombé, ayant l'arête dorsale assez tranchante.

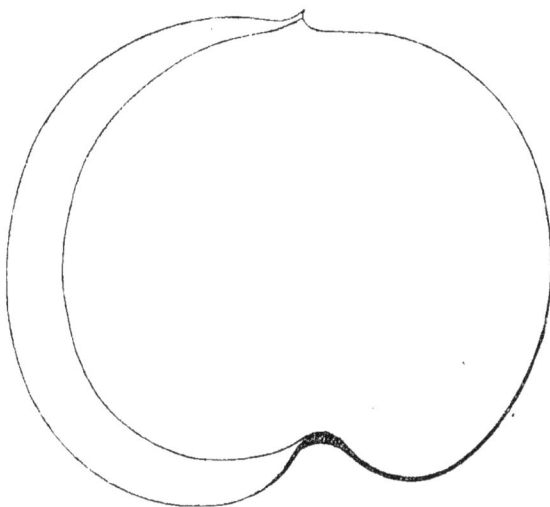

Maturité. — Vers la mi-septembre.

Qualité. — Première.

Historique. — Ce bon et beau fruit appartient aux Etats-Unis, et fut gagné de semis, nous dit A. J. Downing, son premier descripteur, à Druid-Hill, près Baltimore, dans le Maryland, par sir Lloyd N. Rogers, en 1842 ou 1843 (*the Fruits and fruit trees of America*, 1849, p. 474, n° 12). Bien digne d'être propagé, il reste cependant assez inconnu dans notre pays, où je crois l'avoir introduit, le possédant depuis 1858, époque où me l'envoya d'Augusta (Géorgie) le pépiniériste P. J. Berckmans.

Pêches : DRUSELLE,

— DRUSETTE,

} Synonymes de pêche *Sanguinole*. Voir ce nom.

Pêches : DURACINE,

— DURE,

} Synonymes de *Pavie Alberge jaune*. Voir ce nom.

Pêcher DWARF ORLEANS. — Synonyme de pêcher *Nain*. Voir ce nom.

E

Pêche **EARLY ADMIRABLE**. — Synonyme de pêche *Admirable*. Voir ce nom.

Pêche **EARLY CHEVREUSE**. — Synonyme de pêche *Chevreuse hâtive*. Voir ce nom.

Pêche **EARLY CRAWFORD**. — Synonyme de pêche *Crawford précoce*. Voir ce nom.

Pêche **EARLY FRENCH**. — Synonyme de pêche *Mignonne (Grosse-)*. Voir ce nom.

Pêches : EARLY GALANDE,

— EARLY GARLANDE,

} Synonymes de pêche *Galande*. Voir ce nom.

Pêche **EARLY GROSSE-MIGNONNE**. — Synonyme de pêche *Mignonne hâtive (Grosse-)*. Voir ce nom.

Pêche **EARLY MAY**. — Synonyme de pêche *Mignonne (Grosse-)*. Voir ce nom.

Pêche **EARLY MIGNONNE**. — Synonyme de pêche *Double de Troyes*. Voir ce nom.

Pêche **EARLY NEWINGTON**. — Synonyme de *Pavie Blanc (Gros-)*. Voir ce nom.

Pêches **EARLY PURPLE**. — Synonymes de pêche *Pourprée tardive* et de pêche *York précoce*. Voir ces noms.

Pêche EARLY PURPLE AVANT. — Synonyme de pêche *Mignonne (Grosse-)*. Voir ce nom.

Pêche EARLY PURPLE OF KEW. — Synonyme de pêche *Madeleine hâtive*. Voir ce nom.

Pêche EARLY RED NUTMEG. — Synonyme d'*Avant-Pêche rouge*. Voir ce nom.

Pêche EARLY TILLOTSON. — Synonyme de pêche *Tillotson précoce*. Voir ce nom.

Pêche EARLY VINEYARD. — Synonyme de pêche *Mignonne (Grosse-)*. Voir ce nom.

Pêche EARLY WHITE NUTMEG. — Synonyme d'*Avant-Pêche blanche*. Voir ce nom.

Pêche EARLY YORK. — Synonyme de pêche *York précoce*. Voir ce nom.

Pêche EDGAR'S LATE MELTING. — Synonyme de pêche *Chancelière*. Voir ce nom.

Pêche EDLE MAGDALENE. — Synonyme de pêche *Noblesse*. Voir ce nom.

Pêche d'ÉGYPTE. — Synonyme de pêche *de Syrie*. Voir ce nom.

Pêches : EMPEREUR DE RUSSIE,

—   EMPEROR OF RUSSIA,

} Synonymes de pêche *Unique*. Voir ce nom.

Pêche ENGLISH GALANDE. — Synonyme de pêche *Galande*. Voir ce nom.

Pêche ENGLISCHER LACK. — Synonyme de *Pavie Citron*. Voir ce nom.

---

41. Pêche ERNOULT.

Description de l'arbre. — *Bois :* faible. — *Rameaux :* peu nombreux, érigés et étalés, grêles, assez longs, flexueux, rouge-brun au soleil, vert jaunâtre à l'ombre. — *Lenticelles :* rares, petites, brunes, arrondies. — *Coussinets :* peu développés, mais se prolongeant latéralement en arête. — *Yeux :* écartés du bois, petits, coniques-pointus, aux écailles duveteuses et très-disjointes. — *Feuilles :* grandes ou très-grandes, vert gai en dessus, vert blanchâtre en dessous, ovales-allongées, longuement acuminées, largement et peu profondément dentées et surdentées en scie. — *Pétiole :* court ou très-court, gros, tomenteux, rosé, à cannelure bien marquée. — *Glandes :* petites, globuleuses, placées sur le pétiole ou à la base de la feuille. — *Fleurs :* très-grandes, rose pâle.

Fertilité. — Convenable.

Culture. — Le sujet qu'il préfère, c'est le prunier; il pousse lentement sur franc et sur pêcher, et l'espalier lui sera toujours plus profitable que le plein-vent.

Description du fruit. — *Grosseur :* moyenne. — *Forme :* globuleuse, généralement inéquilatérale, rarement mamelonnée, à sillon assez profond, d'un côté surtout. — *Cavité caudale :* très-vaste.

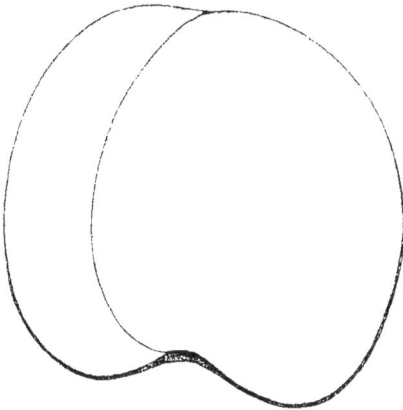

— *Point pistillaire :* excessivement petit, placé dans une faible dépression, mais parfois à fleur de fruit et sur un très-léger mamelon. — *Peau :* fine et s'enlevant bien, des plus duveteuses, vert jaunâtre dans l'ombre, finement ponctuée de carmin clair à l'insolation, où elle est aussi lavée de rouge-pourpre dans toute la partie, principalement, qui avoisine la cavité pédonculaire. — *Chair :* blanche, transparente, fondante, sanguinolente au centre. — *Eau :* abondante, plus ou moins sucrée, souvent trop acidulée, presque toujours entachée d'un arrière-goût herbacé. — *Noyau :* non adhérent, petit, ovoïde-arrondi, bombé, ayant l'arête dorsale tranchante.

Maturité. — Vers le milieu du mois d'août.

Qualité. — Deuxième.

Historique. — Décrite par Alexandre Bivort, en 1854, dans les *Annales de pomologie belge et étrangère,* cette pêche y est dite (t. II, p. 71) originaire de Jodoigne (Brabant), où elle aurait été gagnée peu avant 1843; mais aucun autre détail ne s'y trouve sur son état civil, qui reste ainsi fort incomplet. Porte-t-elle le nom de son obtenteur, et ce M. Ernoult, quel était-il? Un émule de Simon Bouvier, de cet heureux semeur dont le même Jodoigne a vu naître tant de poiriers?......... Bivort, aujourd'hui décédé, ne saurait nous renseigner, et nous avons inutilement essayé de trouver, en Belgique, réponse à cette double question.

42. Pêche d'ESPAGNE JAUNE.

Description de l'arbre. — *Bois :* très-fort. — *Rameaux :* nombreux, très-étalés, des plus longs et des plus gros, légèrement flexueux, amplement exfoliés à la base, rouge-brun à l'insolation et vert jaunâtre à l'ombre. — *Lenticelles :* assez abondantes, petites, arrondies ou linéaires, rousses et saillantes. — *Cous-sinets :* bien ressortis. — *Yeux :* écartés du bois, moyens, coniques-aigus, aux écailles noirâtres et rarement mal soudées. — *Feuilles :* nombreuses, grandes ou moyennes, vert luisant en dessus, vert mat en dessous, ovales-allongées et lan-céolées, longuement acuminées en vrille, gaufrées au centre, largement crénelées sur leurs bords. — *Pétiole :* long, de moyenne force, étroitement cannelé. — *Glandes :* volumineuses et réniformes, attenantes au pétiole. — *Fleurs :* moyennes et rose tendre.

Fertilité. — Satisfaisante.

Culture. — Il fait d'admirables arbres, et sa grande vigueur le rend propre, sur tous sujets, à l'espalier comme au plein-vent.

Description du fruit. — *Grosseur :* moyenne. — *Forme :* ovoïde et par-fois presque cylindrique, bossuée, mamelonnée, inéquilatérale, à sillon bien marqué. — *Cavité caudale :* vaste. — *Point pistillaire :* saillant. — *Peau :* épaisse, se détachant avec facilité, duve-teuse, jaune blanchâtre à l'ombre, jaune intense sur l'autre face, où elle est ponc-tuée de carmin et lavée de rouge obscur. — *Chair :* jaune, filamenteuse, compacte quoique fondante, teintée de rose près du noyau. — *Eau :* très-abondante, aci-dulée, peu sucrée, peu parfumée. — *Noyau :* très-faiblement adhérent à la chair, où le retiennent quelques courts filaments, moyen ou petit, ovoïde, bombé, ayant la pointe terminale courte, aiguë, et l'arête dorsale prononcée.

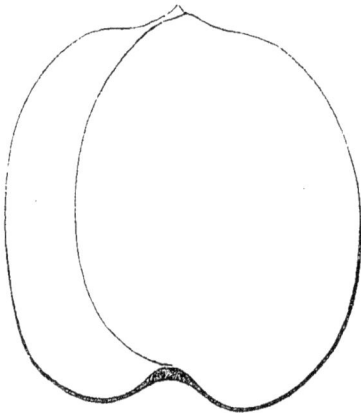

Maturité. — Vers le milieu du mois d'octobre.

Qualité. — Deuxième.

Historique. — Cette pêche nous est venue vers 1840, sous le nom qu'elle porte ici, des environs de Bayonne (Basses-Pyrénées). En faut-il conclure qu'elle soit native d'Espagne?... Cela serait téméraire, peut-être, mais en tout cas fort difficile à vérifier, les Pomologies abondant peu, de l'autre côté de la Navarre. La seule chose, donc, que nous puissions affirmer, c'est que le principal mérite de cette variété consiste surtout dans l'époque si tardive de sa maturité, qui tou-jours a lieu courant d'octobre; unique motif qui nous a fait la propager.

Pêche EXQUISITE. — Synonyme de pêche *Gorgas*. Voir ce nom.

F

Pêche FARDÉE. — Synonyme de pêche *Pourprée hâtive*. Voir ce nom.

Pêche FASANEN. — Synonyme de pêche *de Pau*. Voir ce nom.

Pêche FAUSSE-MIGNONNE. — Synonyme de pêche *Chevreuse hâtive*. Voir ce nom.

Pêche FAUSSE-POURPRÉE TARDIVE. — Synonyme de *Chevreuse tardive*. Voir ce nom.

---

43. Pêche FAVORITE DE BOLLWILLER.

Synonyme. — *Pêche* Bollwiller Liebling (O. Thomas, *Guide pratique de l'amateur de fruits*, 1876, p. 218).

Description de l'arbre. — *Bois :* faible. — *Rameaux :* peu nombreux, érigés, courts et grêles, droits, légèrement exfoliés à la base, vert jaunâtre à l'ombre, rouge-brique au soleil. — *Lenticelles :* rares, petites, arrondies. — *Coussinets :* des plus saillants. — *Yeux :* plaqués sur l'écorce, gros, ovoïdes-obtus, aux écailles brunes et disjointes. — *Feuilles :* abondantes, de grandeur moyenne, vert brillant en dessus, vert clair et mat en dessous, lancéolées-élargies, longuement acuminées en vrille, ondulées sur les bords, gaufrées au centre, dentées et crénelées. — *Pétiole :* de longueur et force moyennes, souvent contourné, à cannelure profonde. — *Glandes :* les unes réniformes, les autres globuleuses. — *Fleurs :* moyennes et d'un rose assez intense.

Fertilité. — Grande.

Culture. — Sa végétation peu active exige qu'on le greffe sur amandier, et qu'il soit placé à l'abri du mur, si l'on tient à lui procurer un convenable développement. En plein-vent il fait toujours de si chétifs arbres, que leur manque complet de rusticité pronostique leur courte durée.

Description du fruit. — *Grosseur :* au-dessus de la moyenne et parfois plus volumineuse. — *Forme :* irrégulièrement globuleuse, plus ou moins inéquilatérale et plus ou moins mamelonnée, à sillon bien accusé, d'un côté surtout. — *Cavité caudale :* vaste et profonde. — *Point pistillaire :* saillant ou presque saillant. — *Peau :* fine, se détachant aisément, très-duveteuse, blanc verdâtre à l'ombre, blanc jaunâtre à l'insolation, où elle est faiblement marbrée et fouettée de carmin pâle. — *Chair :* d'un blanc verdâtre, fondante, filamenteuse, à peine rosée autour du noyau. — *Eau :* très-abondante, bien sucrée, vineuse et parfumée. — *Noyau :* tenant quelque peu à la chair, de grosseur moyenne, ovoïde, assez bombé, courtement mucroné, à l'arête dorsale émoussée.

Pêche Favorite de Bollwiller.

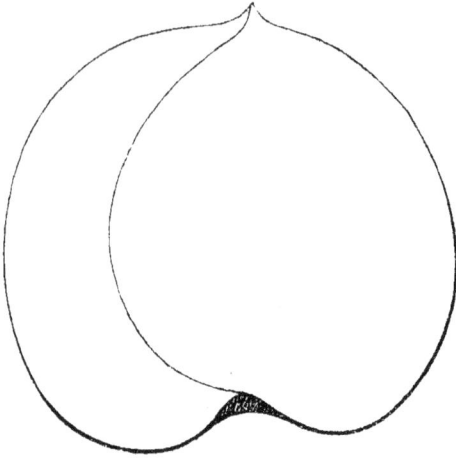

MATURITÉ. — Fin juillet.

QUALITÉ. — Première, surtout en raison de sa précocité.

Historique. — Eugène Baumann, pépiniériste à Bollwiller (Haut-Rhin), est l'obtenteur de cette variété si précoce. Il la gagna de semis vers 1848, et n'eut pas la satisfaction de longtemps la propager, étant allé habiter les Etats-Unis en 1852. Mais Auguste-Napoléon, son frère cadet, qui resta propriétaire de l'établissement de Bollwiller, mit un grand zèle à faire connaître ce pêcher vraiment méritant; et si bien, qu'actuellement on peut dire qu'il figure dans presque toutes les collections.

PÊCHE FÉLICE MADELEINE. — Synonyme de pêche *Félicie.* Voir ce nom.

44. PÊCHE FÉLICIE.

Synonyme. — *Pêche* FÉLICE MADELEINE (André Leroy, *Catalogue descriptif et raisonné des arbres fruitiers et d'ornement,* 1868, p. 26, n° 62).

Description de l'arbre. — *Bois :* fort. — *Rameaux :* nombreux, érigés pour la plupart, gros, longs, peu géniculés, très-exfoliés à la base, vert jaunâtre à l'ombre, rouge-brun au soleil. — *Lenticelles :* assez abondantes, petites, arrondies, jaune blanchâtre. — *Coussinets :* bien ressortis et se développant latéralement en arête. — *Yeux :* souvent accompagnés de boutons à fleur, écartés du bois, de moyenne grosseur, ovoïdes-obtus, aux écailles disjointes, grises et cotonneuses. — *Feuilles :* nombreuses, grandes, vert pâle en dessus, vert jaunâtre en dessous, ovales-allongées longuement acuminées en vrille, finement dentées et surdentées. — *Pétiole :* épais et court, à cannelure étroite. — *Glandes :* faisant entièrement défaut. — *Fleurs :* petites et d'un beau rose.

Fertilité. — Très-satisfaisante.

Culture. — La vigueur remarquable de ce pêcher permet de le greffer sur tous sujets, et de le destiner à toutes les formes.

Description du fruit. — *Grosseur :* au-dessus de la moyenne — *Forme :* ovoïde-raccourcie ou ovoïde fortement arrondie, inéquilatérale, sensiblement mamelonnée, à sillon généralement peu marqué. — *Cavité caudale :* rarement prononcée. — *Point pistillaire :* placé sur le haut du mamelon. — *Peau :* épaisse, très-duveteuse, se détachant assez difficilement, jaune blanchâtre sur le côté de l'ombre, lavée et striée de carmin sur celui frappé par le soleil. — *Chair :* d'un blanc jaunâtre, ferme, légèrement filamenteuse et nullement rougeâtre au centre. — *Eau :* abondante, très-sucrée, vineuse, parfumée, parfois laissant dans la bouche un arrière-goût herbacé. — *Noyau :* non adhérent, petit, ovoïde, à peine bombé, ayant l'arête dorsale assez prononcée mais peu tranchante.

Pêche Félicie.

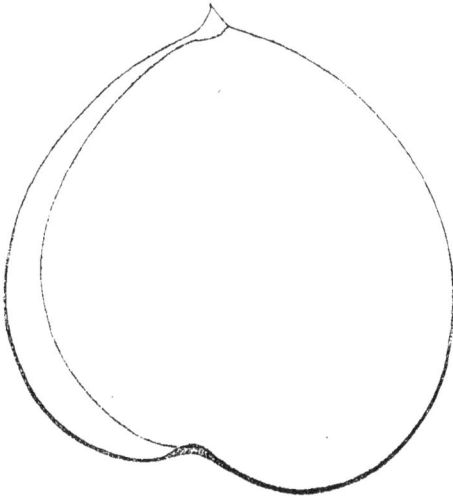

Maturité. — Fin septembre.

Qualité. — Première, quand elle n'est entachée d'aucun arrière-goût; autrement, deuxième.

Historique. — M. Charles Buisson, manufacturier à la Tronche (Isère), gagna ce pêcher en 1863, et nous en offrit des greffes au mois de mars 1866. Il est encore peu répandu, et cela tient à des circonstances dont nous avons déjà rendu compte à l'article de la pêche *Admirable Saint-Germain,* auquel nous renvoyons, pour ne pas nous répéter.

Pêcher a FEUILLES DÉCOUPÉES. — Synonyme de pêcher *Unique.* Voir ce nom.

Pêcher a FEUILLES POURPRES. — Variété ornementale toute nouvelle, et des plus recherchées pour les jardins paysagers. Originaire des États-Unis, elle n'a pénétré dans notre pays qu'en 1872 ou 1873. Son feuillage est rouge-sang; son fruit, qui, *dit-on,* a la chair et la peau complétement rouges aussi, serait, de plus, très-bon; mais comme ce pêcher n'a pas encore fructifié dans notre établissement, nous n'en pouvons autrement parler.

PÊCHER A **FEUILLES DE SAULE**. — Voir pêcher *à Fleurs blanches,* au paragraphe Observations.

PÊCHE **FINE HEATH**. — Synonyme de *Pavie Heath.* Voir ce nom.

45. Pêcher a FLEURS BLANCHES.

Synonymes. — *Pêches :* 1. New White (Louis Noisette, *le Jardin fruitier,* 1839, t. I, p. 40, n° 58). — 2. White Blossom (A. J. Downing, *the Fruits and fruit trees of America,* 1849, p. 489, n° 51). — 3. White Blossomed Incomparable (*Id. ibid.*). — 4. Willow (*Id. ibid.*). — 5. A Bois et a Fleurs blanches (Dochnahl, *Obstkunde,* 1858, t. III, p. 204, n° 44). — 6. Incomparable a Fleurs et a Fruits blancs (*Id. ibid.*). — 7. Virginale a Fleurs et Fruits blancs (*Id. ibid.*). — 8. Weissblühender Lieblings (*Id. ibid.*). — 9. Blanche d'Amérique (Paul de Mortillet, *les Meilleurs fruits,* 1865, t. I, p. 89). — 10. Incomparable blanche (*Id. ibid.*). — 11. A Fleurs et a Fruits blancs (A. Mas, *le Verger,* 1865, t. VII, p. 13, n° 5). — 12. Saule (*Id. ibid.*).

Description de l'arbre. — *Bois :* peu fort. — *Rameaux :* très-nombreux, érigés et arqués, courts, grêles, non flexueux, largement exfoliés à la base, d'un vert, très-clair, jaunâtre ou blanchâtre. — *Lenticelles :* assez abondantes, grandes, brunes, arrondies. — *Coussinets :* aplatis. — *Yeux :* flanqués de boutons à fleur, écartés légèrement du bois, gros, ovoïdes-obtus, un peu duveteux, aux écailles brunes et disjointes. — *Feuilles :* nombreuses, petites, d'un vert gai devenant jaune-paille à l'automne, lancéolées, longuement acuminées, finement et régulièrement bordées de dents qui, toutes, sont surmontées d'un cil marron. — *Pétiole :* court et grêle, flexible, à cannelure étroite. — *Glandes :* réniformes, de grosseur moyenne. — *Fleurs :* grandes et blanc de neige.

Fertilité. — Modérée.

Culture. — Il vient aussi bien en plein-vent qu'en espalier, et peut être greffé sur n'importe quel sujet, quoique sa végétation ne soit pas très-grande.

Description du fruit. — *Grosseur :* au-dessus de la moyenne. — *Forme :* ovoïde, assez régulière, légèrement mamelonnée, à sillon large et peu profond.

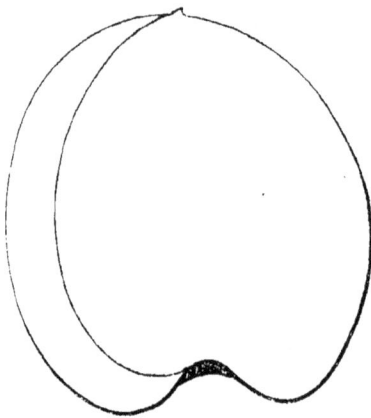

— *Cavité caudale :* prononcée. — *Point pistillaire :* noirâtre, saillant. — *Peau :* mince, s'enlevant avec facilité, fort duveteuse, unicolore : blanc faiblement jaunâtre. — *Chair :* blanchâtre et fondante, sans aucune coloration près du noyau. — *Eau :* assez abondante, plus ou moins sucrée, agréablement mais fortement acidulée. — *Noyau :* non adhérent, moyen, ovoïde, bien bombé, ayant la pointe terminale courte et peu aiguë, et l'arête dorsale sans grand relief.

Maturité. — Fin d'août.

Qualité. — Deuxième.

Historique. — La variété *White Blossomed* des Américains, devenue pour nous, de par la traduction, le pêcher à Fleurs blanches, est bien originaire des

Etats-Unis, quoique nos pomologues n'aient pas toujours cru pouvoir l'affirmer. Cela tient sans doute à ce que Downing, dont l'ouvrage sur *les Fruits d'Amérique,* est le plus répandu, le plus généralement consulté, s'est tenu à cet égard dans une réserve qui même prête à l'amphibologie. Il dit effectivement (p. 489, édit. 1849) : « This is native fruit of second quality, much inferior, both in flavour « and appearance, to the Snow peach : « Celle-ci est née fruit de deuxième « qualité, à la fois fort inférieure à la pêche Snow, par la saveur et les dehors. » Mais Elliott, dans son *Fruit book,* publié en 1854, a parfaitement qualifié (p. 295) d' « american, » ce curieux pêcher, qu'avant lui, du reste, son compatriote Manning avait également revendiqué (1832, *the New England fruit book*). La White Blossomed doit avoir été gagnée vers 1820, car en 1817 William Coxe n'en fit aucune mention dans le recueil qu'il consacra aux arbres fruitiers originaires de son pays, et dès 1829 — et non 1834, comme l'indiquait en 1842 le *Bon-Jardinier* — elle était importée chez nous par le pépiniériste Alfroy, de Lieusaint (Seine-et-Marne).   .

Observations. — Le surnom *Willow,* ou pêcher Saule, qu'a reçu l'arbre de cette variété, pourrait le faire confondre avec le pêcher dit *à Feuilles de Saule,* si l'on oubliait que celui-ci est à petites fleurs et totalement dépourvu de glandes. — Plusieurs pomologues ont réuni le pêcher Snow, ou pêcher Neige, au White blossomed, mais bien erronément, comme on a pu le voir dans cet article même, où Downing constate la grande dissemblance, la grande infériorité qui existe entre les produits du dernier et les produits du premier, le Snow.

Pêcher a FLEURS DOUBLES. — Synonyme de pêcher *à Fleurs Semi-Doubles.* Voir ce nom.

Pêcher a FLEURS DOUBLES CRAMOISIES DE FORTUNE. — Synonyme de pêcher *de Chine à Fleurs rouges doubles.* Voir ce nom.

Pêcher a FLEURS DOUBLES DE FORTUNE. — Synonyme de pêcher *de Chine à Fleurs de Rosier.* Voir ce nom.

Pêcher a FLEURS ET A FRUITS BLANCS. — Synonyme de pêcher *à Fleurs blanches.* Voir ce nom.

Pêcher a FLEURS RAYÉES. — Synonyme de pêcher *de Chine à Fleurs d'OEillet.* Voir ce nom.

Pêcher a FLEURS DE ROSIER. — Synonyme de pêcher *de Chine à Fleurs de Rosier.* Voir ce nom.

---

46. Pêcher a FLEURS SEMI-DOUBLES.

Synonymes. — *Pêches* : 1. A Fleurs doubles (le Lectier, d'Orléans, *Catalogue des arbres cultivés dans son verger et plant*, 1628, p. 31; — et Merlet, *l'Abrégé des bons fruits*, 1667, p. 41). — 2. Pêche-Rose (dom Claude Saint-Etienne, *Nouvelle instruction pour connaître les bons fruits*, 1670, p. 139). — 3. De Rosier (Herman Knoop, *Fructologie*, 1771, p. 87. — 4. Commune a Fleurs doubles (de quelques pépiniéristes).

Description de l'arbre. — *Bois :* fort. — *Rameaux :* assez nombreux, érigés, longs et gros, non géniculés, exfoliés largement à la base, mais très-peu au sommet, rouge-brique à l'insolation, vert jaunâtre à l'ombre. — *Lenticelles :* des plus clair-semées, petites, arrondies. — *Coussinets :* saillants et de chaque côté se prolongeant en arête. — *Yeux :* sensiblement écartés du bois, gros, ovoïdes-pointus, aux écailles brunes et disjointes. — *Feuilles :* abondantes et grandes, vert sombre en dessus, vert clair en dessous, ovales-allongées ou elliptiques, très-longuement acuminées, gaufrées au centre, finement dentées et surdentées. — *Pétiole :* court et gros, rigide, à cannelure profonde, carminé dans toute sa longueur. — *Glandes :* faisant complétement défaut. — *Fleurs :* grandes, composées de vingt à trente pétales d'un rose intense.

Fertilité. — Très-modérée; mais cet arbre paraît beaucoup plus productif qu'il ne l'est, en ce sens qu'il noue ses fruits par trochets de deux, de trois, de quatre, même, qui bientôt, se détachant, réduisent alors la récolte à quelques pêches seulement, et presque toutes solitaires, ou, tout au plus, jumelles.

Culture. — On peut le greffer sur toute espèce de sujets et l'élever sous la forme qu'on désire.

Description du fruit. — *Grosseur :* au-dessous de la moyenne. — *Forme :* ovoïde-arrondie, inéquilatérale, généralement mamelonnée, à sillon presque toujours bien accusé. — *Cavité caudale :* peu développée. — *Point pistillaire :* saillant, mais parfois aussi très-faiblement enfoncé, quand, par exception, le mamelon du fruit ne s'est pas développé. — *Peau :* assez épaisse, tenant légèrement à la chair, très-duveteuse, vert jaunâtre à l'ombre, rousse à l'insolation. — *Chair :* blanchâtre, mi-fondante, plus ou moins filamenteuse. — *Eau :* assez abondante, vineuse et sucrée. — *Noyau :* non adhérent, moyen, ovoïde, plat sur une face, renflé sur l'autre, à pointe terminale aiguë et arête dorsale émoussée.

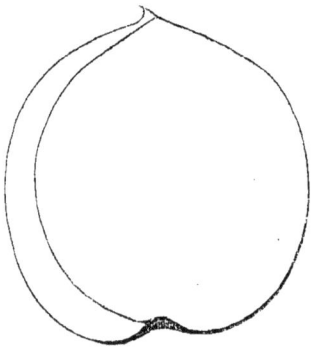

Maturité. — Vers la fin de septembre.

Qualité. — Deuxième.

Historique. — Elle est depuis plusieurs siècles dans les jardins français, cette variété dont l'arbre à splendide floraison fait le principal mérite. Dire qu'on l'y gagna, rien n'apparaît qui le permette; et cependant nous le croyons, nos vieux pomologues ayant été les premiers — nous l'avons constaté — à la signaler, à la décrire. A l'étranger, on n'en parla que longtemps, bien longtemps après eux. Le Lectier, d'Orléans, la cultivait dès 1600, et la mentionnait ainsi dans le *Catalogue de son verger* (p. 31), publié en 1628 : « Pescher à Fleur double, portant « fruict. » Avant cette époque, aucun indice ne la fait reconnaître; si donc la France fut son berceau, elle y dut naître — et au cas contraire y avoir été importée — vers la fin du XVIᵉ siècle, car ni Ruel (1536), ni Charles Estienne (1540), ni Daléchamp (1586), ni Jean Bauhin (1590), ne la nomment dans les chapitres, pourtant fort développés, où ils traitent du Pêcher. Jean Merlet, en sa première édition (1667), lui consacrait quelques lignes :

« La Pesche *à Fleur double* — disait-il — est plus curieuse que bonne, plus recherchée pour sa fleur, que pour son fruit; elle est grosse, toute blanche, et charge peu. » (*L'Abrégé des bons fruits*, 1667, p. 41.)

Trop concise, la description donnée par Merlet ne peut servir à l'étude comparative de l'arbre et du fruit dont nous nous occupons; aussi jugeons-nous utile d'en reproduire une autre, de trois ans plus moderne, émanée du moine Claude Saint-Etienne, et qui caractérise beaucoup mieux notre variété :

« *Pesche-Rose*, ou à *Fleur double* — écrivait ce moine en 1670 — est mûre à la fin de septembre; quand elle porte, est bonne, mais porte peu. Elle est ainsi dite, parce que sa fleur est comme de petites roses de couleur incarnates, qui ont bien près de quarante feüilles; et vient jumelle sur chaque queuë, est un peu plus grosse que la pesche Violette, ronde, toute verte dessus, et blanche dedans, et quitte le noyau. » (*Nouvelle instruction pour connaître les bons fruits*, pp. 139-140.)

Duhamel, à son tour, décrivit et figura ce pêcher en 1768 (t. II, p. 42), et l'appela Pêcher *à Fleurs semi-doubles*, nom que nous lui maintenons, la nomenclature de cet auteur formant, on ne peut l'avoir oublié, la base même de notre travail.

Observations. — Il existe en France, depuis une vingtaine d'années, un pêcher *de Chine à Fleurs de Rosier,* que l'on doit au célèbre voyageur écossais Robert Fortune, et qui porte les surnoms : pêcher à Fleurs de Rosier, à Fleurs doubles de Fortune, à Fleurs doubles roses (voir plus haut, p. 96); le confondre avec celui-ci serait donc très-facile, si l'on ne se rappelait que l'arbre de la variété chinoise est à glandes réniformes et à fleurs d'un rouge violâtre, tandis que notre vieux pêcher à Fleurs semi-doubles est dépourvu de glandes et se couvre de fleurs du plus beau rose.

PÊCHES : FORSTER'S,

—   FORSTER'S EARLY,

} Synonymes de pêche *Mignonne* (*Grosse-*). Voir ce nom.

PÊCHE DE FRANQUIÈRES. — Voir *Reine des Vergers*, au paragraphe OBSERVATIONS.

PÊCHE FREESTONE HEATH. — Synonyme de pêche *Morris blanche*. Voir ce nom.

PÊCHE FRENCH BOURDINE. — Synonyme de pêche *Bourdine*. Voir ce nom.

PÊCHE FRENCH GALANDE. — Synonyme de pêche *Galande*. Voir ce nom.

Pêche FRENCH GROSSE-MIGNONNE. — Synonyme de pêche *Mignonne (Grosse-)*. Voir ce nom.

Pêche FRENCH MAGDALEN. — Synonyme de pêche *Madeleine de Courson*. Voir ce nom.

Pêche FRENCH MIGNONNE. — Synonyme de pêche *Mignonne (Grosse-)*. Voir ce nom.

Pêche FRENCH RARERIPE. — Synonyme de *Pavie Alberge jaune*. Voir ce nom.

Pêche FRENCH ROYAL GEORGE. — Synonyme de pêche *Galande*. Voir ce nom.

Pêche FROMENTINER LIEBLING'S. — Synonyme de pêche *Vineuse hâtive*. Voir ce nom.

Pêche FRÜH-MONTAGNE. — Synonyme d'*Avant-Pêche blanche*. Voir ce nom.

Pêche FRÜHE CHEVREUSE. — Synonyme de pêche *Chevreuse hâtive*. Voir ce nom.

Pêche FRÜHE MIGNON. — Synonyme de pêche *Mignonne hâtive (Grosse-)*. Voir ce nom.

Pêche FRÜHE VIOLETTE. — Synonyme de *Nectarine Violette hâtive*. Voir ce nom.

Pêche FRÜHER APRIKOSENPFIRSICH. — Synonyme d'*Avant-Pêche jaune*. Voir ce nom.

Pêche FRÜHER LIEBLING'S. — Synonyme de pêche *Mignonne hâtive (Grosse-)*. Voir ce nom.

Pêche FRÜHER PERUANISCHER LACK. — Synonyme de pêche *Chevreuse hâtive*. Voir ce nom.

Pêche FRÜHER PURPUR. — Synonyme de pêche *Pourprée hâtive*. Voir ce nom.

G

47. Pèche GALANDE.

Synonymes. — *Pêches :* 1. Noire hative (Saussay, *Traité des jardins,* 2ᵉ édition, 1732, p. 166).
— 2. Belle-Tillemont (les Chartreux, de Paris, *Catalogue de leurs pépinières pour 1775,* p. 11).
— 3. Galante (Mayer, *Pomona franconica,* 1776, t. II, p. 341). — 4. Galande (Pierre Leroy,
d'Angers, *Catalogue de ses jardins et pépinières,* 1790, p. 27). — 5. Grosse-Noire de Montreuil
(*Id. ibid.;* et Malot, *Traité de l'éducation du pêcher,* 1841, p. 108). — 6. Noire de Montreuil
(Louis Bosc, *Dictionnaire d'agriculture,* 1809, t. IX, p. 487). — 7. Ronalds's Early Galande
(Thompson, *Catalogue of fruits cultivated in the garden of the horticultural Society of London,*
1826, p. 74, nᵒ 60). — 8. Ronalds's Seedling Galande (*Id. ibid.*). — 9. Brentford Mignonne
(Lindley, *Guide to the orchard and kitchen garden,* 1831, p. 264, nᵒ 36 ; — et Thomas, *Guide
pratique de l'amateur de fruits,* 1876, pp. 216 et 218). — 10. New Bellegarde (*Iid. ibid.*). —
11. New Galande (*Iid. ibid.*). — 12. Early Galande (Thompson, *Catalogue, id.,* édit. 1842,
p. 111, nᵒ 6). — 13. French Royal George (*Id. ibid.*). — 14. Ronalds's Brentford Mignonne
(*Id. ibid.*). — 15. Smooth-Leaved Royal George (*Id. ibid.*). — 16. Early Garlande (A. J.
Downing, *the Fruits and fruit trees of America,* 1849, p. 471, nᵒ 3). — 17. Schöne von Tirlemont (Langethal, *Deutsches Obstcabinet,* 1854-1860, t. VII, fᵘᵉ I, 2*). — 18. Hardy Galande
(Elliott, *Fruit book,* 1854, p. 284). — 19. Schöne Wächterin (Dochnahl, *Obstkunde,* 1858, t. III,
p. 210, nᵒ 74). — 20. English Galande (Hogg, *the Fruit manual,* 1862, article *Peaches*). —
21. French Galande (*Id. ibid.*). — 22. Violette hative (*Id. ibid.*). — 23. Belle de Tillemont
(Thomas, *Guide pratique de l'amateur de fruits,* 1876, pp. 216 et 218).

Description de l'arbre. — *Bois :* un peu faible. — *Rameaux :* assez nombreux, érigés plutôt qu'étalés, de force et longueur moyennes, géniculés, exfoliés
légèrement à la base, vert-pré à l'ombre, rouge obscur à l'insolation. — *Lenticelles :* clair-semées, arrondies, grisâtres. — *Coussinets :* modérément accusés. —
Yeux : faiblement écartés du bois, moyens, ovoïdes-aigus, aux écailles duveteuses
et brunes. — *Feuilles :* nombreuses, grandes, vert luisant et foncé en dessus, vert
clair et mat en dessous, obovales ou lancéolées-élargies, assez courtement
acuminées, planes ou canaliculées, à bords finement dentés en scie. — *Pétiole :* de
grosseur et longueur moyennes, un peu carminé, à cannelure bien marquée.
— *Glandes :* petites et globuleuses, placées sur le pétiole et sur le limbe de la
feuille. — *Fleurs :* petites, rose intense.

Fertilité. — Satisfaisante.

Culture. — De vigueur convenable il se prête à toutes les formes, mais végète
toujours mieux sur l'amandier, que sur le prunier.

Description du fruit. — *Grosseur :* volumineuse. — *Forme :* quelque peu inconstante, elle passe de l'ovoïde fortement arrondie à la sphérique presque régulière, mais est toujours très-faiblement mamelonnée, et coupée par un sillon bien accusé. — *Cavité caudale :* variable, tantôt vaste et peu profonde, tantôt peu large mais assez creuse. — *Point pistillaire :* saillant ou légèrement enfoncé. — *Peau :* mince, quittant mal la chair, excessivement duveteuse, à fond blanc verdàtre sale presque entièrement recouvert de rouge violacé sur le côté de l'ombre et de marbrures d'un pourpre noiràtre sur celui du soleil. — *Chair :* blanc jaunâtre, fine, fondante, sanguinolente au centre. — *Eau :* des plus abondantes, vineuse et très-sucrée, fort délicatement parfumée. — *Noyau :* non adhérent, gros, ovoïde, assez bombé, ayant la pointe terminale mousse et des plus courtes, et l'arête dorsale saillante.

Pêche Galande.

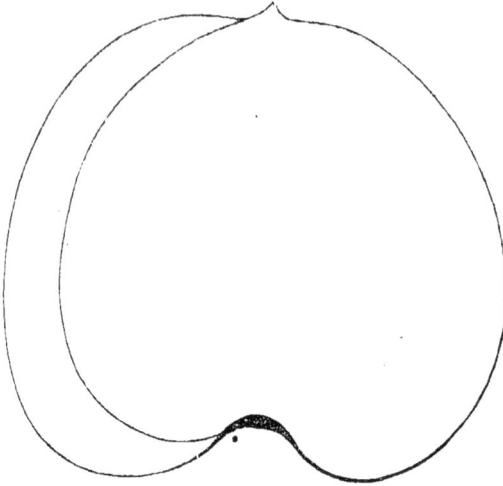

Maturité. — Fin d'août et commencement de septembre.

Qualité. — Première.

Historique. — Nous avons montré plus haut, à l'article de la pêche Bellegarde (p. 63), que cette dernière, qui fut signalée par Merlet, en 1667, était « grosse, longue, blanche dehors et dedans, et tardive, » et qu'ainsi on ne pouvait la réunir, comme erronément l'ont fait les pomologues du xviiie siècle, tant le Normand que les Chartreux et Duhamel, à la Galande, ou Noire hâtive, ou Noire de Montreuil, tirant ses plus anciens synonymes de la couleur de sa peau, qui certes n'est pas « blanche, » à l'instar de celle de la Bellegarde, mais pourpre intense partout, avec des marbrures noirâtres. La question d'identité entre ces deux variétés, est donc radicalement jugée. Du reste cette Galande semble avoir le regrettable privilége de fourvoyer même les plus consciencieux, les plus savants de nos écrivains horticoles. Je lis en effet, de M. Carrière, dans le tome VII du *Jardin fruitier du Muséum*, que, « très-anciennement connue, elle « aurait été dédiée, d'après Triquel (1658, *Instructions pour les arbres fruitiers*), à « M. Galand, grand amateur d'arbres. » Or, Triquel n'a même pas mentionné la Galande! ni en 1658, ni en 1659, ni en 1672. Peut-être le renseignement ainsi donné provient-il d'une autre source, et n'est-ce là qu'une simple confusion de notes?... Enfin M. Eugène Forney, au tome II de son *Jardinier fruitier,* annonce, page 115, que « les Chartreux, en 1736, sont ceux qui l'ont signalée. » Non, déjà elle l'avait été dans le *Mercure de France,* en août 1735, par le Normand, directeur des Vergers de Louis XV, puis en 1722 par le jardinier, à Anet, de la princesse de Condé, Saussay, qui, page 145 du *Traité des jardins,* appelait cette pêche, Noire hâtive. Et c'était là son nom primitif, qu'elle perdit promptement pour celui de Galande, mais sous lequel on la retrouve ensuite, vers la fin du xviiie siècle, avec le déterminatif DE MONTREUIL, indiquant que les Montreuillais avaient accaparé ce fruit, si digne de tous leurs soins. Quant au nom Galande, venu jusqu'à nous et désormais acquis à ce pêcher, sachant qu'au temps de Triquel vivait un sieur Galand, qui, horticulteur ou propriétaire, possédait les plus beaux poiriers de Bergamotte d'Hiver, ou de Pâques (voir notre t. Ier, p. 251), qu'alors il fût possible de trouver, nous sommes assez disposé à croire qu'on a bien pu, par la suite, attacher son nom à l'excellente et volumineuse pêche dont nous venons de rechercher l'origine.

Observations. — Olivier de Serres, en 1608 (p. 619), mentionnait une pêche *Noire;* la Galande ayant ce même nom [pêche Noire hâtive, pêche Noire de Montreuil], peut-on la supposer contemporaine du célèbre agronome? Pareille supposition serait très-discutable; la logique commande plutôt de chercher cette variété, depuis longtemps oubliée, parmi les Nectarines ou les Pêches à peau pourpre brunâtre, dont quelques-unes sont excessivement anciennes. — Les Américains et les Anglais ont souvent placé, parmi les synonymes de la Galande, les noms *Violette hâtive* et *Grosse-Violette hâtive,* qui, loin de lui appartenir, sont ceux d'une Nectarine bien connue, que nous décrivons plus loin. — En 1831 le pomologue anglais Lindley, après avoir caractérisé notre Galande, parla longuement (p. 264, nº 36) d'une *New Galande* qu'il dit « avoir été mise au commerce « par M. Ronalds, de Brentford, d'où lui serait venue la dénomination Brentford « Mignonne, puis celle, surtout, de New Galande, vu les grands rapports qu'elle « offre avec l'ancienne Galande des Français. » Rapports, ajouterons-nous, si grands en effet, que les deux pêches, et leurs arbres, ne forment bien qu'une seule et même variété. — Et nous croyons fermement qu'il en est ainsi de la *Crimson Galande,* ou *Galande cramoisie,* qu'on dit avoir été obtenue en 1864, à Sawbridgeworth, près Londres, par le pépiniériste Thomas Rivers. Ici encore, mêmes glandes globuleuses, mêmes petites fleurs rose intense; même fruit à peau pourpre brunâtre, même noyau, même qualité et maturité. Où donc, alors, trouver la dissemblance?... M. Mas a pensé la voir « dans le fruit PLUS DÉPRIMÉ, ainsi que « dans l'aspect des arbres, » tout en avouant que cette variété « reproduisait les « caractères principaux de la Galande. » (*Le Verger,* t. VII, p. 191.) Pour nous d'aussi faibles, d'aussi fugaces différences ne nous semblent pas de nature à permettre, surtout dans les arbres fruitiers, la formation d'une variété.

Pêche GALANDE CRAMOISIE. — Voir *Galande,* au paragraphe OBSERVATIONS.

Pêches : GALANDE DORMEAU,	Synonymes de pêche *Galande pointue.* Voir ce nom.
— GALANDE MAMELONNÉE,	

---

48. Pêche GALANDE POINTUE.

Synonymes. — *Pêches* : 1. GALANDE DORMEAU (Paul de Mortillet, *les Meilleurs fruits*, 1865, t. I, pp. 155-156; — et Carrière, *Description et classification des variétés de pêchers*, 1867, pp. 68-69). — 2. GALANDE MAMELONNÉE (Hippolyte Langlois, *le Livre de Montreuil-aux-Pêches*, 1875, p. 114).

Description de l'arbre. — *Bois* : fort. — *Rameaux* : assez nombreux, étalés, gros, de longueur moyenne, non géniculés, très-exfoliés à la base, d'un rouge terne au soleil, vert brunâtre à l'ombre. — *Lenticelles* : très-rares, des plus petites, arrondies ou linéaires. — *Coussinets* : ressortis et se prolongeant latéralement en arête. — *Yeux* : flanqués parfois de boutons à fleur, écartés du bois, gros, ovoïdes-obtus, aux écailles grises et disjointes. — *Feuilles* : nombreuses et grandes, vert brillant en dessus, vert mat en dessous, ovales-allongées, longuement acuminées en vrille, gaufrées à leur milieu, finement dentées et surdentées. — *Pétiole* : court et bien nourri, légèrement tomenteux, à cannelure peu marquée. — *Glandes* : petites, globuleuses, attachées sur le pétiole. — *Fleurs* : très-petites et d'un rose pâle.

Fertilité. — Abondante.

Culture. — Sa vigueur sur franc, amandier et prunier, le rend propre à toutes les formes, mais l'espalier reste cependant celle qui lui est le plus profitable.

Description du fruit. — *Grosseur* : volumineuse. — *Forme* : assez inconstante, ovoïde ou globuleuse, irrégulière, inéquilatérale, presque toujours bien mamelonnée, et généralement s'amincissant beaucoup près du sommet; le sillon est rarement bien prononcé. — *Cavité caudale* : très-profonde. — *Point pistillaire* : placé de côté sur l'extrémité du mamelon. — *Peau* : assez épaisse, excessivement duveteuse, quittant aisément la chair, à fond jaune blanchâtre recouvert en partie de pourpre-ponceau et ponctuée de carmin clair. — *Chair* : blanchâtre, fine, compacte mais fondante, plus ou moins rougeâtre au centre. — *Eau* : abondante, vineuse, sucrée, fort savoureuse. — *Noyau* : non adhérent, moyen, ovoïde, renflé, ayant le mucron court et aigu, et l'arête dorsale saillante et coupante.

Maturité. — Commencement et milieu d'août.

Qualité. — Première.

Historique. — Sous-variété de la Galande, ou Noire de Montreuil, cette pêche, un peu plus hâtive, un peu moins grosse et colorée que sa congénère du

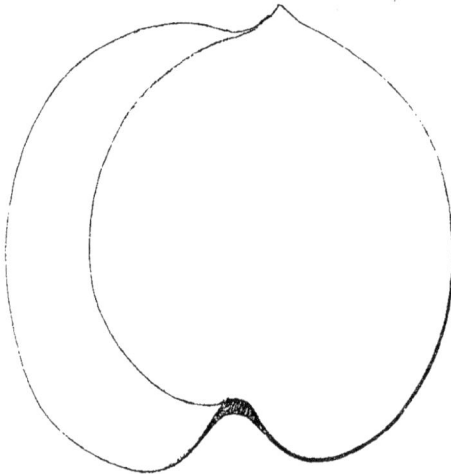

même nom, mais très-certainement aussi parfaite qu'elle, aurait été propagée, vers 1805, par Dormeau, horticulteur montreuillais, d'où lui vint un de ses surnoms actuels. Voilà du moins ce qu'ont avancé M. Paul de Mortillet et M. Carrière, dans les recueils signalés en tête de notre présent article. Toutefois je m'étonne, à bon droit je pense, de la réserve avec laquelle l'auteur d'un récent et très-remarquable travail sur la culture et l'histoire des pêches dites de Montreuil, nous parle de ce fruit. M. Hippolyte Langlois, qui habite cette petite ville et s'y livre avec science, avec passion, à l'arboriculture fruitière, ne revendique, en effet, ni la Galande pointue comme un gain local, ni M. Dormeau comme un concitoyen; il expose simplement ceci :

« Il existe à Montreuil — dit-il — une Galande, que certaines maisons tiennent en grande estime, et connue sous le nom de *Galande mamelonnée*, ou *Galande Dormeau*. Elle a le fondant, la finesse et toutes les qualités de l'autre, seulement elle est un peu moins colorée. Elle porte son mamelon, comme le Téton de Vénus et la Bourdine, à son sommet. L'espèce étant regreffée sur un autre pêcher, on obtient des fruits hors ligne comme grosseur et comme qualité, surtout si l'arbre n'en est pas surchargé. » (*Le Livre de Montreuil-aux-Pêches*, 1875, p. 114.)

Le silence ici gardé sur Dormeau, quand M. Langlois s'est fait, précisément, le biographe de toutes les serpettes montreuillaises ayant eu quelque célébrité, ne nous permet donc pas d'accepter sans contrôle l'origine que prêtent audit jardinier, comme audit pêcher, MM. Carrière et de Mortillet; aussi, manquant des moyens voulus pour nous renseigner promptement, et sérieusement, faisons-nous appel aux horticulteurs de Montreuil, qu'une telle question ne saurait laisser indifférents.

Observations. — M. Carrière a eu grandement raison de réfuter l'erreur de ceux qui supposaient la Galande pointue identique avec les variétés Chevreuse hâtive et Pourprée hâtive; ni l'une ni l'autre ne s'y rapportent, tant par les glandes que par les fleurs.

Pêche GALANTE. — Synonyme de pêche *Galande*. Voir ce nom.

Pêche GELBE FRÜHE. — Synonyme d'*Avant-Pêche jaune*. Voir ce nom.

Pêche GELBE GLATTE. — Synonyme de *Nectarine Jaune*. Voir ce nom.

Pêche GELBE PERSEQUE. — Synonyme de *Pavie Alberge jaune*. Voir ce nom.

Pêche GELBE WUNDESCHÖNE. — Synonyme de pêche *Admirable jaune*. Voir ce nom.

Pêche GELBER HÄRTLING. — Synonyme de *Pavie Jaune*. Voir ce nom.

Pêche GEMEINER LIEBLING'S. — Synonyme de pêche *Mignonne* (*Grosse-*). Voir ce nom.

---

49. Pêche GEORGE IV.

Description de l'arbre. — *Bois :* fort. — *Rameaux :* très-peu nombreux, étalés plutôt qu'érigés, gros, courts, amplement exfoliés à la base, vert herbacé à l'ombre, rouge terne au soleil. — *Lenticelles :* assez abondantes, moyennes, arrondies, grisâtres. — *Coussinets :* presque nuls. — *Yeux :* rarement accompagnés de boutons à fleur, très-rapprochés du bois, sur lequel ils sont même souvent plaqués, gros ou très-gros, ovoïdes-aplatis, peu duveteux, ayant les écailles brunes et bien soudées. — *Feuilles :* peu nombreuses, assez grandes, vert clair en dessus, vert mat en-dessous, ovales-allongées, longuement acuminées en vrille, planes ou légèrement contournées à leur extrémité, à bords profondément dentés et crénelés. — *Pétiole :* gros, long et faiblement cannelé. — *Glandes :* petites, globuleuses, placées sur le pétiole. — *Fleurs :* petites, rose lilacé.

Fertilité. — Ordinaire.

Culture. — Il fait sur franc, amandier ou prunier, de beaux plein-vent, et prospère également fort bien à l'espalier.

Description du fruit. — *Grosseur :* au-dessus de la moyenne et souvent plus volumineuse. — *Forme :* globuleuse, inéquilatérale, mamelonnée, à sillon assez bien marqué. — *Cavité caudale :* très-prononcée. — *Point pistillaire :* saillant. — *Peau :* mince et s'enlevant facilement, des plus duveteuses, blanc jaunâtre à l'ombre, ponctuée et lavée de carmin plus ou moins foncé sur le côté du soleil. — *Chair :* blanchâtre, fine, fondante, rosée près du noyau. — *Eau :* fort abondante, très-sucrée, vineuse et délicieusement acidulée et parfumée. — *Noyau :* non adhérent, ovoïde-arrondi, fortement bombé, à peine mucroné, ayant l'arête dorsale peu développée.

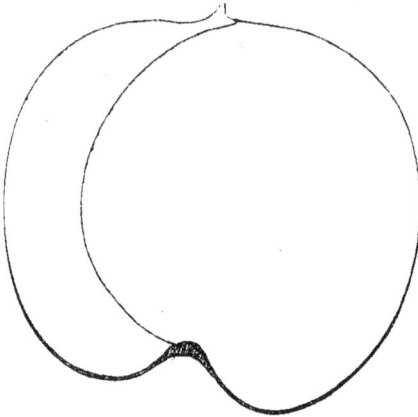

Maturité. — Vers le milieu du mois d'août.

Qualité. — Première.

Historique. — Obtenteurs de cette variété, les Américains l'ont en très-haute estime, aussi la rencontre-t-on dans toutes leurs pépinières. Elle fut gagnée de semis en 1821, par M. Gill, de New-York, dans son jardin de Broad street. Dès l'année 1831 le pomologue anglais Lindley la décrivait à la page 258 du *Guide to the orchard and kitchen garden*, où il consignait également cet acte de naissance, que lui avait envoyé de New-York, le 5 novembre 1823, son correspondant et ami M. Michall Floy.

Pêche GEORGIA. — Synonyme de pêche *Gorgas*. Voir ce nom.

Pêche GOLD FLESHED. — Synonyme de *Pavie Alberge jaune*. Voir ce nom.

Pêche GOLDEN BALL. — Synonyme de pêche *Boule d'Or*. Voir ce nom.

Pêches GOLDEN MIGNONNE. — Synonymes de *Pavie Alberge jaune* et de pêche *Rossanne*. Voir ces noms.

Pêche GOLDEN PURPLE. — Synonyme de pêche *Pourpre dorée*. Voir ce nom.

Pêche GOLDEN RARERIPE. — Synonyme de *Pavie Alberge jaune*. Voir ce nom.

Pêche GOLDEN RATH-RIPE. — Synonyme de pêche *Admirable jaune*. Voir ce nom.

---

50. Pêche GORGAS.

Synonymes. — *Pêches :* 1. Gorgos (André Leroy, *Catalogue descriptif et raisonné des arbres fruitiers et d'ornement*, 1863, p. 25, n° 128). — 2. Georgia (John Scott, *the Orchardist*, 1872, p. 219). — 3. Exquisite (*Id. ibid.*).

Description de l'arbre. — *Bois :* assez fort. — *Rameaux :* peu nombreux, plutôt érigés qu'étalés, longs, un peu grêles, très-exfoliés à la base, vert jaunâtre lavé de fauve à l'ombre, et rouge terne au soleil. — *Lenticelles :* assez abondantes, très-petites, blanches, arrondies ou linéaires. — *Coussinets :* bien accusés et se prolongeant en arête. — *Yeux :* légèrement écartés du bois, volumineux, ovoïdes-pointus ou ellipsoïdes, aux écailles noirâtres et mal soudées. — *Feuilles :* nombreuses, grandes pour la plupart, vert jaunâtre en dessus, vert glauque en dessous, lancéolées-élargies, très-longuement acuminées en vrille, irrégulièrement dentées et surdentées. — *Pétiole :* gros, très-court, flexible, souvent tomenteux, rougeâtre en dessous et largement cannelé. — *Glandes :* petites, globuleuses, attenantes au pétiole. — *Fleurs :* petites et d'un rose intense.

Fertilité. — Très-grande.

Culture. — Sur tous sujets, n'importe à quelle exposition il est planté, sa végétation laisse beaucoup à désirer ; ses arbres sont toujours petits et l'espalier seul peut lui convenir.

Description du fruit. — *Grosseur :* volumineuse. — *Forme :* globuleuse, assez régulière et constante, quelque peu mamelonnée, faiblement aplatie à la

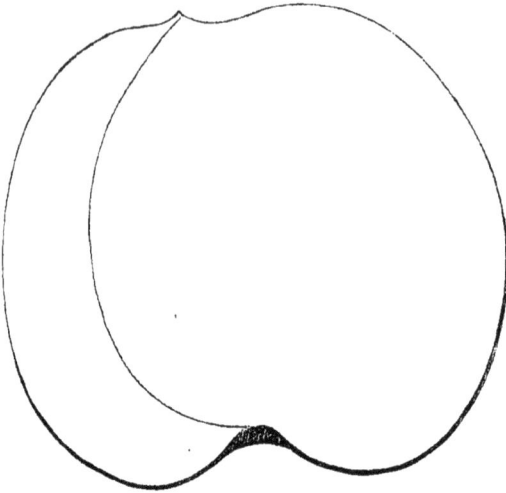

base et bossuée au sommet, à sillon modérément accusé. — *Cavité caudale* : très-vaste. — *Point pistillaire* : saillant. — *Peau* : mince, duveteuse, s'enlevant assez difficilement, à fond jaune d'or sur le côté de l'ombre, mais passant au gris sale sur celui de l'insolation, où elle est ponctuée de carmin et fortement lavée de rouge vif. — *Chair* : abricotée, fine, assez ferme, filamenteuse, odorante et fondante, rosée seulement près du noyau. — *Eau* : très-abondante, fraîche, sucrée, savoureusement parfumée, laissant dans la bouche un arrière-goût d'orange. — *Noyau* : non adhérent, moyen, ovoïde et bombé, ayant la pointe terminale large, obtuse, et l'arête dorsale bien ressortie.

Pêche Gorgas.

MATURITÉ. — Commencement du mois de septembre.

QUALITÉ. — Première.

Historique. — Originaire des Etats-Unis, la Gorgas y fut obtenue par M. Benjamin Gullis, de Philadelphie, rapporte le pomologue Downing, son premier descripteur (*Fruits of America*, 1863, p. 615). En 1860 cette délicieuse pêche était à peine connue; elle date au plus de 1855. Nous ne savons rien du personnage dont on lui a donné le nom.

———

PÊCHE GORGOS. — Synonyme de pêche *Gorgas*. Voir ce nom.

———

PÊCHE GRAND-MYRECOTON JAUNE. — Synonyme de *Pavie Alberge jaune*. Voir ce nom.

———

PÊCHE GRANDE-MIGNONNE. — Synonyme de *Mignonne* (*Grosse-*). Voir ce nom.

———

PÊCHE GRANDE-FRANÇAISE. — Synonyme de *Pavie de Pomponne*. Voir ce nom.

———

PÊCHE GREEN CATHARINE. — Synonyme de pêche *Catherine verte*. Voir ce nom.

———

Pêches : GRIFFITH,

   —   GRIFFITH MALACOTUNE,   }   Synonymes de pêche *Susquehanna*. Voir ce nom.

   —   GRIFFITH MAMMOTH,

Pêche GRIMWOOD'S NEW ROYAL GEORGE. — Synonyme de pêche *Mignonne* (*Grosse-*). Voir ce nom.

Pêche GRIMWOOD'S ROYAL CHARLOTTE. — Synonyme de pêche *Madeleine hâtive*. Voir ce nom.

Pêche GRIMWOOD'S ROYAL GEORGE. — Synonyme de pêche *Mignonne* (*Grosse-*). Voir ce nom.

Pêche GROS-BRUGNON. — Synonyme de *Nectarine Violette hâtive*. Voir ce nom.

Pêche GROS-PAVIE DE POMPONNE. — Voir *Pavie de Pomponne* (*Gros-*).

Pêches GROSSE-ADMIRABLE. — Synonymes de pêche *Admirable*, pêche *Belle de Vitry* et pêche *Sanguine*. Voir ces noms.

Pêche GROSSE-BLANCHE. — Voir *Blanche* (*Grosse-*).

Pêche GROSSE-BOURDINE. — Voir *Bourdine* (*Grosse-*).

Pêche GROSSE-JAUNE DE BURAI. — Voir *Jaune de Burai* (*Grosse-*).

Pêche GROSSE-JAUNE TARDIVE. — Synonyme de pêche *Admirable jaune*. Voir ce nom.

Pêche GROSSE-MADELEINE. — Voir *Madeleine* (*Grosse-*).

Pêche GROSSE-MADELEINE. — Voir *Madeleine blanche,* au paragraphe Obser-vations.

Pêche **GROSSE-MADELEINE ROUGE**. — Voir *Madeleine rouge (Grosse-)*.

Pêche **GROSSE-MIGNONNE ORDINAIRE**. — Synonyme de pêche *Mignonne (Grosse-)*. Voir ce nom.

Pêche **GROSSE-MIGNONNE PRÉCOCE**. — Voir *Mignonne précoce (Grosse-)*.

Pêche **GROSSE-MIGNONNE VELOUTÉE**. — Voir *Mignonne veloutée (Grosse-)*.

Pêche **GROSSE-MONTAGNE PRÉCOCE**. — Voir *Montagne précoce (Grosse-)*.

Pêche **GROSSE-NIVETTE**. — Voir *Nivette (Grosse-)*.

Pêche **GROSSE-NOIRE DE MONTREUIL**. — Voir *Noire de Montreuil (Grosse-)*.

Pêche **GROSSE-PÊCHE**. — Synonyme de pêche *Bellegarde*. Voir ce nom.

Pêche **GROSSE-PERSÈQUE**. — Voir *Persèque (Grosse-)*.

Pêche **GROSSE-PERSIANERIN**. — Synonyme de pêche *Persique*. Voir ce nom.

Pêche **GROSSE-POURPRÉE**. — Voir *Pourprée (Grosse-)*.

Pêche **GROSSE-PRINZESSIN**. — Synonyme de pêche *Mignonne (Grosse-)*. Voir ce nom.

Pêche **GROSSE DE ROMORANTIN**. — Synonyme de pêche *de Romorantin*. Voir ce nom.

Pêche **GROSSE-ROYALE**. — Voir *Royale (Grosse-)*.

Pêche **GROSSE-VELOUTÉE**. — Voir *Veloutée (Grosse-)*.

Pêche **GROSSE-VIOLETTE**. — Voir *Violette (Grosse-)*.

Pêche GROSSE-VIOLETTE CHARTREUSE. — Synonyme de *Nectarine Violette Chartreuse (Grosse-)*. Voir ce nom.

Pêche GROSSE-VIOLETTE HATIVE. — Voir *Violette hâtive (Grosse-)*.

Pêche GROSSE-VIOLETTE TARDIVE. — Voir *Violette tardive (Grosse-)*.

Pêche GROSSER PAVIEN-APRIKOSEN. — Synonyme de *Pavie Jaune*. Voir ce nom.

Pêche DE GUILLON. — Voir *Nectarine-Cerise*, au paragraphe OBSERVATIONS.

H

Pêches HARDY GALANDE. — Synonymes de *Pavie Alberge jaune* et de pêche *Galande*. Voir ces noms.

Pêche HÄRTLING'S APRIKOSEN. — Synonyme de *Pavie Alberge jaune*. Voir ce nom.

Pêche HÄRTLING'S MAGDALENE. — Synonyme de *Pavie Blanc (Gros-)*. Voir ce nom.

Pêche HÄRTLING VON ANGOULEME. — Synonyme de *Pavie Alberge jaune*. Voir ce nom.

Pêche HÄRTLING VON PAMERS. — Synonyme de *Pavie de Pamiers*. Voir ce nom.

Pêche HATIVE. — Synonyme de pêche *Double de Troyes*. Voir ce nom.

Pêche HATIVE DE CORBEIL. — Synonyme d'*Avant-Pêche blanche*. Voir ce nom.

Pêche HATIVE DESSE. — Synonyme de pêche *Pourprée hâtive*. Voir ce nom.

Pêche HATIVE DE FERRIÈRES. — Synonyme de pêche *Mignonne (Grosse-)*. Voir ce nom.

Pêche HATIVE DR GASCOGNE. — Synonyme de pêche *Comice d'Angers*. Voir ce nom.

Pêche HEATH CLINGSTONE. — Synonyme de *Pavie Heath*. Voir ce nom.

Pêche HERMAPHRODITE. — Synonyme de pêche *Admirable jaune*. Voir ce nom.

Pêches : HOFFMAN'S,

— HOFFMAN'S POUND,

} Synonymes de pêche *Morrisania*. Voir ce nom.

Pêche HONEY. — Synonyme de pêche *Montigny*. Voir ce nom.

Pêche HONGROISE. — Synonyme de pêche *Sanguinole*. Voir ce nom.

Pêches INCOMPARABLE. — Synonymes de pêche *Bourdine* et de pêche *Mignonne* (*Grosse-*). Voir ces noms.

Pêche INCOMPARABLE EN BEAUTÉ. — Synonyme de pêche *Bourdine*. Voir ce nom.

Pêches : INCOMPARABLE BLANCHE,

— INCOMPARABLE A FLEURS ET A FRUITS BLANCS, ⎱ Synonymes de pêcher *à Fleurs blanches*. Voir ce nom.

Pêche INCOMPARABLE DE NARBONNE. — Synonyme de pêche *Bourdine*. Voir ce nom.

Pêche INDIAN. — Synonyme de pêche *Columbia*. Voir ce nom.

Pêche DE L'ISLE. — Synonyme de *Nectarine Violette hâtive*. Voir ce nom.

Pêches : ITALIAN,

— D'ITALIE, ⎱ Synonymes de pêche *de Malte*. Voir ce nom.

Pêche D'ITALIE. — Voir *Chevreuse hâtive*, au paragraphe Historique.

J

Pêche JAUNE. — Synonyme de *Pavie Alberge jaune*. Voir ce nom.

Pêche JAUNE ADMIRABLE. — Voir *Admirable jaune*, au paragraphe Observations.

Pêche JAUNE D'AGEN. — Synonyme de pêche *Comice d'Angers*. Voir ce nom.

Pêche JAUNE DE BURAI (GROSSE-). — Synonyme de pêche *Admirable jaune*. Voir ce nom.

Pêches : JAUNE DU COMICE,

— JAUNE DU COMICE D'ANGERS,

} Synonymes de pêche *Comice d'Angers*. Voir ce nom.

Pêche JAUNE (GROSSE-). — Synonyme de pêche *Admirable jaune*. Voir ce nom.

Pêche JAUNE HATIVE. — Synonyme de pêche *Rossanne*. Voir ce nom.

Pêches : JAUNE LICÉE,

— JAUNE-LIE,

— JAUNE LISSE,

} Synonymes de *Nectarine Jaune*. Voir ce nom.

Pêche JAUNE DE ROMORANTIN. — Synonyme de pêche *de Romorantin*. Voir ce nom.

Pêches : JAUNE TARDIVE,

—   JAUNE TARDIVE (GROSSE-),

} Synonymes de pêche *Admirable jaune*. Voir ce nom.

Pêche JONHSON EARLY PURPLE. — Synonyme de pêche *Mignonne (Grosse-)*. Voir ce nom.

Pêche JONHSON'S EARLY PURPLE. — Synonyme de pêche *Pourprée hâtive*. Voir ce nom.

Pêches JONHSON'S PURPLE AVANT. — Synonymes de pêche *Mignonne (Grosse-)* et de pêche *Pourprée hâtive*. Voir ces noms.

Pêche DE JOUY. — Synonyme de pêche *de Vigne*. Voir ce nom.

Pêche JUDD'S MELTING. — Synonyme de pêche *Bourdine*. Voir ce nom.

Pêches : JUNGFERN-MAGDALENE,

—   JUNGFRAU VON MECHELN,

} Synonymes de pêche *Pucelle de Malines*. Voir ce nom.

K

Pêche KENSINGTON. — Synonyme de pêche *Mignonne (Grosse-).* Voir ce nom.

Pêche KEW EARLY PURPLE. — Synonyme de pêche *Madeleine hâtive.* Voir ce nom.

Pêche KLEINER LIEBLICHER LACK. — Synonyme de pêche *Double de Troyes.* Voir ce nom.

Pêche KING'S GEORGE. — Synonyme de pêche *Bourdine.* Voir ce nom.

Pêches : KIRSCH,

— KIRSCHEN-VIOLETTE,

} Synonymes de *Nectarine-Cerise.* Voir ce nom.

Pêche KLEINE FRÜHE VIOLETTE. — Synonyme de *Nectarine Violette hâtive.* Voir ce nom.

Pêche KLEINER ROTHER FRÜHE. — Synonyme d'*Avant-Pêche rouge.* Voir ce nom.

Pêche KÖNIGIN DER OBSTGÄRTEN. — Synonyme de pêche *Reine des Vergers.* Voir ce nom.

L

Pêches LACK. — Synonymes de pêche *Bourdine* et de pêche *Mignonne* (*Grosse-*). Voir ces noms.

Pêche LACK VON PAU. — Synonyme de pêche *de Pau*. Voir ce nom.

Pêche LADY ANN STEWARD. — Synonyme de pêche *Morris blanche*. Voir ce nom.

---

51. Pêche LA GRANGE.

Synonymes. — *Pêche* Tardive d'Oullins (Congrès pomologique, Session de 1863, *Procès-Verbaux* p. 14, et *Pomologie de la France*, 1863-1874, t. VI, n° 14; — Mas, *le Verger*, 1865, t. VII, p. 39, n° 18; — Paul de Mortillet, *les Meilleurs fruits*, 1865, t. I, p. 146, n° 27; — Hérincq et Alph. Lavallée, *le Nouveau Jardinier illustré*, 1865, p. 1229).

Description de l'arbre. — *Bois :* fort. — *Rameaux :* peu nombreux, érigés plutôt qu'étalés, gros et longs, de couleur marron à la base, rouge-brun lavé de carmin au sommet, sur le côté de l'insolation, et vert jaunâtre à l'ombre. — *Lenticelles :* clair-semées, blanches, arrondies ou linéaires. — *Coussinets :* aplatis. — *Yeux :* flanqués de boutons à fleur, collés sur le bois, volumineux, plats et cotonneux, aux écailles noirâtres et quelque peu disjointes. — *Feuilles :* rarement abondantes, grandes ou très-grandes, d'un vert foncé en dessus, d'un vert clair en dessous, épaisses et coriaces, ovales-allongées, acuminées, gaufrées au centre, ayant les bords largement et profondément dentés. — *Pétiole :* court et bien nourri, rouge en dessous, à cannelure très-accusée. — *Glandes :* réniformes, dont quelques-unes, très-petites, placées sur le limbe des feuilles, et d'autres, plus grosses, attachées au pétiole. — *Fleurs :* petites, d'un beau rose.

Fertilité. — Modérée.

Culture. — Il réussit convenablement sur franc, amandier et prunier, et fait d'assez beaux arbres qui se prêtent parfaitement à toutes les formes qu'on veut leur donner.

Description du fruit. — *Grosseur :* volumineuse. — *Forme :* ovoïde-arrondie, régulière, légèrement mamelonnée au sommet, parfois quelque peu bossuée sur le côté de l'ombre, à sillon généralement sans grande profondeur. — *Cavité caudale :* des plus vastes. — *Point pistillaire :* obliquement placé sur le sommet du mamelon. — *Peau :* fort mince, duveteuse, quittant assez difficilement la chair, d'un blanc verdâtre à l'ombre, d'un jaune sale à l'insolation, où elle est, en outre, lavée, striée et ponctuée de carmin. — *Chair :* blanchâtre, ferme, fondante et filamenteuse, non sanguinolente auprès du noyau. — *Eau :* abondante, fraîche, acidulée et plus ou moins sucrée et parfumée. — *Noyau :* non adhérent, assez gros, ovoïde, rarement très-bombé, longuement mu-

Pêche La Grange.

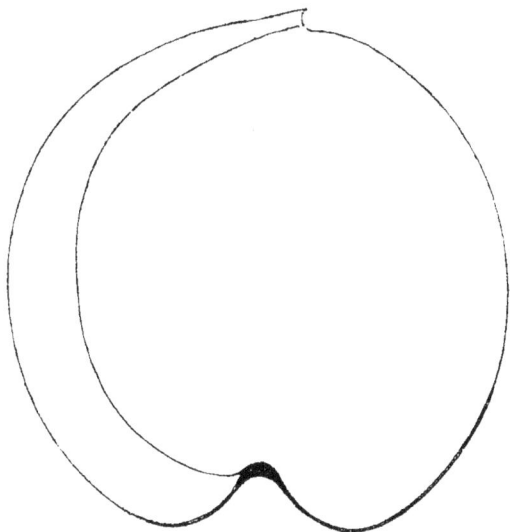

croné, ayant l'arête dorsale tranchante et bien développée.

Maturité. — Milieu et fin de septembre.

Qualité. — Deuxième.

Historique. — Le |pêcher la Grange, nous est venu d'Amérique, son pays natal, en 1852 ; il eut pour premier descripteur le pomologue A. J. Downing, qui dans son édition de 1849 (p. 480, n° 27) nous apprend que M. John Hulse, de Burlington, état de New-Jersey, l'obtint de semis vers 1842, dans son jardin, et ajoute : « M. Thomas Hancock en fut le plus zélé promoteur. » Une déclaration aussi formelle, reproduite, du reste, dans les nombreuses rééditions du recueil de Downing, nous a donc conduit à étudier de très-près, ce pêcher, avec certaine variété qu'en 1858 on mettait en vente sous l'étiquette *Tardive d'Oullins*, et la réputation d'avoir été rencontrée, vierge, dans une vigne d'Oullins, près Lyon, par M. Lagrange, pépiniériste de cette localité. Or, la prétendue nouveauté, l'examen l'eut vite démontré, n'était autre, il le faut bien dire, que la pêche américaine gagnée en 1842. Et cependant le Congrès pomologique, session de 1863, adoptait chaudement l'enfant-trouvé (*Procès-Verbal*, p. 14), puis le figurait et décrivait plus tard dans sa *Pomologie* (t. VI, n° 14), couvrant ainsi de sa notoriété, non-seulement le pêcher vendu comme inédit, mais la légende de sa trouvaille. Aussi, peu après, MM. Mas et Paul de Mortillet s'empressèrent-ils de donner place, dans leurs ouvrages, à cette pêche, ainsi qu'à son histoire. (Voir *le Verger*, t. VII, p. 39, n° 18 ; et *les Meilleurs fruits*, t. I, p. 146, n° 27.) Nouvelle preuve du tort que l'on a toujours de déclarer gains véritables, des variétés fruitières dont on n'a pu voir, de ses propres yeux, l'arbre-type, le pied-mère.

Observations. — Les Américains font un très-grand cas de cette pêche la Grange, qu'ils qualifient de délicieuse. En France, les divers descripteurs de la *feue* Tardive d'Oullins, vantent également son rare mérite. Pour nous, affirmons que, dans notre sol, jamais ce fruit n'a pu se montrer digne de tels éloges. Il y est très-gros, très-richement coloré, mais faiblement sucré et parfumé.

PÊCHE LAK. — Synonyme de pêche *Chevreuse tardive*. Voir ce nom.

PÊCHE DE LAMBERT. — Voir *Chancelière,* au paragraphe OBSERVATIONS.

PÊCHE LARGE EARLY YORK. — Synonyme de pêche *York précoce.* Voir ce nom.

PÊCHE LARGE FRENCH MIGNONNE. — Synonyme de pêche *Mignonne (Grosse-).* Voir ce nom.

PÊCHES LATE ADMIRABLE. — Synonymes de pêche *Belle de Vitry*, pêche *Bourdine* et pêche *Royale.* Voir ces noms.

PÊCHE LATE CHANCELLOR. — Synonyme de pêche *Chancelière.* Voir ce nom.

PÊCHE LATE CHEVREUSE. — Synonyme de pêche *Chevreuse tardive.* Voir ce nom.

PÊCHE LATE PURPLE. — Synonyme de pêche *Pourprée tardive.* Voir ce nom.

PÊCHE LATE RED RARERIPE. — Synonyme de pêche *Rareripe rouge tardive.* Voir ce nom.

---

52. Pêche LÉONIE.

Synonyme. — *Péche* LÉONIE MADELEINE (André Leroy, *Catalogue descriptif et raisonné des arbres fruitiers et d'ornement,* 1868, p. 26, n° 75).

Description de l'arbre. — *Bois :* de moyenne force. — *Rameaux :* nombreux, presque érigés, longs et assez grêles, légèrement flexueux, exfoliés, vert clair à l'ombre, rouge terne au soleil. — *Lenticelles :* rares, petites, arrondies, brunes, proéminentes et squammeuses. — *Coussinets :* des plus saillants et se prolongeant latéralement en arête. — *Yeux :* appliqués, de grosseur moyenne, ovoïdes, pointus, parfois obtus, aux écailles noirâtres et faiblement soudées. — *Feuilles :* petites ou moyennes, vert jaunâtre en dessus, vert blafard en dessous, très-longuement acuminées en vrille, à bords profondément dentés et surdentés.

— *Pétiole :* court et grêle, sanguin en-dessous, étroitement cannelé. — *Glandes :* faisant entièrement défaut. — *Fleurs :* moyennes, rose assez intense.

Fertilité. — Satisfaisante.

Culture. — Il est de croissance modérée, fait de passables plein-vent, mais l'espalier lui communique plus de vigueur, comme il le rend aussi plus productif.

Description du fruit. — *Grosseur :* moyenne. — *Forme :* ovoïde-arrondie ou presqu'entièrement sphérique, bien régulière, à sillon étroit et assez profond.

Pêche Léonie.

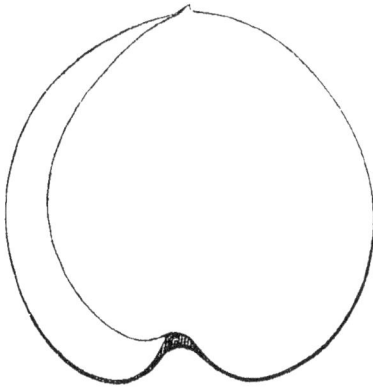

— *Cavité caudale :* prononcée. — *Point pistillaire :* saillant ou très-légèrement enfoncé. — *Peau :* mince, finement duveteuse, s'enlevant aisément, jaune blanchâtre, amplement lavée de rose à l'ombre et de carmin à l'insolation. — *Chair :* blanche, tendre, fondante, quelque peu rougeâtre au centre. — *Eau :* suffisante et sucrée, acidulée, faiblement parfumée. — *Noyau :* non adhérent, petit, ovoïde-arrondi, bombé, ayant l'arête dorsale aplatie.

Maturité. — Vers le milieu du mois de septembre.

Qualité. — Deuxième.

Historique. — La pêche Léonie, encore peu répandue, est une de celles que M. Charles Buisson, en 1865 et 1868, présentait à l'examen du Congrès pomologique, et qu'il avait gagnée de semis en 1863, à la Tronche, près Grenoble (Isère). Il nous en fit parvenir des greffes en mars 1866, et dès 1868 elle figurait sur notre *Catalogue* (p. 26, n° 75) sous le nom de *Léonie Madeleine,* mal imprimé, puisque le mot Madeleine eût dû être entouré de parenthèses, comme indiquant seulement, ce qui est exact, que cette variété appartient au groupe de pêchers ainsi dénommé.

Pêche LÉONIE MADELEINE. — Synonyme de pêche *Léonie.* Voir ce nom.

Pêche LEPÈRE. — Synonyme de *Pavie Gain de Montreuil.* Voir ce nom.

Pêche LICÉE BLANCHE. — Synonyme de *Nectarine Blanche d'Andilly.* Voir ce nom.

Pêche LICÉE JAUNE. — Synonyme de *Nectarine Jaune.* Voir ce nom.

Pêches LISSES. — Voir au mot *Brugnon* et au mot *Nectarine.*

Pêche LISSE BLANCHE. — Synonyme de *Nectarine Blanche d'Andilly*. Voir ce nom.

———

Pêche LISSE DOWNTON. — Synonyme de *Nectarine Downton*. Voir ce nom.

———

Pêcher LISSE A FRUITS JAUNES. — Synonyme de *Nectarine Jaune*. Voir ce nom.

———

Pêche LISSE PITMASTON ORANGE. — Synonyme de *Nectarine Pitmaston Orange*. Voir ce nom.

———

Pêche LISSE STANWICH. — Synonyme de *Nectarine de Stanwick*. Voir ce nom.

———

Pêche LISSE VIOLETTE HATIVE. — Synonyme de *Nectarine Violette hâtive*. Voir ce nom.

———

Pêche LISSE VIOLETTE TARDIVE. — Synonyme de *Nectarine Violette tardive*. Voir ce nom.

———

Pêche LIZE JAUNE. — Synonyme de *Nectarine Jaune*. Voir ce nom.

———

Pêches : LORD FAUCONBERG'S,

———   } Synonymes de pêche *Madeleine hâtive*. Voir ce nom.

— LORD FAUCONBERG'S MIGNONNE,

———

Pêche LORD MONTAGUE'S NOBLESSE. — Synonyme de pêche *Noblesse*. Voir ce nom.

———

Pêche LORD NELSON'S. — Synonyme de pêche *Madeleine hâtive*. Voir ce nom.

———

Pêche LUSCIOUS WHITE RARERIPE. — Synonyme de pêche *Morris blanche*. Voir ce nom.

———

Pêche DE LYON. — Synonyme de pêche *de Pau*. Voir ce nom.

———⊶◉⊷———

M

53. Pêche MADAME D'ANDRIMONT.

Synonyme. — *Pêche* Madame d'Audricourt (André Leroy, *Catalogue descriptif et raisonné des arbres fruitiers et d'ornement*, 1868, p. 26, n° 78).

Description de l'arbre. — *Bois :* fort ou très-fort. — *Rameaux :* très-nombreux, gros et longs, érigés, flexueux, ridés au sommet, exfoliés à la base, d'un jaune blanchâtre à l'ombre et rouge-brique au soleil. — *Lenticelles :* clair-semées, grandes, rousses et squammeuses. — *Coussinets :* saillants et se prolongeant latéralement en arête. — *Yeux :* flanqués de boutons à fleur, appliqués sur le bois, moyens, coniques, aigus, duveteux, aux écailles brunes assez bien soudées. — *Feuilles :* très-nombreuses, de grandeur moyenne, vert jaunâtre en dessus et vert blanchâtre en dessous, très-allongées et longuement acuminées, gaufrées au centre, à bords largement crénelés, dentés et surdentés. — *Pétiole :* long, assez fort, modérément cannelé, rouge sanguin en dessous, de la base au sommet. — *Glandes :* très-petites, globuleuses, fixées sur le pétiole. — *Fleurs :* petites, rose assez intense.

Fertilité. — Satisfaisante.

Culture. — Il fait sur amandier, franc et prunier, de jolis arbres, soit pour l'espalier soit pour le plein-vent.

Description du fruit. — *Grosseur :* volumineuse et parfois au-dessus de la moyenne. — *Forme :* globuleuse, comprimée à ses deux extrémités, mais surtout à la base, à sillon bien marqué. — *Cavité caudale :* très-vaste. — *Point pistillaire :* petit, plus ou moins enfoncé. — *Peau :* mince, se détachant aisément, finement duveteuse, jaune à l'ombre et rouge-carmin à l'insolation, où elle est en outre semée de petits points argentés. — *Chair :* fort blanche, ferme, fondante, amplement rosée près du noyau. — *Eau :* suffisante, peu sucrée, trop acidulée, entachée d'arrière-goût herbacé. — *Noyau :* non adhérent, petit, arrondi, très-bombé, ayant l'arête dorsale peu prononcée.

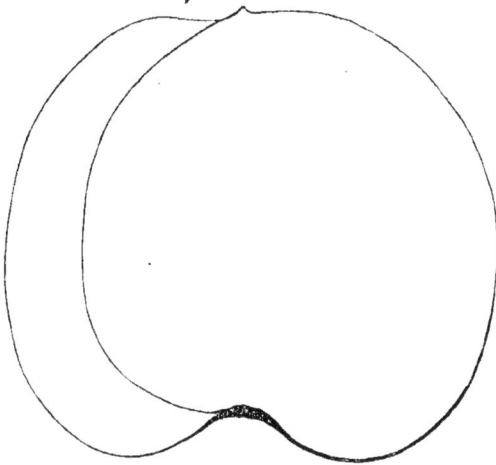

MATÛRITÉ. — Vers le milieu d'août.

QUALITÉ. — Deuxième.

Historique. — En 1864 nous recevions de Liége (Belgique) le pêcher Madame d'Andrimont, comme gain provenu des environs et propagé par M. Galopin, pépiniériste de la localité. Une mauvaise lecture de l'étiquette nous fit l'inscrire dans notre *Catalogue* (1868, p. 26, n° 78) sous le nom Madame *d'Audricourt*. Mais il devait causer d'autres mécomptes, puisque M. Mas, qui le décrivit en 1871 dans *le Verger* (t. VII, p. 77, n° 37), lui donnait de grandes fleurs et le disait dépourvu de glandes, lors, au contraire, qu'il en a de globuleuses, et que ses fleurs sont petites. Double erreur que M. Thomas, en 1876, avait du reste déjà relevée dans son *Guide pratique de l'amateur de fruits* (p. 52).

PÊCHE MADAME D'AUDRICOURT. — Synonyme de pêche *Madame d'Andrimont*. Voir ce nom.

PÊCHE DE MADELEINE. — Synonyme de pêche *Madeleine blanche*. Voir ce nom.

54. PÊCHE MADELEINE BLANCHE.

Synonymes. — *Pêches :* 1. DE MAGDELAINE (le Lectier, d'Orléans, *Catalogue des arbres cultivés dans son verger et plant*, 1628, p. 30; — et Merlet, *l'Abrégé des bons fruits*, 1667, p. 37). — 2. GROSSE-MAGDELEINE (la Quintinye, *Instruction pour les jardins fruitiers et potagers*, 1690, t. I, p. 438). — 3. PETITE-MAGDELEINE (*Id. ibid.*). — 4. WHITE MAGDALANE (Batty Langley, *Pomona*, 1729, p. 104, pl. XVII). — 5. DE MONTAGNE blanche (de Lacour, *les Agréments de la campagne*, 1752, t. II, p. 78; — et de Launay, *le Bon-Jardinier*, 1807, p. 140). — 6. WEISSE MAGDALENA (J. V. Sickler, *Teutscher Obstgärtner*, 1799, t. XI, p. 277). — 7. MONTAUBON (George Lindley, *Guide to the orchard and kitchen garden*, 1831, p. 263, n° 34). — 8. MADELEINE BLANCHE PRÉCOCE (Dochnahl, *Obstkunde*, 1858, t. III, p. 195, n° 13). — 9. DE VIN blanche (*Id. ibid.*). — 10. MADELEINE BLANCHE DE LOIRET (André Leroy, *Catalogue descriptif et raisonné des arbres fruitiers et d'ornement*, 1868, p. 26, n° 80). — 11. MADELEINE BLANCHE DE LOISEL (Carrière, *le Jardin fruitier du Muséum*, 1869, t. VII). — 12. DE VIN (O. Thomas, *Guide pratique de l'amateur de fruits*, 1876, p. 220.)

Description de l'arbre. — *Bois :* fort. — *Rameaux :* assez nombreux, gros et longs, érigés au sommet, étalés à la base, légèrement géniculés, très-exfoliés, vert jaunâtre à l'ombre, rouge saumoné au soleil. — *Lenticelles :* clair-semées, grandes, linéaires, rousses et squammeuses. — *Coussinets :* bien ressortis et se prolongeant en arête sur les côtés. — *Yeux :* flanqués généralement de boutons à fleur, écartés du bois, gros, ovoïdes-obtus, cotonneux, aux écailles grisâtres et disjointes. — *Feuilles :* nombreuses, grandes ou moyennes, vert gai en-dessus, vert en dessous, ovales-allongées, longuement acuminées, très-finement et profondément dentées en scie. — *Pétiole :* court et bien nourri, rouge sanguin en dessous, ondulé sur les bords de la cannelure, qui est des plus prononcées. — *Glandes :* faisant entièrement défaut. — *Fleurs :* grandes et d'un rose pâle.

FERTILITÉ. — Abondante.

CULTURE. — Sa grande vigueur le rend propre à tous les sujets, à toutes les formes, et les arbres qu'il fait sont toujours irréprochables.

Description du fruit. — *Grosseur :* moyenne et parfois un peu plus volumineuse. — *Forme :* globuleuse, inéquilatérale, à sillon peu marqué, très-faiblement mamelonnée, souvent même complétement dépourvue de mamelon. — *Cavité caudale :* assez vaste. — *Point pistillaire :* saillant ou légèrement enfoncé. — *Peau :* mince, se détachant bien, fortement duveteuse, à fond blanc verdâtre lavé ou fouetté de rose plus ou moins vif à l'insolation. — *Chair :* blanche, fine, fondante, compacte et rarement colorée près du noyau. — *Eau :* excessivement abondante et sucrée, vineuse, rafraîchissante, au parfum des plus agréables. — *Noyau :* non adhérent, petit, arrondi, bombé, ayant la pointe terminale courte mais aiguë, et l'arête dorsale tranchante et généralement assez peu développée.

Pêche Madeleine blanche.

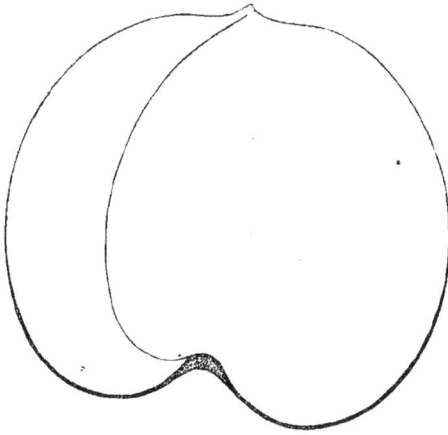

MATURITÉ. — Vers le milieu d'août.

QUALITÉ. — Première.

Historique. — Le nom primitif de cette antique variété, *pêche de Magdelaine*, la rattache à la France. Ce qui nous confirme dans notre opinion, c'est que la plus ancienne mention qu'on en ait faite, eut lieu chez nous l'an 1628, par le Lectier, d'Orléans, page 30 du *Catalogue* de son immense verger. Pour la trouver citée dans tout autre pays, notamment en Angleterre, il faut attendre près d'un siècle. Il nous est impossible, toutefois, d'indiquer, même hypothétiquement, en laquelle de nos provinces elle a pu naître; l'unique renseignement que nous ayons rencontré, montre, et voilà tout, le pêcher de Madeleine blanche cultivé dès 1600, à Orléans, puis, de là, propagé activement au moyen du *Catalogue* que l'on sait, qui fut adressé à tous les « curieux, » comme étaient alors qualifiés les amateurs d'arbres fruitiers. On pense généralement qu'il fut ainsi nommé pour la maturité assez hâtive de ses produits, car en certaines contrées on mange la Madeleine au commencement d'août; et même — nous rapportons le fait comme une anomalie fort singulière — et même Langley prétend, en sa *Pomona Londinensis* (p. 101, pl. 27, fig. 6), qu'en 1727 il la vit mûrir, à Twickenham, le 30 juillet sur un arbre placé au midi. Mais non, son plus ou moins de précocité ne lui valut pas cette appellation, qui eût été peu justifiée, sainte Madeleine se fêtant le 22 juillet, quinze jours avant le moment où paraissent sur nos tables ses succulentes pêches; ce fut leur qualité dominante, la surabondance extrême de leur eau, qui, par analogie, les fit dénommer de la sorte. Le Duchat, l'un des annotateurs de Gilles Ménage, dit effectivement, dans la seconde édition du *Dictionnaire étymologique* de l'illustre Angevin, imprimée en 1750 :

« *Pêche Madeleine*, qui fond en eau comme la Madeleine est dépeinte fondante en larmes. On a de même appelé *perruque Madeleine*, les perruques à longue suite, et dont les cheveux font sur les personnes qui en sont coiffées, le même effet que faisoient les cheveux épars de la Madeleine, sur les épaules de cette femme. » (T. II, p. 148.)

Et quand on a sous les **yeux** les premières descriptions qui parurent, de cette pêche, il est bientôt prouvé que l'origine ici donnée, du nom qu'elle porte, ne manque ni d'exactitude ni de vraisemblance. Merlet, en 1667, la qualifiait de « pesche à chair la plus remplie d'eau, et estimée une des meilleures; » (l'Abrégé des bons fruits, p. 36) et huit ans plus tard (1675), la connaissant mieux encore, il l'appréciait ainsi :

« La pesche Magdelaine vient grosse en bonne terre; elle est ronde, prend peu de rouge, quand l'espece est blanche [on cultivait déjà la Rouge ou la Paysanne]; c'est la plus estimée et la meilleure des pesches, estant toute pleine d'eau, relevée et fondante..... » (Pages 31-32.)

Au temps de le Lectier (1628) une seule variété de Madeleine, la Blanche, celle qui nous occupe, existait dans la culture, mais ne tarda pas à s'y trouver avec sa sous-variété, la Madeleine rouge, ou Paysanne, dite aussi Madeleine de Courson, dont l'article suit. Un siècle s'était à peine écoulé, que ce nom spécifique, à l'exemple des noms du Beurré, du Calleville, de la Reine-Claude, etc., etc., s'appliquait à tout un groupe de pêchers qui souvent le méritaient peu, vu l'infériorité de leurs produits. Beaucoup d'entre eux sont maintenant inconnus à nos jardiniers, et cependant bien des Madeleines encombrent les pépinières. Les décrirons-nous toutes? Certainement non, ce serait encourager un abus, pour ne pas dire une duperie, et sauver de l'oubli des variétés qu'il eût été très-sage de ne jamais propager.

Observations. — Dès 1680, époque où la Quintinye écrivait son Instruction pour les jardins fruitiers et potagers, qui vint enfin sortir de la routine, nos horticulteurs, et leur permettre de substituer la physiologie aux plus naïves pratiques, dès cette époque on prétendait déjà posséder une Grosse puis une Petite-Madeleine blanche. Or, comme cette opinion, peut-être intéressée, compte encore chez nous quelques partisans, nous allons la combattre par les raisons mêmes que la Quintinye invoqua contre elle, lui qui ne poussait pas à l'accroissement fictif des variétés :

« Nous ne saurions — déclarait-il — dire assez de bien de la pêche Madeleine blanche, quand elle est en bon fond, et bien exposée..... A voir comme quelques arbres en rapportent beaucoup, et les autres peu, il semble qu'on aurait lieu de dire, avec quelques jardiniers, qu'il y en a de deux especes, l'une qu'ils nomment la Grosse, et l'autre qu'ils nomment la Petite; mais cependant, ny par la fleur, qui à toutes deux est grande et peu colorée, ny par la feüille de l'arbre, qui à toutes deux est grande et fort dentelée, ny par la maturité, qui à toutes deux arrive en même temps — et c'est vers la fin d'aoust — ny par la couleur, grosseur, figure, eau, goût, noyau, qui sont semblables en toutes deux; par toutes ces marques, dis-je, qui devroient établir une difference essentielle, je ne trouve pas lieu d'entrer dans les sentiments de ceux qui veulent qu'il y en ait de deux sortes. L'une et l'autre sont grosses, rondes, à demy plates, colorées du côté du soleil et nullement de l'autre, la chair fine, l'eau douce et sucrée, le goût relevé, nul rouge autour du noyau, ce noyau court et assez rond : voilà ce qui suspend mon jugement pour les deux especes. Outre que tous deux font de fort beaux arbres, et qu'ayant pris les greffes d'un, qui en faisoit peu, j'en ay élevé d'autres qui en faisoient beaucoup, et en ayant greffé de celles qui en faisoient beaucoup, il m'en est venu qui n'en rapportoient gueres. Si bien qu'enfin je croy que cette difference de rapport n'est fondée que sur le plus ou le moins de vigueur qui est au pied de cet arbre..... » (T. I, p. 438-439.)

— En 1807 le Bon-Jardinier (p. 140) faisait le nom pêche Belle de Paris, synonyme de Madeleine blanche, et plus tard, en 1823, synonyme aussi de pêche de Malte. Devant cette contradiction, nous avons cru devoir suivre la généralité des pomologues, en réunissant uniquement la Belle de Paris à la pêche de Malte. — L'arbre de la Madeleine blanche peut, en bonne terre et à bonne exposition, prendre un très-grand développement; M. de la Bretonnerie, en 1784, constatait effectivement, dans *l'Ecole du jardin fruitier* (t. 1, p. 315), « qu'à Stains, près « Saint-Denis (Seine), il en avoit vu, dans son voisinage, un qui déjà s'élevoit à « vingt pieds de haut, sur une largeur proportionnée, quoique conduit, ajoutait-« il, par une main un peu incertaine, avec moins d'ordre et de régularité qu'il « n'eût été à désirer. »

PÊCHES : MADELEINE BLANCHE DU LOIRET,

— MADELEINE BLANCHE DE LOISEL,

— MADELEINE BLANCHE PRÉCOCE,

Synonymes de pêche *Madeleine blanche*. Voir ce nom.

PÊCHES MADELEINE COLORÉE. — Synonymes de pêche *Madeleine de Courson* et de pêche *Madeleine hâtive.* Voir ces noms.

PÊCHES : MADELEINE DE CORSON,

— MADELEINE DE COURBON,

Synonymes de pêche *Madeleine de Courson.* Voir ce nom.

55. Pêche MADELEINE DE COURSON.

Synonymes. — *Pêches :* 1. MADELEINE ROUGE (Merlet, *l'Abrégé des bons fruits,* 1667, p. 37). — 2. PAÏSANNE (*Id. ibid.*). — 3. MADELEINE ROUGE DE COURSON (les Chartreux, de Paris, *Catalogue de leurs pépinières,* 1736, p. 5). — 4. MADELEINE DE COURBON (Chaillou, *Catalogue de ses pépinières de Vitry-sur-Seine,* 1755, p. 5). — 5. MADELEINE DE CORSON (*l'Agronome ou la Maison rustique mise en forme de dictionnaire,* 1770, t. III, p. 30). — 6. MADELEINE DE GOURSON (Pierre Leroy, d'Angers, *Catalogue de ses jardins et pépinières,* 1790, p. 27). — 7. RED MAGDALEN (Thompson, *Catalogue of fruits cultivated in the garden of the horticultural Society of London,* 1826, p. 76, n° 84). — 8. ROUGE PAYSANNE (*Id. ibid.*). — 9. FRENCH MAGDALEN (*Idem, ibid.,* édition de 1842, p. 114, n° 14). — 10. TRUE RED MAGDALEN (A. J. Downing, *the Fruits and fruit trees of America,* 1849, p. 481, n° 31). — 11. COURSONER MAGDALENE (Dochnahl, *Obstkunde,* 1858, t. III, p. 196, n° 14). — 12. DE VIN ROUGE (*Id. ibid.*). — 13. GROSSE-MADELEINE (du Breuil, *Cours d'horticulture,* 1861, t. II, p. 712). — 14. MADELEINE PAYSANNE (Paul de Mortillet, *les Meilleurs fruits,* 1865, t. I, p. 100). — 15. MADELEINE COLORÉE (O. Thomas, *Guide pratique de l'amateur de fruits,* 1876, p. 220). — 16. MADELEINE ROUGE HATIVE (de quelques pépiniéristes).

Description de l'arbre. — *Bois :* très-fort. — *Rameaux :* assez nombreux, gros, des plus longs, étalés à la base, érigés au sommet, rugueux, excessivement exfoliés, vert jaunâtre à l'ombre, rouge mat foncé à l'insolation. — *Lenticelles :* assez abondantes, de grandeur et de forme variables, mais le plus habituellement petites ou moyennes. — *Coussinets :* bien ressortis. — *Yeux :* souvent accompagnés de boutons à fleur, légèrement écartés du bois, volumineux, coniques-pointus ou ovoïdes-obtus, aux écailles grises et cotonneuses. — *Feuilles :* nombreuses, grandes, minces, vert jaunâtre en dessus, vert blanchâtre en dessous, ovales-allongées, très-longuement acuminées, à bords fortement dentés et surdentés en scie. — *Pétiole :* gros ou moyen, court et rigide, rosé en dessous, à cannelure prononcée. — *Glandes :* faisant entièrement défaut. — *Fleurs :* très-grandes et d'un rose pâle.

FERTILITÉ. — Remarquable.

CULTURE. — Il végète parfaitement sur toute espèce de sujets et fait d'aussi beaux plein-vent que de superbes espaliers.

Description du fruit. — *Grosseur :* volumineuse. — *Forme :* sphérique parfois légèrement allongée, assez régulière, à sillon peu marqué. — *Cavité caudale :* étroite et profonde. — *Point pistillaire :* placé de côté au centre d'une faible dépression. — *Peau :* assez épaisse, s'enlevant facilement, des plus duveteuses, vert clair jaunâtre à l'ombre, ponctuée de carmin et largement lavée de rouge-pourpre à l'insolation. — *Chair :* d'un blanc un peu verdâtre, fondante, rougeâtre auprès du noyau. — *Eau :* excessivement abondante, sucrée, délicieusement acidulée et parfumée. — *Noyau :* non adhérent, ovoïde-arrondi, bombé, à peine mucroné, ayant l'arête dorsale assez tranchante.

Pêche Madeleine de Courson.

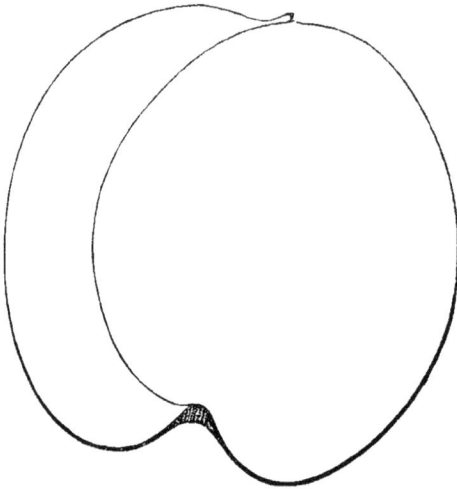

MATURITÉ. — Milieu et fin d'août.

QUALITÉ. — Première.

Historique. — La Madeleine blanche, nous l'avons dit à l'article ci-dessus, remonte à la fin du XVIe siècle, et ce fut le Lectier, d'Orléans, qui, en l'inscrivant dans son *Catalogue*, la fit connaître au monde horticole. Mais sa sous-variété, la Rouge, ou la Paysanne, ce *Catalogue*, imprimé le 20 décembre 1628, n'en donnait même pas le nom. D'où l'on doit conclure qu'à cette date elle était encore à naître. Merlet, le premier qui l'ait citée, l'a fait en 1667 avec une très-grande concision :

« La *Magdeleine Rouge*, dite Pesche *Paisanne* — a-t-il écrit — vient PLUS GROSSE que la Blanche, et la chair en est encore plus delicate et plus fondante. » (*L'Abrégé des bons fruits*, pp. 37-38 de la 1re édition.)

Merlet est ici dans le vrai, quand il attribue à la Madeleine Rouge, ou Paysanne, un *plus fort volume* qu'à la Blanche; aussi sommes-nous étonné de le voir par la suite, en 1675 puis en 1690, dire précisément le contraire, en annonçant que « la Rouge vient moins grosse que la Blanche. » — L'apparition de cette pêche exquise eut donc lieu entre 1628 et 1650, et dans les environs de Paris, fort pro bablement, car Merlet, qui habitait la Capitale, s'occupait surtout des fruits cultivés, comme il l'a si souvent répété, « sous le climat de Paris. » Jusqu'en 1725 ou 1730, on ne lui donna que deux noms : « Madeleine Rouge, Madeleine Païsanne; » mais vers 1730, celui sous lequel nous la décrivons, commençait à lui être appliqué par les Chartreux. Le *Catalogue* de ces moines-pépiniéristes, après avoir fidèlement caractérisé cette variété, ajoute en effet (1736, p. 5) : « On « la nomme, aux environs de Paris, *Madeleine de Courson*. » D'où vint que générale- lement ce surnom prévalut sur les deux autres, surtout lorsqu'il eut été reproduit par Duhamel (t. II, p. 14). Pour que Courson, village avoisinant Versailles, vît son nom devenir ainsi celui de ce pêcher, il fallut, évidemment, la certitude qu'il en provenait, ou tout au moins s'y trouvait localisé depuis un assez long temps. Et si l'on veut bien réfléchir qu'alors soixante années seulement s'étaient écoulées depuis sa propagation, nul ne contestera notre opinion.

Observations. — M. Paul de Mortillet a décrit en 1865, dans *les Meilleurs fruits* (t. I, n°s 12 et 14), une Madeleine Paysanne puis une Madeleine de Courson; et M. Mas, presque aussitôt, a fait de même dans le *Verger* (t. VII, n°s 42 et 48). Nous signalons d'autant mieux l'erreur de ces deux consciencieux pomologues, qu'ils s'accusaient presque de la commettre, avouant, M. de Mortillet particu- lièrement : « que sa Madeleine de Courson ne différait de sa Madeleine Paysanne, « que par *un noyau un peu plus gros, une saveur un peu plus grande* (!!). » Enfin M. Carrière, lui, a publié dans le *Jardin fruitier du Muséum*, comme étant la Madeleine rouge, ou de Courson, une Madeleine rouge à *petites* fleurs.

Pêche MADELEINE DE GOURSON. — Synonyme de pêche *Madeleine de Courson*. Voir ce nom.

Pêches MADELEINE (GROSSE-). — Synonymes de pêche *Madeleine blanche* et de pêche *Madeleine de Courson*. Voir ces noms.

---

56. Pêche MADELEINE HATIVE.

Synonymes. — *Pêches :* 1. KEW EARLY PURPLE (Aiton, *Epitome of the hortus Kewiensis*, 1814, 2e édi- tion, article *Peaches*). — 2. NEW ROYAL CHARLOTTE (Lindley, *Guide to the orchard and kitchen garden*, 1831, p. 265, n° 37). — 3. ROYAL CHARLOTTE (*Id. ibid.*). — 4. EARLY PURPLE OF KEW (Thompson, *Catalogue of fruits cultivated in the garden of the horticultural Society of London*, 1826, p. 74; et 1862, p. 119, n° 26). — 5. GRIMWOOD'S ROYAL CHARLOTTE (*Id.*, 1842, *ibid.*). — 6. LORD FAUCONBERG'S (*Id. ibid.*). — 7. LORD FAUCONBERG'S MIGNONNE (*Id. ibid.*). — 8. LORD NELSON'S (*Id. ibid.*). — 9. MADELEINE A PETITES FLEURS (*Id. ibid.*). — 10. MADELEINE ROUGE A MOYENNES FLEURS (*Id. ibid.*). — 11. POURPRÉE HATIVE (André Leroy, *Catalogue descriptif et raisonné des arbres fruitiers et d'ornement*, 1849, p. 13, n° 17). — 12. MITTELGROSSBLÜHENDE MAGDALENE (Dochnahl, *Obstkunde*, 1858, t. III, p. 197, n° 13). — 13. MADELEINE HATIVE A MOYENNES FLEURS (Paul de Mortillet, *les Meilleurs fruits*, 1865, t. I, p. 150, n° 28; — et Mas, *le Verger*, 1872, t. VII, p. 173, n° 85). — 14. MADELEINE A MOYENNES FLEURS (Paul de Mortillet, *ibid.*, p. 152, n° 29; — et Mas, *ibid.*, p. 151, n° 74). — 15. GROSSE-MADELEINE ROUGE (Thomas, *Guide pratique de l'amateur de fruits*, 1876, p. 220). — 16. MADELEINE COLORÉE (*Id. ibid.*). — 17. MIGNONNE DE LORD FAUCONBERG (*Id. ibid.*). — 18. NOBLESSE SEEDLING (*Id. ibid.*). — 19. SPÄTE ROTHE MAGDALENE (*Id. ibid.*).

Description de l'arbre. — *Bois :* fort. — *Rameaux :* nombreux, gros ou assez gros, longs, érigés, non géniculés, très-exfoliés à la base, rouge terne au soleil, vert jaunâtre à l'ombre. — *Lenticelles :* abondantes, petites, arrondies et linéaires. — _Coussinets_ : bien ressortis et prolongés latéralement en arête. — _Yeux_ : très-écartés du bois, assez volumineux, ovoïdes-pointus, légèrement cotonneux, aux écailles d'un gris-blanc et mal soudées. — _Feuilles :_ nombreuses, de grandeur variable, mais moyennes le plus généralement, vert jaunâtre en dessus, vert blanchâtre en dessous, ovales-allongées ou lancéolées-élargies, longuement acuminées en vrille, ondulées au centre et très-finement dentées et surdentées sur leurs bords. — _Pétiole_ : de grosseur et longueur moyennes, rosâtre en dessous, à cannelure étroite et profonde. — _Glandes :_ faisant entièrement défaut. — _Fleurs :_ petites ou moyennes, d'un rose intense.

Fertilité. — Grande.

Culture. — Très-vigoureux, il se greffe sur toute espèce de sujets et se prête à toutes les formes.

Description du fruit. — _Grosseur :_ moyenne. — _Forme :_ ovoïde plus ou moins globuleuse, parfois un peu cylindrique, à sillon bien marqué. — _Cavité caudale :_ vaste mais rarement profonde. — _Point pistillaire :_ assez développé, occupant le centre d'une cavité prononcée. — _Peau :_ mince, s'enlevant avec facilité, à fond blanc verdâtre ou jaunâtre, presque entièrement ponctué de carmin et lavé de pourpre brunâtre à l'insolation. — _Chair :_ blanchâtre, excessivement fondante, peu filamenteuse, sanguinolente autour du noyau. — _Eau :_ des plus abondantes, vineuse, fort sucrée et savoureusement parfumée. — _Noyau_ : moyen, ovoïde, aplati, très-courtement mucroné, ayant l'arête dorsale modérément accusée.

Pêche Madeleine hâtive.

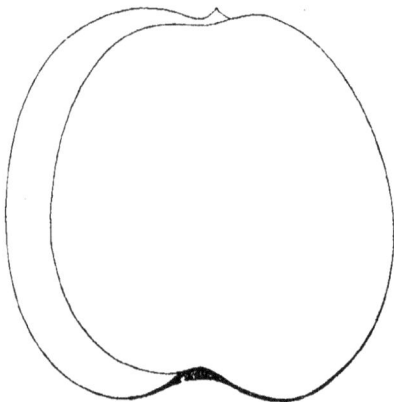

Maturité. — Commencement et courant d'août.

Qualité. — Première.

Historique. — Nous sommes là en présence d'une variété d'origine anglaise, provenue, vers le commencement de ce siècle, du fameux jardin botanique de Kew, dans le comté de Surrey ; d'où vint qu'on lui donna d'abord le nom de cette localité, bientôt suivi de divers autres plus ou moins célèbres : celui de la princesse Charlotte d'Angleterre, par exemple, puis ceux des lords Nelson et Fauconberg. Introduite en France sous la Restauration, au moment même où Poiteau classait les pêches d'après les glandes et la grandeur des fleurs, on la plaça parmi les Madeleines, son arbre étant dépourvu de glandes ; mais les uns l'appelèrent Madeleine hâtive à Petites Fleurs, et les autres Madeleine hâtive à Moyennes Fleurs, selon qu'ils adoptaient trois, ou deux catégories, seulement, de ces dernières. Nos jardiniers et nos pépiniéristes l'ont, du reste, presque toujours confondue avec la Madeleine de Courson ; et nous-même, en la vendant longtemps sous le nom de _Pourprée hâtive,_ traduction d'Early Purple, sa dénomination primitive chez les Anglais, nous avons certes contribué à rendre difficile la recherche de son pays natal. Aussi sans l'admirable travail de Thompson, sur les variétés cultivées dans le jardin fruitier de la Société d'Horticulture de Londres (1842, p. 199, n° 26), peut-être ne serions-nous jamais parvenu à la restituer à l'Angleterre. Nous l'appelons simplement *Madeleine hâtive,* au lieu de Madeleine hâtive à Moyennes Fleurs, afin de raccourcir ce nom, qui n'en finit pas, et d'éviter toute discussion, quant à la dimension des fleurs.

Observations. — Sous le ciel de la Grande-Bretagne, cette pêche mûrit très-rarement avant les derniers jours d'août, et même avant le commencement de septembre; sous le nôtre, au contraire, on la mange généralement du 10 au 15 août. — MM. Mas et Mortillet ont caractérisé une *Madeleine hâtive à Moyennes Fleurs,* et une *Madeleine à Moyennes Fleurs,* comme étant deux variétés distinctes, faisant mûrir la première au début d'août, et la seconde vers la fin dudit mois. Nous croyons qu'ils se sont trompés, et n'ont bien, dans ces deux pêchers, que celui décrit ici. Leur arbre est effectivement de tout point semblable au nôtre, qui, nous le répétons, voit la maturité de ses produits s'effectuer du 10 au 15 août, à bonne exposition.

PÊCHE MADELEINE HATIVE DE GASCOGNE. — Synonyme de pêche *Comice d'Angers.* Voir ce nom.

PÊCHE MADELEINE HATIVE A MOYENNES FLEURS. — Synonyme de pêche *Madeleine hâtive.* Voir ce nom.

PÊCHES : MADELEINE JAUNE,

— MADELEINE JAUNE D'ANGERS,

— MADELEINE JAUNE DU COMICE D'ANGERS,

Synonymes de pêche *Comice d'Angers.* Voir ce nom.

PÊCHES : MADELEINE DE LYON (PETITE-),

— MADELEINE MIGNONNE,

Synonymes de pêche *Double de Troyes.* Voir ce nom.

PÊCHE MADELEINE A MOYENNES FLEURS. — Synonyme de pêche *Madeleine hâtive.* Voir ce nom.

PÊCHE MADELEINE PAYSANNE. — Synonyme de pêche *Madeleine de Courson.* Voir ce nom.

PÊCHE MADELEINE (PETITE-). — Synonyme de pêche *Madeleine blanche.* Voir ce nom.

PÊCHE MADELEINE A PETITES FLEURS. — Synonyme de pêche *Madeleine hâtive*. Voir ce nom.

PÊCHE MADELEINE ROUGE. — Voir pêche *Bourdine*, au paragraphe OBSERVATIONS.

PÊCHE MADELEINE ROUGE. — Synonyme de pêche *Double de Troyes*. Voir ce nom.

PÊCHES : MADELEINE ROUGE,

— MADELEINE ROUGE DE COURSON,

Synonymes de pêche *Madeleine de Courson* et de pêche *Madeleine rouge tardive*. Voir ces noms.

PÊCHE MADELEINE ROUGE (GROSSE-). — Synonyme de pêche *Madeleine hâtive*. Voir ce nom.

PÊCHE MADELEINE ROUGE HATIVE. — Synonyme de pêche *Madeleine de Courson*. Voir ce nom.

PÊCHE MADELEINE ROUGE A MOYENNES FLEURS. — Synonyme de pêche *Madeleine hâtive*. Voir ce nom.

PÊCHE MADELEINE ROUGE TARDIVE (**Synonymes :** MADELEINE ROUGE, dom Gentil, moine chartreux, *le Jardinier solitaire*, 2° édit., 1705, pp. 67 et 70. — MADELEINE TARDIVE, MADELEINE ROUGE TARDIVE A PETITE FLEUR, Duhamel, *Traité des arbres fruitiers*, 1768, t. II, p. 15). — Qu'est devenue cette ancienne pêche, réputée parfaite, et qui fut surtout propagée par les pères Chartreux, dès 1700?..... Nous l'avons patiemment cherchée, mais toujours sans résultat. Ni le Lectier (1628), ni Merlet (1667-1690), ni la Quintinye (1680-1690), ne l'ont connue. Dom Gentil, le religieux qui dirigeait en 1700 les pépinières des Chartreux, à Paris, la décrivit dans son *Jardinier solitaire,* et voici ce qu'en 1705, date de la seconde édition de cet ouvrage, demeuré fort estimé, il en disait :

« ..... Les anciens jardiniers ont donné le nom de *Magdelaine rouge*, à la Pesche Païsanne [mûrissant au début d'août], mais ce n'est pas la veritable, dont je feray mention avec les pesches du mois de septembre..... La VERITABLE *Magdelaine rouge* est grosse, un peu plus longue que ronde, elle a un beau coloris, son eau est sucrée et relevée, c'est une excellente pesche : les plus grands curieux l'estiment : elle se mange à la fin de septembre. » (Pages 67 et 70.)

Duhamel, en 1768, parlait aussi de ce fruit :

« La *Madeleine tardive* ou *Madeleine tardive à Petite Fleur* — écrivait-il — paroît être une variété de la Madeleine de Courson. Ses fleurs sont petites. Son fruit est de médiocre grosseur, et très-coloré. La cavité au fond de laquelle la queue s'implante est souvent bordée de quelques plis assez sensibles. Si ce pêcher, dont le fruit est de très - bon goût, ET NE MURIT QU'AVEC LES PERSIQUES, n'avoit pas les feuilles dentelées profondément, le port et la plupart des caractères de la Madeleine, je serois tenté de le regarder comme une Pourprée tardive. » (*Traité des arbres fruitiers*, t. II, p. 15.)

La Persique, de laquelle il s'agit ici, mûrit fin septembre et commencement d'octobre; ayant même maturité, la Madeleine *tardive* mérite donc, on le voit, ce qualificatif, mais ne saurait en aucun cas, et Duhamel ne pouvait s'y tromper, être réunie à la Pourprée tardive, se mangeant dans les premiers jours de septembre, et dont l'arbre a les feuilles *glanduleuses*, caractère manquant radicalement aux pêchers du groupe des Madeleines, qui tous sont dépourvus de glandes. Il est alors beaucoup plus sage d'avouer, comme nous l'avons fait, que la Madeleine tardive manque encore à notre collection, que de la dire synonyme, à l'exemple de M. Paul de Mortillet (*les Meilleurs fruits*, t. I, pp. 152-153), de la Madeleine à Petites ou Moyennes Fleurs — notre Madeleine hâtive — variété d'un mois, au moins, plus précoce que la vraie Madeleine tardive des Chartreux et de Duhamel.

Observations. — Nombre de pomologues assimilent cette Madeleine à la pêche *Royal George*, des Anglais, ce qu'il est impossible d'admettre, puisque, dit Forsyth (p. 50), « cette dernière a de grandes fleurs blanches. » lorsque l'autre, au contraire, en possède de très petites et d'un rose foncé. Lindley (1831) a bien décrit une autre variété de Royal George, mais dont les feuilles sont glanduleuses, ce qui rend, pour le cas, toute controverse parfaitement inutile.

PÊCHES : MADELEINE ROUGE TARDIVE A PETITE FLEUR, } Synonymes de

------

— MADELEINE TARDIVE,

pêche *Madeleine rouge tardive*. Voir ce nom.

PÊCHE MAL-NOMMÉE. — Synonyme de pêche *Chevreuse tardive*. Voir ce nom.

PÊCHE MALE. — Synonyme de *Pavie Alberge jaune*. Voir ce nom.

PÊCHES : MALTA,

— MALTAISE,

Synonymes de pêche *de Malte*. , Voir ce nom.

------

57. Pêche de MALTE.

Synonymes. — *Pêches :* 1. D'Italie (Société Économique de Berne, *Traité des arbres fruitiers,* 1768, t. I, p. 195; — et Mayer, *Pomona franconica,* 1779, t. II, p. 343). — 2. De Naples (Pierre Leroy, d'Angers, *Catalogue de ses jardins et pépinières,* 1790, p. 27). — 3. Maltaise (Fillassier, *Dictionnaire du jardinier français,* 1791, t. II, p. 342). — 4. Belle de Paris (Pirolle, *le Bon-Jardinier,* 1823, p. 355). — 5. Italian (Thompson, *Catalogue of fruits cultivated in the garden of the horticultural Society of London,* 1826, p. 76, nº 90). — 6. Malta (*Id. ibid.*). — 7. Malte de Normandie (George Lindley, *Guide to the orchard and kitchen garden,* 1831, p. 316, nº 13). — 8. Belle de Paris (Dochnahl, *Obstkunde,* 1858, t. III, p. 195, nº 12). — 9. Malteser (*Id. ibid.*). — 10. De Paris (*Id. ibid.*). — 11. Malte de Lisieux (Paul de Mortillet, *les Meilleurs fruits,* 1865, t. I, p. 109.)

Description de l'arbre. — *Bois :* de moyenne force. — *Rameaux :* nombreux, longs, un peu grêles, érigés, non géniculés, légèrement exfoliés à la base, vert gai à l'ombre, rouge clair à l'insolation. — *Lenticelles :* clair-semées, grandes, jaunâtres, arrondies ou linéaires. — *Coussinets :* modérément développés et se prolongeant latéralement en arête. — *Yeux :* accompagnés de boutons à fleur, écartés du bois, petits, coniques pointus. cotonneux, aux écailles grises et assez mal soudées. — *Feuilles :* peu nombreuses, petites ou moyennes, épaisses, vert gai en dessus, vert pâle en dessous, ovales allongées, courtement acuminées, planes, à bords finement, mais profondément dentés et surdentés. — *Pétiole :* gros, très-court, flasque, rougeâtre en dessous, à faible cannelure. — *Glandes :* faisant complétement défaut. — *Fleurs :* grandes et d'un rose tendre.

Fertilité. — Satisfaisante.

Culture. — Il fait d'assez beaux plein-vent, mais l'espalier lui est encore plus avantageux, sous le double rapport de la production et du développement.

Description du fruit. — *Grosseur :* au-dessus de la moyenne. — *Forme :* sphérique, sensiblement comprimée aux deux pôles, à sillon peu marqué. — *Cavité caudale :* assez vaste. — *Point pistillaire :* petit, enfoncé dans une large dépression. — *Peau :* mince, s'enlevant avec facilité, finement duveteuse, jaune verdâtre clair sur le côté placé à l'ombre, lavée et marbrée de pourpre brunâtre sur celui qui regarde le soleil. — *Chair :* blanchâtre, compacte, fondante, à peine rosée autour du noyau. — *Eau :* très-abondante, sucrée, vineuse, ayant une saveur parfumée que rend plus délicieuse encore un léger arrière-goût musqué. — *Noyau :* non adhérent, moyen, ovoïde, bombé, courtement mucroné, ayant l'arête dorsale coupante et prononcée.

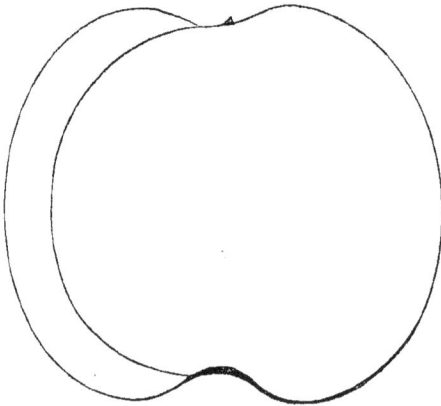

Maturité. — Fin d'août et commencement de septembre.

Qualité. — Première.

Historique. — Au temps de Merlet (1667-1690) on cultivait une pêche *d'Italie*, que ce pomologue caractérisait ainsi : « Espèce de Chevreuse, elle est un « peu plus grosse, ressemble à la pesche de Pau, est plus pointuë, et excellente. » (*L'Abrégé des bons fruits,* 1667, pp. 38-39.) Cette Chevreuse pointue n'est certes pas le fruit aplati dont nous donnons ici la figure, et l'arbre d'une Chevreuse ne peut, non plus, avec ses feuilles glanduleuses, ressembler au pêcher de Malte, qui possède des feuilles dépourvues de glandes. Cependant presque tous les écrivains horticoles assurent, depuis 1768, que pêches d'Italie et de Malte forment une seule et même variété. Alors il faut donc croire que Merlet n'a pas eu sous les yeux la vraie pêche d'Italie, et se rallier — ce que nous faisons — à l'opinion de ses successeurs. Quant au surnom *Malte,* maintenant si connu dans la nomenclature, il apparut vers 1730 et fut enregistré d'abord par les Chartreux, à la page 6 du *Catalogue de leurs pépinières :*

« La pêche *Malte* — y lisait-on en 1736 — ressemble beaucoup aux Madeleines, par ses fleurs, son fruit et ses feüilles; elle est très-estimée en Normandie; elle prend assez de rouge; sa maturité est à la fin d'août. »

Mais ce fruit-il originaire de l'île de Malte, ou bien de l'Italie, selon que semblent l'indiquer les deux plus anciens noms qu'on lui voit porter?..... A ceci, je ne saurais répondre; les Pomologies italiennes sont muettes sur ce point, et même ne font guère mention de la pêche de Malte, que depuis une cinquantaine d'années. Chez nous, au contraire, on la rencontre avant 1667, et dès 1736 elle est en pleine possession, à Paris, du surnom sous lequel nos pépiniéristes la propagent aujourd'hui. Un village appelé *Malthe* existe, après tout, dans le Béarn, aux environs de Mauléon, et rien ne dit que cette sous-variété de nos anciennes Madeleines, n'ait pu là, en ce pays si fort ensoleillé, mûrir jadis ses premiers fruits?.....

Observations. — Ayant multiplié longtemps un faux pêcher de Malte, nous n'en avons mis ensuite que plus de zèle à trouver la vraie variété; et c'est alors qu'il nous a été démontré que le pêcher Malte de Lisieux ne différait aucunement de l'arbre ici décrit. C'est aussi l'opinion de M. Paul de Mortillet (1865), puis celle de M. O. Thomas (1876), sous-directeur des pépinières des frères Simon-Louis, de Metz. — La pêche de Pau ne saurait être assimilée, comme plusieurs l'ont pensé, à la pêche de Malte, en raison surtout de sa maturité, de six semaines plus tardive, car elle arrive en octobre. — Disons également que le nom pêche *d'Italie* ne peut figurer sans erreur parmi les synonymes de la Chevreuse hâtive, ou Belle-Chevreuse.

Pêches : **MALTE DE LISIEUX,**

—   **MALTE DE NORMANDIE,**   Synonymes de pêche *de Malte.* Voir ce nom.

—   **MALTESER,**

Pêche MARBRÉE. — Synonyme de *Nectarine Violette hâtive.* Voir ce nom.

58. Pêche MARQUISE DE BRISSAC.

Description de l'arbre. — *Bois :* fort. — *Rameaux :* nombreux, gros, longs, étalés à la base, érigés au sommet, légèrement flexueux, très-exfoliés, vert olivâtre à l'ombre, rouge terne au soleil. — *Lenticelles :* assez rares, petites, arrondies, proéminentes. — *Coussinets :* bien développés et de chaque côté se prolongeant en arête. — *Yeux :* sensiblement écartés du bois, volumineux, coniques-pointus, aux écailles brunes, duveteuses, disjointes. — *Feuilles :* rarement abondantes, petites ou moyennes, vert jaunâtre en dessus, vert clair en dessous, lancéolées-élargies, assez courtement acuminées, gaufrées, à bords crénelés et dentés largement, mais peu profondément, et dont les dents sont surmontées d'un petit cil marron. — *Pétiole :* court et grêle, sanguin dans toute sa longueur, à cannelure étroite et profonde. — *Glandes :* petites, réniformes, attachées sur le pétiole. — *Fleurs :* moyennes et d'un beau rose.

Fertilité. — Très-grande.

Culture. — Sa croissance laissant généralement à désirer, quel que soit le sujet qu'on lui ait donné, il convient de le placer en espalier pour que ses arbres prennent un beau développement.

Description du fruit. — *Grosseur :* considérable. — *Forme :* ovoïde-arrondie, sensiblement mamelonnée, aplatie à la base, à sillon assez apparent, d'un côté surtout. — *Cavité caudale :* vaste, elliptique, profondément creusée en entonnoir. — *Point pistillaire :* petit, brunâtre et saillant. — *Peau :* assez épaisse, très-duveteuse, se détachant aisément, jaune blafard légèrement verdâtre sur la face placée à l'ombre, amplement colorée de carmin foncé à l'insolation et fouettée de même auprès de la cavité caudale. — *Chair :* d'un blanc verdâtre, moirée, fine, ferme et fondante, sanguinolente auprès du noyau. — *Eau :* excessivement abondante, très-sucrée, vineuse, fraîche, acidule, douée d'une saveur exquise. — *Noyau :* non adhérent, volumineux, ellipsoïde, bombé près du sommet, courtement mucroné, tronqué à la base, qui est d'un gris blanchâtre; l'arête dorsale est tranchante et prononcée.

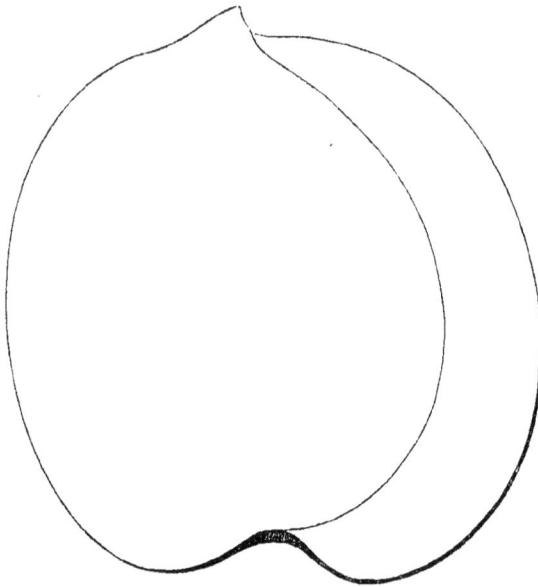

Maturité. — Commencement d'octobre.

Qualité. — Première.

Historique. — Cette énorme pêche, l'une des plus belles, l'une des meilleures qui soient dans la culture, est originaire des environs d'Angers. Le hasard présida seul à sa naissance, car le pied-type poussa spontanément dans un des champs de M. Mathurin Marquis, cultivateur au Petit-Litré, village situé commune de Saint-Saturnin (canton des Ponts-de-Cé). Sa première fructification eut lieu en 1861. La nouvelle variété, malgré son rare mérite, resta quelque temps inconnue, jusqu'à l'époque (1864) où elle fut soumise au jardinier du château de Brissac, M. Alfred Leroux. Ce dernier, après examen et sérieuse enquête, s'empressa de la greffer, puis la propagea par notre intermédiaire (1867). Nous la dédiâmes à Mme la marquise de Brissac, née Jeanne-Marie-Eugénie Say, qui venait alors d'épouser (25 avril 1866) le fils aîné de M. le duc de Brissac. — Devenue veuve en 1871, Mlle Say a pris, en 1872, M. Christian-René de Tredern pour second mari.

---

59. Pêche MAURICE DESPORTES.

Description de l'arbre. — *Bois :* peu fort. — *Rameaux :* nombreux, grêles, assez longs, étalés, légèrement flexueux, exfoliés à la base, vert jaunâtre à l'ombre, rouge terne à l'insolation. — *Lenticelles :* clair-semées, petites, grises, arrondies. — *Coussinets :* ressortis. — *Yeux :* écartés du bois, gros, coniques, aux écailles brunes et bien soudées. — *Feuilles* nombreuses, petites, vert sombre en dessus, vert-pré en dessous, ovales-allongées, courtement acuminées, irrégulièrement crénelées et dentées. — *Pétiole :* de longueur moyenne, peu nourri, tourmenté, rougeâtre à l'insolation, à cannelure faiblement accusée. — *Glandes :* petites, globuleuses, attenantes au pétiole. — *Fleurs :* moyennes et rose vif.

Fertilité. — Grande.

Culture. — Sa végétation comme plein-vent nous est encore inconnue, mais en espalier, la seule forme que nous lui ayons appliquée jusqu'ici, il fait de très-beaux arbres.

Description du fruit. — *Grosseur :* moyenne. — *Forme :* globuleuse, comprimée à ses extrémités, assez régulière, à large mais peu profond sillon. — *Cavité caudale :* très-évasée, arrondie, de profondeur moyenne. — *Point pistillaire :* occupant le centre d'une assez forte dépression. — *Peau :* mince, quittant bien la chair, à duvet très-court et peu épais, jaune-paille sur le côté de l'ombre, finement ponctuée de carmin et lavée de rouge sombre sur l'autre face. — *Chair :* blanchâtre, tendre, fondante, rosée au centre. — *Eau :* des plus abondantes, sucrée, délicieusement acidulée et parfumée. — *Noyau :* non adhérent, petit, ovoïde fortement arrondi, très-bombé, ayant la pointe terminale courte, aiguë, et l'arête dorsale modérément saillante.

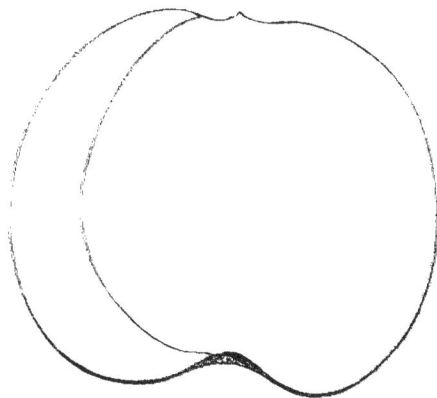

Maturité. — Vers le milieu du mois d'août.

Qualité. — Première.

Historique. — M. Baptiste Desportes, directeur de la partie commerciale de notre établissement, est l'obtenteur de ce pêcher. Ayant semé en 1871 un noyau de Grosse-Mignonne, l'arbre qui en sortit — un robuste plein-vent — fructifia pour la première fois le 12 août 1874, et M. Desportes le dédia à son fils Maurice. Il fut signalé dans nos *Catalogues* en 1875 (p. 27, n° 99).

Pêches : MELCATON,

— MELCOTON,

— MELECATHON,

Synonymes de *Pavie Mirli-coton*. Voir ce nom, puis aussi l'article *Mirlicoton*.

Pêche MÈLECOTON JAUNE. — Synonyme de *Pavie Alberge jaune*. Voir ce nom.

Pêche MELLICOTON. — Synonymes de *Pavie Mirlicoton*. Voir ce nom.

Pêche MELLISH'S FAVOURITE. — Synonyme de pêche *Noblesse*. Voir ce nom.

Pêche MELOCOTON PRÉCOCE DE CRAWFORD. — Synonyme de pêche *Crawford précoce*. Voir ce nom.

Pêche MERLICOTON. — Voir l'article *Mirlicoton*.

Pêche MICHAL. — Synonyme de pêche *de Syrie*. Voir ce nom.

Pêche MIGNONNE. — Synonyme de pêche *Mignonne (Grosse-)*. Voir ce nom.

Pêche MIGNONNE BOSSELÉE. — Synonyme de pêche *Chancelière*. Voir ce nom.

Pêche MIGNONNE BRENTFORD. — Voir pêche *Brentford Mignonne*.

Pêche MIGNONNE BUCKINGHAM. — Voir pêche *Buckingham Mignonne*.

Pêche MIGNONNE DUBARLE. — Synonyme de pêche *Mignonne hâtive (Grosse-)*. Voir ce nom.

Pêche MIGNONNE (FAUSSE-). — Voir pêche *Fausse-Mignonne*.

Pêche MIGNONNE FRANÇAISE. — Synonyme de pêche *Mignonne (Grosse-)*. Voir ce nom.

Pêche MIGNONNE GOLDEN. — Voir pêche *Golden Mignonne*.

60. Pêche MIGNONNE (GROSSE-).

Synonymes. — *Pêches :* 1. Veloutée (Merlet, *l'Abrégé des bons fruits,* 1667, p. 40 ; et 1675, p. 32). — 2. Mignonne (Merlet, *idem,* 1675, p. 32 ; — la Quintinye, *Instruction pour les jardins fruitiers et potagers,* 1690, t. I, p. 435). — 3. Minion (Langley, *Pomona Londinensis,* 1729, p. 101, pl. xxxviii). — 4. De Zwol (de Lacour, *les Agréments de la campagne,* 1752, t. II, pp. 79-80). — 5. Veloutée de Merlet (Duhamel, *Traité des arbres fruitiers,* 1768, t. II, p. 18). — 6. Grande-Mignonne (Société Économique de Berne, *Traité des arbres fruitiers,* 1768, t. I, p. 192). — 7. Mignonne française (*Id. ibid.*). — 8. Lack (Mayer, *Pomona franconica,* 1776, t. II, p. 233). — 9. Transparente ronde (les Chartreux, de Paris, *Catalogue de leurs pépinières,* 1785, p. 9). — 10. Belle-Beauté (Pirolle, *le Bon-Jardinier,* 1823, p. 354 ; — e Thompson, *Catalogue of fruits cultivated in the garden of the horticultural Society of London,* 1842, p. 115, n° 17). — 11. French Mignonne (Thompson, *ibid.,* édit. de 1826, p. 77, n° 99). — 12. Grimwood's New Royal George (*Id. ibid.*). — 13. Grimwood's Royal George (*Id. ibid.*). — 14. Large French Mignonne (*Id. ibid.*). — 15. Vineuse (*Id. ibid.*). — 16. Padley's Early Purple (Lindley, *Guide to the orchard and kitchen garden,* 1831, p. 263, n° 35). — 17. Avant (Thompson, *ibid.,* édit. de 1842, p. 115, n° 17). — 18. Belle-Bausse (par erreur, *id. ibid.*). — 19. Belle-Bauce (par erreur, *id. ibid.*). — 20. Early French (*Id. ibid.*). — 21. Early May (*Id. ibid.*). — 22. Early Purple Avant (*Id. ibid.*). — 23. Early Vineyard (*Id. ibid.*). — 24. Forster's (*Id. ibid.*). — 25. Forster's Early (*Id. ibid.*). — 26. French Grosse-Mignonne (*Id. ibid.*). — 27. Johnson Early Purple (*Id. ibid.*). — 28. Johnson's Purple Avant (*Id. ibid.*). — 29. Kensington (*Id. ibid.*). — 30. Neal's Early Purple (*Id. ibid.*). — 31. Neil's Eearly Purple (*Id. ibid.*). — 32. Pourprée hative (*Id. ibid.*). — 33. Pourprée de Normandie (*Id. ibid.*). — 34. Purple Avant (*Id. ibid.*). — 35. Purple hative (*Id. ibid.*). — 36. Ronalds's Early Galande (*Id. ibid.*). — 37. Ronalds's Seedling Galande (*Id. ibid.*). — 38. Royal Kensington (*Id. ibid.*). — 39. Royal Sovereign (*Id. ibid.*). — 40. La Royale (*Id. ibid.*). — 41. Superb Royal (*Id. ibid.*). — 42. Swiss Mignonne (*Id. ibid.*). — 43. Transparente (*Id. ibid.*). — 44. Vineuse de Fromentin (par erreur, *id. ibid.*). — 45. Grosse-Veloutée (d'Albret, *Cours théorique et pratique de la taille des arbres fruitiers,* 1851, p. 326). — 46. Incomparable (*Id. ibid.*). — 47. Mignonne tardive ordinaire a Gros Fruit (Laurent Jamin, *Annales de la Société d'Horticulture de Paris,* 1852, p. 316). — 48. Gemeiner Lieblings (Dochnahl, *Obstkunde,* t. III, p. 201, n° 36). — 49. Grosse-Mignonne veloutée (*Id. ibid.*). — 50. Grosse-Prinzessin (*Id. ibid.*). — 51. Mignonne tardive a Gros Fruit (*Id. ibid.*). — 52. De Rosier (*Id. ibid.*). — 53. Hative de Ferrières (Hogg, *the Fruit manual,* 1862, chapitre *Peaches*). — 54. Belle de Ferrières (Congrès pomologique, session de 1863, *Procès-Verbaux,* p. 13). — 55. Grosse-Mignonne ordinaire (O. Thomas, *Guide pratique de l'amateur de fruits,* 1876, p. 219). — 56. Mignonne ordinaire (*Id. ibid.*). — 57. Mignonne veloutée (*Id. ibid.*).

Description de l'arbre. — *Bois :* fort ou très-fort. — *Rameaux :* assez nombreux, gros et longs, légèrement étalés à la base, érigés au sommet, sensiblement exfoliés, vert jaunâtre à l'ombre, rouge terne au soleil. — *Lenticelles :* clair-semées, petites, grises, arrondies. — *Coussinets :* saillants et se prolongeant latéralement en arête. — *Yeux :* flanqués de boutons à fleur, écartés du bois, gros, ovoïdes-obtus ou ellipsoïdes, aux écailles brunes, cotonneuses et disjointes. — *Feuilles :* abondantes, grandes, vert clair en dessus, vert blanchâtre en dessous, ovales-allongées, longuement acuminées, gaufrées au centre, à bords légèrement dentés et crénelés. — *Pétiole :* court et bien nourri, sanguin en dessous, à canne-lure large et profonde. — *Glandes :* petites, globuleuses, placées sur le pétiole. — *Fleurs :* grandes et d'un rose violacé.

Fertilité. — Extrême.

Culture. — Sur tous sujets et sous toutes formes il pousse vigoureusement et fait des arbres irréprochables.

Description du fruit. — *Grosseur :* très-volumineuse. — *Forme :* sphérique, souvent irrégulière, inéquilatérale, comprimée aux pôles, à sillon, prononcé. —

Pêche Mignonne (Grosse-).

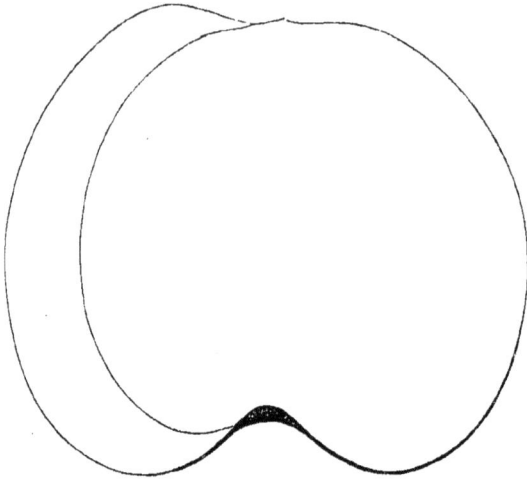

Cavité caudale : vaste et très-profonde. — *Point pistillaire :* plus ou moins enfoncé dans une large dépression. — *Peau :* des plus minces, fine-ment duveteuse, se dé-tachant avec facilité, à fond jaune verdâtre clair, se couvrant pres-que partout, au soleil, de rouge-pourpre abon-damment ponctué de carmin. — *Chair :* blanc verdâtre, fine, fondante, rosée près du noyau. — *Eau :* excessivement abondante, très-sucrée, très-vineuse et douée d'une saveur parfumée vraiment exquise. — *Noyau :* non adhérent, petit, ovoïde-arrondi, bombé, très-courtement mucroné, ayant l'arête dorsale peu ressortie.

Maturité. — Derniers jours d'août et commencement de septembre.

Qualité. — Première.

Historique. — Nous sommes, ici, devant l'une de nos meilleures et de nos plus anciennes pêches, et devant celle, surtout, qui a subi le plus grand nombre de baptêmes, tant en France qu'à l'étranger. *Cinquante-sept synonymes* en deux siècles d'existence, tel est, effectivement, le chiffre des divers surnoms dont l'ont dotée l'ignorance, la supercherie et le mercantilisme, puis ces traducteurs enragés qui veulent quand même bannir de leur Pomone tout nom de fruit n'appartenant pas à l'idiome national. Et si nous cherchions encore, nul doute que ce chiffre ne pût être augmenté ; seulement, à pareil métier la plus robuste persévérance se fatigue, et la nôtre nous demande instamment de ne nous y point attarder davan-tage. — Pêche Veloutée fut la dénomination primitive de cette variété, que nous croyons provenue des environs de Paris, où Merlet la signalait ainsi en 1667 :

« La Pesche *Veloutée* — disait-il — grosse, ronde, et d'un rouge-brun, est fort charnuë et des meilleures. » (*L'Abrégé des bons fruits*, 1ʳᵉ édition, p. 40.)

Pour une pêche de ce mérite, cette description était vraiment trop écourtée ; aussi doit-on penser que Merlet, comme elle se trouvait depuis peu dans la culture,

n'avait encore pu l'étudier suffisamment. Opinion qui devient presque incontestable quand on le voit sept ans plus tard — deuxième édition de sa Pomologie —
lui consacrer l'article ci-après, où il affirme que c'est une variété « *des plus
rares.* »

« La Pesche *Mignonne* ou *la Veloutée* — écrit-il en 1675 — est une espece de Magdelaine
hâtive, qui est plus platte que ronde, et qui est assez grosse, et fort colorée dehors et
dedans. Elle a beaucoup d'eau et de goust, et passe pour une des meilleures ET PLUS RARES
pesches. » (*Ibid.*, pp. 32-33.)

La Quintinye (1680) ne fut pas très-juste à l'égard de la Mignonne, dont le nom,
cependant, à lui seul en indiquait et la beauté et la bonté :

« Pour les yeux — déclarait cet arboriculteur — la *Mignonne* est constamment la plus
belle pêche qu'on puisse voir ; elle est tres-grosse, tres-rouge, satinée et ronde ;...... a la
chair fine, et bien fondante, et le noyau tres-petit, mais veritablement son goût n'est pas
toûjours des plus relevez, il a quelquefois quelque chose de fade...... » (*Instruction pour
les jardins fruitiers et potagers*, 1690, t. I, p. 435.)

L'eau de la Mignonne avait parfois quelque chose de fade !.... Oui, dans le
potager de Versailles cela pouvait peut-être se présenter ainsi, vu le sol humide
et froid contre lequel la Quintinye eut constamment à y lutter, mais ailleurs,
en terrain propice, jamais semblable reproche ne fut adressé à cette pêche, douée
d'un si délicieux parfum. Et pour détruire l'effet de ce reproche immérité, nous
allons opposer au jugement de la Quintinye, le jugement qu'en 1735 portait sur
elle un directeur, également, des vergers du Roi, le sieur le Normand :

« De toutes les pêches — affirmait-il — la *Grosse-Mignonne* est la meilleure et la plus
belle ; si elle duroit pendant toute la saison des pêches, on se passeroit volontiers des autres
espèces...... C'est la plus estimée, et celle dont on doit planter le plus...... » (*Catalogue des
meilleurs fruits, avec les temps les plus ordinaires de leur maturité*, inséré dans le MERCURE DE
FRANCE, n° d'août 1735, pp. 1778 et 1781.)

Cette précieuse variété, l'aînée, le prototype du groupe Mignonne, ne tarda
guère à passer de chez nous en Angleterre, où dès 1729 Langley la décrivait et
figurait (*Pomona*, p. 101, pl. xxviii), l'appelant Minion, nom qu'elle y perdit
bientôt pour y recevoir les pseudonymes Forster, Grimwood, Johnson, Kensington,
Neil, Padley, Royal George, Ronalds, et beaucoup d'autres, tous mentionnés, du
reste, en tête de cet article. Puis les Hollandais, les Allemands, les Américains la
cultivèrent à leur tour, et sa réputation, on le peut dire, s'accrut en raison même
de sa propagation, devenue si générale, qu'aujourd'hui, partout où mûrit la pêche
on est certain de rencontrer, occupant le premier rang, notre Grosse-Mignonne.
Et, répétons-le, c'est justice, car le seul défaut que nous lui connaissions, consiste
dans une tendance un peu marquée à quitter l'arbre avant parfaite maturité.

Observations. — Il existe une *Fausse-Mignonne*, vendue souvent pour la
vraie, et qui n'est autre que la Chevreuse hâtive, caractérisée ci-dessus (p. 91);
elle diffère principalement de la Grosse-Mignonne par les feuilles de son arbre,
munies de glandes réniformes puis de glandes globuleuses, et par ses petites
fleurs. Son fruit est aussi beaucoup moins gros, beaucoup moins coloré que la
pêche Mignonne, dont elle n'a pas, non plus, le très-petit noyau. — Rappelons
enfin ce que nous avons dit en parlant de la *Belle-Beausse* (p. 56) : qu'il est impossible de classer cette variété parmi les synonymes de la Grosse-Mignonne; arbre
et fruit, tout s'y oppose, comme le démontre le plus rapide examen. Et il en est

de même pour la *Vineuse de Fromentin*, que l'on doit réunir uniquement à la Vineuse hâtive.

Pêches MIGNONNE HATIVE. — Synonymes de pêche *Double de Troyes* et de pêche *Mignonne hâtive (Grosse-)*. Voir ces noms.

---

61. Pêche MIGNONNE HATIVE (GROSSE-).

Synonymes. — *Pêches :* 1. Mignonne hative (Pirolle, *le Bon-Jardinier*, 1823, p. 354). — 2. Früher Lieblings (Dochnahl, *Obstkunde*, 1858, t. III, p. 202, n° 37). — 3. Grosse-Mignonne précoce (*Id. ibid.*). — 4. Mignonne Dubarle (Paul de Mortillet, *les Meilleurs fruits*, 1865, t. I, p. 68, n° 2). — 5. Early Grosse-Mignonne (Robert Hogg, *the Fruit manual*, 1866, p. 219). — 6. Frühe Mignon (O. Thomas, *Guide pratique de l'amateur de fruits*, 1876, p. 219). — 7. Mignonne pourprée (*Id. ibid.*).

Description de l'arbre. — *Bois :* fort. — *Rameaux :* assez nombreux, gros et longs, étalés, non géniculés, exfoliés à la base, vert jaunâtre à l'ombre et rouge sombre à l'insolation. — *Lenticelles :* assez clair-semées, petites ou moyennes, grisâtres, arrondies ou linéaires. — *Coussinets :* saillants. — *Yeux :* souvent flanqués de boutons à fleur, écartés du bois, volumineux, ovoïdes-pointus, légèrement cotonneux, aux écailles rousses et mal soudées. — *Feuilles :* abondantes et grandes, épaisses, vert brunâtre en dessus, vert clair en dessous, ovales-allongées, courtement acuminées en vrille et largement et peu profondément dentées. — *Pétiole :* court et bien nourri, rigide, sanguin, à cannelure très-accusée. — *Glandes :* petites, globuleuses, attachées sur le pétiole. — *Fleurs :* grandes et d'un rose intense.

Fertilité. — Très-grande.

Culture. — Ce pêcher ne laissant rien à désirer pour la vigueur, on peut l'utiliser sous toutes les formes et sur tous les sujets.

Description du fruit. — *Grosseur :* assez volumineuse. — *Forme :* globuleuse plus ou moins ovoïde, assez régulière, à sillon rarement très-marqué, aplatie à la base et s'allongeant légèrement près du sommet, que termine un faible mamelon. — *Cavité caudale :* profonde. — *Point pistillaire :* généralement placé de côté sur le mamelon. — *Peau :* fine, ne se détachant pas très-bien, fortement duveteuse, à fond jaune pâle abondamment ponctué de poupre, puis lavé et marbré, à l'insolation, de carmin vif et de brun-rouge. — *Chair :* blanche nuancée de vert, très-fondante, quoique ferme, sanguinolente près du noyau et quelque peu carminée sous la peau, sur le côté frappé par le soleil. —

Eau : abondante, fort sucrée, rafraîchissante, délicatement acidulée et parfumée.

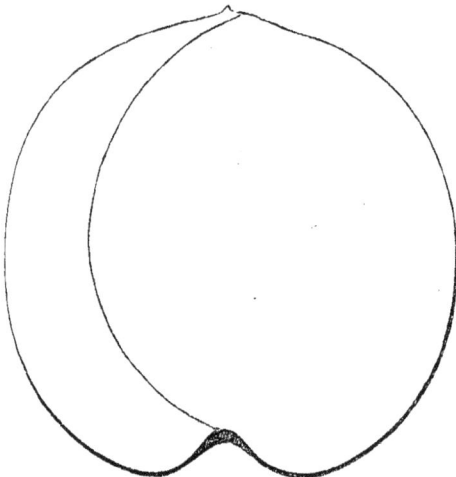

— *Noyau :* très-légèrement retenu à la chair par quelques filaments, moyen, ovoïde - arrondi, bombé, ayant la pointe terminale assez longue et l'arête dorsale modérément ressortie.

MATURITÉ. — Dès le commencement d'août.

QUALITÉ. — Première.

Historique. — La Grosse-Mignonne hâtive, à juste titre ainsi qualifiée, puisqu'elle mûrit une quinzaine de jours avant la Grosse-Mignonne ordinaire, fit son apparition vers 1802. Poiteau, son premier descripteur, la caractérisait en 1818 dans *le Bon-Jardinier*, et plus tard (1846, *Pomologie française*) assurait « l'avoir « observée dès 1808 — chez M. Dubarle, à Montreuil, près Paris. » Est-elle donc née dans ce lieu, et cet horticulteur en fut-il le père ou le parrain ?.... Je répondrais oui, si j'avais vu M. Hippolyte Langlois, auquel rien n'a échappé de ce qui pouvait grandir la renommée de Montreuil-aux-Pêches, localité qu'il habite et dont il vient (1875) d'écrire l'histoire arboricole, si je l'avais vu, dis-je, reconnaître M. Dubarle pour l'obtenteur de la Grosse-Mignonne hâtive. Mais il ne revendique aucunement ce beau fruit comme un gain montreuillais, et dans tout son volume ne prononce même pas le nom de M. Dubarle. D'où l'on doit conclure que si Poiteau, dès 1808, a pu rencontrer la Grosse-Mignonne hâtive chez cet horticulteur, il n'est nullement acquis que l'arbre dont elle est sortie, en soit provenu..... Et quand on voit, en 1876, M. Thomas placer parmi les synonymes de cette variété le nom MIGNONNE POURPRÉE (*Guide pratique de l'amateur de fruits*), il est bien permis de se demander si la pêche ainsi appelée ne serait pas, précisément, celle que Saussay, jardinier de la princesse de Condé, citait sous cette dénomination en 1722, puis sous celle de GROSSE-MIGNONNE POURPRÉE, en 1732, pages 143 et 166 de son *Traité des jardins*?.... Malheureusement, Saussay n'a donné que le nom de cette Grosse-Mignonne pourprée, et Thomas, à son tour, n'ayant pas indiqué de quelle source il tirait le synonyme Mignonne pourprée, l'impossibilité de nous livrer, sur ce point, au moindre examen comparatif, nous empêche alors d'éclaircir la question.

Observations. — Nombre de personnes croient à l'existence d'une Mignonne Dubarle, puis d'une Mignonne hâtive, mais à tort, assurément ; et nous pouvons le certifier, car maintes fois nous avons constaté que ces deux pêches et leurs arbres ne formaient qu'une seule et même variété.

PÊCHE MIGNONNE HATIVE (PETITE-). — Synonyme de pêche *Double de Troyes*. Voir ce nom.

PÊCHE MIGNONNE DE LORD FAUCONBERG. — Synonyme de pêche *Madeleine hâtive*. Voir ce nom.

PÊCHE MIGNONNE ORDINAIRE. — Synonyme de pêche *Mignonne (Grosse-)*. Voir ce nom.

PÊCHE MIGNONNE (PETITE-). — Synonyme de pêche *Double de Troyes*. Voir ce nom.

Pêches : MIGNONNE POURPRÉE,

— MIGNONNE POURPRÉE (GROSSE-),

Synonymes de pêche *Mignonne hâtive* (*Grosse -*). Voir ce nom.

Pêche MIGNONNE PRÉCOCE. — Synonyme de pêche *Double de Troyes*. Voir ce nom.

Pêche MIGNONNE PRÉCOCE (GROSSE-). — Synonyme de pêche *Mignonne hâtive* (*Grosse-*). Voir ce nom.

Pêche MIGNONNE TARDIVE. — Synonyme de pêche *Belle-Beausse*. Voir ce nom.

Pêches : MIGNONNE TARDIVE A GROS FRUIT,

— MIGNONNE TARDIVE ORDINAIRE A GROS FRUIT,

— MIGNONNE VELOUTÉE,

— MIGNONNE VELOUTÉE (GROSSE-),

Synonymes de pêche *Mignonne* (*Grosse-*). Voir ce nom.

Pêche MIGNONNE VINEUSE. — Synonyme de pêche *Vineuse hâtive*. Voir ce nom.

Pêches : MIGNONNETTE,

— MIGNONNETTE (PETITE-),

— MIGNONNETTE DE TROYES,

Synonymes de pêche *Double de Troyes*. Voir ce nom.

Pêche MINION. — Synonyme de pêche *Mignonne* (*Grosse-*). Voir ce nom.

Pêche MIRECOTON. — Voir au mot *Mirlicoton*.

Pêches : MIREÇOTTON BLANCHE,

—   MIRECOTTON DE JARNAC,

—   MIRECOTTON JAUNE,

—   MIRELICOTON ou MIRLICOTON,

Synonymes de *Pavie Mirli-coton*. Voir ce nom.

Pêches MIRLICOTON. — Nom qui jadis fut synonyme, *indistinctement*, des termes spécifiques Brugnon et Pavie. (Voir ces deux mots, pour détails historiques.) Mirlicoton appartient à la langue d'Oc, et nos pères le défigurèrent quelque peu en l'utilisant, puisqu'après avoir dit Mirecoton, au lieu de *Mirocoutoun* (joli fruit, agréable à mirer, c'est-à-dire à regarder), ils en firent communément, Mirlicoton ; et qu'enfin on le rencontre parfois sous les formes suivantes : Malacoton, Melcaton, Melcoton, Mêlecathon, Mêlecoton, Mellicoton, Merlicoton, toutes dérivées de l'espagnol *Melocoton,* qui correspond à notre terme Pavie.

Pêche MIRLICOTON. — Voir *Pavie Jaune,* au paragraphe Observations ; voir aussi notre tome V, au mot *Alberge.*

Pêche MIROCOUTOUN. — Voir aux mots *Brugnon* et *Pavie.*

Pêche MITTELGROSSBLÜHENDE MAGDALENE. — Synonyme de pêche *Madeleine hâtive*. Voir ce nom.

Pêches : MONERIN,

—   MONFRIN,

Synonymes de *Nectarine Jaune*. Voir ce nom.

Pêches : MONSTRÖSER LIEBLINGS,

—   MONSTRUEUSE,

Synonymes de *Pavie de Pomponne*. Voir ce nom.

Pêche MONSTRUEUSE DU CANADA. — Synonyme de pêche *de Pau.* Voir ce nom.

PÊCHES : MONSTRUEUSE DE DOUAI,

_____

— MONSTRUEUSE DE DOUÉ,

} Synonymes de pêche *Reine des Vergers*. Voir ce nom.

PÊCHE MONTABON. — Synonyme de pêche *Madeleine blanche*. Voir ce nom.

PÊCHE DE MONTAGNE-AMANDE. — Synonyme de pêche *Admirable*. Voir ce nom.

PÊCHE DE MONTAGNE BLANCHE. — Synonyme de pêche *Madeleine blanche*. Voir ce nom.

PÊCHES : MONTAGNE DOUBLE,

_____

— MONTAGNE PRÉCOCE (GROSSE-),

_____

— DE MONTAUBAN,

} Voir pêche *Chancelière*, au paragraphe OBSERVATIONS.

PÊCHE MONTAUBON. — Synonyme de pêche *Madeleine blanche*. Voir ce nom.

62. PÊCHE MONTIGNY.

Synonymes. — *Pêches :* 1. HONEY (Hogg, *the Fruit manual*, 1866, p. 223). — 2. AMANDIFORME (Carrière, *Description et classification des variétés de péchers*, 1867, p. 59). — 3. AMANDIFORME DE CHINE (O. Thomas, *Guide pratique de l'amateur de fruits*, 1876, p. 221).

Description de l'arbre. — *Bois :* assez faible. — *Rameaux :* peu nombreux, longs et grêles, étalés, légèrement flexueux, très-exfoliés à la base, jaune verdâtre à l'ombre, rouge terne au soleil. — *Lenticelles :* abondantes, grandes, arrondies ou linéaires, rousses et squammeuses. — *Coussinets :* aplatis et se prolongeant latéralement en arête. — *Yeux :* accompagnés de boutons à fleur, volumineux, écartés du bois, ovoïdes-obtus, cotonneux, aux écailles brunes et mal soudées. — *Feuilles :* peu nombreuses, petites, épaisses, vert clair en dessus, vert blafard en dessous, elliptiques, longuement acuminées, planes ou canaliculées, ayant les bords modérément dentés en scie. — *Pétiole :* court et grêle, sanguin, étroitement cannelé. — *Glandes :* la plupart réniformes, quelques-unes globuleuses; certaines feuilles en sont, cependant, entièrement dépourvues. — *Fleurs :* grandes et d'un beau rose.

FERTILITÉ. — **Satisfaisante.**

CULTURE. — Sa vigueur laisse trop à désirer pour qu'il fasse jamais de convenables plein-vent, on doit donc le placer en espalier.

Description du fruit. — *Grosseur :* au-dessous de la moyenne. — *Forme :* affectant généralement celle d'une amande recouverte de son écale, très-plate à la base, très-rétrécie au sommet, que termine un mamelon recourbé et fort aigu ; le sillon, courant sur un seul côté du fruit, est assez bien marqué. — *Cavité caudale :* étroite mais profonde. — *Point pistillaire :* noirâtre et saillant. — *Peau :* mince, à peine duveteuse, s'enlevant aisément, jaune pâle dans l'ombre, où elle est finement ponctuée de purpurin, et rouge vif fortement maculé de gris sur le côté du soleil. — *Chair :* d'un blanc verdâtre, ferme quoique fondante, filamenteuse, extrêmement sanguinolente près du noyau, puis aux extrémités du fruit. — *Eau :* abondante, douce, sucrée, faiblement parfumée, de saveur souvent âcre et par trop mielleuse. — *Noyau :* non adhérent et petit, oblong, peu rustiqué, peu bombé, ayant la pointe terminale longue, vive, et l'arête dorsale assez tranchante.

Pêche Montigny.

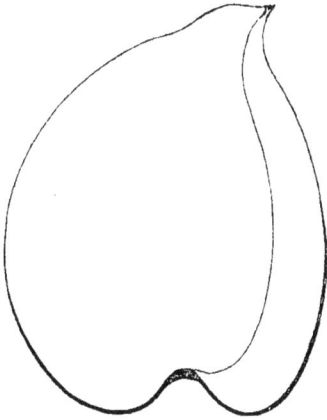

Maturité. — Milieu d'août.

Qualité. — Deuxième.

Historique. — Gagné au Jardin des Plantes de Paris, en 1860, ce pêcher provient de noyaux qu'en 1852 M. Montigny, consul de France à Chang-Haï, avait fait parvenir à cet établissement. Le pied-type donna ses premiers fruits en 1860, et M. Carrière, chef des pépinières du Muséum, décrivit, en 1861, dans la *Revue horticole* (p. 11), la nouvelle variété, plus curieuse que bonne. Importé dès 1862 chez les Anglais, il y fut aussitôt débaptisé ; le docteur Hogg l'y surnomma *peach Honey* (pêche Miel), nom justifié par la saveur du fruit, il est vrai, mais qui n'en vint pas moins ajouter un nouveau synonyme à ceux déjà si nombreux dont l'arboriculture est empêtrée. En 1869, Charles Downing, dans ses *Fruits of America* (p. 617), caractérisait aussi la Honey, qu'il disait identique avec la pêche Montigny, et prétendait avoir obtenue plusieurs années auparavant, de noyaux qu'on lui avait envoyés de Chine. Assertion assez étrange, on en conviendra, devant les faits constatés plus haut, et lors surtout que Downing réunit notre Montigny à la pêche Honey, ainsi appelée en Angleterre dès 1862, nous le répétons, et de laquelle, cependant, sept ans plus tard il se déclare l'obtenteur !.....

Pêche **MOROTON DE NARBONNE.** — Voir pêche *de Pau*, au paragraphe Observations.

63. Pêche MORRIS BLANCHE.

Synonymes. — *Pêches :* 1. Cole's White Malocoton (A. J. Downing, *the Fruits and fruit trees of America*, 1849, p. 481, n° 29). — 2. Freestone Heath (*Id. ibid.*). — 3. Lady Ann Steward (*Id. ibid.*). — 4. Luscious White Rareripe (*Id. ibid*). — 5. Morris White (*Id. ibid.*). — 6. Morris White Freestone (*Id. ibid.*). — 7. Morris's White Rareripe (*Id. ibid.*). — 8. White Malacaton (*Id. ibid.*). — 9. White Rareripe (*Id. ibid.*). — 10. Philadelphia Freestone (Elliott, *Fruit book*, 1854, p. 276). — 11. Blanche de Morris (Mas, *le Verger*, 1869, t. VII, p. 171, n° 84).

Description de l'arbre. — *Bois :* fort. — *Rameaux :* peu nombreux, gros et courts, étalés, légèrement flexueux, amplement exfoliés, verdâtres à l'ombre, rouges au soleil. — *Lenticelles :* assez abondantes, saillantes, grises, arrondies ou linéaires. — *Coussinets :* modérément accusés. — *Yeux :* souvent flanqués de boutons à fleur, écartés du bois, volumineux, ovoïdes-obtus, cotonneux, aux écailles noires et disjointes. — *Feuilles :* nombreuses, grandes, vert terne en dessus, vert glauque en dessous, ovales-allongées, courtement acuminées en vrille, bordées de dents régulières que surmonte un cil noir. — *Pétiole :* long et bien nourri, tomenteux, sanguin en dessous et profondément cannelé. — *Glandes :* de deux sortes, globuleuses ou réniformes, et placées soit sur le pétiole, soit à la base des feuilles. — *Fleurs :* moyennes et d'un rose violet.

Fertilité. — Ordinaire.

Culture. — Tous les sujets lui sont bons, et il se prête à toutes les formes.

Description du fruit. — *Grosseur :* volumineuse. — *Forme :* ovoïde sensiblement arrondie, inéquilatérale, comprimée légèrement à la base, non mamelonnée, à faible sillon. — *Cavité caudale :* de dimensions moyennes. — *Point pistillaire :* petit, et généralement à fleur de fruit. — *Peau :* très-mince, très-duveteuse et se détachant aisément de la chair, à fond jaune pâle lavé de gris-roux sur le côté de l'insolation. — *Chair :* verdâtre et fine, compacte, fondante, assez filamenteuse. — *Eau :* fort abondante, fraîche, plus ou moins sucrée, de saveur amère. — *Noyau :* non adhérent, gros, ovale-allongé, bombé vers le sommet, qui est muni d'un mucron très-aigu ; l'arête dorsale est généralement peu saillante.

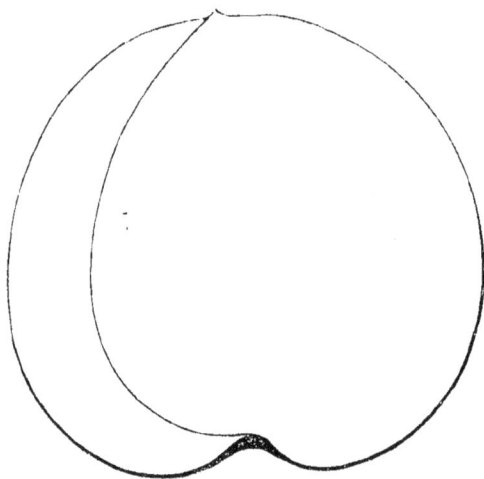

Maturité. — Premiers jours de septembre.

Qualité. — Deuxième.

Historique. — Variété d'origine américaine, cette pêche, qui porte le nom de son obtenteur, sir Robert Morris, de Philadelphie, compte déjà plus d'un demi-siècle d'existence. Floy, son premier descripteur, la caractérisait en 1833 Sa propagation fut rapide et générale, car A. J. Downing, pomologue de l'état de New-York, disait de ce fruit, en 1849 :

« C'est la pêche la plus populaire, la plus connue partout. On la cultive, dans cette contrée [l'état de New-York], sous le nom Morris's White Rareripe, ou sous quelqu'un des synonymes mentionnés plus haut. Très-bonne dans les climats chauds, elle manque un peu de parfum en ceux du Nord et de l'Est. » (*The Fruits and fruit trees of America*, p. 481, n° 29.)

En France, et surtout à Angers, la pêche Morris blanche mérite à peine le deuxième rang ; nous, qui la possédons depuis 1858, nous l'avons toujours trouvée entachée d'une saveur amère atténuant fâcheusement le parfum de son eau.

Observations. — Coxe, pomologue américain, a décrit et figuré en 1817 (pp. 222-223, n° 19) une pêche *White Rareripe* qu'il ne faut pas confondre avec la présente variété, qui compte ce nom parmi ses synonymes. Du reste, il est facile de les reconnaître, puisque la White Rareripe mûrit trois semaines avant la Morris blanche.

———

Pêches : MORRIS WHITE,

     —   MORRIS WHITE FREESTONE,

     —   MORRIS WHITE RARERIPE,

} Synonymes de pêche *Morris blanche*. Voir ce nom.

———

64. Pêche MORRISANIA.

Synonymes. — *Pêches* : 1. Hoffman's Pound (A. J. Downing, *the Fruits and fruit trees of America*, 1849, p. 481, n° 30). — 2. Morrisania Pound (*Id. ibid.*). — 3. Morrison's Pound (*Id. ibid.*). — 4. Hoffman's (Hogg, *the Fruit manual*, 1862, chap. *Peaches*).

Description de l'arbre. — *Bois :* très-fort. — *Rameaux :* peu nombreux, très-gros, longs, étalés, largement exfoliés, vert gai à l'ombre, rouge sombre au soleil. — *Lenticelles :* assez clair-semées, petites, proéminentes, blanches, arrondies. — *Coussinets :* des plus saillants. — *Yeux :* flanqués de boutons à fleur, écartés du bois, volumineux, ovoïdes-pointus ou ellipsoïdes, aux écailles duveteuses, disjointes et noirâtres. — *Feuilles :* très-grandes, vert sombre en dessus, vert clair en dessous, obovales-elliptiques, longuement acuminées, à bords plutôt crénelés que dentés. — *Pétiole :* gros, de longueur moyenne, sanguin à la base, fortement cannelé. — *Glandes :* globuleuses pour la plupart, mais quelques-unes réniformes, collées sur le pétiole. — *Fleurs :* petites et d'un rose pâle.

Fertilité. — Convenable.

Culture. — Il est doué d'une vigueur peu commune, se greffe sur toute espèce de sujets, fait d'admirables espaliers et de beaux plein-vent.

Description du fruit. — *Grosseur* : moyenne. — *Forme* : globuleuse, sensiblement comprimée à la base, mamelonnée au sommet, à sillon faiblement accusé. — *Cavité caudale* : large mais peu profonde. — *Point pistillaire* : très-petit et saillant. — *Peau* : assez épaisse, duveteuse, s'enlevant aisément, à fond jaune pâle passant au grisâtre sur le côté de l'insolation, où elle est légèrement ponctuée et marbrée de rouge vif. — *Chair* : verdâtre, ferme, fine, fondante, filamenteuse, à peine sanguinolente autour du noyau. — *Eau* : des plus abondantes, fraîche, sucrée, vineuse, savoureusement parfumée. — *Noyau* : non adhérent, moyen, ovoïde, bombé, ayant la pointe terminale longue, fort aiguë, et l'arête dorsale modérément ressortie.

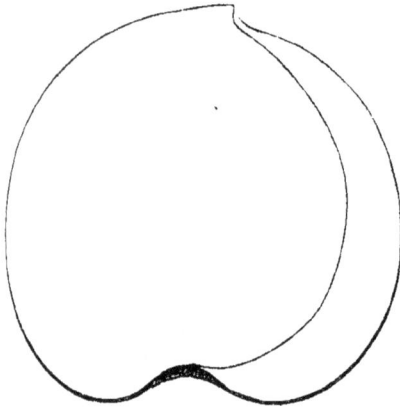

Pêche Morrisania.

MATURITÉ. — Vers le milieu du mois de septembre.

QUALITÉ. — Première.

Historique. — Downing, l'un des premiers descripteurs de ce fruit, disait en 1849 (p. 481, n° 30) qu'il avait été gagné depuis quelques années seulement par M. Martin Hoffman, et d'abord cultivé dans le jardin du gouverneur Morris, de Morrisania, près New-York. Floy, autre pomologue américain qui écrivait en 1833, ayant mentionné la Morrisania dans son recueil, on peut donc fixer pour le moins à 1830 l'époque de son apparition dans les jardins de l'Amérique. Chez nous, où je crois l'avoir importée, elle n'a figuré dans les Catalogues marchands qu'en 1858 ; toutefois, en 1855 déjà je commençais à la multiplier.

PÊCHES : MORRISANIA POUND,

—   MORRISON'S POUND,

Synonymes de pêche *Morrisania*. Voir ce nom.

PÊCHES : MOTTEUX'S,

—   MOTTEUX'S SEEDLING,

Synonymes de pêche *Bourdine*. Voir ce nom.

PÊCHE MULATTO. — Synonyme de pêche *Columbia*. Voir ce nom.

PÊCHE MUNDERSCHÖNE. — Synonyme de pêche *Admirable*. Voir ce nom.

Pêche de MÛRIER. — Synonyme de pêche *Sanguinole*. Voir ce nom.

Pêche MUSCATE D'HIVER. — Synonyme de *Brugnon Violet musqué*. Voir ce nom.

N

Pêche NACKTE VIOLETTE. — Synonyme de pêche *Violette tardive*. Voir ce nom.

---

65. Pêcher NAIN.

Synonymes. — *Pêcher :* 1. Dwarf Orleans (Thompson, *Catalogue of fruits cultivated in the garden of the horticultural Society of London*, 1826, p. 78, n° 114). — 2. Nain d'Orléans (*Id. ibid.*). — 3. Pot (*Id. ibid.*). — 4. Zwerg (Dochnahl, *Obstkunde*, 1858, t. III, p. 199, n° 27). — 5. D'Orléans (Carrière, *Description et classification des variétés de pêchers*, 1867, p. 47).

Description de l'arbre. — *Bois :* faible. — *Rameaux :* peu nombreux, très-courts, gros, légèrement étalés, d'un beau vert à l'ombre, d'un vert rougeâtre à l'insolation. — *Lenticelles :* invisibles. — *Coussinets :* aplatis. — *Yeux :* accompagnés de boutons à fleur, collés sur le bois, assez gros, ovoïdes-obtus, aux écailles très-duveteuses et bien soudées. — *Feuilles :* abondantes, épaisses, vert brunâtre en dessus, vert clair en dessous, allongées, longuement acuminées, à bords profondément dentés et surdentés. — *Pétiole :* gros, court et modérément cannelé. — *Glandes :* faisant entièrement défaut. — *Fleurs :* moyennes et rose pâle.

Fertilité. — Grande.

Culture. — Il n'a pas besoin, pour prospérer, de l'abri du mur, et le buisson est la seule forme qui lui convienne ; il pousse parfaitement aussi en caisse ou en pot.

Description du fruit. — *Grosseur :* au-dessous de la moyenne. — *Forme :* globuleuse, comprimée aux pôles, non mamelonnée, à sillon bien accusé. — *Cavité caudale :* vaste et assez profonde. — *Point pistillaire :* petit, sensiblement enfoncé. — *Peau :* assez épaisse et très-duveteuse, s'enlevant facilement, d'un vert clair quelque peu nuancé de jaune sur le côté du soleil. — *Chair :* blanche, fondante, filamenteuse, à peine rosée près du noyau. — *Eau :* abondante, plus ou moins sucrée, très-rafraîchissante en raison de son acidité prononcée, qui n'a rien, cependant, de désagréable. — *Noyau :* non adhérent, petit, ovoïde, très-bombé, courtement mucroné, ayant l'arête dorsale assez saillante.

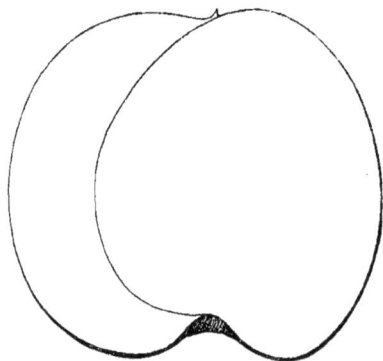

Maturité. — Dans les derniers jours du mois de septembre.

Qualité. — Deuxième, et souvent troisième.

Historique. — Le pêcher Nain est originaire d'Orléans, ou des environs de cette ville, et fut signalé au commencement du xviiie siècle, par Louis Liger :

« On a découvert depuis peu — déclarait en 1714 cet écrivain — une espèce de *pêchers Nains*, qu'on greffe sur prunier et qu'on plante en caisse ou dans des pots ; et cette découverte est si nouvelle, qu'on ne sçauroit encore dire comme le fruit y réûssit. M. Doré, jardinier du Roy à Orléans, a commencé d'en élever : on ne doute point que ces sortes de pêchers ne fassent plaisir, d'autant qu'ils pourront non seulement tenir place parmi les orangers, et autres arbrisseaux, mais encore qu'il sera facile de les garantir des gelées ausquelles les autres pêchers sont sujets. » (*Culture parfaite des jardins fruitiers et potagers,* p. 447.)

De Combles, en son *Traité des pêchers,* eut soin de ne pas oublier cette nouvelle variété, « qui, disait-il, fait l'amusement de quelques curieux, et qu'on élève à « Orléans. » (Édition de 1750, p. 10.) Mais Duhamel, en 1768, appela bien mieux encore l'attention sur elle, en la figurant et décrivant (t. II, pp. 44-45). De nos jours, c'est aussi comme objet de curiosité pour sa petite taille, qui atteint au plus 60 centimètres, qu'on cultive le pêcher Nain, ses fruits ne méritant vraiment ni peines ni dépenses.

Observations. — M. Carrière, contrairement à quelques auteurs, a qualifié (*Jardin fruitier du Muséum*, et *Description et classification des variétés de pêchers*) de fruits « à chair adhérente, ou semi-adhérente, » les produits du pêcher Nain. Pour nous, à bonne maturité, toujours nous avons trouvé leur noyau parfaitement libre. — Duhamel a décrit également un pêcher *Nain à fleur double,* qu'il est instant de ne pas confondre avec celui-ci ; chose aisée, cet arbre étant stérile, et le surnom *Petit Pêcher Nain d'Afrique* servant généralement à le distinguer de son homonyme. — Même recommandation pour le pêcher *Nain Daguin,* qui s'en éloigne par des glandes réniformes, de petites fleurs rose vif et foncé, puis par une maturité plus tardive : dernière quinzaine d'octobre.

Pêcher NAIN D'AFRIQUE (PETIT-). — Voir pêcher *Nain*, au paragraphe Observations.

---

66. Pêcher **NAIN AUBINEL.**

Description de l'arbre. — *Bois :* faible. — *Rameaux :* nombreux, grêles, très-courts, étalés à la base, érigés au sommet, légèrement exfoliés et d'un vert plus ou moins jaunâtre, surtout sur le côté de l'ombre. — *Lenticelles :* clairsemées, blanches, arrondies. — *Coussinets :* peu ressortis. — *Yeux :* collés sur le bois, assez gros, ovoïdes-obtus, aux écailles brunes, très-duveteuses et bien soudées. — *Feuilles :* abondantes, grandes, vert gai en dessus, vert mat en dessous, lancéolées-élargies, très-longuement acuminées, ondulées et contournées sur leurs bords, qui sont assez profondément dentés. — *Pétiole :* court et gros, à cannelure étroite mais profonde. — *Glandes :* grosses, réniformes, attenantes au pétiole. — *Fleurs :* petites, rose foncé.

Fertilité. — Satisfaisante.

CULTURE. — Il se passe parfaitement, comme le pêcher Nain, de l'abri du mur, et même de toute taille, et fait de charmants buissons, tant en pleine terre qu'en caisse ou en pot.

Description du fruit. — *Grosseur :* moyenne. — *Forme :* ovoïde-arrondie, fortement comprimée à la base, irrégulière, inéquilatérale, plus ou moins mamelonnée, à sillon assez marqué. — *Cavité caudale :* évasée, peu profonde. — *Point pistillaire :* noirâtre et placé de côté sur le mamelon. — *Peau :* épaisse, excessivement duveteuse, quittant assez bien la chair, d'un beau jaune, à l'ombre, mais se nuançant, à l'insolation, d'une légère teinte pourprée. — *Chair :* jaune, fondante, non filamenteuse, sanguinolente au centre. — *Eau :* abondante, bien sucrée, de saveur vineuse et délicate. — *Noyau :* non adhérent, moyen, ovoïde, assez bombé, ayant la pointe terminale courte, aiguë, et l'arête dorsale modérément développée.

Pêche Nain Aubinel.

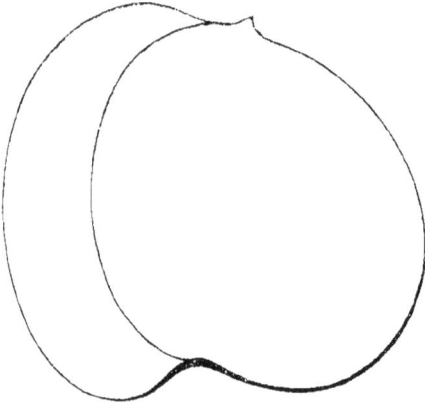

MATURITÉ. — Commencement et milieu de septembre.

QUALITÉ. — Deuxième.

Historique. — Ce curieux pêcher nain, originaire de la Haute-Garonne, doit à M. Carrière, chef des pépinières du Muséum et rédacteur de la *Revue horticole*, d'être assez connu déjà, quoiqu'à peine âgé d'une quinzaine d'années. Il le décrivit et le baptisa dans son recueil périodique, si répandu, en prenant soin de préciser tout ce qui devait établir l'état civil du nouvel arbre fruitier :

« M. Aubinel, pépiniériste à Grenade (Haute-Garonne) — y lisait-on au mois de septembre 1871 — obtenait ce pêcher en 1864, mais n'ayant pas voulu le mettre au commerce avant d'être bien fixé sur sa véritable valeur, il n'en livrera qu'à partir d'octobre prochain....... Nous le lui dédions. » (*Revue horticole,* 1871, pp. 518-519.)

PÊCHERS : NAIN DAGUIN,

— NAIN A FLEUR DOUBLE, } Voir pêcher *Nain*, au paragraphe OBSERVATIONS.

PÊCHER NAIN D'ORLÉANS. — Synonyme de pêcher *Nain*. Voir ce nom.

PÊCHE NAINE. — Synonyme d'*Avant-Pêche blanche*. Voir ce nom.

PÊCHE DE NAPLES. — Synonyme de pêche *de Malte*. Voir ce nom.

PÊCHES : NARBONNAISE,

— NARBONNE,

— NARBONNER,

Synonymes de pêche *Bourdine*. Voir ce nom.

PÊCHE NAVETTE. — Voir pêche *de Corbeil*, au paragraphe OBSERVATIONS.

PÊCHE NEAL'S EARLY PURPLE. — Synonyme de pêche *Mignonne* (*Grosse-*), Voir ce nom.

PÊCHE NECTARIN. — Synonyme de *Brugnon Violet musqué*. Voir ce nom.

NECTARINE, NECTARINIER. — C'est ainsi qu'à la fin du XVIᵉ siècle les Anglais, auxquels on doit ce nom, commencèrent à qualifier ceux de leurs Brugnons dont le noyau n'adhérait pas à la chair. Forsyth, directeur des vergers du roi d'Angleterre Georges III, l'affirme dans le chapitre V de son *Treatise on the culture of fruit trees*, publié en 1802 : « La NECTARINE, y dit-il, fut introduite ici « vers 1562, et appelée de la sorte par allusion au Nectar, cette boisson poétique « des Dieux. » L'usage de ce terme ne devint, cependant, très-commun pour nos voisins d'outre-Manche, que beaucoup plus tard. En 1729, toutefois, il y était généralisé, comme le démontre la *Pomona Londinensis* de Langley, notamment aux pages 102 et 103, puis aux planches XXIX et XXX. Les Allemands et les Américains adoptèrent des premiers le nom nouveau — de 1750 à 1776 — mais, chez nous, longtemps encore on appela indistinctement *Brugnon* ou Pêche à *Peau lisse*, toute pêche sans duvet; ce qui offrait l'inconvénient de réunir sous une même dénomination, deux fruits dissemblables. Aujourd'hui, nos pépiniéristes et nos horticulteurs s'efforcent, depuis bientôt trente ans, d'acclimater le terme NECTARINE; il s'ensuit donc, car ils y sont presque parvenus, qu'à la simple lecture nous ne sommes plus exposés à confondre les deux espèces de pêches à peau lisse, puisque Nectarine désigne uniquement celle dont le noyau quitte la chair, et Brugnon, celle dont le noyau y reste attaché. La Nectarine Violette tardive, connue dès 1500, me paraît avoir été le type de ce groupe du genre pêcher. (Voir aussi l'article *Brugnon*, p. 75.)

PÊCHE NECTARINE AROMATIC. — Synonyme de *Nectarine Violette hâtive*. Voir ce nom.

PÊCHES : NECTARINE BLANCHE,

— NECTARINE BLANCHE ANCIENNE,

Synonymes de *Nectarine Blanche d'Andilly*. Voir ce nom.

67. Pêche NECTARINE BLANCHE D'ANDILLY.

Synonymes. — *Pêches :* 1. Blanche d'Andilly (Merlet, *l'Abrégé des bons fruits*, 1667, p. 38 ; — et la Quintinye, *Instruction pour les jardins fruitiers et potagers*, 1690, t. I, p. 418). — 2. Licée blanche (Merlet, *ibid.*, 1675, p. 35). — 3. Blanche d'Andely (Saussay, *Traité des jardins*, 1722, p. 143). — 4. Anglaise blanche (Knoop, *Fructologie*, 1771, p. 78). — 5. Blanche d'Antilly (*Id. ibid.*). — 6. De Concombre (*Id. ibid.*). — 7. Desprez (Pirolle, *le Bon-Jardinier*, 1823, p. 359 ; — Poiteau, *Pomologie française*, 1846, t. I, n° 39 ; — et Paul de Mortillet, *les Meilleurs fruits*, 1865, t. I, p. 219). — 8. Nectarine Old White (Thompson, *Catalogue of fruits cultivated in the garden of the horticultural Society of London*, 1826, p. 88, n° 70). — 9. Nectarine White (*Id. ibid.*). — 10. Violette blanche (Couverchel, *Traité des fruits*, 1852, p. 414). — 11. Nectarine Blanche (Langethal, *Deutsches Obstcabinet*, 1854-1860, t. VII, f^lle 1, 3). — 12. Brugnon Blanc musqué (Dochnahl, *Obstkunde*, 1858, t. III, p. 222, n° 117). — 13. Nectarine Weisse (*Id. ibid.*). — 14. Nectarine Weisse Muskat-Brunelle (*Id. ibid.*). — 15. Brugnon Blanc de Belgique (Paul de Mortillet, *les Meilleurs fruits*, 1865, t. I, p. 219). — 16. Lisse blanche (*Id. ibid.*). — 17. Brugnon Blanc (Carrière, *le Jardin fruitier du Muséum*, 1872-1875, t. VII). — 18. Nectarine Blanche ancienne (O. Thomas, *Guide pratique de l'amateur de fruits*, 1876, p. 225).

Description de l'arbre. — *Bois :* assez faible. — *Rameaux :* peu nombreux, courts, de moyenne grosseur, érigés plutôt qu'étalés, largement exfoliés à la base, blanc verdâtre à l'ombre, rouge terne au soleil. — *Lenticelles :* abondantes, grandes, proéminentes, arrondies ou linéaires, rousses et squammeuses. — *Coussinets :* saillants. — *Yeux :* flanqués de boutons à fleurs, à peine écartés du bois, gros, coniques, aux écailles brunes, très-cotonneuses et mal soudées. — *Feuilles :* moyennes, épaisses, vert sombre panaché et sablé de blanc jaunâtre en dessus, vert blanchâtre en dessous, lancéolées-élargies, longuement acuminées en vrille, légèrement contournées, gaufrées au centre et largement crénelées sur leurs bords. — *Pétiole :* gros et long, souvent tomenteux, à cannelure étroite et profonde. — *Glandes :* noirâtres, réniformes, placées sur le pétiole. — *Fleurs :* très-grandes et d'un blanc fortement rosé.

Fertilité. — Abondante.

Culture. — On peut le greffer sur toute espèce de sujets, mais le franc et l'amandier lui sont toujours plus avantageux comme végétation ; il fait de beaux plein-vent et de magnifiques espaliers.

Description du fruit. — *Grosseur :* moyenne. — *Forme :* ovoïde-arrondie, à peine mamelonnée, inéquilatérale, à sillon bien marqué, d'un côté surtout. —

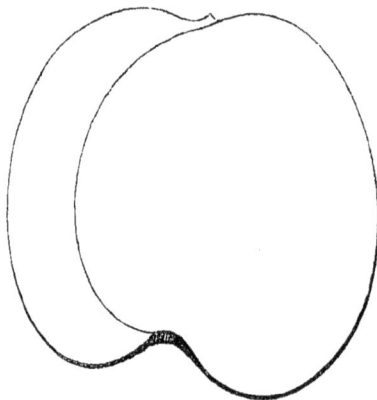

Cavité caudale : vaste, profonde. — *Point pistillaire :* placé dans une sensible dépression. — *Peau :* épaisse, lisse et se détachant difficilement, d'un blanc mat plus ou moins lavé de rose à bonne exposition solaire. — *Chair :* blanche, fondante, filamenteuse, jamais colorée près du noyau. — *Eau :* très-abondante, sucrée, acidulée, parfumant délicatement la bouche. — *Noyau :* non adhérent, petit, ovoïde-arrondi, bien bombé, très-courtement mucroné, ayant l'arête dorsale peu ressortie.

Maturité. — D'août en septembre.

Qualité. — Première, surtout quand cette pêche n'est pas trop mûre.

Historique. — Quoique très-ancienne, et jadis très-cultivée par nos jardiniers, cette Nectarine a été souvent confondue, en France et à l'étranger, soit
avec les Brugnons proprement dits, soit avec quelque pêche Violette, ou Lisse.
Assez récemment, même — c'était en 1810 — le pépiniériste parisien Louis
Noisette, qui ne la possédait pas, l'ayant rencontrée chez les Belges, où elle était
appelée Brugnon Blanc, l'en rapporta, puis la mit dans le commerce sous l'étiquette pêche Desprez, nom que lui avait choisi le botaniste Poiteau. Et ce fut, là,
fâcheuse dédicace, car bientôt reconnue, elle se vit signalée comme porteuse d'un
pseudonyme dont il fallut, nécessairement, la débarrasser. Jamais nom, cependant, ne mérita mieux de figurer parmi ceux des pêches : n'était-ce pas celui
de l'habile observateur qui le premier avait attiré l'attention sur les glandes du
pêcher, et allait permettre d'opérer avec méthode, avec facilité, la classification du
genre ! Aussi regrettons-nous, tout en approuvant cette suppression, qu'une autre
pêche Desprez, vraiment authentique, par exemple, n'ait pas encore remis en mémoire ce personnage, juge à Alençon (Orne), où il avait reçu, sous Napoléon Iᵉʳ,
le mandat de député. — Mais revenons à notre Nectarine Blanche d'Andilly,
née en sol français et qui rappelle le nom d'un homme célèbre à la fois par
ses vertus, sa science, ses écrits, et par son amour pour l'arboriculture fruitière.
Cette variété fut gagnée vers 1660 ; Merlet, en 1667, la mentionnait page 40 de
son *Abrégé des bons fruits*, annonçant que « La Pesche d'*Andilly* estoit blanche
« dehors et dedans, grosse et charnuë. » En 1680 la Quintinye, quoiqu'il lui
reprochât certains défauts, qu'assurément elle n'a pas dans les bons terrains, ne
pouvait s'empêcher de la recommander :

« Je me laisse aller — disait-il — à mettre icy une *Blanche d'Andilly*, tant par la consi-
deration du beau surnom qu'elle porte, qu'aussi parce que la pêche est de grand rapport.
Elle est belle à voir, grosse, ronde, plate ; elle colore fort vif au soleil, n'a nul rouge au
dedans, et donne quelque satisfaction, si on ne la laisse pas trop meurir, en sorte qu'elle
en devienne pâteuse. »

Maintenant, d'où ce pêcher provenait-il, et quel en a été l'obtenteur ?... Nous
croyons fermement qu'il sortit de Port-Royal-des-Champs, abbaye qui s'élevait
près Chevreuse, à 25 kilomètres S. O. de Paris, et dans laquelle Robert Arnauld
d'Andilly, frère du célèbre Henri, évêque d'Angers, se retira, lorsqu'âgé seulement de 55 ans il se démit de ses emplois à la cour, pour vivre désormais dans la
solitude, composer des ouvrages religieux et s'adonner à l'arboriculture. De fait,
il y mourut en 1674, à 85 ans, sans avoir démenti, quant à son goût pour le jardinage, ce qu'en 1644, prenant congé d'Anne d'Autriche, il avait dit à cette
princesse : « Que si l'on rapportoit à Sa Majesté qu'on cultivoit des espaliers à
« Port-Royal, elle le crût, et qu'il espéroit bien lui en faire manger des fruits. »
Promesse qu'il tint à honneur de remplir annuellement, racontent les Mémoires
du temps, en offrant à la mère de Louis XIV les plus beaux produits de ses espaliers ; produits si beaux, que Mazarin les qualifiait, en riant, de *fruits bénits...*
Voilà pourquoi il me semble très-logique de regarder la Nectarine Blanche
d'Andilly comme un gain sorti de Port-Royal-des-Champs, où l'aurait obtenu cet
Arnauld d'Andilly, qui est aussi l'auteur, ne l'oublions pas, du *Jardinier royal*,
paru en l'année 1661, recueil très-rare, très-estimé, et duquel trois éditions
furent publiées en dix-sept ans.

Observations. — Les Anglais cultivent une Nectarine *New White* [Blanche
nouvelle], ou *Neate's White* [Blanche de Neate], qu'il faut se garder de confondre
avec leur *Old White* [Blanche ancienne], comme l'a fait en 1865 notre Congrès
pomologique (t. VI, n° 31) ; ce qui l'a conduit à déclarer que la Nectarine Blanche

avait été obtenue, vers la fin du siècle dernier, par un nommé Neate, des environs de Londres. — Il existe deux autres Nectarine Blanche, dites *du Muséum*, puis *de Rivers*, mais elles n'ont rien ¦de commun avec la Blanche d'Andilly, étant à petites fleurs.

Pêches : NECTARINE BLANCHE DU MUSÉUM, ⎫

—   NECTARINE BLANCHE DE NEATE,   ⎪   Voir *Nectarine Blanche d'An-*
                                           ⎬   *dilly*, au paragraphe Ob-
—   NECTARINE BLANCHE NOUVELLE,   ⎪   servations.

—   NECTARINE BLANCHE DE RIVERS, ⎭

Pêche NECTARINE BLUTROTHE. — Synonyme de *Brugnon Violet musqué*. Voir ce nom.

Pêche NECTARINE-CERISE (**Synonymes :** 1. Brugnon-Cerise, le Lectier, d'Orléans, *Catalogue des arbres cultivés dans son verger et plant*, 1628, p. 30. — 2. Pêche-Cerise, Merlet, *l'Abrégé des bons fruits*, 1667, p. 38. — 3. Brugnon Rouge, dom Claude Saint-Etienne, *Nouvelle instruction pour connaître les bons fruits*, 1670, p. 129. — 4. Pavis-Cerise, *id. ibid.*, p. 132. — 5. Pêche-Cerise a chair blanche, la Quintinye, *Instruction pour les jardins fruitiers et potagers*, 1690, t. I, p. 417. — 6. Brugnon du Bel-Enfant, Fillassier, *Dictionnaire du jardinier français*, 1791, t. II, p. 354. — 7. Brugnon-Noix, *id. ibid.* — 8. Brugnon Précoce, *id. ibid.* — 9. Nectarine-Cherry, Thompson, *Catalogue of fruits cultivated in the garden of the horticultural Society of London*, 1826, p. 85, n° 17. — 10. Pêche Violette-Cerise, Couverchel, *Traité des fruits*, 1852, p. 413. — 11. Pêche Kirsh, Dochnahl, *Obstkunde*, 1858, t. III, p. 225, n° 125. — 12. Pêche Kirschen-Violette, *id. ibid.* — 13. Nectarine Petit-Vermillon, O. Thomas, *Guide pratique de l'amateur de fruits*, 1876, p. 225). — Après avoir longtemps possédé cette charmante et curieuse variété, à fruit minime, à glandes réniformes et petites fleurs rose pâle, elle nous a fait défaut juste au moment où nous préparions les matériaux du chapitre Pêcher, pour ce *Dictionnaire*. Le Jardin des Plantes de Paris, la cultivait; nous priâmes alors MM. Decaisne et Carrière de vouloir bien nous en donner des greffes; mais, à leur regret comme au nôtre, ils ne le purent : l'unique sujet qu'ils en eussent, venait de périr quand je leur adressai ma demande. Et l'obligeant M. Mas, qui l'a décrite (*Verger*, t. VII, p. 105), ainsi, du reste, que M. Carrière (*Jardin fruitier du Muséum*, t. VII), se vit également dans l'impossibilité de me la procurer. Force nous est donc, aujourd'hui, de renvoyer, pour détails ayant trait à sa description, aux remarquables Pomologies de ces deux auteurs, et de nous borner à consigner ici les quelques observations, les quelques renseignements historiques que nous avons recueillis sur elle...... « Je puis eschanger « des greffes de *Brugnons Cerises*, » écrivait d'Orléans, le 20 décembre 1628, le Lectier à tous les amateurs auxquels il adressait alors le *Catalogue de son verger et plant* (pp. 30 et 35); et c'est la première mention, probablement, qui existe de la Nectarine ou Brugnon-Cerise. On voit, par là, que dès 1600 les Orléanais cultivaient ce ravissant petit fruit, dont le nom vient du beau coloris qui le distingue et vaut celui de la pomme d'Apis, mais rien n'indique l'endroit où le Lectier se l'était procuré. Provenait-il des environs d'Orléans, où nombre de pépiniéristes

florissaient déjà? Nous l'ignorons, et ne saurions que le revendiquer pour notre
Pomone indigène, à laquelle le rattachent, incontestablement, et le nom qu'on
lui donnait — nom qu'il porte encore — et le lieu même, si central, d'où sa propagation s'est très-certainement faite.

Observations. — En 1670 on connaissait une pêche *Angéline, Angélique,* ou
de Guillon, que parfois ou pourrait être tenté de réunir à la Nectarine-Cerise, certains Catalogues anciens ayant placé l'*Angélique* parmi les synonymes de cette
dernière, si nous ne disions : l'Angeline mûrissait à la fin de septembre, était
longue, grosse comme une pêche de Pau (par conséquent, volumineuse), rouge-
brun à l'insolation, très-sanguinolente autour du noyau, et l'arbre se couvrait
de fleurs rouges ; tous caractères fort opposés à ceux de la Nectarine-Cerise, dont
un pomologue du XVIIe siècle, le moine Claude Saint-Étienne, traçait en 1670
cette courte mais fidèle description : « *Brugnon Rouge* ou *Brugnon Cerise* est bon
« à la my-aoust, rond, gros comme une petite balle, tout rouge comme une
« cerise, et licé ; sa fleur est comme de pescher. » (*Nouvelle instruction pour connaître les bons fruits,* pp. 128-129). — Fillassier, agronome et arboriculteur très-
distingué qui nous a laissé le *Dictionnaire du jardinier français,* a caractérisé la
Nectarine-Cerise sous le nom *Brugnon-Noix,* généralement appliqué à la Nectarine Violette tardive, ne mûrissant qu'en octobre. Cet écart de maturation d'au
moins six semaines, suffirait certes à montrer l'erreur commise par Fillassier,
sans qu'il fût besoin de la constater autrement ; mais nous préférons reproduire,
pour mieux porter la conviction dans les esprits, le signalement qu'il a donné de
son Brugnon-Noix : « Le fruit n'est guère plus volumineux — disait-il en 1791 —
« qu'une grosse noix commune ; joliment arrondi, et sillonné d'une faible rai-
« nure ; il se colore du rouge le plus vif, et sa chair, quand il mûrit bien — en
août — est d'une saveur délicieusement relevée. » (T. II, p. 354.)

PÊCHE NECTARINE CHERRY. — Synonyme de *Nectarine-Cerise.* Voir ce nom.

---

68. PÊCHE NECTARINE DES DEUX-SOEURS.

Description de l'arbre. — *Bois :* fort. — *Rameaux :* assez nombreux, longs
et gros, légèrement étalés, non flexueux, à peine exfoliés, d'un beau vert à
l'ombre, d'un rouge terne au soleil. — *Lenticelles :* rares, petites, arrondies. —
Coussinets : ressortis et se prolongeant latéralement en arête. — *Yeux :* faiblement écartés du bois, gros, coniques-obtus, ayant les écailles brunes et mal
soudées. — *Feuilles :* grandes pour la plupart, vert jaunâtre en dessus, vert blanchâtre en dessous, ovales-allongées, courtement acuminées en vrille, dentées
irrégulièrement en scie, sur leurs bords. — *Pétiole :* court et bien nourri,
carminé en dessous, modérément cannelé. — *Glandes :* de deux sortes, les unes
réniformes, les autres globuleuses ; attachées tantôt sur les feuilles, tantôt sur
le pétiole. — *Fleurs :* petites, rose vif.

FERTILITÉ. — Ordinaire.

CULTURE. — Sa grande vigueur et sa belle ramification ne sauraient manquer
de le rendre très-propre à former des plein-vent, mais chez nous il n'a encore
été élevé qu'en espalier, où il se montre aussi rustique que facile à conduire.

Description du fruit. — *Grosseur* : assez volumineuse. — *Forme* : sphérique, régulière, très-faiblement mamelonnée, à sillon bien marqué, d'un côté surtout. — *Cavité caudale* : évasée mais rarement fort profonde. — *Point pistillaire* : saillant ou légèrement enfoncé dans une large dépression. — *Peau* : épaisse, lisse et quittant facilement la chair, jaune verdâtre à l'ombre et marbrée, tachetée de rouge-brun violacé sur la partie frappée par le soleil. — *Chair* : blanchâtre et très-fondante quoique fort compacte, non filamenteuse, sanguinolente au centre. — *Eau* : excessivement abondante, fraîche et sucrée, délicieusement parfumée. — *Noyau* : non adhérent, moyen, ovoïde, bombé, courtement mucroné, ayant l'arête dorsale fort coupante et généralement très-prononcée.

Pêche Nectarine des Deux-Sœurs.

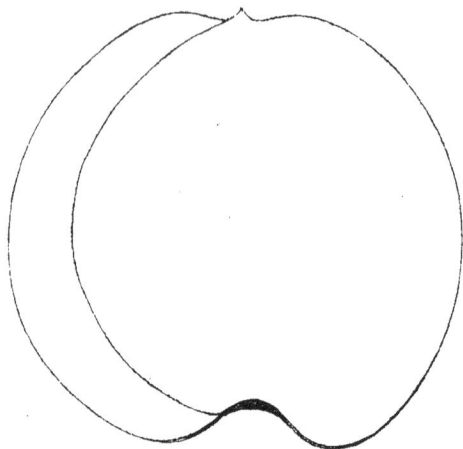

MATURITÉ. — Commencement de septembre.

QUALITÉ. — Première.

Historique. — La Nectarine ici décrite est un gain récent, et vraiment précieux, obtenu de semis au Jardin des Plantes de Paris, en 1872, par le directeur des pépinières de cet établissement, M. E.-A. Carrière, si connu de tous comme rédacteur en chef de la *Revue horticole*, et comme auteur de nombreux ouvrages où la science la plus éclairée le dispute au meilleur esprit d'observation. Signalé dans la *Revue horticole* (1872, pp. 70 et 251) par l'obtenteur même, ce gain est déjà répandu, et nous le croyons appelé à prendre place dans les jardins et chez les pépiniéristes où l'on tient à ne cultiver que de beaux et bons fruits. M. Carrière, dont le cœur de père s'est vu très-cruellement frappé il y a quelques années, a dédié cette variété à la mémoire de ses filles jumelles, Louise et Élise, mortes en bas âge. Ainsi s'explique le nom : Nectarine des Deux-Sœurs.

---

69. PÊCHE NECTARINE DE DOWNTON.

Synonyme. — *Pêche* LISSE DOWNTON (Paul de Mortillet, *les Meilleurs fruits*, 1865, t. I, p. 234).

Description de l'arbre. — *Bois* : assez fort. — *Rameaux* : peu nombreux, longs et grêles, érigés, flexueux, à peine exfoliés, d'un vert jaunâtre à l'ombre, d'un rouge sombre à l'insolation. — *Lenticelles* : clair-semées, petites, arrondies ou linéaires, grises et squammeuses. — *Coussinets* : modérément ressortis. — *Yeux* : parfois flanqués de boutons à fleur, légèrement écartés du bois, moyens, coniques-pointus, aux écailles noires et disjointes. — *Feuilles* : de grandeur moyenne, épaisses et coriaces, vert sombre en dessus, vert glauque en dessous, ovales-allongées, courtement acuminées, gaufrées au centre, à bords largement dentés et crénelés. — *Pétiole :* gros et court, carminé, profondément cannelé. — *Glandes :* de deux sortes, les unes globuleuses, les autres réniformes, attenantes au pétiole ou placées sur le limbe des feuilles. — *Fleurs :* petites, roses.

FERTILITÉ. — Modérée.

CULTURE. — De vigueur assez convenable sur toute espèce de sujets, il fait de beaux espaliers et d'assez jolis plein-vent.

Description du fruit. — *Grosseur :* moyenne. — *Forme :* ovoïde-allongée, régulière, non mamelonnée, à sillon régnant sur les deux faces et assez développé. — *Cavité caudale :* étroite et profonde. — *Point pistillaire :* souvent placé de côté, très-petit et saillant. — *Peau :* mince, lisse, se détachant bien, vert jaunâtre dans l'ombre, presque entièrement lavée, à l'insolation, de carmin violâtre foncé. — *Chair :* blanche, mi-croquante, un peu rosée près du noyau. — *Eau :* assez abondante, sucrée, parfumée, agréablement acidulée. — *Noyau :* non adhérent, petit, ovoïde, peu bombé, ayant l'arête dorsale des plus larges mais fort émoussée.

Pêche Nectarine de Downton.

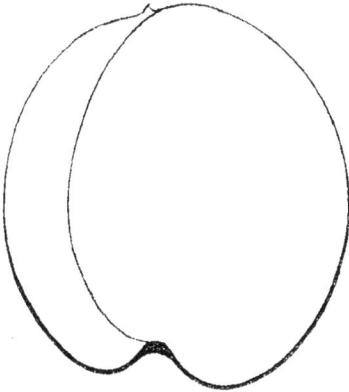

MATURITÉ. — Milieu d'août.

QUALITÉ. — Deuxième.

Historique. — Thomas-André Knight, mort, en 1838, président de la Société d'Horticulture de Londres, fut l'obtenteur de cette Nectarine. Elle provient d'un semis de l'Elruge et de la Violette hâtive dont le premier rapport eut lieu vers 1820, à Chelsea, comté de Middlesex, dans le domaine de Downton, que possédait Knight. Son importation en France date de 1849.

———

PÊCHES : NECTARINE EARLY,

———

—   NECTARINE EARLY VIOLET,

———

—   NECTARINE HAMPTON COURT,

Synonymes de *Nectarine Violette hâtive.* Voir ce nom.

———

70. Pêche NECTARINE HATIVE DE ZELHEM.

Synonymes. — *Pêches :* 1. Brugnon Hatif de Zelhem (Dochnahl, *Obstkunde*, 1858, t. III, p. 227, nᵒ 135). — 2. Zelhemer Brunelle (*Id. ibid.*). — 3. De Zelhern (Downing, *the Fruits and fruit trees of America*, 1869, p. 606). — 4. Brugnon de Zelhem (O. Thomas, *Guide pratique de l'amateur de fruits*, 1876, p. 228). — 5. Nectarine de Zelhem (*Id. ibid.*).

Description de l'arbre. — *Bois :* fort. — *Rameaux :* peu nombreux, gros et courts, étalés, non géniculés, légèrement exfoliés, vert herbacé à l'ombre, rouge terne ponctué de carmin vif à l'insolation. — *Lenticelles :* rares, très-petites et allongées. — *Coussinets :* très-apparents et se prolongeant latéralement en arête. — *Yeux :* accompagnés de boutons à fleur, écartés du bois, volumineux, ovoïdes-obtus, un peu duveteux, ayant les écailles noires et assez bien soudées. — — *Feuilles :* nombreuses, grandes, épaisses, vert sombre en dessus, vert clair en dessous, lancéolées, gaufrées et plus ou moins canaliculées, à bords très-largement crénelés. — *Pétiole :* long et très-gros, sanguin, sensiblement cannelé. — *Glandes :* volumineuses, réniformes, collées au pétiole. — *Fleurs :* des plus grandes et d'un rose tendre.

Fertilité. — Satisfaisante.

Culture. — Il est doué d'une croissance assez rapide, aussi peut-on le greffer sur tous sujets et lui donner la forme qu'on désire.

Description du fruit. — *Grosseur :* moyenne. — *Forme :* globuleuse, inéquilatérale, sans mamelon, à sillon très-prononcé. — *Cavité caudale :* évasée et peu profonde. — *Point pistillaire :* obliquement placé dans une assez vaste dépression. — *Peau :* mince, lisse, tenant faiblement à la chair, verdâtre sur le côté de l'ombre et largement lavée, à l'insolation, de carmin plus ou moins foncé. — *Chair :* d'un blanc verdâtre, fondante, légèrement filamenteuse, rosée près du noyau. — *Eau :* abondante, rafraîchissante, acide même, et généralement trop peu sucrée. — *Noyau :* non adhérent, moyen, ovoïde, bombé, courtement mucroné, ayant l'arête dorsale tranchante.

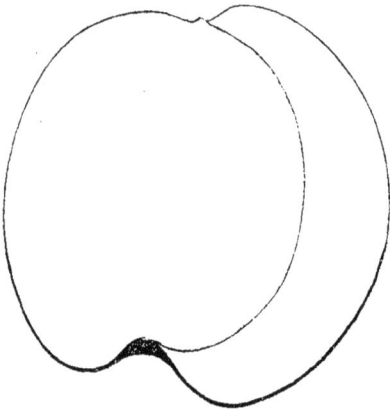

Maturité. — Vers le milieu du mois d'août.

Qualité. — Deuxième.

Historique. — Gagnée de semis par le jardinier Édouard Vandesande, dans le bourg de Zelhem, près Zutphen, en la province de Gueldre (Hollande), cette Nectarine compte au moins une trentaine d'années. Le pomologue belge Alexandre Bivort fut son premier descripteur (1849, *Album*, t. II, pp. 43-44). On la cultive chez nous depuis 1851.

Observations. — L'arbre de la Hâtive de Zelhem ressemble à s'y méprendre à l'arbre de la Nectarine de Stanwick, ci-après décrite, mais les fruits de ce dernier, qui sont sensiblement mamelonnés et mûrissent plus de quinze jours après ceux du premier, ne permettent pas de réunir les deux variétés, qu'une très-grande différence de qualité — la Stanwick l'emporte beaucoup sur la Zelhem — sépare également.

71. Pêche NECTARINE JAUNE.

Synonymes. — *Pêches* : 1. Jaune licée (Merlet, *l'Abrégé des bons fruits*, 1667, p. 44. — 2. Pavis d'Ambre licé (dom Claude Saint-Etienne, *Nouvelle instruction pour connaître les bons fruits*, 1670, p. 129). — 3. Licée jaune (Merlet, *ibid.*, 1675, p. 35). — 4. Lize jaune (Saussay, *Traité des jardins*, 1732, p. 166). — 5. Jaune lisse (Duhamel, *Traité des arbres fruitiers*, 1768, t. II, p. 30). — 6. Monfrin (les Chartreux, de Paris, *Catalogue de leurs pépinières*, 1775, p. 12; — et Thompson, *Catalogue of fruits cultivated in the garden of the horticultural Society of London*, 1842, p. 106, n° 9). — 7. Jaune-Lie (Pierre Leroy, d'Angers, *Catalogue de ses jardins et pépinières*, 1790, p. 27). — 8. Roussane tardive (de Launay, *le Bon-Jardinier*, 1807, p. 142). – 9. Monerin (Bosc, *Dictionnaire d'agriculture*, 1809, t. IX, p. 492). — 10. Nectarine jaune lisse (Thompson, *ibid.*, 1826, p. 86, n° 35). — 11. Nectarine Licée jaune (*Id. ibid.*). – 12. Nectarine Mofrin (*Id. ibid.*). — 13. Nectarine Roussanne (*Id. ibid.*). — 14. Die Gelbe Glatte (Dittrich, *Systematisches Handbuch der Obstkunde*, 1841, t. III, p. 311, n° 44). – 15. Nectarine jaune lisse tardive (Thompson, *ibid.*, 1842, p. 106, n° 9). — 16. Nectarine Manfreine (*Id. ibid.*). — 17. Nectarine Roussanne tardive (*Id. ibid.*). — 18. Nectarine Muffrum (Alexandre Bivort, *Album de pomologie*, 1850, t. IV, p. 13; — et Mas, *le Verger*, 1867, t. VII, p. 57). — 19. Violette jaune (Couverchel, *Traité des fruits*, 1852, p. 414). — 20. Brugnonier a Fruits jaunes (Paul de Mortillet, *les Meilleurs fruits*, 1865, t. I, p. 229). — 21. Lisse a Fruits jaunes (*Id. ibid.*). — 22. Brugnon Jaune (O. Thomas, *Guide pratique de l'amateur de fruits*, 1876, p. 226). — 23. Nectarine Jaune américaine (*Id. ibid.*). — 24. Nectarine Jaune ancienne (*Id. ibid.*). — 25. Nectarine Smoth Yellow (*Id. ibid.*).

Description de l'arbre. — *Bois :* faible. — *Rameaux :* très-nombreux, longs, grêles, érigés, non flexueux, exfoliés à la base, jaune verdâtre à l'ombre et rouge clair au soleil. — *Lenticelles :* clair-semées, jaunes, petites, arrondies ou linéaires. — *Coussinets :* ressortis et prolongés en arête. — *Yeux :* flanqués de boutons à fleur, écartés du bois, volumineux, ovoïdes-obtus, duveteux, aux écailles grises et assez bien soudées. — *Feuilles :* très-abondantes, petites, vert sombre en dessus, vert glauque en dessous mais qui devient, à l'automne, d'un jaune rougeâtre, puis aussi couleur rouille; elles sont, en outre, ovales-allongées, sensiblement acuminées, contournées, canaliculées, et, sur leurs bords, ondulées et finement dentées. — *Pétiole :* court et grêle, sanguin, faiblement cannelé. — *Glandes :* réniformes pour la plupart, et quelques-unes globuleuses. — *Fleurs :* petites, d'un rose vif sur les bords, d'un rose carné à leur milieu.

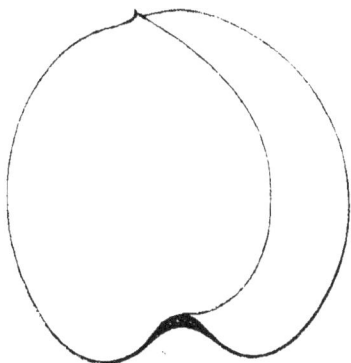

Fertilité. — Des plus abondantes.

Culture. — Il fait sur toute espèce de sujets, malgré sa vigueur modérée, de beaux arbres bien ramifiés et se prête parfaitement à toutes les formes.

Description du fruit. — *Grosseur :* au-dessous de la moyenne. — *Forme :* ovoïde-arrondie, non mamelonnée, à sillon large et profond. — *Cavité caudale :* très-développée. — *Point pistillaire :* saillant ou très-légèrement enfoncé. — *Peau :* mince, lisse, s'enlevant aisément, jaune d'or dans l'ombre, carmin foncé au soleil. — *Chair :* jaune intense, mi-fondante et compacte, à peine rosée près du noyau. — *Eau :* suffisante, assez sucrée, agréablement acidulée et parfumée. — *Noyau :* non adhérent, petit, ovoïde, peu bombé, à pointe terminale presque nulle et arête dorsale assez coupante.

Maturité. — Commencement et courant de septembre.

Qualité. — Deuxième.

Historique. — Connue depuis 1640 au moins, la Nectarine ici décrite a été signalée par Merlet, en 1667, dans son *Abrégé des bons fruits :* « La Pesche Jaune « licée — expliquait-il (p. 44) — est assez grosse, un peu plate ; sa chair est dure « et sèche. » Les pomologues la regardent généralement comme appartenant à la France, mais personne encore n'a rien découvert sur son lieu natal.

Observations. — Possédons-nous une Nectarine Jaune Nouvelle ? Il le faut croire, puisque M. O. Thomas, en 1876, applique à celle de Merlet, le nom de Jaune Ancienne (*Guide pratique de l'amateur de fruits*, p. 226) ; toutefois, je n'ai vu figurer cette variété, ni dans les Pomologies, ni dans les Catalogues. Les Belges en 1851 (*Album*, t. IV, p. 13), par la plume de feu Alexandre Bivort, ont caractérisé une Nectarine *Muffrum* qui n'est autre que la Jaune. Nous l'avons cultivée longtemps, et toujours sa maturité, qu'on prétend un peu plus précoce que celle de sa congénère, a eu lieu dans les premiers jours de septembre ; quant aux deux arbres, il n'existe également aucune dissemblance entre eux.

Pêches : NECTARINE JAUNE ANCIENNE,

— NECTARINE JAUNE LISSE, } Synonymes de *Nectarine Jaune*. Voir ce nom.

— NECTARINE JAUNE LISSE TARDIVE,

Pêche NECTARINE LARGE SCARLET. — Synonyme de *Nectarine Violette hâtive*. Voir ce nom.

Pêche NECTARINE LISSE JAUNE. — Synonyme de *Nectarine Jaune*. Voir ce nom.

Pêche NECTARINE LORD SELSEY'S ELRUGE. — Synonyme de *Nectarine Violette hâtive*. Voir ce nom.

Pêches : NECTARINE MANFREINE, } Synonymes de *Nectarine Jaune*. Voir ce nom.

— NECTARINE MOFRIN,

PÊCHE NECTARINE MUFFRUM. — Synonyme de *Nectarine Jaune*. Voir ce nom.

PÊCHE NECTARINE NEATE'S WHITE. — Voir *Nectarine Blanche d'Andilly*, au paragraphe OBSERVATIONS.

PÊCHE NECTARINE NEW SCARLETT. —Synonyme de *Nectarine Violette hâtive*. Voir ce nom.

PÊCHE NECTARINE NEW WHITE. — Voir *Nectarine Blanche d'Andilly*, au paragraphe OBSERVATIONS.

PÊCHE NECTARINE OLD ROMAN. — Synonyme de *Brugnon Violet musqué*. Voir ce nom.

PÊCHE NECTARINE OLD WHITE. — Synonyme de *Nectarine Blanche d'Andilly*. Voir ce nom.

PÊCHE NECTARINE ORANGE DE PITMASTON. — Synonyme de *Nectarine Pitmaston's Orange*. Voir ce nom.

PÊCHE NECTARINE PETIT-VERMILLON. — Synonyme de *Nectarine - Cerise*. Voir ce nom.

PÊCHE NECTARINE PETITE-VIOLETTE ADMIRABLE. — Voir *Nectarine Violette hâtive*, au paragraphe OBSERVATIONS.

PÊCHE NECTARINE PITMASTON'S ORANGE (**Synonymes :** *Pêche* PITMASTON, Carrière, *Jardin fruitier du Muséum*, 1864, t. VII. — P. LISSE PITMASTON ORANGE, Paul de Mortillet, *les Meilleurs fruits*, 1865, t. I, p. 223. — P. WILLIAMS' ORANGE, Hogg, *the Fruit manual*, 1875, p. 318. — P. WILLIAMS' SEEDLING, *ibidem*. — NECTARINE ORANGE DE PITMASTON, O. Thomas, *Guide pratique de l'amateur de fruits*, 1876, p. 227). — L'étude, variété par variété, de tous nos pêchers, nous a montré ces derniers temps que l'arbre qui dans notre école portait l'étiquette Nectarine Pitmaston's Orange, était loin, vu la peau fortement duveteuse de ses produits, d'y pouvoir figurer sous ce nom. Aussi l'en avons-nous banni, mais trop tard, malheureusement, pour parler aujourd'hui de son remplaçant, dont nous attendons encore la mise à fruits. Il est à glandes globuleuses, et, par ses grandes et très-jolies fleurs d'un beau rose, forme un véritable arbre d'ornement. Ses volumineuses et savoureuses pêches, mûrissent, dit-on, vers le milieu d'août, et le recommandent aux amateurs. Gagné en 1815, à Pitmaston, près Worcester (Angleterre), il a reçu de son obtenteur, le chevalier John Williams, le nom même de l'endroit où il fut semé. Quant à son importation chez nous, elle a été fort tardive : elle date seulement de 1850.

Pêche NECTARINE RED AT THE STONE. — Synonyme de *Nectarine Violette hâtive*. Voir ce nom.

Pêches : NECTARINE RED ROMAN,

—   NECTARINE ROMAINE,

—   NECTARINE ROMAINE ROUGE,   Synonymes de *Brugnon Violet musqué*. Voir ce nom.

—   NECTARINE ROMAN,

—   NECTARINE ROMAN RED,

Pêches : NECTARINE ROUSSANNE,

—   NECTARINE ROUSSANNE TARDIVE,   Synonymes de *Nectarine Jaune*. Voir ce nom.

—   NECTARINE SMOTH YELLOW,

---

72. Pêche NECTARINE DE STANWICK.

Synonymes. — *Pêches :* 1. DE STANDWICH (Naudin, *Revue horticole*, de Paris, 1850, p. 443; — et J. B. Verlot, *le Nouveau jardinier illustré*, 1865, p. 1231). — 2. NECTARINE STANWICKE (J. L. Jamin, *Annales de la Société d'Horticulture de Paris*, 1852, p. 317). — 3. BRUGNON DE STANWICK A AMANDE DOUCE (du Breuil, *Cours d'horticulture*, 1854, t. II, p. 654). — 4. LISSE STANWICH (Congrès pomologique, *Pomologie de la France*, 1865, t. VI, n⁰ 4). — 5. BRUGNON STANWICK (Mas, *le Verger*, 1865, t. VII, p. 11).

Description de l'arbre. — *Bois :* assez fort. — *Rameaux :* peu nombreux, de grosseur et longueur moyennes, étalés à la base, érigés au sommet, non géniculés, vert-pré à l'ombre, rouge terne au soleil. — *Lenticelles :* rares, des plus petites, linéaires pour la plupart, et quelques-unes arrondies. — *Coussinets :* bien accusés, formant arête de chaque côté. — *Yeux :* flanqués généralement de boutons à fleur, écartés du bois, gros ou très-gros, ovoïdes ou ellipsoïdes, ayant les écailles noirâtres et bien soudées. — *Feuilles :* très-abondantes, grandes, vert brillant en dessus, vert-pré en dessous, ovales-allongées, longuement acuminées en vrille, gaufrées et contournées, à bords profondément dentés et crénelés. — *Pétiole :* long, gros, flexible, à cannelure prononcée. — *Glandes :* brunes et réniformes. — *Fleurs :* grandes, rose tendre.

FERTILITÉ. — Médiocre.

CULTURE. — Il fait de beaux arbres sur toute espèce de sujets, mais s'accommode beaucoup mieux de l'amandier et du franc, que du prunier; quant à la forme, c'est l'espalier qu'on doit lui donner, comme le rendant plus fertile et favorisant la maturité de ses produits.

Description du fruit. — *Grosseur :* volumineuse. — *Forme :* globuleuse, inéquilatérale, légèrement mamelonnée, à sillon peu prononcé. — *Cavité caudale :* très-évasée et généralement assez profonde. — *Point pistillaire :* petit, brunâtre, saillant. — *Peau :* mince, lisse, quittant bien la chair, jaune verdâtre sur le côté de l'ombre, rouge-sang sur celui de l'insolation, où elle est en outre ponctuée et striée de carmin. — *Chair :* blanc verdâtre, fine, fondante, rosée près du noyau. — *Eau :* abondante, des plus sucrées, vineuse, délicatement parfumée. — *Noyau :* non adhérent, volumineux, ovoïde, très-rustique, ayant les joues aplaties, la pointe terminale obtuse, et l'arête dorsale fort développée; son amande, sans être entièrement douce, est cependant bien moins amère que celle des autres noyaux de pêche.

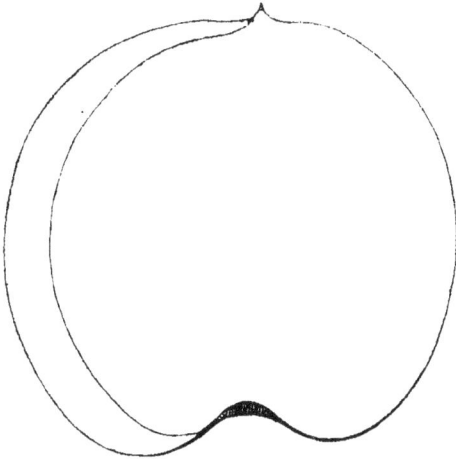

Pêche Nectarine de Stanwick.

MATURITÉ. — Milieu de septembre.

QUALITÉ. — Première.

Historique. — La savoureuse Nectarine de Stanwick, cultivée par les Anglais depuis 1835, selon les uns, depuis 1843, selon les autres (notamment Hogg, *Fruit manual*, édit. 1876, est originaire de Syrie, et porte le nom du domaine où lord Prudhoe, duc de Northumberland, qui longtemps fut seul à la posséder, la vit mûrir pour la première fois. Il l'avait reçue — disait en 1840 le *Journal of the horticultural Society of London* — d'un ancien consul britannique, M. Barker, retiré à Souadiah, près Damas. Comment était-elle appelée, dans ce lointain pays? Voilà ce qu'on n'a pas su, et pourquoi son noble promoteur se vit obligé de lui donner un nouveau nom. Elle se reproduit identiquement de semis. Ayant soigneusement recueilli, pendant plusieurs années, les noyaux des fruits provenus de ce pêcher, le duc les fit planter, et put en obtenir ainsi vingt-quatre sujets, qui furent vendus, à l'enchère, au profit des jardiniers vieux et infirmes. Le croira-t-on? chacun de ces jeunes arbres atteignit, en moyenne, le prix de 172 francs?... (*Voir Revue horticole*, année 1850, p. 443.) Aussi ne craignons-nous pas d'avancer que la Nectarine de Stanwick serait encore parfaitement inconnue en France, si nos pépiniéristes eussent dû débourser pareille somme pour l'y importer. Elle y pénétra en 1851 et s'y vit appréciée, car c'est un excellent fruit, mais elle ne laissa pas, non plus, d'y montrer quelques défauts, dont les principaux sont de se fendre avant complète maturité, puis de tomber très-facilement de l'arbre, quand vient la formation du noyau.

Observations. — Il existe une Nectarine *Stanwick Elruge*, à glandes globuleuses et à petites fleurs, qu'il importe de ne pas confondre avec celle ici décrite, mûrissant un peu plus tard.

PÊCHE NECTARINE STANWICKE. — Synonyme de *Nectarine de Stanwick*. Voir ce nom.

PÊCHES : NECTARINE VERMASH,

— NECTARINE VIOLET,

— NECTARINE VIOLET MUSK,

— NECTARINE VIOLET RED AT THE STONE,

— NECTARINE VIOLETTE D'ANGERVILLIÈRES,

Synonymes de *Nectarine Violette hâtive*. Voir ce nom.

73. PÊCHE NECTARINE VIOLETTE HATIVE.

Synonymes. — *Pêches :* 1. VIOLETTE LICÉE (le moine Triquel, *Instruction pour les arbres fruitiers*, 1659, p. 149; — et dom Claude Saint-Etienne, *Nouvelle instruction pour connaître les bons fruits*, 1670, p. 141). — 2. PETITE VIOLETTE HATIVE (Merlet, *l'Abrégé des bons fruits*, 1667, p. 40; — et Duhamel, *Traité des arbres fruitiers*, 1768, t. II, p. 26). — 3. VIOLETTE HATIVE (le Normand, *Catalogue des meilleurs fruits, avec les temps les plus ordinaires de leur maturité*, inséré dans le *Mercure de France*, année 1735, p. 1778; — et Knoop, *Fructologie*, 1771, p. 88). — 4. D'ANGERVILLERS (René Dahuron, *Nouveau traité de la taille des arbres fruitiers*, édition de 1738, chap. Pêcher). — 5. VIOLETTE (de Combles, *Traité de la culture des pêchers*, 1750, p. 9). — 6. VIOLETTE D'ANGERVILLIERS (Duhamel, *ibidem*, 1768, pp. 26 et 27). — 7. GROSSE-VIOLETTE HATIVE (*Id. ibid.*). — 8. BRIGNON VIOLET HATIF (Pierre Leroy, d'Angers, *Catalogue de ses jardins et pépinières*, 1790, p. 27). — 9. PÊCHE GROSSE-VIOLETTE (*Id. ibid.*). — 10. BRUGNON PRÉCOCE DU BEL-ENFANT (William Forsyth, *Treatise on the culture and management of fruit trees*, 1802, traduction de Pictet-Mallet, pp. 68 et 349). — 11. KLEINE FRÜHE VIOLETTE (Christ, *Obstbaumzucht*, 1817, p. 603, n° 34). — 12. VIOLETTE D'ANGERVILLERS (*Id. ibid.*). — 13. NECTARINE EARLY VIOLET (Thompson, *Catalogue of fruits cultivated in the garden of the horticultural Society of London*, 1826, p. 88, n° 64). — 14. NECTARINE VIOLET (*Id. ibid.*). — 15. NECTARINE PETITE-VIOLETTE HATIVE (*Id. ibid.*). — 16. NECTARINE LARGE SCARLET (Lindley, *Guide to the orchard and kitchen garden*, 1831, p. 292, n° 19). — 17. NECTARINE LORD SELSEY'S ELRUGE (*Id. ibid.*). — 18. BRUGNON HATIF (Thompson, *ibidem*, édit. de 1842, p. 108, n° 17). — 19. NECTARINE AROMATIC (*Id. ibid.*). — 20. NECTARINE EARLY (*Id. ibid.*). — 21. NECTARINE HAMPTON-COURT (*Id. ibid.*). — 22. NECTARINE NEW SCARLETT (*Id. ibid.*). — 23. NECTARINE RED AT THE STONE (*Id. ibid.*). — 24. NECTARINE VERMASH (*Id. ibid.*). — 25. NECTARINE VIOLET MUSK (*Id. ibid.*). — 26. NECTARINE VIOLET RED AT THE STONE (*Id. ibid.*). — 27. NECTARINE VIOLETTE D'ANGERVILLIÈRES (*Id. ibid.*). — 28. NECTARINE VIOLETTE MUSQUÉE (*Id. ibid.*). — 29. PÊCHE GROS-BRUGNON (*Id. ibid.*). — 30. BRUGNON RED AT THE STONE (Downing, *the Fruits and fruit trees of America*, 1849, p. 506, n° 13). — 31. PÊCHE VIOLETTE D'ANGEVILLIERS (d'Albret, *Cours théorique et pratique de la taille des arbres fruitiers*, 1851, p. 327). — 32. PÊCHE FRÜHE VIOLETTE (Dochnahl, *Obstkunde*, t. III, 1858, p. 224, n° 123). — 33. PÊCHE DE L'ISLE (*Id. ibid.*). — 34. PÊCHE SELSEY'S ELRUGE (Congrès pomologique, *Pomologie de la France*, 1863, t. VI, n° 3). — 35. BRUGNON D'ANGERVILLIERS (Mas, *le Verger*, 1865, t. VII, p. 18, n° 7). — 36. BRUGNON CHAUVIÈRE (Paul de Mortillet, *les Meilleurs fruits*, 1865, t. I, p. 227, n° 56). — 37. PÊCHE GROSSE-VIOLETTE CHARTREUSE (*Id. ibid.*). — 38. BRUGNON HATIF D'ANGERVILLERS (Carrière, *Description et classification des variétés de péchers*, 1867, p. 93). — 39. PÊCHE LISSE VIOLETTE HATIVE (O. Thomas, *Guide pratique de l'amateur de fruits*, 1876, p. 228).

Description de l'arbre. — *Bois :* fort. — *Rameaux :* assez nombreux, étalés à la base, érigés au sommet, légèrement arqués, très-longs, grêles, des plus exfoliés, d'un vert blanchâtre à l'ombre et d'un rouge-brun à l'insolation. — *Lenticelles :* abondantes, petites, arrondies ou linéaires. — *Coussinets :* peu ressortis mais se prolongeant en arête. — *Yeux :* flanqués parfois de boutons à fleur et collés sur l'écorce, petits, ovoïdes-obtus, ayant les écailles noires et disjointes. — *Feuilles :* peu nombreuses, plutôt petites que grandes ou moyennes, vert jaunâtre en dessus, vert glauque en dessous, ovales-allongées, longuement acuminées, finement bordées de dents que surmonte un cil brunâtre. — *Pétiole :* court et assez grêle, sanguin, étroitement cannelé. — *Glandes :* réniformes, attachées sur le pétiole ou sur le limbe des feuilles. — *Fleurs :* d'un rose intense, petites, s'épanouissant fort peu.

FERTILITÉ. — Convenable.

CULTURE. — Tous les sujets lui sont bons ; sa croissance assez rapide le rend propre à l'espalier, et même au plein-vent.

Description du fruit. — *Grosseur :* moyenne. — *Forme :* ovoïde plus ou moins arrondie, assez régulière, très-faiblement mamelonnée, à sillon peu prononcé. —

Pêche Nectarine Violette hâtive.

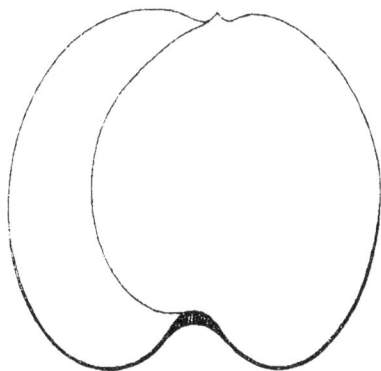

Cavité caudale : large et profonde. — *Point pistillaire :* placé généralement dans une légère dépression, mais quelquefois, aussi, se trouvant à fleur de fruit. — *Peau :* mince, lisse, s'enlevant difficilement, d'un blanc jaunâtre ou verdâtre sur le côté de l'ombre, et presque entièrement lavée et ponctuée de carmin foncé sur le côté de l'insolation. — *Chair :* blanchâtre, compacte, fondante, à peine nuancée de rose-pourpre auprès du noyau. — *Eau :* excessivement abondante, très-vineuse, suffisamment sucrée, agréablement acidulée, possédant un parfum exquis et prononcé. — *Noyau :* non adhérent, moyen, ovoïde, bombé, ayant la pointe terminale très-courte et l'arête dorsale rarement bien accusée.

MATURITÉ. — Milieu d'août.

QUALITÉ. — Première.

Historique. — La Quintinye, qui dans le potager de Versailles cultivait en 1680 la variété ici décrite, l'estimait à tel point, qu'il lui donna le pas, dans son célèbre recueil horticole, sur toutes ses congénères :

« La seule *Violette* est à mon sens — disait-il — la REINE DES PÊCHES, et l'est aussi au goût de gens infiniment plus considérables que moy, ayant, sans le secours d'aucune autre, de quoy satisfaire agreablement la curiosité de tout le monde............ La *Violette hâtive*..... a la chair la plus parfumée de toutes, c'est celle qui a le goût le plus vineux et le plus relevé; elle a raison de vouloir être icy, et partout, la premiere, mais elle n'est gueres grosse. » (*Instruction pour les jardins fruitiers et potagers*, 1690, t. I, pp. 417 et 433.)

De ce concert élogieux la note me semble un peu forcée, je l'avoue, et la Quintinye en eût sans doute affaibli l'expression, si, comme il le fait observer avec soin, « *des gens infiniment plus considerables que lui*, » — Louis XIV et sa famille — n'avaient proclamé « Reine des Pêches, » la Violette hâtive. A mon sens, pour rester juste à l'égard de cette Nectarine, vraiment très-bonne, il la faut placer parmi les meilleures du xviiᵉ siècle, mais reconnaître qu'alors, et mieux encore aujourd'hui, elle avait, elle a de redoutables rivales sur lesquelles son faible volume, surtout, lui permettrait difficilement de l'emporter. Sa naissance dut avoir lieu vers 1630, au plus tôt, car le Lectier, d'Orléans, ne mentionna pas, en 1628, ce fruit dans son *Catalogue*, ainsi que l'avance erronément M. Forney (*le Jardinier fruitier*, 1863, t. II, p. 124); et, pensons-nous, son berceau fut Angervilliers, près Rambouillet, puisque dès 1700 on appelait Violette d'Angervilliers notre Violette hâtive. Triquel, prieur de Saint-Marc, dont la Pomologie parut en 1653, en a été le premier descripteur, si toutefois on peut qualifier de description, cette simple ligne : « Pesche *Violette licée* quitte le noyau « et vient à la my-aoust; » brièveté de laquelle, quatorze ans plus tard (1667), elle eut encore à souffrir, dans Merlet. Ce fut seulement en 1670 qu'on la caractérisa de façon assez complète, honneur qui revient au moine Claude Saint-Étienne :

« Pesche *Violette licée* — expliquait-il — est bonne au commencement d'aoust, longuette, un peu plus menuë qu'une balle, toute violette dessus et blanche dedans, et comme violette autour du noyau, qu'elle quitte; le dessus est licé; sa fleur est grande et plus violette qu'aucune. Excellente. » (*Nouvelle instruction pour connaitre les bons fruits*, 1670, p. 141.)

Depuis lors, cette variété a constamment figuré sur les Catalogues des pépiniéristes, et s'est répandue de tous côtés. Très-connue, très-difficile à confondre, nous devions donc espérer ne pas la voir, pourvue d'une seconde virginité, réapparaître en sa 229ᵉ année parmi les nouveautés, et munie de la recommandation même de notre Congrès pomologique, ce qui lui prêtait encore plus de mérite, plus d'attrait!... La chose, cependant, a eu lieu.... Mon Dieu! qui de nous, arboriculteurs et collectionneurs, eût pu rester indifférent, en 1859, devant ce fameux *Brugnon Chauvière*, qu'on affirmait avoir été, en 1857, trouvé à Pantin, près Paris, Grande-Rue, n° 98, dans le jardin de M. Chauvière, membre fondateur de la Société centrale d'Horticulture de France?... Ce n'est ni vous, ni moi, certes! aussi avons-nous eu tous, un beau matin, le désagrément de constater à nos dépens la parfaite identité du susdit Brugnon avec la Nectarine Violette hâtive.....

Observations. — Anciennement quelques pomologues ont parlé d'une *Grosse Violette hâtive*, mûrissant immédiatement après la *Petite*. Les séparer serait une faute; elles sont, effectivement, les mêmes que la variété ici décrite, nommée Petite ou Grosse suivant le volume du fruit, qui s'accroît ou diminue selon la vigueur de l'arbre et l'exposition à laquelle on l'a planté. Parfois aussi on a appelé Grosse-Violette, la Violette tardive, par opposition au surnom Petite-Violette, appliqué dès le xviiᵉ siècle à la Violette hâtive. M. de Mortillet (1865, *les Meilleurs fruits*, t. I, p. 222) signale et caractérise une Nectarine qu'il nomme *Petite-Violette admirable*, et dit cultivée, chez nombre de jardiniers du Dauphiné, sous le synonyme *Petite-Violette hâtive*. Cette Nectarine diffère entièrement de celle que nous venons d'étudier, puisque l'arbre qui la produit possède des glandes globuleuses et de grandes fleurs, et que ses fruits sont à chair d'un jaune intense. — En 1779 M. de Calonne (*Essais d'agriculture*, p. 152) prétendit que la Violette hâtive provenait de Bayonne. Uniquement émise par cet écrivain, une telle assertion doit d'autant moins être acceptée, qu'elle ne repose sur aucune espèce de témoignage, sur aucun fait de nature à la justifier.

Pêche NECTARINE VIOLETTE HATIVE (PETITE-). — Synonyme de *Nectarine Violette hâtive*. Voir ce nom.

Pêche NECTARINE VIOLETTE TARDIVE (**Synonymes :** 1. Pêche-Noix, Charles Estienne, *Seminarium et plantarium fructiferarum, præsertim arborum quæ post hortos conseri solent*, 1540, p. 64; Claude Saint-Etienne, *Nouvelle instruction pour connaître les bons fruits, selon les mois de l'année*, 1670, p. 136; Duhamel, *Traité des arbres fruitiers*, 1768, t. II, p. 29; Couverchel, *Traité des fruits*, 1852, p. 414. — 2. Brignon Bete-Rave, Triquel, prieur de Saint-Marc, *Instructions pour les arbres fruitiers*, 1639, p. 152. — 3. Pêche Grosse-Violette tardive, Merlet, *l'Abrégé des bons fruits*, 1667, p. 40. — 4. Pêche Violette panachée, *id. ibid.* — 5. Pêche Marbrée, la Quintinye, *Instruction pour les jardins fruitiers et potagers*, 1690, t. I, p. 442. — 6. Pêche Panachée, dom Gentil, *le Jardinier solitaire*, 1705, p. 71. — 7. Pêche d'Angleterre, de Lacour, *les Agréments de la campagne*, 1752, t. II, p. 81. — 8. Pêche Perse-Noix, *id. ibid.* — 9. Brugnon de Rome marbré, Chaillou, *Catalogue de ses pépinières de Vitry-sur-Seine*, 1775, p. 5. — 10. Pêche Violette marbrée, Duhamel, *ibidem*. — 11. Pêche Violette très-tardive, *id. ibid.*, p. 29. — 12. Pêche Violette tulipée, Saussay, *Traité du jardinage*, 1790, p. 149. — 13. Brugnon d'Italie, Forsyth, *Treatise on the culture and management of fruit trees*, traduction de Pictet-Mallet, 1805, pp. 69 et 349. — 14. Pêche Nackte Violette, Dochnahl, *Obstkunde*, 1858, t. III, p. 225, n° 126. — 15. Pêche Späte Violette, *id. ibid.* — 16. Pêche Violette tardive marbrée, *id. ibid.* — 17. Pêche Lisse Violette tardive, O. Thomas, *Guide pratique de l'amateur de fruits*, 1876, p. 228). — Je ne possède plus cette très-ancienne Nectarine, que je regarde comme le type de l'espèce, et qui, de fait, est l'aînée des pêches Violettes à peau lisse, à chair non adhérente au noyau. Dès 1540 Charles Estienne l'a signalée dans le *Seminarium* (p. 64) sous le nom Pêche-Noix, venu jusqu'à nous et tiré de sa peau, fort lisse et presque toujours verdâtre en nos climats tempérés. Couverchel, après Claude Saint-Etienne (1670) et Duhamel (1768), la surnommait encore ainsi, en 1852. Sa maturité ne s'effectue jamais avant la fin d'octobre, à Angers, et de façon tellement incomplète, que c'est un des motifs qui m'a porté à ne plus la cultiver, laissant ce soin aux pépiniéristes du Midi, contrée où le soleil lui donne à la fois coloris et bonté. Les fleurs de l'arbre sont petites et d'un rouge assez pâle; quant aux feuilles, elles ont des glandes de deux sortes : globuleuses pour la plupart, réniformes exceptionnellement. En 1768, ce fut bien à tort que Duhamel (t. II, p. 29) crut voir deux variétés dans la Violette tardive et la Pêche-Noix ou Violette très-tardive; ces pêches, dont les arbres n'offrent aucune dissemblance, il le reconnaissait, mûrissent en effet à la même époque, sous même climat et à même exposition, et n'ont rien qui les différencie.

Pêches : NECTARINE WEISSE,

     —   NECTARINE-WEISSE MUSCAT-BRUNELLE,   Synonymes de *Nectarine blanche d'Andilly*. Voir ce nom.

     —   NECTARINE WHITE,

Pêches : NECTARINE WILLIAMS' ORANGE,

——————————

— NECTARINE WILLIAMS' SEEDLING,

} Synonymes de *Nectarine Pit-maston's Orange*. Voir ce nom.

——————————

Pêche NECTARINE DE ZELHEM. — Synonyme de *Nectarine hâtive de Zelhem*. Voir ce nom.

——————————

Pêche DE NEIGE. — Voir pêcher *à Fleurs blanches*, au paragraphe Observations.

——————————

Pêches NEIL'S EARLY PURPLE. — Synonymes de pêche *Mignonne* (*Grosse-*) et de pêche *Pourprée hâtive*. Voir ces noms.

——————————

Pêche NEW BELLEGARDE. — Synonyme de pêche *Galande*. Voir ce nom.

——————————

Pêcher NEW CUT-LEAVED. — Synonyme de pêcher *Unique*. Voir ce nom.

——————————

Pêche NEW GALANDE. — Synonyme de pêche *Galande*. Voir ce nom.

——————————

74. Pêche du NEW-JERSEY.

Synonyme. — *Pêche* Stump the World (A. J. Downing, *the Fruits and fruit trees of America*, 1869, p. 633).

Description de l'arbre. — *Bois :* très-fort. — *Rameaux :* peu nombreux, gros et longs, érigés et légèrement arqués, non flexueux, amplement exfoliés à la base, d'un beau vert à l'ombre, d'un rouge sombre au soleil. — *Lenticelles :* rares, petites, blanches, arrondies. — *Coussinets :* saillants. — *Yeux :* parfois accompagnés de boutons à fleur, très-rapprochés du bois, assez gros, ovoïdes-aplatis, aux écailles duveteuses, grises et bien soudées. — *Feuilles :* de dimension variable (très-grandes ou très-petites), vert-pré en dessus, vert blanchâtre en dessous, ovales-allongées, courtement acuminées, à bords régulièrement dentés et surdentés. — *Pétiole :* très-court, peu fort ou bien nourri, rougeâtre en dessous, faiblement cannelé. — *Glandes :* globuleuses, soudées sur le pétiole. — *Fleurs :* petites, rose foncé.

Fertilité. — Satisfaisante.

Culture. — Sa grande vigueur permet de le greffer sur toute espèce de sujets et le rend propre à subir la forme qu'on désire.

Description du fruit. — *Grosseur :* volumineuse. — *Forme :* sphérique, légèrement aplatie à ses deux pôles, quelque peu mamelonnée, à sillon modérément accusé. — *Cavité*

Pêche du New-Jersey.

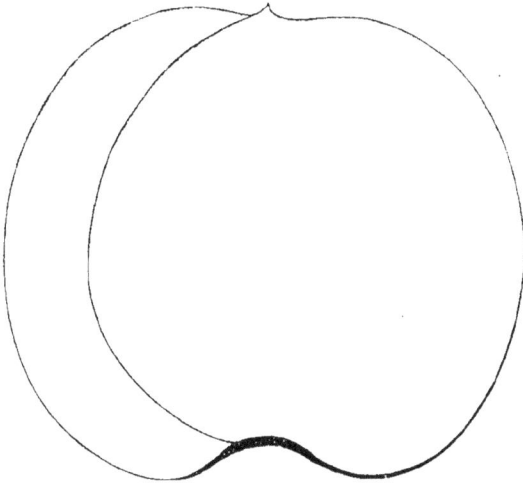

caudale : assez profonde et très-évasée. — *Point pistillaire :* presque saillant. — *Peau :* mince, duveteuse, s'enlevant difficilement, jaune pâle sur le côté de l'ombre, rouge vif sur celui frappé par le soleil. — *Chair :* blanche, fondante, quoique très-compacte, purpurine au centre et surtout près du mamelon. — *Eau :* abondante, sucrée, vineuse, douée d'un savoureux parfum. — *Noyau :* non adhérent, de moyenne grosseur, très-rustiqué, longuement mucroné, ayant les joues bombées et l'arête dorsale tranchante et des plus prononcées.

Maturité. — Fin d'août et commencement de septembre.

Qualité. — Première.

Historique. — Comme l'indique son nom, cette pêche est native du New-Jersey, un des états de l'Amérique; elle était dans toute sa nouveauté en 1860, époque où M. P. J. Berckmans, pépiniériste à Augusta (Géorgie), me la fit parvenir. Downing l'a décrite en 1869 (p. 633) sous la dénomination qu'elle reçut primitivement : *Stump the World*, à laquelle j'ai préféré le surnom pêche du New-Jersey, moins sujet à subir, surtout chez nous, quelque altération orthographique.

———

Pêche NEW ROYAL CHARLOTTE. — Synonyme de pêche *Madeleine hâtive*. Voir ce nom.

———

Pêcher NEW SERRATED. — Synonyme de pêcher *Unique*. Voir ce nom.

———

Pêcher NEW WHITE. — Synonyme de pêcher *à Fleurs blanches*. Voir ce nom.

———

PÊCHES : NEWINGTON ,

—   NEWINGTON ANCIEN ,

—   NEWINGTON HATIVE ,   Synonymes de pêche *Pavie blanc* (*Gros-*). Voir ce nom.

—   NEWINGTON PRINTANIÈRE ,

—   NEWINGTON DE SMITH ,

PÊCHES : NIVET ,

—   NIVETTE ,   Synonymes de pêche *Nivette veloutée*. Voir ce nom.

—   DE NIVETTE ,

PÊCHE **NIVETTE FAUSSE.** — Synonyme de pêche *Persique*. Voir ce nom.

PÊCHE **NIVETTE** (GROSSE-). — Synonyme de pêche *Nivette veloutée*. Voir ce nom.

75. PÊCHE NIVETTE VELOUTÉE.

Synonymes. — *Pêches :* 1. VELOUTÉE (Merlet, *l'Abrégé des bons fruits*, 1667, p. 40 ; — dom Claude Saint-Etienne, *Nouvelle instruction pour connaître les bons fruits, selon les mois de l'année*, 1670, p. 142 ; — la Quintinye, *Instruction pour les jardins fruitiers et potagers*, 1690, t. I, p. 436). — 2. NIVETTE (Merlet, *ibidem*, 1675, p. 37). — 3. POURPRÉE (Merlet, *ibidem ;* — Dahuron, *Nouveau traité de la taille des arbres fruitiers*, 1696, p. 147). — 4. NIVET (Saussay, *Traité des jardins*, 1722, p. 143). — 5. NIVETTE VÉRITABLE (les Chartreux, de Paris, *Catalogue de leurs pépinières*, 1736, p. 9). — 6. VELOUTÉE TARDIVE (de Grâce, *le Bon-Jardinier*, 1783, p. 100 ; — Thompson, *Catalogue of fruits cultivated in the garden of the horticultural Society of London*, 1842, p. 116). — 7. DE NIVETTE (Alletz, *l'Agronome, Dictionnaire du cultivateur*, 1785, t. II, p. 169). — 8. GROSSE-NIVETTE (Pierre Leroy, d'Angers, *Catalogue de ses jardins et pépinières*, 1790, p. 27). — 9. DORSETSHIRE (Thompson, *ibidem*). — 10. SAMMET-NIVETTE (Dochnahl, *Obstkunde*, 1858, t. III, p. 211, n° 76). — 11. WOLLIGE NIVETTE (*Id. ibid.*). — 12. NIVETTE VELOUTÉE TARDIVE (J. B. Verlot, *le Nouveau jardinier illustré*, 1865, p. 1228). — 13. POINTUE (O. Thomas, *Guide pratique de l'amateur de fruits*, 1876, p. 222). — 14. SPITZ (*Id. ibid.*).

Description de l'arbre. — *Bois :* faible. — *Rameaux :* peu nombreux, gros et courts, étalés à la base, érigés au sommet, légèrement flexueux, très-exfoliés, vert jaunâtre à l'ombre, rouge terne, en partie, sur le côté du soleil. —

Lenticelles : clair-semées, jaunâtres, arrondies, proéminentes. — *Coussinets :* sans grand relief. — *Yeux :* flanqués de boutons à fleur, écartés du bois, petits ou moyens, ovoïdes-pointus ou coniques-obtus, duveteux, aux écailles grises et mal soudées. — *Feuilles :* grandes ou très-grandes, épaisses, vert-pré en dessus, vert sombre en dessous, ovales-allongées, acuminées, gaufrées au centre, plus ou moins canaliculées, à bords finement dentés et crenelés. — *Pétiole :* gros et court, rigide, sanguin en dessous et profondément cannelé. — *Glandes :* globuleuses, attenantes au pétiole. — *Fleurs :* petites et d'un joli rose intense.

Fertilité. — Grande.

Culture. — Vu sa croissance modérée il se greffe sur amandier et demande l'espalier pour avoir de belles formes et de beaux produits.

Description du fruit. — *Grosseur :* au-dessus de la moyenne et parfois volumineuse. — *Forme :* globuleuse plus ou moins allongée, généralement

Pêche Nivette veloutée.

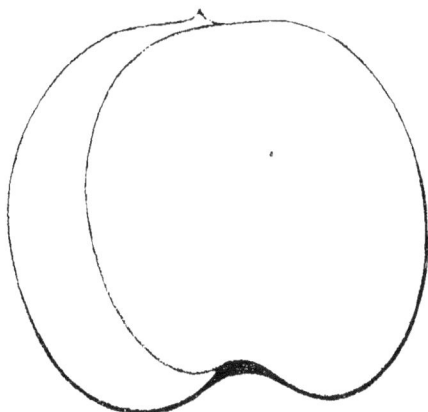

aplatie à la base, très-légèrement mamelonnée, ayant le sillon assez bien marqué. — *Cavité caudale :* profonde, évasée. — *Point pistillaire :* saillant. — *Peau :* mince, abondamment et finement duveteuse, s'enlevant avec difficulté, à fond blanc jaunâtre qui se couvre presque entièrement de carmin foncé, marbré de brun-rouge et ponctué de pourpre clair. — *Chair :* blanchâtre, fondante, non filamenteuse, amplement teintée de rouge près du noyau. — *Eau :* très-abondante et très-sucrée, acidule et savoureusement parfumée. — *Noyau :* non adhérent, moyen, ovoïde, assez bombé, courtement mucroné, ayant l'arête dorsale modérément ressortie et peu tranchante.

Maturité. — Courant de septembre.

Qualité. — Première.

Historique. — La belle couleur, le remarquable velouté de ce fruit, lui valurent dès son apparition, vers 1650, les noms de pêche Veloutée et de pêche Pourprée, que du reste on lui donna concurremment avec celui de Nivet, rappelant sans doute le nom de l'obtenteur, et qui appartenait à une famille noble de l'Orléanais. Merlet, en 1667, signalait ainsi la nouvelle variété :

« La *Veloutée* — disait-il — est grosse, ronde et d'un rouge brun; est fort charnuë et des meilleures. » (*L'Abrégé des bons fruits,* 1ʳᵉ édition, p. 40.)

Puis en 1675, dans sa deuxième édition, le vieux pomologue, ayant alors parfaite connaissance de cette même pêche, en parlait plus amplement :

« La *Pourprée,* ou la *Nivette* — écrivait-il — est une grosse pesche presque ronde, d'un rouge brun *velouté,* fort charnuë, d'un très-bon goust, qui charge bien, vient assez tard et est des meilleures et des plus recherchées. » (*Ibidem,* 2ᵉ édition, pp. 37 et 38.)

Aux XVIIe et XVIIIe siècles tout jardin de quelque importance possédait la Nivette, dont les recueils horticoles faisaient le plus grand éloge. La Quintinye, qu'il faudra toujours consulter quand on voudra se bien renseigner sur les fruits anciennement de premier ordre, l'estimait beaucoup, la cultivait avec soin pour les desserts du Roi, et la recommandait en ces termes, dans son *Instruction pour les jardins fruitiers et potagers*, qui date de 1690 :

« La Pêche *Nivette*, autrement la Veloutée —y lit-on — est à mon gré une très-belle et grosse pêche; elle a ce beau coloris..... qui la rend si agreable à voir....... toutes les bonnes qualités...... de la chair, de l'eau, du goût.......... charge beaucoup, et n'est pas tout-à-fait si ronde que les Mignonne et les Admirable...... Elle meurit vers le vingtième septembre..... Avec tant de bonnes qualités, qui oseroit luy disputer l'entrée à un espalier de bonne exposition, où l'on peut mettre cinq pêchers? » (T. I, p. 436.)

En 1736 les pères Chartreux, de Paris, l'annoncèrent et la décrivirent dans le *Catalogue de leurs pépinières* (p. 9), l'appelant Nivette *véritable*, parce que déjà l'on commençait à la confondre avec la Persique, qui cependant mùrit trois semaines plus tard. Et cette fàcheuse confusion, dont se plaignit aussi Duhamel (1768, t. II, p. 40), a duré plus d'un siècle, car en 1846 Poiteau lui-même (*Pomologie française*, n° 24) figurait et caractérisait, précisément, une Persique au lieu d'une Nivette. Mais — la bonne foi le veut — ajoutons : ce consciencieux pomologue eut soin de prémunir le lecteur contre toute méprise à ce sujet; son article débute par ces mots : « Je me crois obligé d'avouer que je ne suis pas « sùr que ce soit ici la Nivette de Duhamel, quoique j'aie fait tout mon possible « pour m'en assurer. »

Observations. — Pour manger cette pêche dans toute sa bonté, il faut la cueillir à peine mùre, et la laisser atteindre, au fruitier, son point complet de maturité. — Le synonyme *Pourprée*, acquis à la Nivette depuis 1675, est commun également à nombre d'autres pêches, à la Rossanne, à la Vineuse hâtive, par exemple, sans pour cela qu'il soit possible de supposer qu'une identité quelconque existe entre ces diverses variétés. Empressons-nous de le dire, pour éviter les méprises que de telles synonymies font souvent naître.

PÊCHES : **NIVETTE VELOUTÉE TARDIVE,**

— **NIVETTE VÉRITABLE,**

Synonymes de *Nivette veloutée*. Voir ce nom.

PÊCHE **NOBLESSE** (**Synonymes :** 1. *Pêche* MELLISH'S FAVOURITE, Thompson, *Catalogue of fruits cultivated in the garden of the horticultural Society of London*, 1826, p. 76. — 2. P. LORD MONTAGUE'S NOBLESSE, *id. ibid.*, 1842, p. 117, n° 22. — 3. P. VANGUARD, *id. ibid.* — 4. P. EDLE MAGDALENE, Dochnahl, *Obstkunde*, t. III, p. 198, n° 23). — L'étude définitive de mon pêcher Noblesse me laissant, au dernier moment, l'assurance que ce n'est pas la variété de ce nom, qui m'a été vendue, je dois renoncer à le décrire, tout en publiant les notes et les synonymes recueillis pour son historique. Gagné par les Anglais avant 1729, il fut, à cette dernière date, caractérisé par Langley dans sa *Pomona Londinensis* (pl. 28, fig. 3), et pénétra seulement chez nous vers 1860. Il est à grandes fleurs d'un rose intense; ses feuilles sont complétement dépourvues de glandes ; son fruit, volumineux et peu coloré, mûrit fin août, et l'on s'accorde à le qualifier de très-bon.

Observations. — Quelques pomologues anglais, notamment Lindley, font deux variétés des pêches Noblesse et Vanguard, mais d'autres les réunissent, le célèbre Thompson, surtout. En France, les frères Simon-Louis, dont les pépinières, sises près de Metz, sont très-renommées, ne reconnaissent, eux non plus, qu'une pêche Noblesse et classent avec raison, croyons-nous, la Vanguard parmi les synonymes. — Prévenons également qu'aucun rapport n'existe entre l'*Alexandra*, ou *Seedling Noblesse*, ou *Alexandra Noblesse*, et l'ancienne variété Noblesse. Cette Alexandra, gain assez récent de Thomas Rivers, arboriculteur à Sawbridgeworth, aux portes de Londres, a des glandes globuleuses et se mange dès le milieu d'août. Enfin Noblesse Seedling, ne l'oublions pas, est un des surnoms, un des synonymes de la Madeleine hâtive, décrite ci-dessus, page 152.

PÊCHE NOBLESSE SEEDLING. — Synonyme de pêche *Madeleine hâtive*. Voir ce nom.

PÊCHES : NOIRE,

— NOIRE HATIVE,

— NOIRE DE MONTREUIL,

— NOIRE DE MONTREUIL (GROSSE-),

Synonymes de pêche *Galande*. Voir ce nom.

PÊCHE NOISETTE. — Synonyme de pêche *Chancelière*. Voir ce nom.

PÊCHE-NOIX. — Synonyme de *Nectarine Violette tardive*. Voir ce nom.

PÊCHES-NOIX. — Voir l'article *Brugnon, Brugnonier*.

PÊCHE DE NOIX DE MUSCADE BLANCHE. — Synonyme d'*Avant - Pêche blanche*. Voir ce nom.

PÊCHE DE NOIX DE MUSCADE ROUGE. — Synonyme d'*Avant - Pêche rouge*. Voir ce nom.

Pêcher NOUVEAU A FEUILLES DENTÉES EN SCIE. — Synonyme de pêcher *Unique*. Voir ce nom.

Pêche NUTMEG BLANCHE. — Synonyme d'*Avant - Pêche blanche*. Voir ce nom.

Pêche NUTMEG ROUGE. — Synonyme d'*Avant-Pêche rouge*. Voir ce nom.

O

Pêche OLD ROYAL CHARLOTTE. — Voir pêche *Madeleine hâtive*, au paragraphe Observations.

Pêche d'ORANGE. — Synonyme de pêche *Admirable jaune*. Voir ce nom.

Pêche ORANGEBURG. — Voir *Pavie Amelia*, au paragraphe Observations.

Pêche ORCHARD QUEEN. — Synonyme de pêche *Reine des Vergers*. Voir ce nom.

Pêcher d'ORLÉANS. — Synonyme de pêcher *Nain*. Voir ce nom.

76. Pêche OSCEOLA.

Synonyme. — *Pêche* Asceola (de quelques pépiniéristes).

Description de l'arbre. — *Bois :* très-fort. — *Rameaux :* nombreux, longs, grêles, étalés à la base, érigés au sommet, flexueux, des plus exfoliés, d'un beau vert à l'ombre, d'un rouge-sang au soleil. — *Lenticelles :* clair-semées, arrondies, grisâtres et squammeuses. — *Coussinets :* peu saillants mais se prolongeant latéralement en arête. — *Yeux :* accompagnés de boutons à fleur, écartés du bois, volumineux, ovoïdes-obtus, très-duveteux, ayant les écailles grisâtres et mal soudées. — *Feuilles :* grandes, pour la plupart, vert-pré en dessus, vert mat en dessous, ovales-allongées, courtement acuminées, légèrement ondulées sur leurs bords, qui sont régulièrement dentés en scie. — *Pétiole :* long, assez faible et tomenteux, carminé, à cannelure rarement profonde. — *Glandes :* réniformes, attachées sur le pétiole ou sur le limbe des feuilles. — *Fleurs :* grandes, rose tendre.

Fertilité. — Ordinaire.

Culture. — Greffé sur franc, amandier ou prunier, il prospère bien à l'espalier, où même il devient assez beau, mais il est peu vigoureux en plein-vent.

Description du fruit. — *Grosseur :* au-dessous de la moyenne. — *Forme :* globuleuse, inéquilatérale, comprimée aux pôles, légèrement mamelonnée, à

Pêche Osceola.

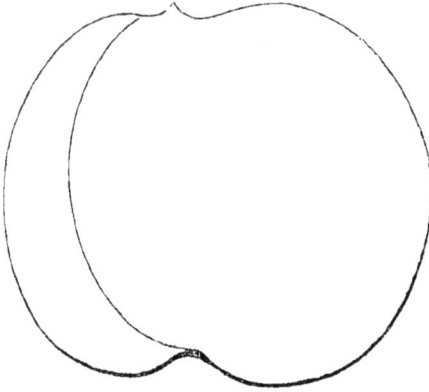

sillon large mais peu creusé. — *Cavité caudale :* assez profonde et très-évasée. — *Point pistillaire :* saillant ou faiblement enfoncé. — *Peau :* épaisse, des plus duveteuses, s'enlevant avec quelque difficulté, à fond vert jaunâtre sale qui se fouette et se marbre, à l'insolation, de carmin plus ou moins foncé. — *Chair :* jaune intense, ferme, quoique fondante, très-fibreuse, très-sanguinolente auprès du noyau et sur le côté de l'insolation. — *Eau :* suffisante, acidulée, faiblement sucrée, manquant à peu près de parfum. — *Noyau :* non adhérent, moyen, ovoïde-arrondi, fortement bombé, ayant la pointe terminale courte, aiguë, et l'arête dorsale modérément accusée.

MATURITÉ. — Vers le milieu du mois de septembre.

QUALITÉ. — Deuxième.

Historique. — L'Osceola, gagnée de semis par les Américains, vers 1850, est originaire du comté de Mâcon, dans l'Etat de Géorgie, d'où je l'ai reçue d'Augusta en 1858, et mise au commerce deux ans plus tard. M. Mas, de si regrettable mémoire, fut un des premiers à l'acquérir, et le premier, chez nous, qui l'ait décrite et figurée (1867, *Verger*, t. VII, n° 115).

PÊCHE D'OULLINS. — Synonyme de pêche *de Syrie*. Voir ce nom.

P

Pêche PACE. — Synonyme de pêche *Columbia*. Voir ce nom.

Pêches PADLEY'S EARLY PURPLE. — Synonymes de pêche *Mignonne* (*Grosse-*) et de pêche *Pourprée hâtive*. Voir ces noms.

Pêche PAÏSANNE. — Voir *Paysanne*.

Pêche PANACHÉE. — Synonyme de *Nectarine Violette tardive*. Voir ce nom.

Pêche PARCOUPE. — Synonyme de pêche *de Pau*. Voir ce nom.

Pêche DE PARIS. — Synonyme de pêche *de Malte*. Voir ce nom.

Pêche PASSE-VIOLETTE. — Synonyme de pêche *Double de Troyes*. Voir ce nom.

---

77. Pêche de PAU.

Synonymes. — *Pêches :* 1. De Bourgongne (le Lectier, d'Orléans, *Catalogue des arbres cultivés dans son verger et plant*, 1628, p. 30). — 2. De Lyon (*Id. ibid.*). — 2. Parcoupe (*Id. ibid.;* — et dom Claude Saint-Etienne, *Nouvelle instruction pour connaître les bons fruits, selon les mois de l'année*, 1670, p. 137). — 4. Pavie de Pau (Claude Mollet, *le Théâtre des jardinages*, 1652, p. 62). — 5. Persique ronde (Triquel, prieur de Saint-Marc, *Instructions pour les arbres fruitiers*, 1659, p. 150). — 6. Pavie Cornu (dom Claude Saint-Etienne, *ibidem*, 1670, p. 132). — 7. Percoup (*Id. ibid.*, p. 137). — 8. De Pot (Saussay, *Traité des jardins*, 1re édition, 1722, p. 144). — 9. Monstrueuse du Canada (Pierre Leroy, d'Angers, *Catalogue de ses jardins et pépinières*, 1790, p. 27). — 10. De Peau (G. Romme, *Annuaire du cultivateur*, 1793-1794, p. 20). — 11. Bearnische (Dochnahl, *Obstkunde*, 1858, t. III, p. 211, n° 77). — 12. Fasanen (*Id. ibid.*). — 13. Lack von Pau (*Id. ibid.*). — 14. Sans-Peaux (*Id. ibid.*).

Description de l'arbre. — *Bois :* fort. — *Rameaux :* assez nombreux, gros, longs, étalés à la base, érigés au sommet, légèrement flexueux, très-exfoliés, vert jaunâtre à l'ombre, rouge terne au soleil. — *Lenticelles :* clair-semées, grandes, arrondies, grisâtres. — *Coussinets :* bien ressortis. — *Yeux :* généralement accompagnés de boutons à fleur, très-écartés du bois, de grosseur moyenne, coniques-pointus, aux écailles duveteuses et bordées de noir. — *Feuilles :* peu nombreuses, petites ou moyennes, vert jaunâtre en dessus, vert blanchâtre en dessous, lancéolées-élargies, longuement acuminées, finement et régulièrement dentées. — *Pétiole :* grêle, assez long, carminé en dessous, à large cannelure. — *Glandes :* petites, globuleuses, attenantes au pétiole. — *Fleurs :* moyennes et d'un rose vif.

Fertilité. — Abondante.

Culture. — Tous les sujets lui conviennent, comme aussi sa vigueur, sa grande rusticité le rendent propre à toutes les formes; l'espalier, cependant, favorise toujours, dans les climats tempérés, la maturité de ses produits, si tardive quand il n'est pas en son pays de prédilection : le Midi de la France.

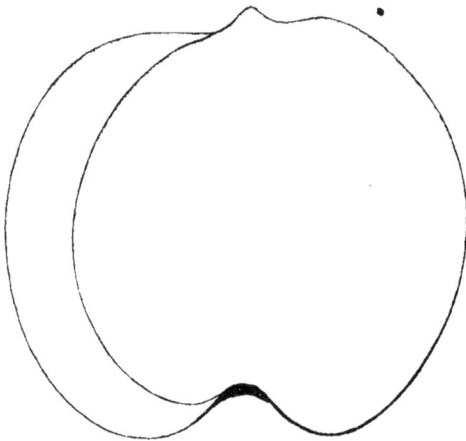

Description du fruit. — *Grosseur :* assez volumineuse. — *Forme :* globuleuse, légèrement comprimée au sommet, ayant le sillon bien apparent et le mamelon très-accusé. — *Cavité caudale :* large et profonde. — *Point pistillaire :* très-petit et placé de côté sur le sommet du mamelon. — *Peau :* épaisse, tenant un peu à la chair, très-duveteuse, jaune blanchâtre nuancé de vert, sur la face de l'ombre, et marbré ou lavé de rouge-brun sur celle de l'insolation. — *Chair :* blanc verdâtre, assez fondante, filamenteuse, rougeâtre autour du noyau. — *Eau :* abondante, acidulée, plus ou moins sucrée, de saveur souvent amère. — *Noyau :* non adhérent, gros, ovoïde et bien bombé, ayant le mucron toujours très-aigu et l'arête dorsale modérément coupante.

Pêche de Pau.

Maturité. — Fin septembre et commencement d'octobre.

Qualité. — Deuxième.

Historique. — Très-anciennement, puisque cette variété remonte pour le moins au règne d'Henri IV, il existait deux pêches de Pau : la Longue hative, qui nous paraît perdue, et la Ronde tardive, ici décrite. Ces fruits sont-ils originaires de la capitale du Béarn, de laquelle, en 1600, ils portaient déjà le nom?... Je répondrais : Oui, si le 20 décembre 1628 le Lectier n'avait pas inscrit les surnoms suivants à la page 30 du *Catalogue* de son verger d'Orléans : « *Pesche de Pau, ou Lyon, ou Bourgongne.* » Cependant pêche de Pau ayant toujours été la dénomination préférée, celle que nos jardiniers, même actuellement, n'ont cessé d'appliquer, on doit tenir compte, il nous semble, d'une telle préférence et placer le berceau de ce pêcher, plutôt à Pau, qu'à Lyon ou chez les Bourguignons. Du reste, les produits qu'il donne ont réellement besoin, vu leur extrême tardiveté, d'un climat très-chaud pour arriver à maturité complète; et le Béarn l'emporte encore de beaucoup, à cet égard, sur le Lyonnais ou la Bourgogne.

PAVIE, PAVIER (Synonymes : *Pêches* DURACINA, des Romains; — RHODACENA, des Grecs; *Pêches* PAVAIE, AUBERGE, BRUGNON, MIRLICOTON, MIROCOUTOUN, DURE, PRESSE, PRESSÉE, en France, pendant et après le moyen âge; — PERSÈQUE ou PERSIQUE, *par erreur*, au XVI° siècle et au XVII°). — Ce fut dans les derniers temps du moyen âge, vers 1500, qu'on commença chez nous à se servir du mot *Pavier* pour désigner le groupe du genre Pêcher dont les arbres produisent des fruits à peau duveteuse, à chair ferme ou mi-ferme, très-adhérente au noyau. Il allait y remplacer, du Nord au Midi, les termes Auberge, Brugnon, Mirocoutoun, Presse, Persèque, qu'on y appliquait indistinctement à l'espèce actuelle des Pavies; et trois cents ans s'écoulèrent avant qu'il s'y vît accepté de tous : jardiniers, pépiniéristes, amateurs, propriétaires. Le premier qui l'y vulgarisa, croyons-nous, fut le savant imprimeur et médecin Charles Estienne. Il ne le citait pas encore en 1530, dans son *Seminarium*, où le nom primitif, pêche Duracine ou pêche Presse, figure seul; mais dans sa *Maison rustique* (p. 209), dont l'édition princeps date de 1565, je trouve, sans description, le Pavie mentionné au chapitre des Pêches; puis aussi dans les *Bergeries* du poëte percheron Remy Belleau, mort en 1577 (t. I, p. 89). Ménage, quand il publia (1650) *les Origines de la langue française*, prétendit que « Cette pêche était ainsi appelée, de la ville « de Pavie, d'où elle nous était venue. » Alors il eût bien dû, conformant son orthographe à son assertion, ne pas écrire ce mot, PAVIS, à l'exemple de divers auteurs, dont quelques-uns, même, l'écrivaient, PAVY....... Mais l'érudit abbé me semble, ici, s'être trompé, pour n'avoir pas songé qu'en la langue romane les termes *Pavaier, Pavaie*, signifiant Pêcher, Auberge, existaient depuis le X° siècle, et qu'il ne viendrait, certes, à l'esprit de personne de révoquer en doute que Pavis, Pavy, Pavie, en fussent directement descendus. Nous possédions, d'ailleurs, bien avant 1300 les pêches Dures, Presses, Auberges, identiques avec les Pavies, et ce dernier surnom ne parut, je le répète, qu'au début du XVI° siècle. Du reste, le passage suivant, extrait du volumineux ouvrage que le docteur Jacques Daléchamp, mort à Lyon en 1588, publia sur les plantes, reproduit partie de ces anciens synonymes :

« On appelle communément *Pesche* — dit ce docteur — la pesche qui laisse le noyau...... .... Une seconde sorte est de celles nommées en latin *Duracina*, et, en grec, *Rhodacena*, ou pource qu'elles sentent bon comme les Roses, ou pource que le plus souvent elles sont de la couleur des Roses, c'est-à-dire rouges d'un costé. En françois, quelques uns les appellent *Presses*, et *Perses*; et d'autres, *Auberges*, surtout si elles ont la chair blanche. Les autres les appellent *Mirecottons*, si elles ont la chair jaune comme les Coings. Toutes celles de ceste sorte ont la chair ferme, dure et solide, et qui tient fermement au noyau.... La diversité des Duracines se cognoit en la varieté de la couleur de la chair, d'autant que les unes l'ont blanche; les autres, qui sont les plus communes, sont jaunes; d'autres sont blanches rougeastres. Toutes ont merveilleusement bon goust et odeur; mesme si on les trempe au vin apres les avoir pelé, elles donnent bon goust au vin. « (*Histoire générale des plantes*, t. I, p. 249.)

A partir du XVI° siècle — et c'est chose à noter — le Pavie perdit assez vite, sauf chez les Méridionaux, la réputation qu'antérieurement il avait acquise. Merlet, en 1675, constate le fait et l'explique ainsi :

« Il y a — dit-il après avoir décrit les variétés de pêche les plus appréciées — il y a encore plusieurs autres especes de Peschers, comme Presses blanches, jaunes et rouges, et Mericotons, dont je ne parle point en particulier, non plus que de plusieurs Pavis qui ne sont plus en vogue en ce Païs [Paris et le centre de la France], où le Soleil n'a pas assez de force, sur la fin d'octobre, pour les meurir et donner du goust à la chair du Pavy, qui de soy est dure et pressée. » (L'Abrégé des bons fruits, 2e édition, pp. 40-41.)

Quant au lieu de provenance du type des Paviers — la Duracine, ou Pavie Alberge jaune, décrite par Pline en son Histoire naturelle — rien ne prouve que ce puisse être l'ancienne capitale des Lombards ; tout se réunit, au contraire, pour indiquer qu'il faut plutôt le chercher dans la Gaule narbonnaise, longtemps soumise aux Romains, qui durent, y rencontrant un tel fruit, s'empresser de l'importer à Rome, où les Grecs, évidemment, se le procurèrent. Pline, après tout, ne nous a-t-il pas transmis ce texte : « Sed Persicorum...... palma Dura-« cinis..... succo abundent..... adhæret corpus, e lignoque avelli nequit : quum « in ceteris [Persicis] facile separetur ;....... nationum habent cognomen Gal-« lica, et Asiatica. » (Livre XV, chap. XI, XXXIII et XXXIV.) Ce qui signifie : « Les meilleures Pêches, sont les Duracines,... à suc abondant,... à chair adhérente au noyau, duquel on ne saurait l'arracher, tandis que dans les autres Pêches on l'en sépare facilement ;... elles ont été appelées, d'après leur pays, Asiatiques et Gauloises ? » — Or, chacun le sait, le Midi de la France est la contrée privilégiée du Pavier, l'unique sol où ses produits atteignent une parfaite maturité, une saveur exquise. Il y vit abandonné à lui-même et s'y multiplie tellement, qu'on néglige d'en reconnaître, d'en fixer les variétés nouvelles, dont le nombre, il y a vingt ans, dépassait déjà la soixantaine. Tout se réunit donc pour permettre de supposer qu'il est vraiment, là — comme sans doute aussi le Brugnonier — dans son terrain, dans son climat natal. Et nous croyons n'avoir pas été seul à le penser. Fillassier, entre autres, devait partager cette opinion, quand après sa description, en 1791, des Pavies Alberge, Blanc, Jaune, Rouge, et de Pomponne, il ajoutait :

« La classe des Pavies ne se borne point, dans la nature, à ce peu de variétés, les provinces du Midi, où ces arbres viennent de leurs propres noyaux, en plein-vent, et presque sans culture, en offrent un assez grand nombre d'estimables, mais qui, faute d'avoir été suffisamment étudiées jusqu'ici, sont restées sans dénomination certaine. L'objet est cependant digne de l'attention des propriétaires méridionaux : en soumettant cette portion de leurs richesses à de sages observations, ils en détermineroient les nuances et la mesure ; ils en perpétueroient plus sûrement la durée ; ils en répandroient plus aisément la jouissance : et peut-être même parviendroient-ils à en améliorer les sources diverses. » (Dictionnaire du jardinier français, t. II, p. 353-354.)

Le directeur de l'Ecole d'Horticulture d'Ecully-lez-Lyon, M. C. F. Willermoz, me paraissait aussi très-près de mon sentiment, lorsqu'il faisait le 18 septembre 1868, devant le Congrès pomologique, siégeant alors à Bordeaux, la proposition suivante, que l'on adopta :

« Il y a, pour ainsi dire, autant de variétés de Pavies, qu'il existe d'arbres, puisqu'ils sont à peu près tous des arbres de semis. La plupart sont des fruits locaux qui ne peuvent être étudiés que dans les endroits où ils ont pris naissance. Cette étude ne saurait donc avoir lieu que dans le Midi de la France, et doit être faite par les Sociétés horticoles de cette région. Je demande, en conséquence, que ces Sociétés soient engagées à spécialement étudier les Pavies, à reconnaître les préférables, à les répandre, à les signaler ; et le Congrès, dans les séances qu'il tiendra par la suite, dans le Midi, examinera le travail ainsi préparé, puis décidera quelles variétés il sera le plus avantageux de cultiver. » (*Procès-Verbaux du Congrès*, année 1868, p. 26.)

Jadis — appliquant aux végétaux cette loi de nature, qui, dans le règne animal, donne aux mâles plus de force, plus de corpulence qu'aux femelles — jadis nos pomologues qualifièrent pêches *mâles*, les Pavies, et pêches *femelles*, les pêches proprement dites. Ils fondaient la supériorité des premières, sur leur volume, généralement plus considérable, sur la fermeté de leur chair et son adhérence extrême au noyau. Enfin ils déclarèrent, ayant horreur, probablement, de la promiscuité des sexes, que chaque pêche mâle n'avait qu'une femelle ; et beaucoup, dans leurs recueils, s'ingéniaient pour signaler le plus possible de ces chastes couples..... Mais la Quintinye (t. I, p. 419) fit justice de pareil système, en le ridiculisant, ce qui chez nous était le meilleur moyen de le détruire :

« Nous avons des curieux — écrivait-il avant 1688 — qui prétendent qu'il y a autant de Pavies, que de Pêches, et disent, sur cela, que le Pavie est le mâle, et que la Pêche est la femelle. A la bonne-heure pour vision de mâle et de femelle, ou plûtôt pour ancien langage de jardiniers, je n'y veux rien trouver à redire, quoy que je n'aye jamais pû trouver de raison, ny apparence de raison, qui m'aye satisfait : mais à l'égard de la quantité de ces mâles, elle m'est inconnuë ; ce n'est pas que je n'aye assez fait tout ce que j'ay pû pour en découvrir plus de huit ; peut-être que la race s'en est conservée en Perse, d'où l'on prétend que toutes les Pêches sont sorties, sans avoir cependant avec elle la qualité mortelle qu'elles y ont, à ce qu'on nous fait accroire : ou si l'on en fait sortir les Pavies, il faut que ceux que nous n'avons pas ayent fait naufrage dans le grand trajet qu'ils avoient à faire : j'ay particulierement regret à ceux qui auroient été extrèmement hàtifs dans nos climats ; nous serions bien heureux si nous en pouvions réparer la perte, supposé que nous l'ayons faite. »

Mayer, en Allemagne, qui voulut aussi, à l'exemple de la Quintinye, jeter sa pierre aux partisans de ce système, la lança en 1779, avec cette apostrophe où il se montre beaucoup plus concis, mais moins homme du monde, que le directeur des jardins de Louis XIV : « Les Pavies — s'exclame-t-il — ont été « regardés longtems comme mâles, et les Pêches comme leurs femelles : dis- « tinction inepte, ridicule, qui ne se trouve fondée sur aucune ombre de rai- « son. » (*Pomona franconica*, t. II, p. 80.) C'était parler en vrai Tudesque !... Notre Poiteau, qui dans sa *Pomologie française* crut devoir, en 1846, relever à son tour la plaisante imagination dont il s'agit, y mit, lui, plus de moelleux et tout autant de concision : « Cette manière de voir — objecta-t-il — persiste encore « parmi le vulgaire ; et, vers les Pyrénées, on continue d'appeler *mâles*, les « Pêches Pavies, et *femelles*, les Pêches fondantes. » (T. I, n° 34, article Pavie de Pomponne.) Rappelons — en terminant ce que nous avions à dire sur le mot Pavie — qu'aux xvie et xviie siècles on eut le tort, dans nombre de nos provinces, d'appeler *Persèque* et *Persique*, les pêches à peau velue, à chair ferme, à noyau très-adhérent. Les fruits du Perséguier, Passegrié, Pessigre, sont effectivement fort distincts des fruits du Pavier, puisque leur noyau n'est jamais, comme l'est celui de ce dernier, emprisonné dans la chair, de laquelle il se détache, au contraire, sans nulle difficulté. Se servir du nom Persèque pour désigner un Pavie, et réciproquement, était donc commettre la même erreur, la même confusion que celle qui, contre toute logique, régna si longtemps, dans la nomenclature du Cerisier, pour les termes *Griotte*, *Guigne* et *Guindoux*. (Voir ces mots ; voir aussi les articles *Alberge*, *Brugnon*, *Mirlicoton*, *Persèque* et *Presse*.)

Pêche **PAVIE ADMIRABLE.** — Synonyme de pêche *Bourdine.* Voir ce nom.

Pêches : PAVIE ALBERGE,

       ——————— }   Synonymes de *Pavie Alberge*
jaune. Voir ce nom.

—   PAVIE ALBERGE D'ANGOUMOIS, }

---

78. Pêche **PAVIE ALBERGE JAUNE.**

Synonymes. — *Pêches :* 1. Duracine (Pline, 80 ans après J. C., *Historia naturalis,* lib. XV, cap. XI, XXXIII et XXXIV ; — Charles Estienne, *Seminarium et plantarium fructiferarum, præsertim arborum quæ post hortos conseri solent,* 1540, p. 63 ; — Daléchamp, *Historia plantarum generalis,* 1586, t. I, pp. 248-249 de la traduction française de Desmoulins, parue en 1653. — 2. Rhodacena (Daléchamp, *ibidem,* p. 249). — 3. Presse (Charles Estienne, *ibidem,* p. 64 ; — Daléchamp, *ibidem*). — 4. Auberge (Daléchamp, *ibidem*). — 5. Coing (*Id. ibid.*). — 6. Dure (*Id. ibid.* ; — et Mizauld, *le Jardin médicinal,* 1605, p. 164). — 7. Perse (Daléchamp, *ibidem*). — 8. Pressée (Mizauld, *ibidem*). — 9. Gros-Pavie jaune et rouge (Triquel, prieur de Saint-Marc, *Instructions pour les arbres fruitiers,* 3º édition, 1659, p. 150). — 10. Pavis jaune (dom Claude Saint-Etienne, *Nouvelle instruction pour connaître les bons fruits, selon les mois de l'année,* 1670, pp. 133-134 ; — et Poiteau, *le Bon-Jardinier,* 1857, t. I, p. 325). — 11. Male (*l'Agronome ou la Maison rustique mise en forme de dictionnaire,* 1770, t. III, p. 31). — 12. Poire-Coupe (*Ibidem*). — 13. Confite française (Knoop, *Fructologie,* 1ʳᵉ partie, 1771, p. 79 ; — et Dochnahl, *Obstkunde,* 1858, t. III, p. 219, nº 111). — 14. Pavis Angoumois (Pierre Leroy, d'Angers, *Catalogue de ses jardins et pépinières,* 1790, p. 27). — 15. Pavie Persais d'Angoumois (Fillassier, *Dictionnaire du jardinier français,* 1791, t. II, p. 351). — 16. Pavie Alberge d'Angoumois (J. V. Sickler, *Teutscher Obstgärtner,* 1804, t. XXII, p. 163). — 17. Pavie de Toulon (Bosc, *Dictionnaire d'agriculture,* 1805, t. IX, p. 490). — 18. Pavie Persèque jaune (de Launay, *le Bon-Jardinier,* 1807, p. 142). — 19. Pavie Sainte-Catherine (Hervy, *Catalogue méthodique et classique des arbres fruitiers de la pépinière du Luxembourg,* p. 44, nº 35). — 20. Härtling von Angouleme (Langethal, *Deutsches Obstcabinet,* 1854-1860, t. III, fⁱᵒ 2). — 21. Pavie Alberge (Poiteau, *le Bon-Jardinier,* 1857, t. I, p. 325). — 22. Pavie Persée jaune (*Id. ibid.*). — 23. Alberge Härtling (Dochnahl, *Obstkunde,* 1858, t. III, p. 219, nº 110). — 24. Pêche d'Angoumois (*Id. ibid.*). — 25. Pavie Gelbe (*Id. ibid.,* nº 111). — 26. Gelbe Perseque (*Id. ibid.*). — 27. Gelber Härtling (*Id. ibid.*). — 28. Grand-Myrecoton jaune (*Id. ibid.,* nº 110). — 29. Grosser Pavien-Aprikosen (*Id. ibid.,* nº 111). — 30. Pavie Grüne (*Id. ibid.,* nº 110). — 31. Härtling's Aprikosen (*Id. ibid.*). — 32. Mêlecoton jaune (*Id. ibid.*). — 33. Quitten (*Id. ibid.*). — 34. Persèque jaune-orange (de quelques pépiniéristes). = Les noms suivants : *Pêches* Alberge jaune — Auberge jaune — Avant-Pêche jaune — French Rareripe — Gold Fleshed — Golden Mignonne — Golden Rareripe — Hardy Galande — Pêche jaune — ne sont pas, quoiqu'on l'ait dit, synonymes de Pavie Alberge jaune, ils le sont uniquement de pêche *Rossanne* (voir ce nom).

Description de l'arbre. — *Bois :* de force moyenne. — *Rameaux :* peu nombreux, assez grêles, courts, étalés à la base, érigés au sommet, légèrement géniculés, très-exfoliés, vert jaunâtre à l'ombre, rouge clair au soleil. — *Lenticelles :* assez abondantes, grandes, arrondies ou linéaires, squammeuses et brunes. — *Coussinets :* saillants. — *Yeux :* flanqués de boutons à fleur, écartés du bois, de grosseur moyenne, ovoïdes-aplatis, aux écailles noirâtres, duveteuses, bien soudées. — *Feuilles :* généralement assez grandes, épaisses, coriaces, vert clair en-dessus, vert-pré en dessous, lancéolées-élargies, très-longuement acuminées, à bords finement dentés. — *Pétiole :* long, bien nourri, rigide,

rosâtre en dessous, à cannelure étroite et profonde. — *Glandes :* réniformes, placées sur le pétiole. — *Fleurs :* grandes, rose pâle.

FERTILITÉ. — Ordinaire.

CULTURE. — Sa vigueur n'est pas très-grande, mais cependant il réussit sur
toute espèce de sujets et fait de beaux arbres, n'importe sous quelle forme.

Description du fruit. — *Grosseur :* volumineuse. — *Forme :* globuleuse,
aplatie aux pôles, inéquilatérale, souvent bossuée sur l'une des faces, à sillon
assez développé. — *Cavité
caudale :* large et pro-
fonde. — *Point pistillaire :*
légèrement saillant au
milieu d'une vaste mais
faible dépression.—*Peau :*
mince, duveteuse, quit-
tant difficilement la chair,
jaune d'or sur le côté de
l'ombre, jaune grisâtre
lavé de rouge vif sur
celui de l'insolation, où
elle est en outre marbrée
et ponctuée de pourpre.
— *Chair :* jaune foncé,
ferme, croquante, rare-
ment très-nuancée de
rouge autour du noyau,
et parfois même unico-
lore. — *Eau :* abondante,
plus ou moins sucrée et

Pêche Pavie Alberge jaune.

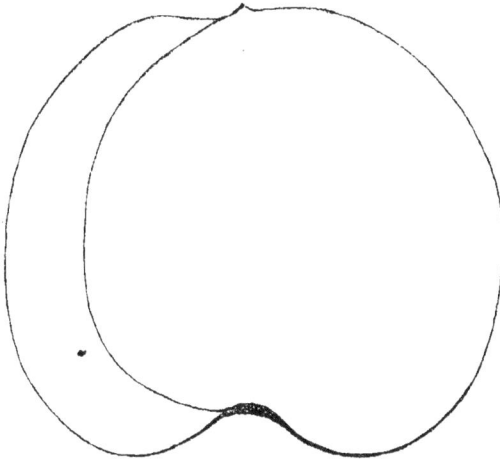

parfumée. — *Noyau :* faisant corps avec la chair, de laquelle il ne saurait être
détaché, peu rustiqué, gros, ovoïde, bombé près du sommet, ayant la pointe
terminale presque nulle et l'arête dorsale modérément développée.

MATURITÉ. — Courant d'octobre, dans la Touraine et l'Anjou.

QUALITÉ. — Troisième, quand il mûrit sous un climat froid ou tempéré, mais
première ou deuxième sous un ciel plus chaud.

Historique. — Dans le précédent article, en traitant très-longuement des
termes spécifiques *Pavie, Pavier*, j'ai dit à suffisance, puis démontré, je crois,
que le pavie Alberge jaune était la pêche DURACINE, si bien décrite par Pline, et
l'une de celles qu'au premier siècle de l'ère chrétienne on surnommait *Gallia*, vu
leur provenance. Revenir sur ce sujet serait donc inutile, puisque trois pages
seulement, et faciles à tourner, nous séparent de l'endroit où sont développés
les arguments, les textes à l'aide desquels je cherche à prouver que la Gaule
narbonnaise (Languedoc, Provence, Dauphiné) fut la patrie du fruit ici caractérisé, fruit devant être pris, en raison même de son excessive ancienneté, pour
l'auteur commun du groupe nombreux des Pavies. Et, de fait, on le suit aisément, de Pline jusqu'à nous, sous les divers surnoms que lui ont appliqué, selon
les dialectes, les usages et les contrées, les jardiniers ou les « curieux, » toujours

séduits par son beau coloris et sa grosseur souvent énorme, à ce point, dit l'abbé Nolin (*Essai sur l'agric.*, p. 182) : « Que dans le Comtat Venaissin il y en a eu qui « ont pesé jusqu'à 26 onces [812 grammes]. » Mais, répétons-le, en France, c'est seulement dans nos départements du Midi qu'il acquiert, avec toute sa bonté, un volume aussi considérable.

Observations. — Ce pavie Alberge jaune ne saurait être réuni au *pavie Jaune*, ou *Jaune royal*, décrit et figuré en 1863 par M. Paul de Mortillet (t. I, p. 204), et qui mûrit d'août en septembre, non plus qu'au pavie Jaune, peint et caractérisé par feu Poiteau (1846, *Pomologie française*), et fort distinct, par son noyau « obtus aux deux bouts, » de ce dernier, dont le noyau offre une pointe terminale d'un centimètre de longueur. — Le pavie Alberge, ou Persais d'Angoumois, de Duhamel (1768, t. II, p. 11), se rapporte bien, lui, à la présente variété, comme l'avait reconnu, du reste, dès 1791 le pomologue Fillassier (*Dictionnaire du jardinier français*, t. II, p. 351). — Enfin, affirmons encore qu'appeler *Persèque*, ce pavie ou tout autre de l'espèce, est commettre une méprise impardonnable, les Persèques étant de véritables pêches à noyau complétement libre.

PÊCHE **PAVIS** D'AMBRE LICÉ. — Synonyme de *Nectarine Jaune*. Voir ce nom.

---

79. PÊCHE **PAVIE AMELIA.**

Description de l'arbre. — *Bois :* assez fort. — *Rameaux :* peu nombreux, longs et grêles, érigés, légèrement géniculés, exfoliés à la base, vert herbacé à l'ombre, brun-roux au soleil. — *Lenticelles :* clair-semées, petites, linéaires et roussâtres. — *Coussinets :* saillants, se prolongeant latéralement en arête. — *Yeux :* flanqués de boutons à fleur, plus ou moins écartés du bois, volumineux, allongés, pointus, aux écailles brunes et noires assez mal soudées. — *Feuilles :* peu nombreuses, petites ou moyennes, vert terne en dessus, vert glauque en dessous, lancéolées-élargies, longuement acuminées en vrille, à bords largement crénelés et dentés. — *Pétiole :* très-long, grêle, étroitement cannelé, tomenteux, rouge-brun en dessous. — *Glandes :* de deux sortes, réniformes pour la plupart et quelques-unes globuleuses, attachées toutes sur le pétiole. — *Fleurs :* grandes, rose tendre.

FERTILITÉ. — Modérée.

CULTURE. — Quoiqu'il puisse faire de passables plein-vent il vaut mieux, cependant, le destiner à l'espalier. Tous les sujets lui conviennent.

Description du fruit. — *Grosseur :* moyenne. — *Forme :* globuleuse, inéquilatérale, comprimée aux pôles, à sillon modérément marqué. — *Cavité caudale :* profonde, évasée.

— *Point pistillaire :* placé dans une large dépression. — *Peau :* épaisse et des

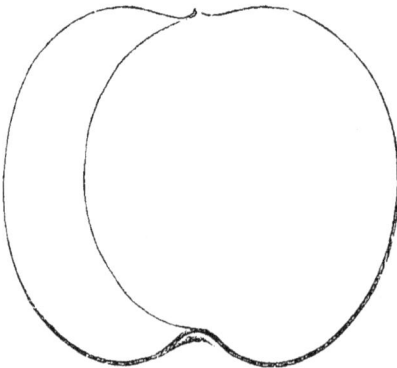

plus duveteuses, s'enlevant très-difficilement, jaune pâle sur le côté de l'ombre, lavée de rose et striée de carmin foncé sur celui de l'insolation. — *Chair :* jaunâtre au centre, mais rosée sous la peau, ferme et néanmoins fondante, non sanguinolente autour du noyau. — *Eau :* suffisante, bien sucrée, agréablement acidulée et quelque peu parfumée. — *Noyau :* adhérent, gros, arrondi, très-bombé, courtement mucroné, ayant l'arête dorsale assez aplatie.

Maturité. — Fin septembre.

Qualité. — Deuxième.

Historique. — Variété américaine, le pavie Amelia est originaire, d'après Downing (1869, p. 598), d'Hermann, localité du Missouri, où l'obtenait de semis, vers 1850, le nommé George Husman. Sa première description eut lieu dans l'*Horticulturist of rural art and rural taste.* Downing le classe à tort parmi les Pêches ; sa peau duveteuse et l'adhérence marquée de la chair au noyau lui donnent, en effet, rang assuré parmi les Pavies.

Observations. — Il existe, également de provenance américaine, une pêche de même nom, appelée aussi *Stroman's Carolina, Orangeburg*, etc., mais comme elle mûrit au milieu d'août, six semaines plus tôt que son homonyme, il devient très-facile de ne commettre aucune méprise à leur égard.

Pêche **PAVIS ANGOUMOIS.** — Synonyme de *Pavie Alberge jaune.* Voir ce nom.

Pêche **PAVIE ANNA BRUN.** — Synonyme de *Pavie de Pomponne.* Voir ce nom.

Pêche **PAVIE BELLE-CATHERINE.** — Voir pêche *Catherine verte*, au paragraphe Observations.

Pêche **PAVIE BIANCONE DI VERONA.** — Voir pêche *de Vérone*, au paragraphe Observations.

Pêches : **PAVY BLANC,**

— **PAVIE BLANC ADMIRABLE,**   } Synonymes de *Pavie Blanc* (*Gros-*). Voir ce nom.

— **PAVIE BLANC GLOBULEUX,**

---

80. Pêche PAVIE BLANC (GROS-).

Synonymes. — *Pêches :* 1. PAVIE PERSECQ BLANC (dom Claude Saint-Étienne, *Nouvelle instruction pour connaître les bons fruits*, 1670, p. 130). — 2. PAVIS ROND DE MAGDELAINE (*Id. ibid.;* — et les Chartreux, de Paris, *Catalogue de leurs pépinières*, 1736, pp. 5 et 6). — 3. PAVY BLANC (Merlet, *l'Abrégé des bons fruits*, 1675, p. 33). — 4. PAVIE MADELEINE (les Chartreux, de Paris, *ibid.;* — et Duhamel, *Traité des arbres fruitiers*, 1768, t. II, p. 13). — 5. EARLY NEWINGTON (Société Économique de Berne, *Traité des arbres fruitiers*, 1768, t. I, p. 194; — et Thompson, *Catalogue of fruits cultivated in the garden of the horticultural Society of London*, 1826, p. 78, n⁰ 117). — 6. NEWINGTON (*Iid. iibid.*). -- 7. NEWINGTON HATIVE (Société Économique de Berne, *ibid.;* — et Mayer, *Pomona Franconica*, 1776, t. II, p. 338). — 8. NEWINGTON DE SMITH (*Iid. iibid.*). — 9. SMITH'S EARLY NEWINGTON (Société Économique de Berne, *ibid.;* — et Thompson, *ibid.*). — 10. SMITH'S NEWINGTON (*Iid. iibid.*). — 11. NEWINGTON PRINTANIÈRE (Forsyth, *Treatise on the culture and management of fruit trees*, 1802-1803, traduction de Pictet-Mallet, pp. 52 et 348). — 12. PAVIE MERLICOTON BLANC (de Launay, *le Bon-Jardinier*, 1808, p. 127). — 13. PÊCHE-POMME (Bosc, *Dictionnaire d'agriculture*, 1809, t. IX, p. 490). —14. PAVIE-POMME (C. Bailly, *Manuel du jardinier*, 1827, 1ʳᵉ partie, p. 332). — 15. PERSIQUE A GROS FRUIT BLANC (George Lindley, *Guide to the orchard and kitchen garden*, 1831, p. 277, n⁰ 58). — 16. HÄRTLING'S MAGDALENE (Dochnahl, *Obstkunde*, 1858, t. III, p. 200, n⁰ 32). — 17. PAVIE MIRLICOTON BLANC (*Id. ibid.*). — 18. WHITE GLOBE (André Leroy, *Catalogue descriptif et raisonné des arbres fruitiers et d'ornement*, 1863, p. 25, n⁰ 143). — 19. PAVIE BLANC GLOBULEUX (*Id. ibid.*, 1875, p. 27, n⁰ 110).

Description de l'arbre. — *Bois :* très-fort. — *Rameaux :* nombreux, des plus longs et des plus gros, étalés à la base, érigés au sommet, légèrement arqués, très-exfoliés, vert olivâtre à l'ombre, rouge terne au soleil. — *Lenticelles :* assez abondantes, petites, arrondies, blanchâtres. — *Coussinets :* saillants. — *Yeux :* accompagnés de boutons à fleur, faiblement écartés du bois, des plus gros, ovoïdes, aux écailles brunes et bien soudées. — *Feuilles :* nombreuses, grandes ou moyennes, lisses, vert clair en dessus, vert glauque en dessous, lancéolées-élargies, courtement acuminées, à bords irrégulièrement crénelés et dentés. — *Pétiole :* long et grêle, tomenteux, très-étroitement cannelé. — *Glandes :* petites, globuleuses, placées sur le pétiole ou sur le limbe de la feuille.

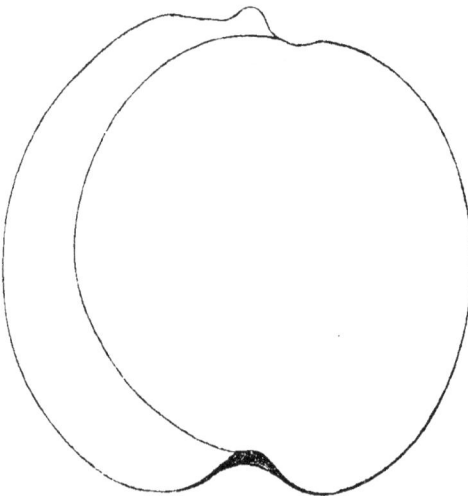

— *Fleurs :* moyennes et d'un rose intense.

FERTILITÉ. — Satisfaisante.

CULTURE. — Il prospère sur tous les sujets et fait de beaux arbres sous toutes les formes.

Description du fruit. — *Grosseur :* assez volumineuse. — *Forme :* globuleuse, mamelonnée, fort irrégulière près du sommet, à sillon prononcé. — *Cavité caudale :* large et profonde. — *Point pistillaire :* très-faible et noirâtre, occupant le sommet du mamelon. — *Peau :* épaisse, duveteuse, s'enlevant avec une extrême difficulté, à fond jaune clair sur le côté de l'ombre et jaune foncé sur celui du soleil, où parfois elle est lavée de rouge-pourpre. — *Chair :* d'un blanc verdâtre, fine, ferme, mi-fondante, à peine teintée de rose auprès du noyau. — *Eau :* des plus abondantes, fraîche, peu sucrée, quoiqu'assez agréable. — *Noyau :* faisant corps avec la chair, gros, ovoïde et bombé, très-rustiqué, ayant la pointe terminale longue, piquante, et l'arête dorsale bien développée.

MATURITÉ. — Commencement de septembre.

QUALITÉ. — Deuxième ou troisième pour le couteau, mais première pour la compote.

Historique. — Dès 1768 les Suisses disaient du pavie Newington hâtif, ou Newington de Smith, des Anglais : « Il ressemble à la pêche qu'on appelle, en « France, la PAVIE BLANCHE, à moins que ce soit peut-être la même espèce. » (Société Économique de Berne, *Traité des arbres fruitiers, traduit de l'allemand,* t. I, p. 194.) Et c'était elle, effectivement, et qui déjà ne comptait plus parmi les nouveautés, puisque Merlet, en 1667, l'avait ainsi présentée, chez nous, à tous les « curieux, » à tous les jardiniers : « Le *Pavi Blanc*, le masle de la pesche « Magdeleine, est d'un goust relevé, et comme il vient des premiers, meurit fort « aisément. » (*L'Abrégé des bons fruits*, 1ʳᵉ édition, p. 37.) Puis Merlet, en 1675, ajoutait dans sa seconde édition : « Il est admirable en confiture (p. 33); » ce que, depuis, on a bien souvent répété. Vers la fin du XVIIᵉ siècle, cette variété reçut aussi, de nos horticulteurs, le surnom pavie Rond de Madeleine, pour la ressemblance qu'ils remarquèrent entre ses fleurs, ses feuilles et son fruit, et les fleurs, les feuilles et le fruit de la Madeleine blanche; ressemblance réellement assez grande, mais sur laquelle il deviendrait inutile de s'appuyer pour déclarer identiques deux variétés, dont l'une, la Madeleine, dépourvue de glandes et mûrissant au milieu d'août, est à noyau libre, alors que l'autre, le Gros-Pavie Blanc, se mange en septembre, est glanduleuse et possède un noyau des plus adhérents. Je n'ai rien trouvé qui pût me renseigner, quant au lieu de naissance de ce pavie, dont le principal mérite, dans les climats tempérés, consiste à faire, entre les mains des cuisinières, de savoureuses compotes, ou bien encore, coupé par morceaux et confit au sel et au vinaigre, un très-agréable condiment.

Observations. — Il existe un *pavie Blanc admirable*, à fleurs moyennes, à glandes globuleuses, à maturité précoce (premiers jours d'août), et que M. de Mortillet décrit sommairement (*les Meilleurs fruits,* 1865, t. I, p. 212). Nous en parlons ici uniquement pour affirmer qu'il ne saurait être réuni au Gros-Pavie Blanc.

---

81. PÊCHE PAVIE DE BORDEAUX.

Description de l'arbre. — *Bois :* fort. — *Rameaux :* peu nombreux, gros et longs, étalés et arqués, légèrement flexueux, très-exfoliés à la base, vert jaunâtre à l'ombre, rouge vif au soleil. — *Lenticelles :* rares, petites, arrondies. — *Coussinets :* saillants et développés latéralement en arête. — *Yeux :* souvent accompagnés de boutons à fleur, écartés du bois, gros ou très-gros, ovoïdes-obtus, duveteux, aux écailles noirâtres et disjointes. — *Feuilles :* nombreuses, épaisses et coriaces, vert sombre en dessus, vert jaunâtre en dessous, lancéolées-élargies, acuminées en vrille, gaufrées au centre, régulièrement dentées en scie. — *Pétiole :*

gros et court, jaune lavé de carmin, à large cannelure. — *Glandes :* grosses, réniformes, placées sur le pétiole ou sur le limbe des feuilles. — *Fleurs :* grandes et rose tendre.

Fertilité. — Abondante.

Culture. — Sa vigueur et sa belle ramification permettent de le greffer sur tous sujets et de lui donner la forme qu'on désire.

Description du fruit. — *Grosseur :* considérable. — *Forme :* globuleuse, très-régulière, mamelonnée, à sillon large et peu profond. — *Cavité caudale :* très-développée. — *Point pistillaire :* placé de côté sur le sommet du mamelon. — *Peau :* épaisse, fortement attachée à la chair, des plus duveteuses, jaune d'or sur le côté de l'ombre, lavée et fouettée de carmin brunâtre à l'insolation. — *Chair :* jaune intense, croquante, très-ferme, rougeâtre auprès du noyau.— *Eau :* suffisante, sucrée, agréablement acidulée. — *Noyau :* complétement lié à la chair, assez gros, ovoïde-arrondi, bombé, non mucroné, ayant l'arête dorsale très-aplatie.

Pêche Pavie de Bordeaux.

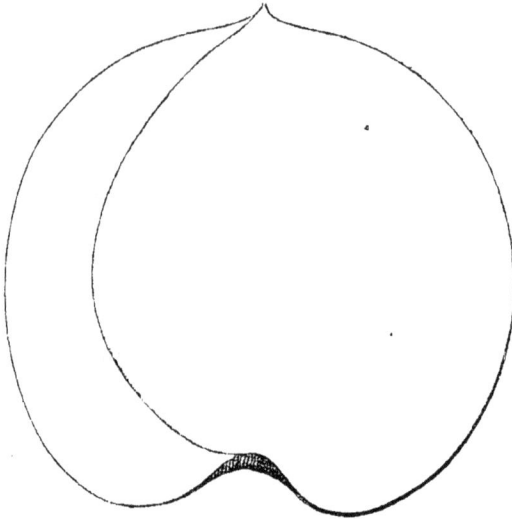

Maturité. — Elle a lieu chez nous, à Angers, fin d'août et commencement de septembre.

Qualité. — Deuxième.

Historique. — C'est un gain assez récent, et d'origine américaine, signalé en 1869 par Charles Downing (p. 602). Le pied-type, provenu d'un noyau rapporté de Bordeaux (France), fut obtenu à New-Bordeaux, district d'Abbeville, dans la Caroline du Sud. Les produits de cette variété conviennent beaucoup pour l'approvisionnement des marchés, en raison de leur volume et de la fermeté de leur chair.

Pêches : PAVIE CAMÉE,

— PAVIE CAMU,

} Synonymes de *Pavie de Pomponne*. Voir ce nom.

Pêche PAVIE CATHERINE. — Voir pêche *Catherine verte*, au paragraphe Observations.

Pêche PAVIS CERISE. — Synonyme de *Nectarine-Cerise*. Voir ce nom.

PÊCHE **PAVIE DE CHANG-HAÏ** (**Synonymes :** 1. *Pêche* DE CHANG-HAÏ, Carrière, *Jardin fruitier du Muséum*, 1872-1875, t. VII. — 2. PAVIE LINDLEY, idem, *Description et classification des variétés de pêchers*, p. 42. — 3. PÊCHE SHANGAE, Downing, *the Fruits and fruit trees of America*, 1869, p. 632). — Dans notre école, le sujet ainsi étiqueté n'était autre que le pêcher de Syrie, plus loin décrit à son rang alphabétique. Il nous devient donc impossible, maintenant, de caractériser le pavier Chang-Haï, variété rencontrée dans la ville même de ce nom, sur les bords du Han-Kiang (Chine), par Robert Fortune, botaniste écossais, et par lui rapportée à Londres en 1844. Elle est encore peu connue de nos horticulteurs, quoiqu'on la dise fort méritante et de maturité assez tardive : mi-septembre. Ses fleurs, d'un beau rose, sont très-grandes, et ses glandes, de deux sortes : la plupart, réniformes, quelques-unes, globuleuses.

PÊCHE **PAVIE CITRON** (**Synonymes :** 1. PAVIE LEMON, Charles Downing, *the Fruits and fruit trees of America*, 1849, p. 496, nº 67. — 2. PAVIE PINE-APPLE, *id. ibid.* — 3. PÊCHE COTTON-APPLE, Dochnahl, *Obstkunde*, 1858, t. III, p. 215, nº 97. — 4. PÊCHE ENGLISCHER LACK, *id. ibid.* — 5. PAVIE KENNEDY'S CAROLINA, *id. ibid.* — 6. PAVIE KENNEDY'S LEMON, *id. ibid.*, p. 216, nº 98. — 7. PAVIE LARGE YELLOW PINE-APPLE, *id. ibid.*, nº 97. — 8. PAVIE MALACOTON, *id. ibid.* — 9. PAVIE MELCATON D'ANVERS, *id. ibid.* — 10. PÊCHE QUITTEN, *id. ibid.*). — Les Américains sont les obtenteurs de ce pavie, et le disent excellent. Il mûrit milieu ou fin de septembre, est gros, faiblement mamelonné, d'un jaune d'or sur le côté de l'ombre et d'un pourpre intense sur celui de l'insolation. Dans le sol angevin il est tellement mauvais, que nous avons cessé de le multiplier. Cette variété possède de grandes fleurs et des glandes réniformes. Elle est, d'après Charles Downing (1849, p. 496), originaire de la Caroline du Sud, d'où la rapporta, avant les guerres de la Révolution, un M. Kennedy, qui habitait New-York.

Observations. — Il existait en France, dès 1670, un pavie Citron, qu'à cette date mentionna le moine Claude Saint-Étienne (p. 132), mais sans aucun détail descriptif ; il devient donc impossible de le retrouver. Son nom, du reste, a depuis lors complétement disparu des Pomologies et des Catalogues ; aussi ne saurait-on supposer qu'entre le Lemon Clingstone des États-Unis et ce pavie Citron il puisse subsister autre chose qu'un rapport homonymique.

PÊCHE **PAVIE CORNU.** — Synonyme de pêche *de Pau.* Voir ce nom ; voir aussi *Pavie de Pomponne*, au paragraphe OBSERVATIONS.

PÊCHE **PAVIE DEMMING.** — En 1860 le pépiniériste P. J. Berckmans nous l'envoyait d'Augusta, ville de l'État de Géorgie (Amérique du Nord). Il s'est montré chez nous si dépourvu de tout mérite, quoiqu'en son pays natal on le dise fort bon, que nous avons fini par le retirer du commerce. De belle grosseur, et sans mamelon, il séduit l'œil par la richesse de son coloris jaune-orange, ponctué de carmin et lavé de pourpre très-vif. Sa maturité a lieu de septembre en octobre. L'arbre, assez rustique, a de grandes fleurs rose pâle et des glandes réniformes.

PÊCHE **PAVIE DUFF JAUNE.** — De même provenance que le pavie Demming, il est, comme lui, sans aucune qualité dans nos terrains, ce qui nous a forcé d'en abandonner aussi la culture. Son arbre, vigoureux et fertile, se couvre de fleurs moyennes, du plus joli rose, et de feuilles dont le pétiole porte de petites glandes globuleuses. Le fruit, volumineux et mamelonné, mûrit vers la fin d'août et sa peau, d'un blanc verdâtre, se colore largement de carmin terne au soleil.

Pêche **PAVIE FLEWELLEN.** — Ce pavie, comme les précédents, sort des pépinières américaines de P. J. Berckmans, et 'n'a pas mieux profité, dans notre établissement, que ne l'ont fait ses congénères. Il a donc fallu le retrancher, à son tour, du nombre des variétés multipliées. C'est un fruit de grosseur au-dessus de la moyenne, à mamelon très-prononcé, à peau fond jaune sale presque entièrement lavé de rouge pâle fouetté de rouge vif et maculé de gris foncé. Il mûrit vers le milieu d'août. L'arbre a de grandes fleurs roses et des feuilles sur le pétiole desquelles apparaissent de grosses glandes réniformes.

82. Pêche PAVIE GAIN DE MONTREUIL.

Synonymes. — *Pêche* Lepère (André Leroy, *Catalogue descriptif et raisonné des arbres fruitiers et d'ornement*, 1865, p. 26, nº 77).

Description de l'arbre. — *Bois :* assez fort. — *Rameaux :* nombreux, érigés au sommet, presque étalés à la base, gros et courts, à peine géniculés, d'un vert jaunâtre à l'ombre, d'un rouge violâtre au soleil. — *Lenticelles :* des plus clair-semées, petites, arrondies, grisâtres. — *Coussinets :* très-ressortis. — *Yeux :* assez volumineux, ovoïdes, faiblement écartés du bois, aux écailles duveteuses, brunes et mal soudées. — *Feuilles :* nombreuses, grandes, vert brunâtre en dessus, vert jaunâtre en dessous, ovales-elliptiques, courtement acuminées, souvent canaliculées, à bords légèrement crénelés. — *Pétiole :* court et très-nourri, rougeâtre en dessous et peu cannelé. — *Glandes :* de deux sortes, les unes réniformes, les autres arrondies. — *Fleurs :* petites, d'un beau rose.

Fertilité. — Abondante.

Culture. — L'espalier, en raison de la végétation modérée de cet arbre, est la forme qui lui convient le mieux ; il réussit toutefois assez bien en plein-vent ; on le greffe sur toute espèce de sujets.

Description du fruit. — *Grosseur :* volumineuse. — *Forme :* globuleuse plus ou moins cylindrique, régulière, peu mamelonnée, à sillon bien marqué. — *Cavité caudale :* très-vaste et très-profonde. — *Point pistillaire :* petit, à fleur de fruit. — *Peau :* assez mince, légèrement duveteuse, s'enlevant sans trop de difficulté, blanc jaunâtre sur le côté de l'ombre, ponctuée et lavée

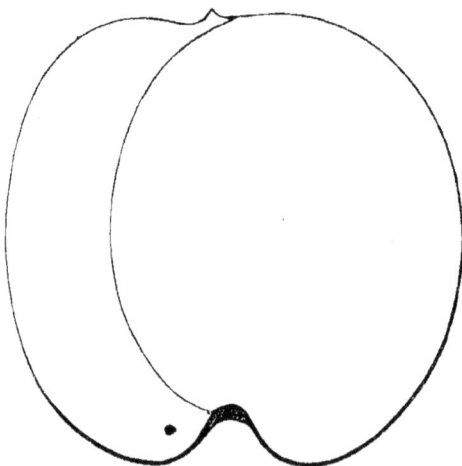

de carmin foncé sur celui de l'insolation. — *Chair :* jaune blanchâtre, fondante, rouge auprès du noyau. — *Eau :* des plus abondantes, bien sucrée, vineuse et agréablement acidulée. — *Noyau :* adhérent, de moyenne force, ovoïde, bombé, ayant l'arête dorsale faiblement tranchante.

Maturité. — Milieu d'août.

Qualité. — Première.

Historique. — Gagné chez un simple particulier, sur le territoire de Montreuil-aux-Pêches, près Paris, ainsi que l'indique son nom, ce beau pavie fut vite connu, grâce à la célébrité de l'arboriculteur qui en acheta la propriété, M. Alexis Lepère, regardé à juste titre comme le plus habile praticien de Montreuil. Il le mit au commerce en 1846 et le décrivit l'année suivante dans les *Annales de Flore et de Pomone* (p. 15). Le pied-type avait donné ses premiers fruits en 1843 ou 1844. M. Hippolyte Langlois n'a rien dit de ce fruit, en 1875, dans son ouvrage intitulé le *Livre de Montreuil-aux-Pêches*.

Observations. — M. de Mortillet (1865, p. 214) s'est demandé si le pavie Gain de Montreuil caractérisé par M. Carrière dans le *Jardin fruitier du Muséum* (t. VII), et dit à glandes réniformes, se rapportait bien à la variété de ce nom propagée par M. Lepère, qui lui donnait des glandes arrondies?... Oui, répondons-nous ; et le désaccord signalé vient uniquement de ce fait, que deux sortes de glandes existent sur les feuilles dudit pavier : les unes globuleuses, les autres réniformes.

———————

Pêche PAVIE GELBE. — Synonyme de *Pavie Alberge jaune*. Voir ce nom.

———————

83. Pêche PAVIE GEORGIA.

Description de l'arbre. — *Bois :* très-fort. — *Rameaux :* nombreux, étalés, très-gros et très-longs, légèrement géniculés, exfoliés à la base, vert jaunâtre lavé de rouge sur le côté de l'ombre, rouge terne maculé de taches brunes ou grises à l'insolation. — *Lenticelles :* abondantes, grandes, arrondies, grises et squammeuses. — *Coussinets :* des plus saillants et se prolongeant latéralement en arête. — *Yeux :* souvent flanqués de boutons à fleur, volumineux, écartés du bois, coniques-pointus, aux écailles brunes et disjointes. — *Feuilles :* nombreuses, de grandeur moyenne, vert gai en dessus, vert mat en dessous, planes, ovales-allongées, très-longuement acuminées en vrille, profondément dentées et surdentées. — *Pétiole :* court et très-fort, tomenteux, carminé, à cannelure large et prononcée. — *Glandes :* faisant complétement défaut. — *Fleurs :* grandes et d'un rose tendre.

Fertilité. — Remarquable.

Culture. — Greffé sur franc, amandier ou prunier, il végète admirablement et devient très-beau sous toutes les formes ; toutefois l'espalier lui convient mieux quand on veut obtenir des fruits richement colorés ; ce qui n'aurait pas lieu sur un plein-vent.

Description du fruit. — *Grosseur* : moyenne. — *Forme* : globuleuse, non mamelonnée, aplatie à la base, à sillon étroit et profond. — *Cavité caudale* : fort évasée. — *Point pistillaire* : des plus

Pêche Pavie Georgia.

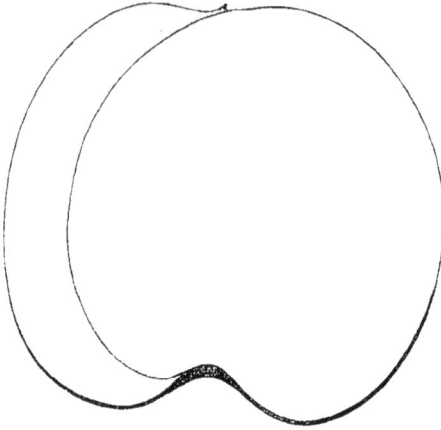

petits, occupant le centre d'une Jaible dépression. — *Peau* : épaisse, s'enlevant avec une grande difficulté, légèrement cotonneuse, jaune clair sur la face placée à l'ombre et lavée de carmin sur celle qui frappe le soleil. — *Chair* : blanchâtre, ferme, à peine teintée de rose près du noyau. — *Eau* : suffisante, sucrée, presque douce. — *Noyau* : très-adhérent, assez gros, ovoïde, bombé, bien mucroné, ayant l'arête dorsale peu prononcée.

MATURITÉ. — Fin d'août.

QUALITÉ. — Deuxième.

Historique. — Originaire de l'État de Géorgie (Amérique du Nord), comme l'indique son nom, ce pavie nous fut, en 1860, envoyé par M. P. J. Berckmans, pépiniériste habitant Augusta, ville de cette même contrée.

Observations. — C'est erronément que le célèbre arboriculteur anglais John Scott, range en 1872, dans son *Orchardist* (p. 230), le pavie Georgia parmi les synonymes de la *pêche* Exquisite, également provenue de Géorgie. Non-seulement pêche et pavie ne sauraient être réunis, mais encore ce pêcher est à glandes globuleuses et à petites fleurs, quand, précisément, notre pavier, lui, ne porte aucune espèce de glandes et possède de grandes fleurs.

PÊCHE **PAVIE GRAND-MÈLECOTON.** — Synonyme de *Pavie de Pomponne*. Voir ce nom.

PÊCHE **PAVIE GRAND-MIRECOTON JAUNE.** — Synonyme de *Pavie Jaune*. Voir ce nom.

PÊCHE **PAVIE GROS-JAUNE ET ROUGE.** — Synonyme de *Pavie Alberge jaune*. Voir ce nom.

PÊCHE **PAVIE GROS-MÈLECOTON.** — Voir *Pavie Mèlecoton (Gros-)*.

PÊCHE **PAVIE GROS-PERSÈQUE ROUGE.** — Voir *Pavie Persèque*, ou *Persique*, *rouge (Gros-)*.

PÊCHE **PAVIE GRÜNE.** — Synonyme de *Pavie Alberge jaune*. Voir ce nom.

---

84. PÊCHE PAVIE HEATH.

Synonymes. — *Pêches* : 1. FINE HEATH (Thompson, *Catalogue of fruits cultivated in the garden of the horticultural Society of London*, 1826, p. 83, n° 189 ; — A. J. Downing, *the Fruits and fruit trees of America*, 1849, p. 494, n° 64). — 2. HEATH CLINGSTONE (A. J. Downing, *ibidem*). — 3. RED HEATH (*Id. ibid.*). — 4. WHITE ENGLISH (Ch. Downing, *ibidem*, 1869, p. 616).

Description de l'arbre. — *Bois :* fort. — *Rameaux :* peu nombreux, étalés et légèrement arqués, gros, longs, non géniculés, exfoliés à la base, vert clair à l'ombre, marron lavé de rouge terne au soleil. — *Lenticelles :* clair-semées, petites, arrondies, blanchâtres. — *Coussinets :* faiblement ressortis. — *Yeux :* flanqués parfois de boutons à fleur et collés sur le bois, volumineux, coniques raccourcis, ayant les écailles noirâtres et assez bien soudées. — *Feuilles :* nombreuses, de grandeur moyenne, vert brillant en dessus, vert mat en dessous, ovales-allongées, longuement acuminées, gaufrées au centre, ondulées sur les bords, qui sont plutôt crénelés que dentés. — *Pétiole :* gros, de longueur moyenne, légèrement tomenteux, étroitement cannelé. — *Glandes :* moyennes et réniformes. — *Fleurs :* petites et roses.

FERTILITÉ. — Ordinaire.

CULTURE. — Il faut, afin d'en augmenter la vigueur, le greffer de préférence sur amandier et le mettre en espalier ; le franc et le prunier lui conviennent aussi ; mais il fait généralement, sur ces sujets, de médiocres plein-vent.

Description du fruit. — *Grosseur :* moyenne. — *Forme :* ovoïde plus ou moins raccourcie, souvent inéquilatérale, mamelonnée, à sillon prononcé régnant sur les deux faces. — *Cavité caudale :* peu développée. — *Point pistillaire :* très-petit et saillant. — *Peau :* épaisse, très-duveteuse, soudée à la chair, d'un blanc jaunâtre faiblement nuancé de rose à l'insolation. — *Chair :* blanc jaunâtre ou verdâtre, ferme, croquante et très-fine. — *Eau :* suffisante, bien sucrée, quelque peu parfumée. — *Noyau :* excessivement adhérent, gros, ovoïde-allongé, ayant les joues presque plates et l'arête dorsale modérément saillante.

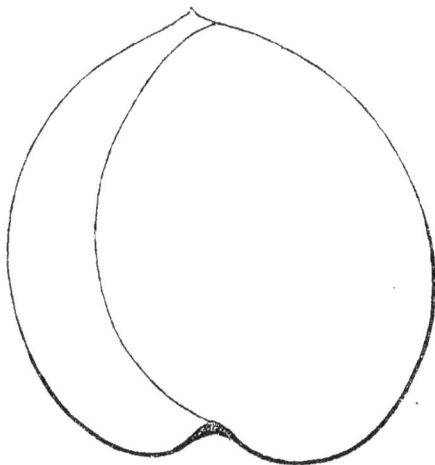

MATURITÉ. — Commencement et courant d'octobre.

QUALITÉ. — Deuxième.

Historique. — Coxe, pomologue américain, fut le premier descripteur de ce fruit, très-bon en son pays natal, le Maryland (Amérique du Nord), mais de médiocre qualité chez nous, sauf dans nos départements méridionaux. Selon Coxe (*View of the cultivation of fruit trees*, 1817, p. 228), M. Daniel Heath l'obtint, vers 1800, d'un noyau qu'il avait rapporté d'une ville sise sur les bords de la Méditerranée, et dont il n'indique pas le nom.

85. Pêche PAVIE HENRIETTA.

Description de l'arbre. — *Bois :* assez faible. — *Rameaux :* peu nombreux, érigés, longs et grêles, droits, vert lavé de rouge à l'ombre, rouge sombre taché de noir à l'insolation. — *Lenticelles :* rares, petites, arrondies. — *Coussinets :* bien sortis et prolongés en arête. — *Yeux :* écartés du bois, souvent accompagnés de boutons à fleur, de grosseur moyenne ou petits, coniques-pointus, aux écailles légèrement cotonneuses et disjointes. — *Feuilles :* rarement abondantes, petites ou moyennes, vert sombre en dessus, vert clair en dessous, ovales-allongées, longuement acuminées, planes, bordées de larges dents que surmonte un cil noirâtre. — *Pétiole :* long et grêle, tomenteux, rouge violacé, à cannelure étroite et profonde. — *Glandes :* petites et réniformes, collées sur le pétiole. — *Fleurs :* petites, roses.

Fertilité. — Très-grande.

Culture. — Sur franc, amandier ou prunier, il fait des arbres d'une vigueur assez soutenue, mais il exige l'espalier et l'exposition au midi, autrement ses produits n'arriveraient pas à maturité.

Description du fruit. — *Grosseur :* moyenne. — *Forme :* ovoïde-arrondie, régulière, mamelonnée, à sillon peu prononcé. — *Cavité caudale :* très-évasée et assez profonde. — *Point pistillaire :* petit. — *Peau :* épaisse, fortement duveteuse, se détachant avec une extrême difficulté, unicolore : blanchâtre teintée de jaune. — *Chair :* blanc sale, ferme et croquante. — *Eau :* suffisante, bien sucrée, ayant un arrière-goût légèrement astringent. — *Noyau :* des plus adhérents, moyen, ovoïde, peu bombé, non mucroné, à l'arête dorsale assez développée.

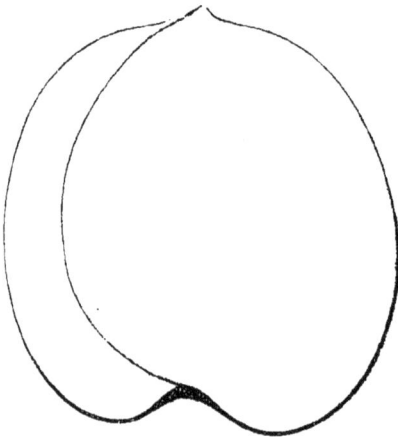

Maturité. — Commencement d'octobre.

Qualité. — Deuxième.

Historique. — Le pavie Henrietta nous fut envoyé d'Amérique en 1860, comme gain récent, par le pépiniériste Berckmans, d'Augusta (Géorgie), ville aux environs de laquelle il est fort répandu, et même où il mûrit beaucoup plus tôt qu'ici, puisqu'on l'y mange dès la fin d'août. Cette variété doit être assez rare encore en son pays natal, car les pomologues américains, les principaux, du moins, ne la mentionnent pas.

Pêche PAVIE HERO OF TIPPECANOE. — Synonyme de *Pavie Tippécanoé.* Voir ce nom.

PÊCHE **PAVIE JAUNE.** — Synonyme de *Pavie Alberge jaune.* Voir ce nom.

PÊCHE **PAVIE JAUNE DE CAZÈRES.** — Synonyme de *Pavie du Puy.* Voir ce nom; voir aussi *Pavie Jaune,* au paragraphe OBSERVATIONS.

PÊCHE **PAVIE JAUNE HATIF.** — Synonyme de *Pavie Mirlicoton.* Voir ce nom.

PÊCHE **PAVIE JAUNE ROYAL.** — Synonyme de *Pavie Alberge jaune.* Voir ce nom.

PÊCHES : PAVIE KENNEDY'S CAROLINA,

— PAVIE KENNEDY'S LEMON,

— PAVIE LARGE YELLOW PINE APPLE,

— PAVIE LEMON,

Synonymes de *Pavie Citron.* Voir ce nom.

PÊCHE **PAVIE LINDLEY.** — Synonyme de *Pavie de Chang-Haï.* Voir ce nom.

PÊCHE **PAVIE MADELEINE.** — Synonyme de *Pavie Blanc (Gros-).* Voir ce nom.

PÊCHE **PAVIE MALACOTON.** — Synonyme de *Pavie Citron.* Voir ce nom.

PÊCHE **PAVIE MELCATON.** — Synonyme de *Pavie Mirlicoton.* Voir ce nom.

PÊCHE **PAVIE MELCATON D'ANVERS.** — Synonyme de *Pavie Citron.* Voir ce nom.

PÊCHE **PAVIE MÈLECOTON (GROS-).** — Synonyme de *Pavie de Pomponne.* Voir ce nom.

PÊCHE **PAVIE MÈLECOTON JAUNE.** — Synonyme de *Pavie Jaune.* Voir ce nom.

Pêche PAVIE MÈLECOTON ROUGE. — Synonyme de *Pavie de Pomponne.* Voir ce nom.

_____

Pêche PAVIE MERLICOTON BLANC. — Synonyme de *Pavie Blanc (Gros-).* Voir ce nom.

_____

Pêche PAVIE MIRECOTTON. — Synonyme de *Pavie Mirlicoton.* Voir ce nom.

_____

Pêche PAVIE MIRLICOTON (**Synonymes** : 1. Pavie Mirecotton, le Lectier, d'Orléans, *Catalogue des arbres cultivés dans son verger et plant,* 1628, p. 31. — 2. Pêche Mellicoton, Triquel, prieur de Saint-Marc, *Instruction pour les arbres fruitiers,* 1659, p. 151. — 3. Pavis Morin, dom Claude Saint-Étienne, *Nouvelle instruction pour connaitre les bons fruits, selon les mois de l'année,* 1670, p. 136. — 4. Pavis Jaune hatif, *id. ibid.,* p. 133. — 5. Pêche Putain fardée, de Lacour, *les Agréments de la campagne,* 1752, t. II, pp. 82-83. — 6. Pêche Melecathon, Dittrich, *Systematisches Handbuch der Obstkunde,* 1840, t. II, p. 350, n° 47. — 7. Pêche Melcaton, *id. ibid.* — 8. Pavie Melcaton, *id. ibid.*). — L'arbre de cette variété n'a jamais figuré dans nos jardins, non plus que chez les pépiniéristes de la France septentrionale, où ses produits, quoique volumineux et beaux, n'arrivent jamais à maturité. Et ce n'est pas d'aujourd'hui qu'on renonce généralement à cultiver le pavie Mirlicoton, puisqu'en 1690 Merlet (p. 29) en signalait déjà l'abandon. Les Hollandais, eux aussi, doivent l'avoir à peu près proscrit; Lacour, un de leur pomologues, disait effectivement, en 1752 : « On appelle ce Mirlicoton, pêche *Putain fardée,* parce « qu'elle est belle et agréablement colorée, reste dure comme une pomme, n'a « point de goût, et cependant fait un beau coup d'œil lorsqu'on la voit pendre « encore à l'arbre, dans le mois de septembre, où elle commence à se pourrir « avant que de mûrir. » (T. II, pp. 82-83.). Le *Catalogue du verger* de le Lectier, d'Orléans, paru le 20 décembre 1628, nous apprend (p. 31) qu'alors il existait trois pavies Mirlicoton, un Blanc, un Jaune, puis un autre, appelé de Jarnac, de son lieu d'origine, probablement. Quant au Jaune coloré de carmin, celui dont il s'agit ici, il porta d'abord le nom de pavie Morin; le moine Claude Saint-Étienne l'affirmait en 1670 : « *Pavis Morin,* déclarait-il, c'est Mirlicoton. » (P. 136.) Doit-on voir dans le Morin qui vécut en ces temps-là, l'obtenteur de cet ancien fruit?.... Nous l'ignorons, mais la chose ne serait pas impossible, ou simplement qu'on le lui eût dédié, ce Morin ayant laissé la réputation d'un arboriculteur très-éclairé, ayant même publié divers ouvrages, notamment une *Instruction facile pour connoistre toutes sortes d'Orangers et Citronniers,* ainsi qu'un *Traité de la taille des arbres fruitiers* (1674). — Pour tous autres détails sur l'historique du terme Mirlicoton, nous renvoyons à notre article Pêches Mirlicoton, et aux mots Brugnon et Pavie.

Observations. — Par erreur typographique, il a été imprimé, page 102 du présent volume, que « *Pêche Commune,* avait pour synonymes, pêche *de Corbeil* et pêche *Mirecotton.* » La pêche Commune est uniquement la pêche de Corbeil, ainsi que nous le démontrons dans notre histoire générale du genre pêcher. Et personne, assurément, ne voudrait nous accuser de la croire sortie du Pavie, fruit dont la chair adhère si fortement au noyau, qu'on ne saurait l'en détacher : caractère que toutes les cultures imaginables ne pourront jamais modifier.

_____

Pêche PAVIE MIRLICOTON BLANC. — Synonyme de *Pavie Blanc (Gros-).* Voir ce nom.

_____

Pêches : PAVIE MONSTROUS,

— PAVIE MONSTROUS OF POMPONNE,

Synonymes de *Pavie de Pomponne*. Voir ce nom.

— PAVIE MONSTRUEUX,

— PAVIE MONSTRUEUX DE POMPONNE,

Pêche PAVIS MORIN. — Synonyme de *Pavie Mirlicoton*. Voir ce nom.

86. Pêche PAVIE MUY-SWANTZEL.

Description de l'arbre. — *Bois* : fort. — *Rameaux* : nombreux, érigés, gros et longs, non géniculés, exfoliés, surtout à la base, jaune verdâtre à l'ombre et rouge sanguin au soleil. — *Lenticelles* : rares, petites, blanches, arrondies. — *Coussinets* : saillants et se prolongeant en arête. — *Yeux* : sensiblement écartés du bois, volumineux, ovoïdes-pointus, aux écailles duveteuses, brunes, bordées de noir et mal soudées. — *Feuilles* : nombreuses, de grandeur variable, vert brillant en dessus, vert blanchâtre en dessous, lancéolées-élargies, longuement acuminées en vrille, fortement crénelées et dentées sur leurs bords. — *Pétiole* : gros, de longueur moyenne, très-rigide, largement cannelé, sanguin en dessous. — *Glandes* : réniformes, assez volumineuses, placées sur le pétiole ou sur le limbe inférieur de la feuille. — *Fleurs* : grandes et roses.

Fertilité. — Satisfaisante.

Culture. — Il croît également bien sur franc, amandier ou prunier, et fait sous toutes formes d'assez jolis arbres.

Description du fruit. — *Grosseur* : moyenne. — *Forme* : globuleuse, comprimée à la base, légèrement mamelonnée, à sillon bien marqué, régnant sur les deux côtés. — *Cavité caudale* : très-vaste et très-profonde. — *Point pistillaire* : petit, plus ou moins saillant. — *Peau* : mince, fortement attachée à la chair, duveteuse, d'un blanc verdâtre lavé, strié et ponctué de rose à l'insolation. — *Chair* : blanchâtre, fondante, quoique compacte, rarement teintée de rouge près du noyau. — *Eau* : abondante, sucrée, agréablement acidulée et parfumée. — *Noyau* : des plus adhérents, moyen, ovoïde, peu bombé, ayant l'arête dorsale fort émoussée et faiblement ressortie.

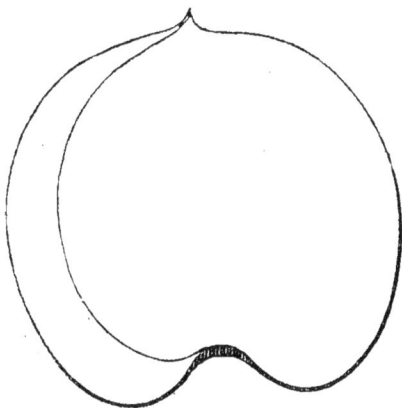

MATURITÉ. — Fin juillet.

QUALITÉ. — Première.

Historique. — Le pépiniériste D. Dauvesse, d'Orléans, fut l'importateur, en France, de cette variété qu'il tira d'Amérique vers 1850. Elle est encore peu répandue, et mérite cependant une place chez les collectionneurs et les jardiniers, vu sa maturité précoce et son savoureux parfum. Les pomologues américains, à notre grand étonnement, n'en font aucune mention.

———

PÊCHE PAVIE DE PAMERS. — Synonyme de *Pavie de Pamiers*. Voir ce nom.

———

87. PÊCHE PAVIE DE PAMIERS.

Synonymes. — *Pêches :* 1. PAVIS PERSECQ ROUGE (dom Claude Saint-Étienne, *Nouvelle instruction pour connaître les bons fruits, selon les mois de l'année,* 1670, p. 137). — 2. GROS-PAVIS ROUGE (*Id. ibid.,* pp. 137 et 141). — 3. PAVIS TESSANCOURT (*Id. ibid.*). — 4. PAVIE PERSEC (Calvel, *Traité complet sur les pépinières,* 1805, t. II, p. 242). — 5. PAVIE PERSEGO (*Id. ibid.*). — 6. PÊCHE HARTLING VON PAMERS (Dittrich, *Systematisches Handbuch der Obstkunde,* 1841, t. III, p. 301, nᵒ 35). — 7. PAVIE DE PAMERS (*id. ibid.;* — et Couverchel, *Traité des fruits,* 1852, p. 416). — 8. PAVIE DE TONNEINS (de quelques pépiniéristes, 1853). — 9. PAVIE DE TONNEUX (André Leroy, *Catalogue descriptif et raisonné des arbres fruitiers et d'ornement,* 1853, p. 24, nᵒ 49). — 10. PAVIE ROUGE DE CANNES (Paul de Mortillet, *les Meilleurs fruits,* 1865, t. I, p. 213).

Description de l'arbre. — *Bois :* de force moyenne. — *Rameaux :* peu nombreux, étalés, gros et longs, non flexueux, amplement exfoliés à la base, vert blanchâtre à l'ombre, rouge terne au soleil. — *Lenticelles :* clair-semées, petites, brunes, arrondies. — *Coussinets :* très-ressortis, prolongés latéralement en arête. — *Yeux :* souvent accompagnés de boutons à fleur, écartés du bois, gros, coniques-aigus, aux écailles disjointes, grises et bordées de noir. — *Feuilles :* assez abondantes, plutôt grandes que moyennes, vert brillant en dessus, vert blafard en dessous, ovales-allongées, très-longuement acuminées, à bords largement et profondément crénelés et dentés. — *Pétiole :* de grosseur et longueur moyennes, très-flexible, étroitement cannelé. — *Glandes :* de deux sortes, les unes réniformes, les autres globuleuses. — *Fleurs :* petites et d'un rose vif.

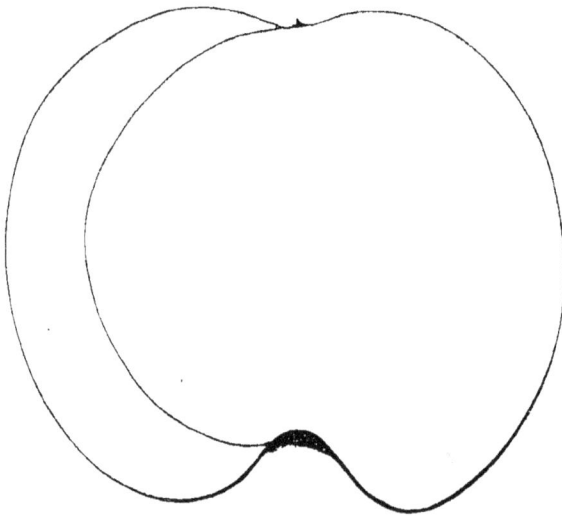

FERTILITÉ. — Convenable.

CULTURE. — On le greffe indistinctement sur prunier, amandier ou franc; ses arbres sont beaux et surtout très-rustiques, soit en espalier, soit en plein-vent.

Description du fruit. — *Grosseur :* considérable. — *Forme :* sphérique, régulière, comprimée aux pôles, non mamelonnée, à sillon large et bien accusé. — *Cavité caudale :* excessivement prononcée. — *Point pistillaire :* placé au centre d'une assez vaste dépression. — *Peau :* épaisse, tenant fortement à la chair, finement duveteuse, d'un blanc grisâtre et rosé sur le côté placé à l'ombre, et presque entièrement lavée de carmin foncé sur celui de l'insolation. — *Chair :* jaune blanchâtre, ferme, croquante, sanguinolente autour du noyau. — *Eau :* assez abondante, sucrée, acidulée, douée d'un savoureux parfum. — *Noyau :* des plus adhérents, gros, ovoïde, très-bombé, courtement mucroné, ayant l'arête dorsale émoussée.

MATURITÉ. — Milieu et fin de septembre.

QUALITÉ. — Première.

Historique. — C'est un des rares pavies qui généralement mûrissent assez bien dans plusieurs de nos départements de l'Ouest, où son énorme volume et son beau coloris le font rechercher avec soin. Très-ancien, puisqu'il existait avant 1650, il est originaire, sinon du comté de Foix, tout au moins du Languedoc ou de la Gascogne, ainsi que l'indiquent les noms Persec, pavie de Pamiers (Ariége), pavie de Tonneins (Lot-et-Garonne). Enfin une autre de ses dénominations, pavie de Tessancourt, qui date de 1660 environ, rappelle évidemment certaine localité de Seine-et-Oise dans laquelle il fut d'abord cultivé, quand on l'importa du Midi de la France sous le climat de Paris. Le moine dom Claude Saint-Étienne le signala, et de telle sorte qu'il serait très-difficile de ne pas le reconnaître :

« *Persecq Rouge,* ou *Gros-Pavis Rouge,* dit d'aucuns le *Pavis Tessancourt* — expliqua-t-il en 1670 — est bon vers la fin de septembre, rond, et gros comme le poing; est d'un rouge brun, et de couleur de chair dessus, et blanc dedans, mais d'un rouge fort brun autour du noyau, qui y tient; la fleur en est petite et rouge. » (*Nouvelle instruction pour connaître les bons fruits, selon les mois de l'année,* p. 137.)

En appelant « *Persecq,* » ce pavie, Claude Saint-Étienne commit une regrettable confusion de termes. Le noyau du Persec (voir ci-dessus, page 44) se détache, en effet, complétement de la chair, tandis que celui du Pavie fait toujours corps avec elle. Méprise, du reste, qui se perpétua dans la pomologie, et si bien, qu'en 1805 le savant Calvel la reproduisait encore en parlant de ce fruit, sur lequel, même, il donnait de nouveaux, d'intéressants renseignements :

« Le *Pavie de Pamiers* — disait-il — est appelé, dans le langage vulgaire, PERSEC ou PENSEGO..... La latitude et le sol de Pamiers et de ses environs contribuent à lui donner, dans ce pays, un goût qu'une température moins favorable ne saurait lui procurer. Il y est naturalisé..... Il est aussi beaucoup répandu dans les environs de Toulouse..... Les fleurs de ce pavier sont petites, d'un rouge vif un peu foncé. Le fruit est fort gros. J'en ai eu de plus de 21 centimètres de circonférence. Il se colore d'un beau rouge au soleil..... Il faut le peler au couteau, comme une pomme..... Quoique sa chair soit ferme, elle est très-fondante, d'une eau abondante et sucrée; elle est blanche, mais d'un rouge très-foncé autour du noyau. Elle mûrit au commencement d'août, et à Paris trois semaines plus tard. » (*Traité complet sur les pépinières,* t. II, pp. 242-243.)

Observations. — Le pavie de Pamiers est vendu souvent pour le pavie de
Pomponne, aussi gros, aussi bon, qui mûrit à peu près en même temps, et dont
les caractères extérieurs se prêtent assez bien à cette petite fraude. On la déjouera,
cependant, en n'oubliant pas que le Pomponne possède un mamelon, tandis que
le Pamiers, au contraire, en est entièrement dépourvu. Quant aux arbres de ces
variétés, impossible de les confondre, le premier ayant de petites fleurs et deux
sortes de glandes, et le second, décrit ci-après, étant à très-grandes fleurs puis,
uniquement, à glandes globuleuses.

Pêche PAVIE DE PAU. — Synonyme de pêche *de Pau*. Voir ce nom.

Pêche PAVIE PERSAIS D'ANGOUMOIS. — Synonyme de *Pavie Alberge jaune*.
Voir ce nom.

Pêche PAVIE PERSEC. — Synonyme de *Pavie de Pamiers*. Voir ce nom.

Pêche PAVIE PERSECQ BLANC. — Synonyme de *Pavie Blanc (Gros-)*. Voir ce
nom.

Pêche PAVIS PERSECQ ROUGE. — Synonyme de *Pavie de Pamiers*. Voir ce
nom.

Pêche PAVIE PERSÉE JAUNE. — Synonyme de *Pavie Alberge jaune*. Voir ce
nom.

Pêche PAVIE PERSEGO. — Synonyme de *Pavie de Pamiers*. Voir ce nom.

Pêche PAVIE PERSÈQUE JAUNE. — Synonyme de *Pavie Alberge jaune*. Voir
ce nom.

Pêches : PAVIE PERSÈQUE ROUGE (GROS-),

— PAVIE PERSIQUE ROUGE (GROS-),

Synonymes de *Pavie de Pomponne*. Voir ce nom.

Pêche PAVIE PETIT-ALBERGE JAUNE. — Voir *Pavie Alberge jaune (Petit-)*.

Pêche PAVIE PINE-APPLE. — Synonyme de *Pavie Citron*. Voir ce nom.

---

88. Pêcher PAVIER PLEUREUR.

Synonymes. — *Pêcher :* 1. Catros (le baron de Férussac, *Bulletin des sciences agricoles et économiques*, 1828, t. IX, p. 271). — 2. Pleureur (Carrière, *Description et classification des variétés de pêchers*, 1867, pp. 51-52).

Description de l'arbre. — *Bois :* fort, mais excessivement sec et cassant. — *Rameaux :* peu nombreux, très-arqués, repliés sur eux-mêmes, gros, assez longs, géniculés, exfoliés à la base, vert jaunâtre à l'ombre, rouge terne au soleil. — *Lenticelles :* clair-semées, petites, carminées, arrondies ou linéaires. — *Coussinets :* aplatis. — *Yeux :* faiblement écartés du bois, volumineux, ovoïdes-arrondis, aux écailles noires et bien soudées. — *Feuilles :* petites ou moyennes, vert clair en dessus, vert blanchâtre en dessous, lancéolées-élargies, très-courtement acuminées, à bords largement crénelés. — *Pétiole :* court et grêle, tomenteux, étroitement cannelé. — *Glandes :* grosses, réniformes, placées sur le pétiole. — *Fleurs :* petites, roses.

Fertilité. — Satisfaisante.

Culture. — Comme arbre pleureur, le plein vent est la forme qu'il réclame, afin de laisser retomber gracieusement ses rameaux, ce qui produit toujours un très-bel effet; aussi ne saurait-il s'accommoder de l'espalier.

Description du fruit. — *Grosseur :* au-dessous de la moyenne. — *Forme :* globuleuse assez régulière, mais quelquefois, aussi, légèrement ovoïde, non mamelonnée, à sillon étroit et peu profond. — *Cavité caudale :* très-évasée, de profondeur moyenne.— *Point pistillaire :* placé de côté dans une faible dépression. — *Peau :* épaisse, très-duveteuse, bien attachée, verdâtre sur le côté de l'ombre, jaune clair sur celui de l'insolation. — *Chair :* d'un blanc verdâtre, dure, très-croquante, un peu rosée près du noyau. — *Eau :* assez abondante, à peine sucrée, trop acidulée, entachée d'un arrière-goût herbacé. — *Noyau :* des plus adhérents, souvent très-mal formé, volumineux, ovoïde-allongé, courtement mucroné, bien bombé, ayant les arêtes ventrale et dorsale émoussées et généralement non soudées, ce qui laisse apparaître l'amande.

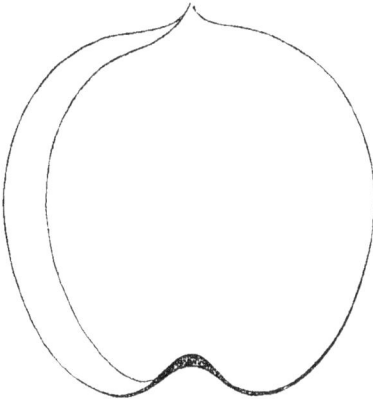

Maturité. — Fin septembre.

Qualité. — Troisième ou deuxième, selon le climat.

Historique. — Dès 1825 ce curieux pavier était déjà connu, et peu après on le signalait comme originaire des côtes que la Méditerranée baigne en notre pays.

Ce fut le baron de Férussac qui en parla le premier, dans son *Bulletin*, très-répandu, *des sciences agricoles et économiques* :

« M. Catros, horticulteur à Bordeaux — disait-il en 1828 — a trouvé ce pêcher sur les bords de la mer du Midi de la France. Il donne de bons fruits. Ses branches, très-pliantes, tombent et pendent presque perpendiculairement au sol, comme celles du frêne et du saule pleureurs, ce qui les rend fort pittoresques. On le multiplie de graines sans qu'il dégénère, ou en le greffant sur les autres pêchers. » (T. IX, p. 271.)

La singularité du pavier Pleureur, l'a seule fait propager; s'il n'avait eu pour le recommander, que la bonté de ses fruits, on n'aurait pas tardé à l'oublier; mais il figure aujourd'hui dans presque tous les parcs et les jardins d'agrément, où sa capricieuse ramification est réellement d'un charmant effet.

Pêche PAVIE-POMME. — Synonyme de *Pavie Blanc* (*Gros-*). Voir ce nom.

Pêche PAVIE DE POMPON. — Synonyme de *Pavie de Pomponne*. Voir ce nom.

---

89. Pêche PAVIE DE POMPONNE.

Synonymes. — *Pêches :* 1. Pavie Monstrueux (Merlet, *l'Abrégé des bons fruits*, 1667, p. 43; — et la Quintinye, *Instruction pour les jardins fruitiers et potagers*, 1690, t. I, pp. 425 et 450). — 2. Persique de Pompone (dom Claude Saint-Étienne, *Nouvelle instruction pour connaître les bons fruits, selon les mois de l'année*, 1670, p. 138). — 3. Pavie Rouge de Pomponne (dom Gentil, *le Jardinier solitaire*, 1705, p. 72; — et Duhamel, *Traité des arbres fruitiers*, t. II, p. 37). — 4. Pavie Camu (Duhamel, *ibid.*). — 5. Pavie Rouge (*l'Agronome, ou la Maison rustique mise en forme de dictionnaire*, 1770, t. III, pp. 31 et 37). — 6. Grande Pêche Française (Herman Knoop, *Fructologie*, Iᵣₑ partie, 1771, p. 79). — 7. Monstrueuse (*Id. ibid.*). — 8. Pomponne (*Id. ibid.*). — 9. Pavie Camée (Mayer, *Pomona Franconica*, 1776, t. II, p. 361). — 10. Pavis de Pompon (Pierre Leroy, d'Angers, *Catalogue de ses jardins et pépinières*, 1790, p. 27). — 11. Pavie Monstrueux de Pomponne (J. V. Sickler, *der Teutsche Obstgärtner*, 1804, t. XXII, p. 241). — 12. Riesen von Pomponne (*Id. ibid.*). — 13. Pavie Grand-Mèlecoton (de Launay, *le Bon-Jardinier*, 1807, p. 142). — 14. Pavie Mèlecoton rouge (*Id. ibid.*). — 15. Pavie Gros-Persèque rouge (*Id. ibid.*). — 16. Pavie Monstrous of Pompone (Thompson, *Catalogue of fruits cultivated in the garden of the horticultural Society of London*, 1826, p. 79, n° 129). — 17. Gros-Pavie Mèlecoton (Lindley, *Guide to the orchard and kitchen garden*, 1831, p. 275, n° 56). — 18. Pavie Gros-Persique rouge (*Id. ibid.*). — 19. Gros-Pavie de Pomponne (Thompson, *ibid.*, 1842, p. 117). — 20 Pêche-Poire de Pomponne (Victor Paquet, *Traité de la conservation des fruits*, 1844, p. 293). — 21. Pavie Monstrous (A. J. Downing, *the Fruits and fruit trees of America*, 1849, p. 498, n° 73). — 22. Monströser Lieblings (Dochnahl, *Obstkunde*, 1858, t. III, p. 207, n° 66). — 23. Polyphem (*Id. ibid.*). — 24. Pavie Royal (*Id. ibid.*). — 25. Pavie Anna Brun (Paul de Mortillet, *les Meilleurs fruits*, 1865, t. I, p. 207). — 26. Pavie Téton de Vénus (*Id. ibid.*).

Description de l'arbre. — *Bois :* faible. — *Rameaux :* nombreux, légèrement étalés à la base, érigés au sommet, de grosseur et longueur moyennes, sensiblement exfoliés à leur extrémité inférieure, vert jaunâtre à l'ombre et rouge-cramoisi au soleil. — *Lenticelles :* clair-semées, arrondies ou linéaires, grises et proéminentes. — *Coussinets :* bien développés, se prolongeant latéralement en arête. — *Yeux :* accompagnés de boutons à fleur, très-écartés du bois, volumineux, coniques-pointus, cotonneux, aux écailles brunes et disjointes. —

Feuilles : généralement assez grandes, vert jaunâtre en dessus, vert glauque en dessous, ovales-allongées, acuminées en vrille, régulièrement et peu profondément bordées de dents que surmonte un cil marron. — *Pétiole :* gros, très-court et tomenteux, sanguin en dessous, étroitement cannelé. — *Glandes :* globuleuses, placées sur le pétiole ou sur le limbe des feuilles. — *Fleurs :* très-grandes et d'un rose assez tendre.

Fertilité. — Ordinaire.

Culture. — De bonne végétation, on le greffe sur franc, amandier ou prunier, et il y fait, sous toutes formes, de jolis arbres ; cependant l'espalier favorise essentiellement la grosseur et la qualité de ses produits.

Description du fruit. — *Grosseur :* considérable. — *Forme :* ovoïde plus ou moins arrondie, mamelonnée, à sillon prononcé. — *Cavité caudale :* profonde, très-évasée. — *Point pistillaire :* très-petit, placé sur le sommet du mamelon. — *Peau :* soudée à la chair, excessivement duveteuse, blanchâtre sur le côté de l'ombre, mais amplement lavée de rose foncé sur celui frappé par le soleil. — *Chair :* blanchâtre, ferme, croquante et très-sanguinolente autour du noyau. — *Eau :* abondante, bien sucrée, agréablement acidulée et très-savoureuse. — *Noyau :* entièrement adhérent et assez volumineux,

Pêche Pavie de Pomponne.

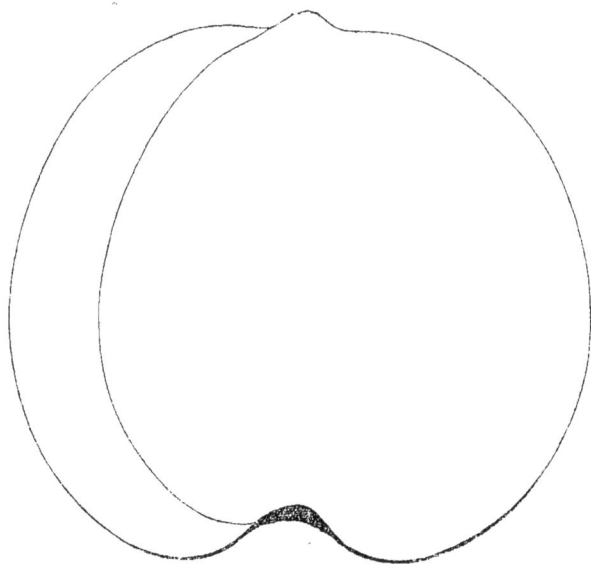

ovoïde, légèrement bombé, courtement mucroné, ayant l'arête dorsale presque unie et non coupante.

Maturité. — Vers la mi-septembre.

Qualité. — Première.

Historique. — Robert Arnauld d'Andilly, le célèbre amateur d'arboriculture dont nous avons longuement parlé déjà, dans notre article sur la Nectarine Blanche d'Andilly (voir page 180), fut l'obtenteur et le propagateur de ce pavier, dont il cueillit les premiers fruits vers 1655, dans son beau domaine de Pomponne (Seine-et-Marne). La Quintinye, qui tenait en grande estime cette variété, la recommanda si chaudement, à son apparition, qu'en peu de temps elle prit place aux espaliers des courtisans de Louis XIV. Voici du reste comment il s'exprimait sur ce bon, sur ce volumineux fruit, en 1680, alors qu'il préparait ses fameuses *Instructions*, dont l'impression eut lieu seulement après sa mort, par les soins de son fils :

« L'année 1676 — écrivait-il — nous a donné de merveilleux Pavies, et particulierement de ceux qui portent le nom de *Monstrueux* et de *Pompone*. C'étoit l'illustre pere de tous les honnêtes jardiniers qui avoit eu le premier, en sa maison de Pompone, et l'avoit ensuite multiplié chez tous les curieux..... Le Pavie Rouge de Pompone est d'une grosseur surprenante, ayant quelquefois jusqu'à *treize ou quatorze pouces de tour*, et étant du plus beau coloris du monde. En vérité rien n'est si agreable, que d'en voir une assez bonne quantité à un bel arbre d'espalier ; les yeux en sont presque éblouis, et quand ils sont bien meurs, et cela par un beau temps, un jardin est fort honoré de les avoir, une main fort satisfaite de les tenir, et une bouche fort réjoüie de les manger. » (*Instruction pour les jardins fruitiers et potagers*, 1690, t. I, pp. 425 et 450.)

Ce que dit ici la Quintinye, du développement énorme dont est parfois susceptible le pavie de Pomponne, paraîtra peut-être surprenant à quelques personnes, mais qui modifieront leur sentiment, pensons-nous, quand elles auront entendu Louis Bosc, ancien directeur du Jardin des Plantes de Paris, affirmer dans le *Dictionnaire d'agriculture* publié en 1809 (t. IX, pp. 481-482), « qu'à Vérone « (Lombardie), là où le jardinage est dans l'enfance, il a mangé des Pavies auprès « desquels *le pavie de Pomponne*, que sa grosseur fait si souvent remarquer sur « nos tables, *n'auroit paru qu'un avorton !* » — Très-commune dans la Dordogne, surtout aux environs de Bergerac, cette variété figure aussi chez tous les amateurs, chez tous nos principaux pépiniéristes. Et nous tenions d'autant mieux à l'établir, qu'en 1867 le Congrès pomologique (*Procès-Verbaux*, p. 31) avait déclaré « que le pavie de Pomponne ne se rencontrait plus dans les cultures. »

Observations. — Il existe un *Gros-Pavie Rouge*, identique avec le pavie de Pamiers, et dont la maturité concorde avec celle du Pomponne, de la grosseur duquel il se rapproche souvent aussi ; mais leurs arbres sont très-distincts, puisque le Pamiers a de petites fleurs et deux sortes de glandes : des réniformes et des globuleuses, quand l'autre, au contraire, possède de très-grandes fleurs et une seule espèce de glandes : des globuleuses. Ce Gros-Rouge m'a bien l'air, du reste, du pavie *Rouge monstrueux* caractérisé en 1865 par M. de Mortillet (t. I, p. 209), qui, de plus, en est l'unique parrain. — En 1831 le pomologue anglais Lindley (p. 275, n° 56) attribua fautivement, au pavie de Pomponne, le synonyme pavie *Cornu*, acquis depuis 1670 à la pêche de Pau, ci-devant décrite (voir page 204) ; et c'était à signaler, car cet auteur, qui jouit d'un juste renom, est souvent consulté. — Parmi les nombreux surnoms de cette même variété, j'en dois signaler un encore à l'attention, *Pavie Téton de Vénus*, ayant cours dans le Gard, le Vaucluse, les Bouches-du-Rhône, et bien fait pour amener quelque fâcheuse confusion entre lui et l'ancienne *pêche* de ce nom, plus loin décrite. — Enfin je remets en évidence pour qu'on essaie de le retrouver, ce qui nous a été impossible, un *Petit-Pavie Rouge*, ou *Petit-Pavie de Pomponne*, dont Fillassier donnait ce signalement, en 1791 :

« Cette variété — disait-il — ressemble entièrement au Pavier de Pomponne par sa vigueur, par son port, par ses feuilles et ses très-grandes fleurs, et n'en diffère que par quelques accidents dans la forme du fruit, moitié moins volumineux, un peu aplati, et profondément sillonné vers l'ombilic, dénué de mamelon. Ce fruit est bien arrondi vers le pédoncule, implanté dans un enfoncement ovale, étroit et très-profond..... Peau, rouge très-foncé au soleil, rouge plus clair et jaune clair à l'ombre..... Chair, succulente, très-vineuse, blanche, mais marbrée de pourpre à l'insolation et près du noyau..... Mûrit à la fin d'octobre. » (*Dictionnaire du jardinier français*, t. II, p. 353.)

Pêche PAVIE DE POMPONNE (GROS-). — Synonyme de *Pavie de Pomponne*. Voir ce nom.

Pêche PAVIE DE POMPONNE (PETIT-). — Voir *Pavie de Pomponne*, au paragraphe Observations.

90. Pêche PAVIE DU PUY.

Synonyme. — Pavie Jaune de Cazères (Calvel, *Traité complet sur les pépinières*, 1805, t. II, p. 244, n° 45).

Description de l'arbre. — *Bois :* fort. — *Rameaux :* peu nombreux, érigés, gros et assez longs, non géniculés, couverts d'exfoliations à la base, rouge terne du côté de l'insolation, vert jaunâtre sur celui de l'ombre. — *Lenticelles :* assez abondantes, petites, blanches, arrondies ou linéaires. — *Coussinets :* saillants. — *Yeux :* très-écartés du bois, parfois formant éperon, gros, coniques-pointus, aux écailles grises et mal soudées. — *Feuilles :* nombreuses, grandes, épaisses, vert brillant en dessus, vert mat en dessous, lancéolées élargies, longuement acuminées en vrille, à bords régulièrement dentés. — *Pétiole :* court et bien nourri, sanguin en dessous, à cannelure prononcée. — *Glandes :* réniformes. — *Fleurs :* petites et d'un rose assez intense.

Fertilité. — Satisfaisante.

Culture. — Il réussit sur tous sujets et sous toutes formes, mais l'espalier, cependant, lui vaut mieux que le plein-vent, tant sous le rapport de la beauté que de la production.

Description du fruit. — *Grosseur :* moyenne. — *Forme :* globuleuse, irrégulière, faiblement mamelonnée, à sillon peu marqué. — *Cavité caudale :* assez profonde et très-évasée. — *Point pistillaire :* petit et saillant. — *Peau :* mince, fort duveteuse, jaune-paille ponctué de rose sur la face placée à l'ombre, rouge clair fouetté de carmin sur le côté regardant le soleil. — *Chair :* jaunâtre, dure, croquante, filamenteuse, marbrée de carmin et de jaune intense auprès du noyau. — *Eau :* très-abondante et très-sucrée, vineuse, imprégnée du plus agréable parfum. — *Noyau :* soudé à la chair, de grosseur moyenne, arrondi, bombé, ayant l'arête dorsale coupante et ressorti.

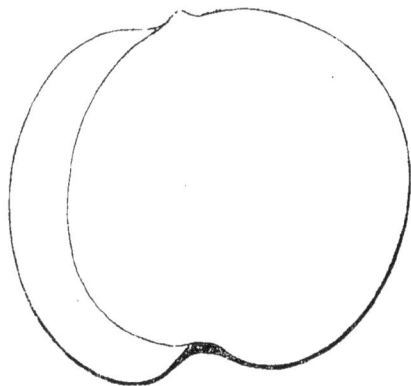

Maturité. — Vers la fin de septembre ou le commencement d'octobre.

Qualité. — Première, parmi les Pavies.

Historique. — Nous recevions de Bordeaux, en 1858, ce pavie, qui paraît né dans la Gironde, soit au Puy, dont il porte actuellement le nom, soit à Cazères, localité du département des Landes confinant à la Gironde, et de laquelle il reçut aussi la dénomination. Toujours est-il qu'en 1805, déjà propagé, il avait pour premier descripteur Étienne Calvel, l'agronome si connu :

« J'ai cultivé — disait cet écrivain — le *Pavie Jaune de Cazères*, avec soin, et j'en ai obtenu des fruits délicieux, d'une eau parfumée et sucrée. Les caractères de l'arbre ont assez de conformité avec ceux du pavie de Pamiers. Les fleurs sont plus pâles, la peau plus fine, ainsi que son duvet; elle se colore de rouge au soleil. La chair est de la couleur à peu près d'un Abricot-Pêche; elle est marbrée de rouge et de jaune vers le noyau. Elle mûrit à peu près à l'époque du pavie de Pamiers. » (*Traité complet sur les pépinières*, p. 244, n° 45.)

Le pavie du Puy, ou de Cazères, n'est pas des plus répandus, quoiqu'il mérite certes une place de choix à l'espalier, non pour sa grosseur, qui n'atteint jamais l'énorme volume de son congénère le Pamiers, mais pour son exquise saveur. On peut l'utiliser pour l'alimentation des marchés, car il supporte parfaitement le transport.

———

Pêche **PAVIE RAMBOUILLET.** — Synonyme de pêche *Rambouillet*. Voir ce nom.

———

Pêche **PAVIE ROND DE MAGDELAINE.** — Synonyme de *Pavie Blanc* (*Gros*-). Voir ce nom.

———

Pêche **PAVIE ROUGE.** — Synonyme de *Pavie de Pomponne*. Voir ce nom.

———

Pêches : **PAVIE ROUGE DE CANNES,**

— **PAVIE ROUGE (GROS-),**   } Synonymes de *Pavie de Pamiers*. Voir ce nom.

———

Pêches : **PAVIE ROUGE MONSTRUEUX,**

— **PAVIE ROUGE (PETIT-),**   } Voir *Pavie de Pomponne*, au paragraphe OBSERVATIONS.

———

Pêches : **PAVIE ROUGE DE POMPONNE,**

— **PAVIE ROYAL,**   } Synonymes de *Pavie de Pomponne*. Voir ce nom.

———

Pêche **PAVIE SAINTE-CATHERINE.** — Synonyme de *Pavie Alberge jaune*. Voir ce nom; voir aussi pêche *Catherine verte*, au paragraphe OBSERVATIONS.

———

PÊCHE **PAVIE SEMIS BERNÈDE.** — Synonyme de *Pavie Bernède*. Voir ce nom.

PÊCHE **PAVIS DE TESSANCOURT.** — Synonyme de *Pavie de Pamiers*. Voir ce nom.

PÊCHE **PAVIE TÉTON DE VÉNUS.** — Synonyme de *Pavie de Pomponne*. Voir ce nom.

---

91. PÊCHE **PAVIE TIPPÉCANOÉ.**

Synonymes. — 1. PAVIE HERO OF TIPPECANOE (A. J. Downing, *the Fruits and fruit trees of America*, 1849, p. 499, n° 75). — 2. PÊCHE TIPPICANOE (John Scott, *Orchardist*, 1872, p. 227).

Description de l'arbre. — *Bois :* de moyenne force. — *Rameaux :* peu nombreux, étalés à la base, érigés au sommet, longs, assez grêles, sensiblement flexueux, vert jaunâtre à l'ombre, rouge sombre au soleil. — *Lenticelles :* rares, petites, arrondies, carminées. — *Coussinets :* très-accusés et se prolongeant latéralement en arête. — *Yeux :* parfois flanqués de boutons à fleur, faiblement écartés du bois, volumineux, coniques-pointus, aux écailles cotonneuses, noirâtres et mal soudées. — *Feuilles :* nombreuses, de grandeur moyenne, vert brillant en dessus, vert mat en dessous, lancéolées-élargies, assez longuement acuminées, gaufrées, bordées de fines dents qui toutes sont surmontées d'un cil marron. — *Pétiole :* court et très-gros, carminé en dessous et largement cannelé. — *Glandes :* réniformes, très-grosses. — *Fleurs :* assez petites, d'un beau rose.

FERTILITÉ. — Convenable.

CULTURE. — Sa vigueur modérée le rend plus propre à l'espalier qu'au plein-vent; il pousse bien sur tous les sujets.

Description du fruit. — *Grosseur :* moyenne. — *Forme :* globuleuse, légèrement comprimée aux pôles, rarement bien mamelonnée, à sillon plus apparent sur un côté que sur l'autre. — *Cavité caudale :* profonde, évasée. — *Point pistillaire :* très-faible et généralement presque saillant. — *Peau :* mince, duveteuse, quittant difficilement la chair, à fond jaune clair amplement maculé de rouge foncé vers le sommet du fruit, sur la partie placée au soleil. — *Chair :* jaunâtre, marbrée de blanc, ferme, des plus fibreuses, sanguinolente auprès du noyau. — *Eau :* assez abondante, douceâtre, peu sucrée, sans parfum. — *Noyau :* très-adhérent, ovoïde-arrondi, bien rustiqué, généralement aplati, ayant l'arête dorsale plus ou moins coupante et plus ou moins ressortie.

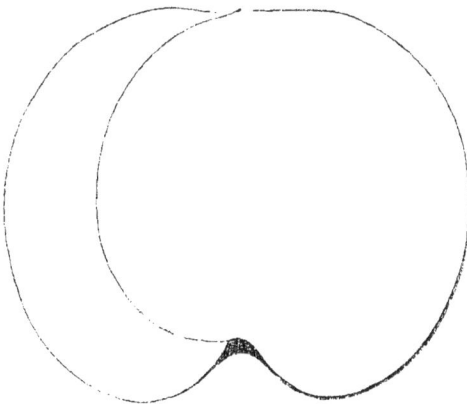

Maturité. — Vers le milieu de septembre.

Qualité. — Troisième.

Historique. — Le pavie Tippécanoé porte le nom d'un comté des Etats-Unis situé dans l'Indiana. Downing, qui l'a signalé en 1849 (p. 499), nous dit que M. George Thomas, de Philadelphie, en fut l'obtenteur (vers 1838), et le présenta pour la première fois, dès 1840, à la Société d'Horticulture de cette dernière ville. Nous le multiplions depuis 1860, mais notre sol ne lui convient pas : il lui enlève complétement cette bonne saveur vineuse, « good vinous flavour, » qui le fait rechercher des Américains.

Pêches : PAVIE DE TONNEINS,

— PAVIE DE TONNEUX,

) Synonymes de *Pavie de Pamiers*. Voir ce nom.

Pêche PAVIE DE TOULON. — Synonyme de *Pavie Alberge jaune.* Voir ce nom.

Pêche PAYSANNE. — Synonyme de pêche *Double de Troyes.* Voir ce nom.

Pêches : DE PEAU,

— PERCOUP,

) Synonymes de pêche *de Pau.* Voir ce nom.

Pêche PERSE. — Synonyme de *Pavie Alberge jaune.* Voir ce nom.

Pêche PERSE-NOIX. — Synonyme de *Nectarine Violette tardive.* Voir ce nom.

Pêches PERSÉQUES (ou *Parciquié, Perciquié, Persec, Persecq, Perseguié, Persic*). — Ce nom, dérivé de *Perseguié*, qui appartient au patois languedocien, s'est originairement dit, et se doit toujours dire, d'une sorte de pêches à chair non adhérente au noyau; sorte qu'en 1805 M. Delon, de Nismes, érudit très-apte à traiter cette question, décrivit ainsi, sur la demande de l'abbé Grégoire, principal annotateur de l'édition d'Olivier de Serres, alors publiée par la Société d'Agriculture de Paris :

« Le *Perseguié*, ou *Passegrié* — écrivait-il — est cultivé dans les vignes, et presque abandonné à la nature; il vient de noyau, et on ne le greffe pas; son fruit est moins gros que le Pavie. Sa couleur est ordinairement jaune, quelquefois blanche, même à l'époque de sa maturité; sa chair est très-juteuse. Dans les pays plus tempérés que chauds, le suc est très-légèrement acide; *le noyau se détache* et paroît souvent gâté ou rongé des vers, ce qui provient, peut-être, de l'aridité ordinaire du sol des vignes. Cette espèce s'améliore et change beaucoup dans les jardins arrosables. » (T. II, pp. 499-500.)

Ce fut donc très-erronément, on le voit, que nombre de nos pomologues, vers la fin du xviii° siècle, méconnaissant la véritable acception du mot *Perseguié,* ou *Persèque,* appelèrent ainsi maints Pavies, maintes Alberges, même, espèces dont la chair, précisément, repoussait bien loin un tel nom, elle qui fait corps avec le noyau !... La pêche Persèque, restée confinée dans certaines parties du Midi de la France, ne se trouve pas en pépinière, où vainement on la réclamerait. Mais nous croyons, au reste, qu'entre elle et la pêche de Vigne, proprement dite, il ne saurait exister de notables différences. (Consulter aussi nos articles *Pêches Alberges,* pp. 43-44, et *Pavie, Pavier,* pp. 206-208.)

PÊCHES : PERSÈQUE ALLONGÉE,

——————— Synonymes de pêche *Persique.* Voir ce nom.

— PERSÈQUE (GROSSE-),

PÊCHE PERSÈQUE JAUNE-ORANGE. — Synonyme de *Pavie Alberge jaune.* Voir ce nom.

PÊCHE PERSERIN. — Synonyme de pêche *Persique.* Voir ce nom.

PÊCHE PERSIQUE (**Synonymes.** *Pêches :* 1. NIVETTE FAUSSE, Société Économique de Berne, *Traité des arbres fruitiers,* 1768, t. I, p. 202. — 2. POIRE-COUPE, l'*Agronome ou la Maison rustique mise en forme de dictionnaire,* 1770, t. III, p. 32. — 3. GROSSE-PERSÈQUE, de Launay, *le Bon-Jardinier,* 1808, p. 127. — 4. PERSÈQUE ALLONGÉE, *id. ibid.* — 5. GROSSE--PERSIANERIN, Dochnahl, *Obstkunde,* 1858, t. III, p. 215, n° 96. — 6. PERSERIN, *id. ibid.* — 7. PERSIQUE TRÈS-GROSSE, *id. ibid.* — 8. PERSISCHER-LACK, *id. ibid.*) — Anciennement on cultivait une Persique blanche, que dom Claude Saint-Étienne, en 1670 (p. 137), connut fort bien, et disait être à chair non adhérente au noyau, et de maturité assez précoce : « après la my-aoust. » Cette pêche, il le faut croire, reçut alors quelqu'autre nom ou resta fort peu dans les jardins, car on en perd immédiatement la trace. Aucun rapport, en effet, n'existe entre elle et la Persique de Merlet (1667), la Quintinye (1690) et Duhamel (1768), venue jusqu'à nous, mais dont la multiplication en pépinière ne saurait avoir lieu dans l'Ouest de la France, ce fruit très-tardif y mûrissant fort rarement, même à parfaite exposition. Je l'ai longtemps possédé, sans pouvoir le manger sain et complétement mûr : dès la fin de septembre il pourrissait généralement sur l'arbre, qui est à petites fleurs d'un rose assez pâle, et à feuilles munies de glandes globuleuses. Au xviii° siècle les Chartreux, de Paris, se plaignaient beaucoup de la confusion qui se faisait, de cette pêche, avec la Nivette veloutée, qu'ils surnommèrent Nivette véritable pour rendre plus difficile une telle confusion. J'avoue, quant à moi, mal comprendre pareille méprise sous le climat de Paris, où la Nivette veloutée mûrit, comme ici (Angers), vers la mi-septembre au plus tard, alors que la Persique, elle, ne saurait être, de quinze jours encore, pour le moins, détachée de l'espalier..... Cette pêche Persique, dont le nom est parfaitement justifié (voir notre article pêches *Persèques,* p. 235), puisqu'elle a le noyau très-libre, très-séparé de la chair, serait provenue, d'après dom Gentil, l'auteur du *Jardinier solitaire* (1705, p. 70), d'un noyau de la pêche de Pau ; version acceptée plus tard (1738) par la

Rivière et du Moulin, qui la reproduisirent dans leur *Méthode pour bien cultiver les arbres à fruit et pour élever des treilles* (p. 271). Quoique ces pomologues n'aient rien dit du lieu où poussa le pied-type, nous croyons volontiers que ce fut, comme pour la pêche de Pau, dans le Béarn.

Observations. — Le botaniste Fée, commentateur de Pline en 1831 (édition Panckoucke), a dit que la *Persica Duracina* du naturaliste romain était identique avec la pêche Persique de Duhamel. C'est là une erreur formelle, ce dernier fruit ayant, répétons-le, la chair non adhérente au noyau, tandis que l'autre, affirme Pline, a le noyau tellement soudé à la chair, qu'on ne peut l'en séparer (t. IX, pp. 417, 419, 463). Mais, sur ce point, nous renvoyons, pour plus amples détails probants, à l'historique des termes *Pavie, Pavier,* pages 206-208 du présent volume.

PÊCHE PERSIQUE BLANCHE. — Voir pêche *Persique,* puis aussi le mot *Persèque.*

PÊCHE PERSIQUE A GROS FRUIT BLANC. — Synonyme de *Pavie Blanc (Gros-).* Voir ce nom.

PÊCHE PERSIQUE DE POMPONE. — Synonyme de *Pavie de Pomponne.* Voir ce nom.

PÊCHE PERSIQUE RONDE. — Synonyme de pêche *de Pau.* Voir ce nom.

PÊCHES : PERSIQUE TRÈS-GROSSE,

— PERSISCHER-LACK,

Synonymes de pêche *Persique.* Voir ce nom.

PÊCHE PERUVIANERIN. — Synonyme de pêche *Chevreuse hâtive.* Voir ce nom.

PÊCHE PETITE-ALBERGE. — Synonyme de pêche *Rossanne.* Voir ce nom.

PÊCHE PETITE-AVANT-PÊCHE BLANCHE. — Voir *Avant-Pêche blanche (Petite-)* et *Avant-Pêche blanche.*

PÊCHE PETITE-MADELEINE DE LYON. — Voir *Madeleine de Lyon (Petite-).*

PÊCHE PETITE-MIGNONNE HATIVE. — Voir *Mignonne hâtive (Petite).*

Pêche PETITE - MIGNONNETTE. — Voir *Mignonnette (Petite-)*.

Pêche PETITE-PRÉCOCE. — Synonyme de pêche *Double de Troyes*. Voir ce nom.

Pêche PETITE - ROSANNE. — Voir *Rosanne (Petite-)*.

Pêche PETITE - ROSSANE ABRICOTÉE. — Voir *Rossane abricotée (Petite-)*.

Pêche PETITE - ROUSSANNE. — Voir *Roussanne (Petite-)*.

Pêche PETITE-VIOLETTE HATIVE. — Voir *Violette hâtive (Petite-)*.

Pêche PHILADELPHIA FREESTONE. — Synonyme de pêche *Morris blanche*. Voir ce nom.

Pêche des PIERROTS. — Voir pêche *de Vigne*, au paragraphe Observations.

Pêche PLATE DE CHINE. — Importée de Chine en Angleterre, l'an 1820, par les soins de la Société d'Horticulture de Londres, cette pêche, plus curieuse que bonne, est à peine connue chez nous, quoiqu'elle y ait été signalée, cependant, dès 1824 par le baron de Férussac, en son *Bulletin des sciences agricoles et économiques* (t. I, p. 55). Petite et d'une forme qui rappelle celle de la tomate, elle a la peau blanchâtre à l'ombre et quelque peu colorée au soleil ; sa chair, d'un jaune blafard, ne se nuance, près du noyau, d'aucune teinte carminée, et son eau douceâtre et légèrement amère n'a vraiment rien de délicat. L'arbre, très-vigoureux, a de petites fleurs roses et des feuilles à glandes réniformes.

Pêcher PLEUREUR. — Synonyme de *Pavier Pleureur*. Voir ce nom.

Pêche POINTUE. — Synonyme de pêche *Nivette veloutée*. Voir ce nom.

Pêches POIRE - COUPE. — Synonymes de *Pavie Alberge jaune* et de pêche *Persique*. Voir ces noms.

Pêche - POIRE DE POMPONNE. — Synonyme de *Pavie de Pomponne*. Voir ce nom.

Pêche POLIE. — Synonyme de *Brugnon Violet musqué*. Voir ce nom.

Pêche POLYPHEM. — Synonyme de *Pavie de Pomponne*. Voir ce nom.

Pêche-POMME. — Synonyme de *Pavie Blanc (Gros-)*. Voir ce nom.

Pêche POMPONNE. — Synonyme de *Pavie de Pomponne*. Voir ce nom.

Pêche de PORTUGAL. — Voir *Chancelière*, au paragraphe Observations.

Pêche POT. — Synonyme de pêche *Nain*. Voir ce nom.

Pêche de POT. — Synonyme de pêche *de Pau*. Voir ce nom.

Pêche POURPRE. — Synonyme de pêche *Rossanne*. Voir ce nom.

---

92. Pêche POURPRE DORÉE.

Synonyme. — *Pêche* Golden Purple (P. J. Berckmans, d'Augusta (États-Unis), *Descriptive catalogue of fruit and ornamental trees*, 1858, p. 12).

Description de l'arbre. — *Bois :* assez fort. — *Rameaux :* peu nombreux, érigés, de longueur et grosseur moyennes, très-exfoliés à la base, vert jaunâtre à l'ombre, rouge terne au soleil. — *Lenticelles :* assez rares, petites, arrondies, grisâtres, proéminentes. — *Coussinets :* saillants et se prolongeant en arête. — *Yeux :* souvent flanqués de boutons à fleur, appliqués sur le bois, moyens et coniques-pointus, aux écailles duveteuses, grises et légèrement disjointes. — *Feuilles :* généralement assez grandes, vert sombre panaché de jaune blafard en dessus, vert blanchâtre en dessous, ovales-allongées, très-longuement acuminées, à bords crénelés et dentés, dont chacune des dents est surmontée d'un cil marron. — *Pétiole :* gros et court, cannelé et carminé. — *Glandes :* globuleuses, très-petites, placées sur le pétiole. — *Fleurs :* petites, d'un rose assez intense.

Fertilité. — Ordinaire.

Culture. — Pour activer sa végétation il faut le greffer sur amandier et lui donner place à l'espalier; le plein-vent ne saurait lui convenir.

Description du fruit. — *Grosseur :* moyenne. — *Forme :* globuleuse, inéquilatérale, non mamelonnée, à sillon prononcé. — *Cavité caudale :* large et très-profonde. — *Point pistillaire :* saillant et des plus petits. — *Peau :* mince, se détachant aisément, fort duveteuse, jaune d'or sur le côté de l'ombre, amplement lavée de pourpre à l'insolation. — *Chair :* jaune verdâtre, fine, fondante, à peine sanguinolente autour du noyau. — *Eau :* excessivement abondante, sucrée, acidulée, délicatement parfumée. — *Noyau :* non adhérent, gros, bombé, très-rustiqué, ayant la pointe terminale presque nulle et l'arête dorsale modérément ressortie.

Pêche Pourprée hâtive.

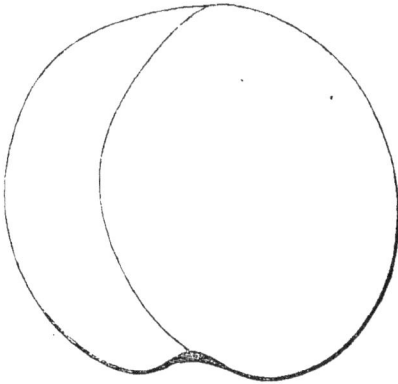

MATURITÉ. — Fin juillet ou commencement d'août.

QUALITÉ. — Première.

Historique. — Originaire de l'État de Georgia (Amérique), d'où elle nous fut, en 1860, adressée d'Augusta par le pépiniériste P. J. Berckmans, cette excellente pêche, et ceci nous étonne infiniment, n'a pas encore été décrite, non-seulement chez nous, mais même chez les Américains. Porterait-elle donc maintenant, en son pays natal, quelque nouvelle dénomination qui nous aurait empêché de la reconnaître?.... Nous avons, sans succès, essayé de le savoir. Constatons toutefois que dès 1826 la Société d'Horticulture de Londres possédait dans son jardin de Chiswick, sous le n° 66, une Golden Purple dont le secrétaire Thompson, en 1842 (*Catalogue*, p. 113), déclarait la culture abandonnée; mais ce ne saurait être, assurément, notre Pourpre dorée, puisqu'il la disait de troisième qualité et mûrissant vers le milieu de septembre.

PÊCHE POURPRE PRINTANIÈRE. — Synonyme de pêche *Pourprée hâtive.* Voir ce nom.

PÊCHES POURPRÉE. — Synonymes de pêche *Nivette veloutée*, de pêche *Rossanne* et de pêche *Vineuse hâtive.* Voir ces noms.

PÊCHE POURPRÉE A GRANDES FLEURS. — Synonyme de pêche *Pourprée hâtive.* Voir ce nom.

PÊCHE POURPRÉE (GROSSE-). — Synonyme de pêche *Pourprée tardive.* Voir ce nom.

PÊCHES POURPRÉE HATIVE. — Synonymes de pêche *Madeleine hâtive* et de pêche *Mignonne* (*Grosse-*). Voir ces noms.

93. Pêche POURPRÉE HATIVE.

Synonymes. — *Pêches :* 1. Véritable Pourprée hative (Duhamel, *Traité des arbres fruitiers,* 1768, t. II, p. 16). — 2. Véritable Pourprée hative a Grandes Fleurs (*Id ibid.*). — 3. Pourpre printanière (Miller, *Dictionnaire des jardiniers,* traduit de l'anglais par de Chazelles et Holandre, 1786, t. V, pp. 474 et 478). — 4. Belle-Pourprée (Pierre Leroy, d'Angers, *Catalogue de ses jardins et pépinières,* 1790, p. 27). — 5. Pourprée a Grandes Fleurs (Fillassier, *Dictionnaire du jardinier français,* 1791, t. II, p. 335). — 6. Purpurfärbige Spät (J. V. Sickler, *Teutscher Obstgärtner,* 1797, t. VIII, p. 308). — 7. Early Purple (Thompson, *Catalogue of fruits cultivated in the garden of the horticultural Society of London,* 1826, p. 80, n° 138). — 8. True Early Purple (*Id. ibid.*). — 9. Du Vin (*Id. ibid.*). — 10. 'Johnson's Early Purple (Lindley, *Guide to the orchard and kitchen garden,* 1831, p. 263, n° 35). — 11. Johnson's Purple Avant (*Id. ibid.*). — 12. Neil's Early Purple (*Id. ibid.*). — 13. Padley's Early Purple (*Id. ibid.*). — 14. Purple Avant (*Id. ibid.*). — 15. Fardée (Dochnahl, *Obstkunde,* 1858, t. III, p. 203, n° 42). — 16. Früher Purpur (*Id. ibid.*). — 17. Desse (Carrière, *le Jardin fruitier du Muséum,* 1872-1875, t. VII). — 18. Desse hative (*Id. ibid.*). — 19. Hative Desse (*Id. ibid.*).

Description de l'arbre. — *Bois :* de force moyenne. — *Rameaux :* nombreux, étalés, longs et grêles, légèrement flexueux, très-exfoliés à la base, d'un beau vert sur le côté de l'ombre et d'un rouge terne sur celui frappé par le soleil. — *Lenticelles :* clair-semées, petites, arrondies. — *Coussinets :* peu ressortis. — *Yeux :* volumineux, collés sur l'écorce, ovoïdes-pointus ou coniques-aplatis, aux écailles noirâtres et mal soudées. — *Feuilles :* rarement abondantes, petites ou moyennes, épaisses, vert glauque en dessus, vert blanchâtre en dessous, lancéolées-élargies, courtement acuminées, gaufrées au centre, régulièrement bordées de petites dents surmontées d'un cil brun. — *Pétiole :* court et grêle, rougeâtre en dessous, à cannelure étroite et profonde. — *Glandes :* de deux sortes, les unes réniformes, les autres globuleuses. — *Fleurs :* très-grandes et d'un rose vif.

Fertilité. — Abondante.

Culture. — Sur tous sujets et sous toutes formes il végète admirablement et fait de jolis arbres ; mais si l'on veut hâter la maturité de ses produits, il le faut mettre en espalier.

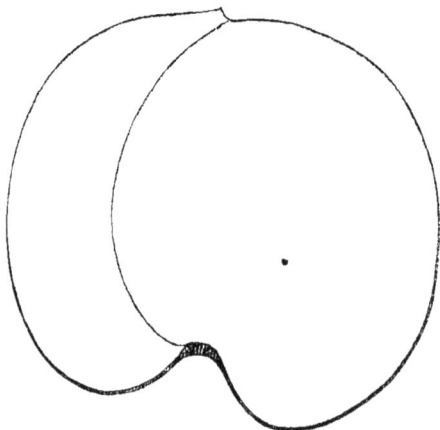

Description du fruit. — *Grosseur :* au-dessus de la moyenne et parfois plus volumineuse. — *Forme :* globuleuse plus ou moins régulière, faiblement mamelonnée, à sillon bien accusé. — *Cavité caudale :* très-large et très-profonde. — *Point pistillaire :* petit et placé de côté sur le sommet du mamelon. — *Peau :* assez fine, quittant aisément la chair, fortement duveteuse, jaune clair verdâtre à l'ombre, ponctuée et lavée de rouge terne à l'insolation. — *Chair :* blanchâtre, fondante, quelque peu sanguinolente au centre. — *Eau* : très-abondante, sucrée, délicieusement acidulée et parfumée. — *Noyau* : non adhérent, assez gros et ovoïde, bombé, ayant l'arête dorsale modérément coupante et développée.

MATURITÉ. — Fin juillet et commencement d'août.

QUALITÉ. — Première.

Historique. — Ces derniers temps, M. Eugène Forney (1861, *le Jardinier fruitier*, t. II, p. 113) a dit que la pêche Pourprée hâtive avait eu Merlet, en 1690, pour premier descripteur. Cette assertion du savant pomologue doit être relevée, car elle manque entièrement d'exactitude. En 1690 Merlet, dans son *Abrégé des bons fruits* (p. 26), parla bien d'une pêche Pourprée, oui, mais ce fut uniquement de la Nivette veloutée, que déjà, même, il avait caractérisée dans son édition de 1675 (pp. 37 et 38), où je lis : « La *Nivette* ou la Pourprée est grosse, presque « ronde, d'un rouge-brun velouté, fort charnuë, d'un tres bon goust, charge « bien, VIENT ASSEZ TARD, et est des meilleures et des plus recherchées. » Ici donc, le doute ne peut même se produire ; on voit aussitôt que, dans cette pêche qui « VIENT ASSEZ TARD, » il ne s'agit pas de la Pourprée HATIVE, mûrissant fin juillet, mais de la Nivette, dite aussi Pourprée, comme nous l'indiquons, au reste, à l'article concernant cette variété (pp. 197-199). Il faut alors restituer à dom Gentil, directeur en 1704 de la pépinière des Chartreux de Paris, le mérite d'avoir signalé puis propagé ce fruit, gagné peut-être dans l'établissement arboricole des religieux. Je le trouve, en effet, décrit et mentionné dès 1705 dans la seconde édition du *Jardinier solitaire*, œuvre d'habile praticien due à ce personnage, et qui eut pour but principal d'aider à répandre et cultiver les nombreuses |plantes, les nombreux arbres élevés par les Chartreux : « La *Pourprée hâtive* — y fait-on « observer — est grosse et d'un beau rouge, son goût est tres-fin et délicieux ; « c'est une des plus excelentes pesches ; elle se mange à la fin de juillet et dans « le mois d'aoust. » (Page 67.) Et plus loin (page 70) dom Gentil parle également de la Nivette, mûre à la mi-septembre, ajoute-t-il ; ce qui montre surabondamment que les Chartreux ne la confondaient pas avec la Pourprée hâtive, ainsi appelée pour sa précocité et pour la jolie couleur de sa peau, qui souvent même pénètre quelquefois jusqu'à la surface de sa chair. Dans le département du Vaucluse, sa culture est des plus répandues, et comme cette pêche y mûrit dès le 22 juillet, on l'y nomme surtout, mais très-improprement, pêche Madeleine. Elle pénétra fort tard chez les Anglais. Lindley, dans son *Guide to the orchard* (1831, pp. 263, 264), raconte que ce fut vers 1820 qu'un M. Neil l'y importa de France, et vendit 125 francs à M. Padley les deux premiers arbres qu'il en posséda. D'où vinrent, explique-t-il, les surnoms *Neil's Early Purple*, et *Padley's Early Purple*, sous lesquels on la connut d'abord en Angleterre. Il dit aussi que le pépiniériste Noisette, notre compatriote, lui avait appris que les jardiniers de Montreuil, près Paris, la nommaient généralement pêche *du Vin* ; mais ce synonyme, nous l'affirmons, ne figure pas dans les diverses éditions des œuvres de Louis Noisette.

Observations. — Nous sommes entièrement de l'avis de M. Carrière (*Jardin fruitier du Muséum*, 1872-1875), touchant l'exacte ressemblance, arbre et fruit, de la variété surnommée *Desse hâtive*, avec celle ici décrite, à laquelle nous la réunissons sans hésiter. Mais il existe, toutefois, une *Desse tardive*, caractérisée par Poiteau dans le *Bon-Jardinier* de 1835, par Hogg en 1867 (*the Fruit manual*, p. 218), puis par Mas en 1873 (*le Verger*, t. VII, p. 143), pêche qu'on ne saurait prendre pour la Pourprée hâtive, car elle mûrit au mois d'octobre. Son obtention eut lieu en 1835 à Chantecoq, commune de Puteaux (Seine). Cinq ans plus tard (1839) M. Jamin, pépiniériste à Bourg-la-Reine (Seine), mettait dans le commerce ce nouveau pêcher, après l'avoir dédié à son obtenteur même, le sieur Desse, jardinier. — Au XVIIIᵉ siècle la variété Chancelière, ou Chancelière à grandes fleurs, fut presque toujours — elle l'est même encore aujourd'hui — confondue avec la Pourprée hâtive, malgré les caractères tranchés, tant dans l'arbre que dans le fruit, qui les distinguent; caractères qu'on reconnaîtra de prime-abord, en comparant ici les descriptions de ces deux pêchers (voir pp. 88 et 89 pour la *Chancelière*). — Enfin, bien souvent aussi il arrive que la *Fausse Pourprée hâtive*, ou pêche *Vineuse*, de Duhamel, est vendue pour la Véritable Pourprée hâtive. Nous avons donc cru prudent, pour éviter désormais toute méprise entre ces variétés, d'appeler *Vineuse hâtive*, la Fausse Pourprée, et de reléguer ce dernier nom parmi les synonymes.

Pêche POURPRÉE HATIVE (FAUSSE-). — Synonyme de pêche *Vineuse hâtive*. Voir ce nom; voir aussi pêche *Pourprée hâtive*, au paragraphe Observations.

Pêche POURPRÉE HATIVE A GRANDES FLEURS. — Voir *Mignonne hâtive* (*Grosse-*), au paragraphe Observations.

Pêche POURPRÉE DE NORMANDIE. — Synonyme de pêche *Mignonne* (*Grosse-*). Voir ce nom.

94. Pêche POURPRÉE TARDIVE.

Synonymes. — *Pêches :* 1. Grosse-Pourprée (Pierre Leroy, d'Angers, *Catalogue de ses jardins et pépinières*, 1790, p. 27). — 2. Late Purple (Thompson, *Catalogue of fruits cultivated in the garden of the horticultural Society of London*, 1842, p. 114). — 3. Späte purpurfärbige (Dochnahl, *Obstkunde*, 1858, t. III, p. 213, nᵒ 87). — 4. Später purpurrother Lack (*Id. ibid.*). — 5. Tardive pourprée (*Id. ibid.*). — 6. Pourprée tardive a Petites Fleurs (Paul de Mortillet, *les Meilleurs fruits*, 1865, t. I, p. 187).

Description de l'arbre. — *Bois :* très-fort. — *Rameaux :* peu nombreux, plutôt érigés qu'étalés, très-gros, de longueur moyenne, exfoliés à la base et légèrement ridés au sommet, vert jaunâtre à l'ombre, rouge-brique au soleil. — *Lenticelles :* clair-semées, petites, arrondies, grises et proéminentes. — *Coussinets :* prononcés et se développant latéralement en arête. — *Yeux :* généralement accompagnés de boutons à fleur, rapprochés de l'écorce, des plus volumineux, ovoïdes-aplatis, aux écailles grises, à peine duveteuses et assez bien soudées. — *Feuilles :* très-abondantes, grandes, vert clair et brillant en dessus, vert mat en dessous, lancéolées-élargies, gaufrées et contournées, largement mais peu profondément dentées et crénelées. — *Pétiole :* court et très-gros, à cannelure étroite et profonde. — *Glandes :* de deux sortes, la plus grande partie réniformes et quelques-unes globuleuses. — *Fleurs :* petites, d'un rose assez intense.

Fertilité. — Abondante.

CULTURE. — Très-rustique, il fait de beaux plein-vent et d'admirables espaliers ; on le greffe sur tous sujets : franc, amandier, prunier.

Description du fruit. — *Grosseur :* au-dessus de la moyenne et souvent, même, plus volumineuse. — *Forme :* globuleuse ou ovoïde-raccourcie, inéquilatérale, souvent aplatie à la base, non mamelonnée, à sillon peu marqué. — *Cavité caudale :* considérable. — *Point pistillaire :* occupant, obliquement, le centre d'une vaste dépression. — *Peau :* s'enlevant aisément, très-duveteuse, blanchâtre nuancée de vert sur le côté de l'ombre, et presque entièrement maculée de pourpre foncé sur la partie qui regarde le soleil. — *Chair :* d'un blanc verdâtre, fine, fondante, rosée près du noyau. — *Eau :* abondante, sucrée, acidule et vineuse, des plus délicates. — *Noyau :* non adhérent, de moyenne grosseur, arrondi, bombé, courtement mucroné, ayant l'arête dorsale émoussée.

Pêche Pourprée tardive.

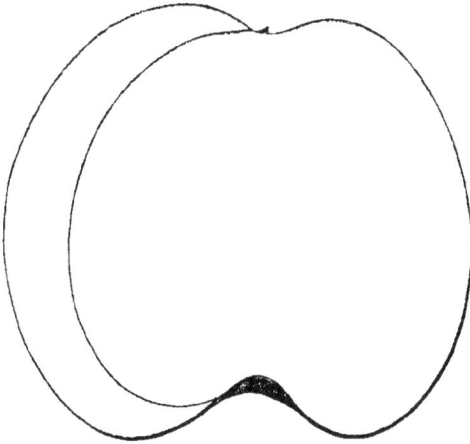

MATURITÉ. — Commencement et milieu de septembre.

QUALITÉ. — Première.

Historique. — Nous la trouvons signalée, sans description, par Louis Liger dans la deuxième édition de sa *Culture parfaite des jardins fruitiers et potagers* (p. 446), parue en 1714, mais nous n'avons pu vérifier s'il l'avait déjà mentionnée dans la première, publiée en 1703. Toutefois la propagation de cette pêche dut commencer un peu plus tôt, puisque Duhamel (1768) accusa Merlet (1690) « d'avoir confondu la Pourprée tardive avec la Mignonne ; » (t. II, pp. 17-18) ce qui nous semble impossible, Merlet disant que « la Mignonne, ou Veloutée, est « une espece de Magdelaine *hâtive* (p. 22) ; » qualification qu'un pomologue aussi expérimenté n'eût certes pas employée à l'égard d'une pêche mûrissant à la fin de septembre. Les Chartreux, en 1736, la décrivirent très-exactement, page 9 de leur *Catalogue :* « Elle est grosse, disaient-ils, ronde, prend un beau rouge, le « goût est relevé, l'eau douce, le noyau assez petit, le bois gros, la feuille très- « grande, mal unie, sa fleur petite ; elle se mange à la fin de septembre et au « commencement d'octobre. » Voilà bien notre variété ; mais si les Chartreux en donnèrent les premiers, la description, nous ne saurions croire, comme pour la Pourprée hâtive, qu'ils en aient été les obtenteurs, dom Gentil, le directeur de leurs pépinières à cette époque, ne parlant même pas encore de ce bel et bon fruit en 1723, dans la cinquième édition de son *Jardinier solitaire*, quand Louis Liger, en 1714, l'avait déjà, répétons-le, inscrit parmi les pêches à cultiver. Nous n'avons donc rien rencontré qui puisse conduire à retrouver le lieu natal d'une variété que chacun s'accorde, du reste, à regarder comme originaire de notre pays.

Observations. — M. Paul de Mortillet (*les Meilleurs fruits*, 1865, t. I, pp. 91-92) a décrit une pêche qu'il appelle *Pourprée tardive à grandes fleurs* et dit « avoir vue, vers 1845, au château de Virieu (Isère), d'où M. Rondet-Corneille « l'a rapportée pour la multiplier. » Elle mûrit à la mi-septembre et son arbre, outre ses grandes fleurs, porte des feuilles à glandes réniformes. Cette variété nous est inconnue, mais nous devons, à cause du nom qu'elle a reçu, la présenter à nos lecteurs, afin de les sauver de toute méprise avec cette nouvelle, avec cette troisième Pourprée. — Nous leur rappelons aussi que la Chevreuse tardive (voir pages 94-95) est vendue souvent pour la Pourprée tardive, quoiqu'un écart de maturité bien marqué, les sépare, ainsi que certains caractères de leurs arbres.

Pêche POURPRÉE TARDIVE (FAUSSE-). — Voir *Fausse-Pourprée tardive*.

Pêche POURPRÉE TARDIVE A GRANDES FLEURS. — Voir *Pourprée tardive,* au paragraphe Observations.

Pêche POURPRÉE TARDIVE A PETITES FLEURS. — Synonyme de pêche *Pourprée tardive*. Voir ce nom.

Pêches POURPRÉE VINEUSE. — Synonymes de pêche *Chevreuse tardive* et de pêche *Vineuse hâtive*. Voir ces noms.

---

95. Pêche PRÉSIDENT CHURCH.

Description de l'arbre. — *Bois :* faible. — *Rameaux :* nombreux, étalés et grêles, de longueur moyenne, non géniculés, légèrement exfoliés à la base, rouge brillant au soleil et vert jaunâtre lavé de rose, à l'ombre. — *Lenticelles :* très-rares, petites, arrondies et grisâtres. — *Coussinets :* peu développés. — *Yeux :* flanqués de boutons à fleur, écartés du bois, petits, ovoïdes-aplatis, fort cotonneux, aux écailles blanchâtres et disjointes. — *Feuilles :* assez nombreuses, petites, épaisses, vert gai en dessus, vert jaunâtre en dessous, lancéolées-élargies, très-longuement acuminées en vrille, largement mais peu profondément crénelées. — *Pétiole :* court et faible, bien cannelé, sanguin en dessous. — *Glandes :* réniformes et très-nombreuses (quelquefois, tant sur la même feuille que sur son pétiole, on en compte jusqu'à douze). — *Fleurs :* petites et roses.

Fertilité. — Abondante.

Culture. — Sa faible vigueur commande d'en faire un espalier, et non pas un plein-vent, forme qui ne saurait lui convenir. On le greffe préférablement sur franc, quoiqu'il s'accommode aussi de l'amandier ou du prunier.

Description du fruit. — *Grosseur :* au-dessus de la moyenne. — *Forme :* ovoïde-raccourcie, inéquilatérale, à peine mamelonnée, n'ayant, le plus souvent, de sillon que sur le côté de l'insolation. — *Cavité caudale :* évasée, très-profonde. — *Point pistillaire :* saillant ou presque saillant. — *Peau :* rugueuse, mince, se détachant bien, duveteuse, jaune pâle sur la partie placée à l'ombre et finement ponctuée de carmin sur celle regardant le soleil, où elle est également, surtout près du sommet, maculée de rouge-pourpre. — *Chair :* blanc verdâtre, compacte, quoique des plus fondantes, sanguinolente autour du noyau. — *Eau :* abondante et douce, sucrée, parfumée, très-délicate. — *Noyau :* non adhérent, moyen, peu rustiqué, oblong, faiblement bombé et courtement mucroné, ayant l'arête dorsale assez ressortie.

Pêche Président Church.

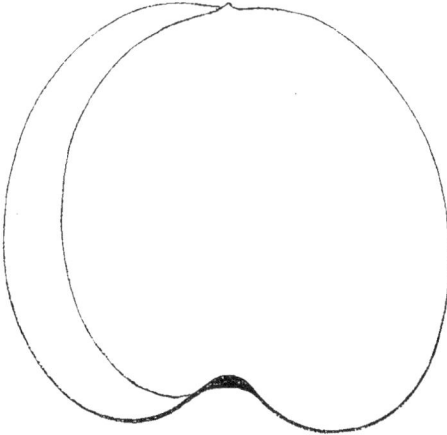

MATURITÉ. — Fin septembre et commencement d'octobre.

QUALITÉ. — Première. (C'est une des meilleures pêches des États-Unis.)

Historique. — Cette variété américaine porte le nom de son obtenteur, M. Church, président du collége de la ville de Franklin, dans l'état de Géorgie. Elle fut décrite pour la première fois en 1863, par Charles Downing (p. 623) et remonte au plus à 1855. Nous la reçûmes d'Amérique dès 1860, grâce à l'extrême obligeance du pépiniériste Berckmans, d'Augusta (Géorgie).

———

PÊCHES PRESSES. — C'était ainsi qu'on appelait, au cours du moyen âge, les pêches à peau duveteuse et à chair adhérente au noyau ; mais vers 1500 ce nom disparut pour faire définitivement place à celui de Pavie. (Voir, pages 206-208, l'article *Pavie, Pavier.*)

———

PÊCHES PRESSE ET PRESSÉE. — Synonymes de *Pavie Alberge jaune.* Voir ce nom.

———

96. PÊCHE PRINCE JOHN.

Description de l'arbre. — *Bois :* peu fort. — *Rameaux :* rarement nombreux, plutôt érigés qu'étalés, de grosseur et longueur moyennes, non géniculés, amplement exfoliés à la base, vert jaunâtre à l'ombre, rouge brillant à l'insolation. — *Lenticelles :* assez abondantes à la base, faisant défaut au sommet, moyennes ou petites, grises, arrondies et proéminentes. — *Coussinets :* bien développés. — *Yeux :* accompagnés de boutons à fleur, rapprochés du bois, volumineux, ellipsoïdes, aux écailles duveteuses, grises et quelque peu disjointes.

— *Feuilles :* nombreuses, grandes ou moyennes, épaisses, vert clair jaunâtre en dessus, vert mat en dessous, lancéolées-élargies, très-longuement acuminées, planes ou canaliculées, irrégulièrement dentées et crénelées sur leurs bords. — *Pétiole :* court, de moyenne force, carminé en dessous, étroitement et peu profondément cannelé. — *Glandes :* très-petites, noires, globuleuses. — *Fleurs :* petites et rose foncé.

Fertilité. — Grande.

Culture. — Il réussit bien sur tous sujets, puis aussi sous toutes les formes, mais l'espalier lui convient mieux encore, que le plein-vent.

Description du fruit. — *Grosseur :* volumineuse. — *Forme :* globuleuse, comprimée à ses extrémités, surtout à la base, parfois bossuée près du sommet qui généralement est à peine mamelonné et duquel part un sillon étroit et profond. — *Cavité caudale :* très-développée. — *Point pistillaire :* petit et plus ou moins saillant. — *Peau :* assez épaisse, très-duveteuse, quittant facilement la chair, jaune d'or sur le côté de l'ombre, amplement et fortement recouverte, à l'insolation, de carmin foncé puis de nombreux points purpurins. — *Chair :* jaune intense, fine, ferme, quoique bien fondante, marbrée de rouge près du noyau. — *Eau :* des plus abondantes, fraîche, vineuse

Pêche Prince John.

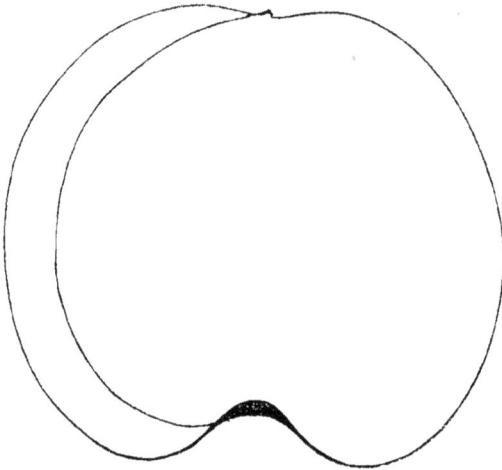

et sucrée, délicieusement parfumée. — *Noyau :* non adhérent, gros ou moyen, ovoïde-arrondi, bombé, courtement mucroné, ayant l'arête dorsale assez tranchante.

Maturité. — Vers la mi-septembre.

Qualité. — Première.

Historique. — De provenance américaine, cette variété qui nous fut en 1860 expédiée d'Augusta (Géorgie) par notre confrère P. J. Berckmans, était alors des plus nouvelles dans ce lieu, d'où je la crois originaire. Et mon étonnement, c'est qu'une pêche aussi exquise, aussi belle, ne soit encore décrite, aux États-Unis, dans aucune Pomologie. Chez nous, M. Thomas, en 1876, l'a signalée page 50 de son *Guide pratique de l'amateur de fruits.*

Pêche **PRINCE'S RED RARERIPE.** — Synonyme de pêche *Rareripe rouge tardive.* Voir ce nom.

97. Pêche PRINCESSE DE GALLES.

Synonyme. — *Pêche* Princess of Wales (Robert Hogg, *the Fruit manual,* 1866, p. 229).

Description de l'arbre. — *Bois :* fort. — *Rameaux :* nombreux, étalés et érigés, gros, des plus longs, légèrement flexueux, exfoliés à la base, d'un vert blanchâtre sur le côté de l'ombre et d'un rouge terne à l'insolation. — *Lenticelles :* très-abondantes et très-petites, arrondies, rousses et proéminentes. — *Coussinets :* bien accusés, prolongés latéralement en arête. — *Yeux :* rarement accompagnés de boutons à fleur, écartés du bois, volumineux, coniques, duveteux, aux écailles grises et mal soudées. — *Feuilles :* nombreuses, grandes ou moyennes, vert clair en dessus, vert glauque en dessous, ovales-allongées, courtement acuminées en vrille, gaufrées au centre, à bords finement et peu profondément dentés en scie. — *Pétiole :* gros et long, rosé, étroitement cannelé. — *Glandes :* globuleuses. — *Fleurs :* très-grandes, d'un rose assez pâle.

Fertilité. — Satisfaisante.

Culture. — Sur franc, amandier et prunier, il fait des arbres d'une vigueur ordinaire ; l'espalier est la forme qui lui convient le mieux, tant pour la végétation que pour la production.

Description du fruit. — *Grosseur :* volumineuse. — *Forme :* irrégulièrement globuleuse, inéquilatérale, fortement mamelonnée, à sillon étroit et peu marqué. — *Cavité caudale :* profonde, évasée. — *Point pistillaire :* saillant. — *Peau :* mince, s'enlevant aisément, finement duveteuse, d'un blanc jaunâtre ponctué et faiblement nuancé de rose sur le côté du soleil. — *Chair :* blanche, très-fondante, sans filaments, largement sanguinolente au centre. — *Eau :* abondante, bien sucrée, vineuse, agréablement acidulée et parfumée. — *Noyau :* non adhérent, petit ou moyen, ovoïde-arrondi, bombé, ayant l'arête dorsale saillante et coupante.

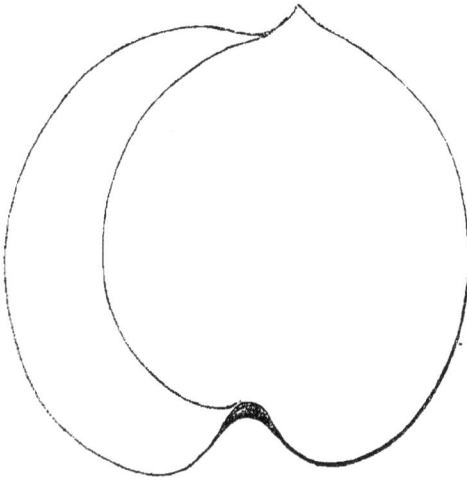

Maturité. — Milieu ou fin de septembre, et parfois atteignant le commencement d'octobre.

Qualité. — Première.

Historique. — Le pêcher Princesse de Galles fut gagné en 1863 ou 1864 par Thomas Rivers, pépiniériste à Sawbridgeworth, près Londres. Il le dédia aussitôt à la princesse Alexandrine de Danemark, qui venait d'épouser le prince de Galles, héritier présomptif de la couronne d'Angleterre. Cette variété, d'un grand mérite mais que recommandait surtout son illustre nom, se répandit très-

vite de tous les côtés ; elle est donc, aujourd'hui, chez presque tous les pépiniéristes et chez tous les collectionneurs.

Pêche PRINCESS OF WALES. — Synonyme de pêche *Princesse de Galles*. Voir
ce nom.

Pêche PRUNE. — Synonyme de *Brugnon Violet musqué*. Voir ce nom.

---

98. Pêche PUCELLE DE MALINES.

Synonymes. — *Pêches :* 1. Jungfern-Magdalene (Dochnahl, *Obstkunde*, 1858, t. III, p. 199,
n° 29). — 2. Jungfrau von Mecheln (Thomas, *Guide pratique de l'amateur de fruits*, 1876,
p. 223).

Description de l'arbre. — *Bois :* de force moyenne. — *Rameaux :* nombreux, étalés et arqués, gros, assez longs, légèrement coudés, très-exfoliés à la
base, vert jaunâtre à l'ombre, rouge terne à l'insolation. — *Lenticelles :* des plus
clair-semées, petites, grises, arrondies. — *Coussinets :* bien ressortis et prolongés
en arête. — *Yeux :* flanqués de boutons à fleur, écartés du bois, volumineux,
ovoïdes-pointus ou ellipsoïdes, duveteux, ayant les écailles noirâtres et disjointes.
— *Feuilles :* nombreuses, de moyenne grandeur, vert clair en dessus, vert mat
en dessous, lancéolées-élargies, longuement acuminées en vrille et ondulées sur
leurs bords, qui sont finement dentés et surdentés. — *Pétiole :* court et gros,
largement cannelé, rougeâtre en dessous. — *Glandes :* très-petites et globuleuses, mais très-rares, la majeure partie des pétioles ou des feuilles en étant
dépourvue.

Fertilité. — Abondante.

Culture. — On le greffe sur toute espèce de sujets et toutes les formes lui
conviennent, mais l'espalier,
cependant, est celle sous laquelle il prospère le mieux.

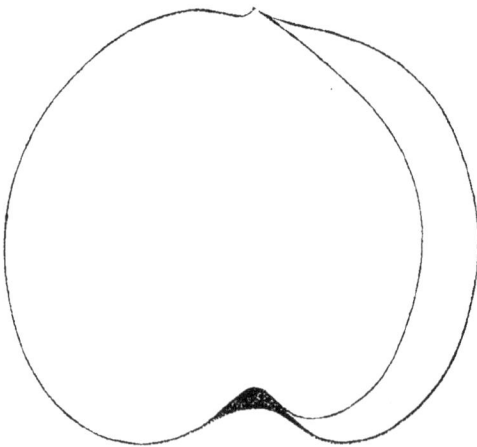

Description du fruit. —
Grosseur : au-dessus de la
moyenne. — *Forme :* globuleuse
ou ovoïde très-raccourcie, à
mamelon faiblement développé
et sillon bien marqué, d'un côté
surtout. — *Cavité caudale :* très-
évasée mais généralement peu
profonde. — *Point pistillaire :*
saillant. — *Peau :* légèrement
duveteuse, jaune verdâtre,
marbrée et fouettée de carmin
à l'insolation. — *Chair :* d'un
blanc verdâtre, fondante, assez
compacte, rougeâtre ou rosée près du noyau. — *Eau :* abondante, très-sucrée,

savoureusement acidulée et parfumée. — *Noyau :* non adhérent, moyen, ovoïde-arrondi, bombé à son milieu, ayant l'arête dorsale coupante et prononcée.

Maturité. — Milieu d'août.

Qualité. — Première.

Historique. — Variété belge, cette pêche fut gagnée à Malines, vers 1840, par le major Espéren, mort en 1847 et qui, sous Napoléon Ier, avait longtemps servi dans nos armées. Semeur heureux et bien connu, il était en correspondance avec nos pomologues et nos principaux pépiniéristes, aussi ses gains ne tardaient guère à pénétrer chez nous ; témoin ce pêcher, qu'en 1844 on y cultivait déjà.

Observations. — Les feuilles de cette variété, disent MM. Mas et Carrière, sont dépourvues de glandes. C'est une erreur, puisque plusieurs d'entre elles portent de très-petites glandes globuleuses, qu'un examen attentif fait vite découvrir. Toutefois, comme la majeure partie desdites feuilles 'en est vraiment dénuée, nous comprenons qu'à première vue on ait pu les en croire entièrement privées.

Pêche PURPLE ALBERGE. — Synonyme de pêche *Rossanne.* Voir ce nom.

Pêches PURPLE AVANT. — Synonymes de pêche *Mignonne* (*Grosse-*) et de pêche *Pourprée hâtive.* Voir ces noms.

Pêche PURPLE HATIVE (de quelques pépiniéristes). — Synonyme de pêche *Mignonne* (*Grosse-*). Voir ce nom.

Pêche PURPUR. — Synonyme de pêche *Rossanne.* Voir ce nom.

Pêche PURPURFÄRBIGE SPÄT. — Synonyme de pêche *Pourprée tardive.* Voir ce nom.

Pêche PUTAIN FARDÉE. — Synonyme de *Pavie Mirlicoton.* Voir ce nom.

99. Pêcher PYRAMIDAL.

Synonyme. — *Pêche* BLONDE (Poiteau, *Pomologie française*, 1846, t. I, no 26).

Description de l'arbre. — *Bois :* faible. — *Rameaux :* nombreux, bien érigés, courts et grêles, légèrement géniculés, d'un jaune verdâtre sur le côté de l'ombre, d'un rouge carminé sur celui de l'insolation. — *Lenticelles :* assez rares, petites, arrondies, proéminentes. — *Coussinets :* saillants et se prolongeant latéralement en arête. — *Yeux :* accompagnés de boutons à fleur, écartés du

bois, petits, ovoïdes-obtus, très-cotonneux, aux écailles noirâtres et sensiblement disjointes. — *Feuilles* : très-abondantes, minces, vert gai en dessus, vert
mat en dessous, ovales-allongées, très-longuement acuminées, légèrement
canaliculées, largement mais peu profondément dentées. — *Pétiole* : gros, assez
long, carminé en dessous, à cannelure prononcée. — *Glandes* : grosses et réniformes. — *Fleurs* : roses et très-grandes.

FERTILITÉ. — Modérée.

CULTURE. — Il peut être greffé sur franc, amandier ou prunier; le plein-vent,
la basse-tige, la pyramide, sont les formes qui lui sont le plus favorables, vu la
nature de sa végétation et de son port; cependant on peut aussi le placer à
l'espalier.

Description du fruit. — *Grosseur* : assez petite. — *Forme* : ovoïde-
raccourcie ou globuleuse irrégulière, souvent bossuée, faiblement mamelonnée,
à sillon peu marqué. — *Cavité caudale* : peu

Pêche Pyramidale.

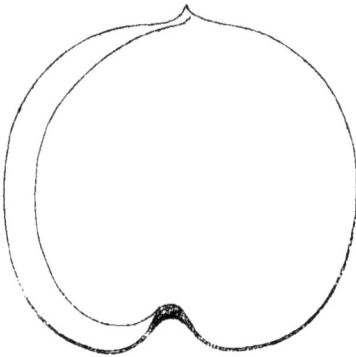

large et de profondeur moyenne. — *Point
pistillaire* : presque toujours saillant. —
Peau : très-mince, s'enlevant difficilement,
fort duveteuse, à fond jaune blanchâtre qui
par places se nuance et se ponctue, au soleil, de carmin pâle ou vif. — *Chair* : d'un
blanc jaunâtre, fine et fondante, légèrement rosée près du noyau. — *Eau* : fort
abondante, très-sucrée, à peine acidulée,
possédant une délicieuse saveur particulière qui rappelle assez bien celle de
la framboise. — *Noyau* : non adhérent,
gros, ovoïde, bombé, longuement mucroné, ayant l'arête dorsale généralement
très-tranchante et souvent, même, des plus ressorties.

MATURITÉ. — Commencement de septembre.

QUALITÉ. — Première.

Historique. — C'est au botaniste Poiteau, mort à Paris en 1854, que les
pépiniéristes sont redevables de cette intéressante variété, dont l'arbre, vraiment
ornemental, atteint une si grande hauteur (huit mètres), et dont les fruits sont
si savoureux. Avant Poiteau, nul encore ne l'avait signalée. Il la découvrit
vers 1823, du côté de Poissy, et la caractérisa dans sa *Pomologie française* (1846),
puis aussi dans son *Cours d'horticulture*, publié en 1853, où nous trouvons sur
elle les renseignements suivants :

« Il y a une trentaine d'années — y lit-on — j'ai observé sur les marchés de Paris une
pêche que je ne connaissais pas; m'étant informé d'où elle venait, j'appris qu'elle était
cultivée au delà de Saint-Germain-en-Laye, dans les environs de Poissy. Feu Noisette,
habile pépiniériste, et moi, nous nous y rendîmes et trouvâmes, près d'une maison dont
j'ai oublié le nom du village, cinq pêchers assez rapprochés les uns des autres, et qui nous
étonnèrent d'autant plus, que nous n'en avions jamais vu de cette forme. Ils paraissaient
âgés de quinze à vingt ans, étaient droits comme des peupliers d'Italie, atteignaient environ
huit mètres de hauteur, se portaient très-bien et avaient suffisamment de pêches, presque

toutes mûres, pas très-grosses, ovoïdes, un peu bosselées, et la plupart assez colorées de rouge........ Le noyau était fort gros, long, profondément rustiqué et muni d'une pointe au sommet. Les feuilles étaient petites, très-gaufrées, finement dentées et avaient des glandes réniformes. J'ai revu ces arbres au printemps suivant : ils avaient les fleurs grandes et rouges........ Cette pêche mûrit fin d'août. Le locataire de la maison n'a pu me donner aucun renseignement sur l'origine desdits arbres; ..... et depuis je n'en ai jamais rencontré de semblables. » (Pages 275-276.)

Le pêcher Pyramidal, en raison de sa belle forme et de sa hauteur exceptionnelle, a pénétré dans toutes les collections, chez nous et chez nos voisins; déjà même on le trouve en Amérique, où il occupe un des premiers rangs comme espèce fruitière ornementale.

Q

Pêche QUITTEN. — Synonyme de *Pavie Alberge jaune*. Voir ce nom.

Pêche QUITTEN. — Synonyme de *Pavie Citron*. Voir ce nom.

R

PÊCHE RAMBOUILLET (**Synonymes :** RUMBOLION, Langley, 1729, *Pomona Londinensis,*
p. 106, pl. 33, fig. 3. — RUMBULLION, *id. ibid.* — PAVIE RAMBOUILLET, *le Bon-Jardinier,* 1774,
p. 28). — Excellente variété française gagnée vers 1670 dans les environs de
Paris, et dédiée, très-évidemment, à la marquise ou au marquis de Rambouillet,
célèbres tous les deux par leur esprit et leurs vertus. Déjà les Anglais la possédaient en 1729, date à laquelle Batty Langley la décrivit en sa *Pomone.* A Londres
elle était encore, en 1826, cultivée dans le Jardin fruitier de la Société d'Horticulture, sous le n° 142 (voir *Catalogue* de 1826, p. 80), mais on ne l'y rencontrait
plus en 1842. Chez nous, depuis la Révolution nous perdons ses traces, cachée
qu'elle y est sous quelque pseudonyme ; il serait donc intéressant de la retrouver,
pour lui rendre son nom primitif. C'est à quoi je me suis appliqué. Malheureusement le caractère de ses glandes — et, même, en est-elle pourvue ? — m'étant
inconnu, toutes mes recherches sont restées inutiles. D'autres pomologues seront
plus heureux, peut-être ; pour les aider, voici la description la moins incomplète
que j'en aie recueillie, elle date de 1768 :

« La *Rambouillet,* communément appelée *Rumbullion.* — Cet arbre a les feuilles unies. Ses
fleurs sont grandes et ouvertes. Son fruit, de grandeur moyenne, est rond plutôt qu'oblong ;
au milieu il a une entaille profonde. Du côté du soleil il est d'un beau rouge, et, du côté
de la muraille, d'un jaune clair. Sa chair est fondante et de couleur jaune fort belle ; elle se
détache du noyau, autour duquel elle est d'un rouge foncé. Son suc est vineux et admirable.
Elle mûrit à la mi-septembre, et l'arbre est fertile. » (*Traité des arbres fruitiers,* traduit de
l'allemand et publié par la Société Économique de Berne, t. I, p. 199.)

PÊCHES RARERIPE JAUNE ET RARERIPE ROUGE. — Voir *Rareripe rouge
tardive,* au paragraphe OBSERVATIONS.

---

100. Pêche RARERIPE ROUGE TARDIVE.

Synonymes. — *Pêches :* 1. Late Red Rareripe (A. J. Downing, *the Fruits and fruit trees of America*, 1849, p. 486, n° 42). — 2. Prince's Red Rareripe (*Id. ibid.*).

Description de l'arbre. — *Bois :* faible. — *Rameaux :* peu nombreux, plutôt érigés qu'étalés, longs et assez grêles, légèrement exfoliés à la base, vert jaunâtre à l'ombre, rouge-brun au soleil. — *Lenticelles :* abondantes, petites, arrondies ou linéaires, grises et proéminentes. — *Coussinets :* peu saillants. — *Yeux :* souvent flanqués de boutons à fleur, très-rapprochés du bois, petits et ovoïdes-pointus, des plus cotonneux, ayant les écailles grisâtres et mal soudées. — *Feuilles :* assez nombreuses, grandes, épaisses, vert gai en dessus, vert mat en dessous, ovales-allongées, longuement acuminées en vrille, gaufrées au centre, à bords profondément dentés. — *Pétiole :* long, bien nourri, sanguin, largement cannelé. — *Glandes :* petites et globuleuses. — *Fleurs :* petites, rose foncé.

Fertilité. — Satisfaisante.

Culture. — On le greffe sur toute espèce de sujets et il prospère sous toutes les formes, mais il vaut beaucoup mieux, pour hâter la maturité de ses produits, le destiner à l'espalier, qu'au plein vent, où son fruit, au lieu de mûrir, pourrit aisément.

Description du fruit. — *Grosseur :* volumineuse. — *Forme :* ovoïde-arrondie, assez irrégulière, inéquilatérale, mamelonnée, à sillon étroit et peu prononcé. — *Cavité caudale :* évasée, profonde, très-unie sur ses bords. — *Point pistillaire :* saillant, oblique et petit. — *Peau :* mince, s'enlevant difficilement, des plus duveteuses, à fond jaune-paille, lavé, marbré et ponctué, au soleil, de rouge sombre et de carmin. — *Chair :* d'un blanc jaunâtre, fine et fondante, sanguinolente au centre. — *Eau :* excessivement abondante, sucrée, vineuse, acidule, délicieusement parfumée. — *Noyau :* gros, non adhérent, ovoïde-allongé, assez courtement mucroné, peu bombé, plus ou moins rustiqué, ayant l'arête dorsale fort ressortie et très-coupante.

Maturité. — Fin septembre et commencement d'octobre.

Qualité. — Première.

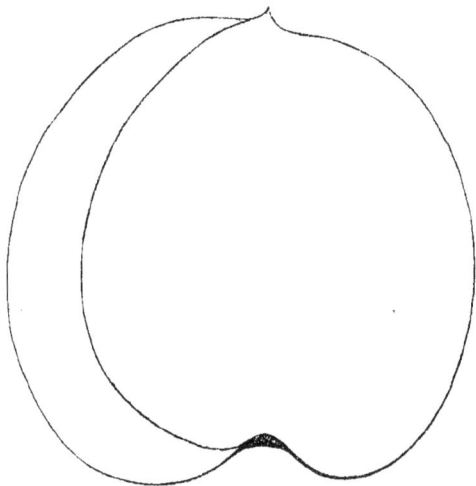

Historique. — D'origine américaine cette variété fut signalée par Downing dès 1840, dans ses *Fruits of America*, et chaudement recommandée comme « une « des meilleures de toutes les pêches, » qualification qui n'est nullement exagérée. Ce promologue n'a rien dit du lieu natal, non plus que de l'âge et de la dénomination de la Rareripe rouge tardive. On peut néanmoins affirmer, quant à son obtention, qu'elle remonte à peine à 1830, ni Coxe (1817), ni Cobbett (1821), ni Fessenden (1828), devanciers de Downing, ne l'ayant mentionnée dans leurs Pomologies. Son importation chez nous date de 1855.

Observations. — Il existe plusieurs pêches Rareripe : la White et la Red Rareripe de Morris, la New-York Rareripe et la Yellow Rareripe, les confondre avec celle ici décrite devient donc très-facile. On l'évitera en se rappelant que la Late Red Rareripe, ou Rareripe rouge tardive, est la seule qui mûrisse dans les derniers jours de septembre ; toutes ses homonymes se mangent du commencement à la fin d'août.

Pêche RARERIPE NEW-YORK. — Voir pêche *Rareripe rouge tardive*, au paragraphe Observations.

Pêche RAVANNE. — Synonyme de pêche *Rossanne*. Voir ce nom.

Pêche RAVE. — Synonyme de pêche *Sanguinole*. Voir ce nom.

Pêche RAVE LICÉE. — Voir *Nectarine-Cerise*, au paragraphe Observations.

Pêche RAYMACKERS. — Synonyme de pêche *Raymaekers*. Voir ce nom.

---

101. Pêche RAYMAEKERS.

Synonyme. — *Pêche* RAYMACKERS (O Thomas, *Guide pratique de l'amateur de fruits,* 1876, p. 223).

Description de l'arbre. — *Bois :* de moyenne force. — *Rameaux :* assez nombreux, plutôt érigés qu'étalés, longs et grêles, non flexueux, lisses, sensiblement exfoliés à la base, vert lavé de rose à l'ombre, rouge-cramoisi au soleil. — *Lenticelles :* clair-semées, arrondies ou linéaires, brunes ou grises, proéminentes. — *Yeux :* triples dans toute la longueur du rameau, petits ou moyens, ovoïdes-aplatis, légèrement écartés du bois, aux écailles noirâtres, duveteuses, faiblement disjointes. — *Feuilles :* assez grandes, vert jaunâtre en dessus, blanc verdâtre en dessous, épaisses, lisses, ovales-allongées, courtement acuminées, planes, irrégulièrement dentées et crénelées. — *Pétiole :* gros, assez long, flexible, sanguin, à cannelure peu profonde. — *Glandes :* petites et réniformes. — *Fleurs :* très-grandes et d'un rose très-pâle.

Fertilité. — Abondante.

Culture. — Sa croissance soutenue s'accommode de tous les sujets puis de toutes les formes, mais l'espalier, néanmoins, lui est encore plus favorable que le plein-vent.

Description du fruit. — *Grosseur* : au-dessus de la moyenne. — *Forme :* globuleuse plus ou moins comprimée aux deux pôles, non mamelonnée, à sillon large et profond. — *Cavité caudale :* prononcée. — *Point pistillaire :* très-petit, enfoncé. — *Peau :* s'enlevant avec difficulté, des plus duveteuses, vert clair sur le côté de l'ombre et amplement lavée de rouge-brun sur l'autre face. — *Chair :* d'un blanc verdâtre, fine, fondante, généralement teintée de rose près du noyau. — *Eau :* fort abondante, très-sucrée et vineuse, savoureusement parfumée. — *Noyau* : non adhérent, moyen, arrondi, bombé, à court mucron, ayant l'arête dorsale ressortie et quelque peu tranchante.

Pêche Raymaekers.

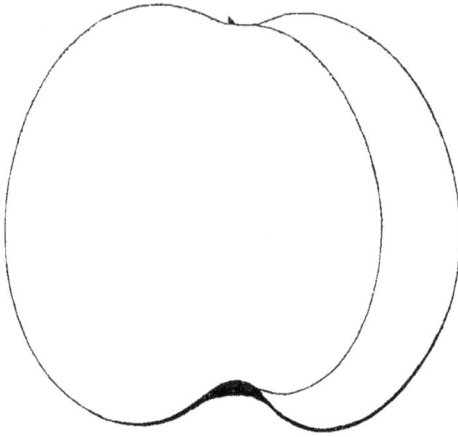

Maturité. — Fin d'août et commencement de septembre.

Qualité. — Première.

Historique. — La pêche Raymaekers, s'il faut en croire son premier descripteur, le pomologue belge Alexandre Bivort, serait née dans le Brabant, vers 1825. A ceci, rien d'impossible, dirons-nous ; seulement, les témoignages produits pour démontrer la vérité du fait, semblent bien incertains. Qu'on en juge :

« Il paraîtrait — écrivait Bivort en 1847 — d'après le peu de renseignements que j'ai pu me procurer, que ce bon et beau fruit aurait été gagné à Bruxelles, ou à Anvers, il y a quelques années, par la personne dont il porte le nom. Je le cultive moi-même depuis 1832, sans pouvoir dire d'où il m'est venu. » (*Album de pomologie*, t. I, pp. 22-23.)

Qui voudrait, en présence d'un tel acte de naissance, se prononcer sur la patrie du pêcher Raymaekers ?... Ce n'est pas nous, assurément. Devant son nom, plaçons donc la mention « *pays et père inconnus*, » puis passons à la variété Reine des Vergers, d'origine un peu plus incontestable !

Pêche RED ALBERGE. — Synonyme de pêche *Rossanne*. Voir ce nom.

Pêche RED AVANT. — Synonyme de *Avant-Pêche rouge*. Voir ce nom.

Pêche RED HEATH. — Synonyme de *Pavie Heath*. Voir ce nom.

Pêche RED MAGDALEN. — Synonyme de pêche *Madeleine de Courson*. Voir ce nom.

Pêche RED NUTMEG. — Synonyme de *Avant-Pêche rouge*. Voir ce nom.

Pêche RED RARERIPE. — Voir pêche *Rareripe rouge tardive,* au paragraphe Observations.

102. Pêche REINE DES VERGERS.

Synonymes. — *Pêches :* Orchard Queen (Elliott, *Fruit book*, 1854, p. 286). — 2. Monstrueuse de Doué (Comice horticole d'Angers, *Liste des fruits obtenus dans le département de Maine-et-Loire*, 1860, p. 4). — 3. Königin der Obstgärten (O. Thomas, *Guide pratique de l'amateur de fruits*, 1876, p. 223). — 4. Monstrueuse de Douai (*Id. ibid.*).

Description de l'arbre. — *Bois :* très-fort. — *Rameaux :* des plus nombreux, érigés, gros, excessivement longs, un peu géniculés, exfoliés à la base, jaune verdâtre à l'ombre, rouge-brun à l'insolation. — *Lenticelles :* assez abondantes, arrondies pour la plupart, grandes ou petites. — *Coussinets :* bien ressortis et de chaque côté se prolongeant en arête. — *Yeux :* flanqués de boutons à fleur, écartés du bois, gros, ovoïdes-pointus, aux écailles duveteuses, noirâtres et mal soudées. — *Feuilles :* nombreuses, grandes, épaisses, vert brillant en dessus, vert glauque en dessous, ovales-allongées, très-longuement acuminées, crénelées et dentées, chaque dent portant à son extrémité un petit cil marron. — *Pétiole :* bien nourri, très-court, rigide, purpurin en dessous, étroitement et profondément cannelé. — *Glandes :* petites, brunes, réniformes pour la plupart, mais quelques-unes, aussi, sont régulièrement globuleuses. — *Fleurs :* petites et d'un rose assez intense.

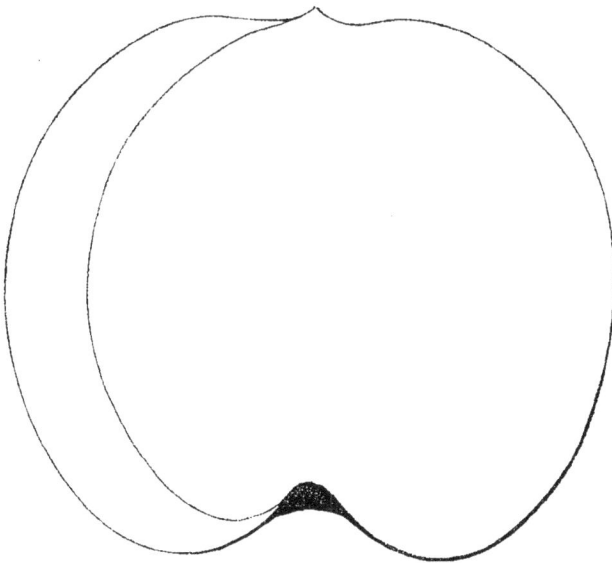

Fertilité. — Grande.

Culture. — C'est l'arbre le plus vigoureux, peut-être, de tout le genre pêcher ; il végète parfaitement sur n'importe quel sujet, fait de superbes plein-vent et de très-beaux espaliers, qui réclament l'exposition du midi, sans laquelle leurs produits perdraient beaucoup en saveur, sucre et parfum.

Description du fruit. — *Grosseur* : considérable. — *Forme* : globuleuse, légèrement comprimée à ses extrémités, ou ovoïde très-raccourcie, plus ou moins mamelonnée, à sillon généralement assez développé. — *Cavité caudale* : vaste et profonde. — *Point pistillaire* : saillant ou très-faiblement enfoncé. — *Peau* : mince, quittant bien la chair, très-duveteuse, jaune blanchâtre sur le côté de l'ombre, ponctuée et largement maculée de rouge-pourpre à l'insolation. — *Chair* : blanc verdâtre, ferme, quoique fondante, rosée sous la peau et près du noyau. — *Eau* : des plus abondantes, acidulée, plus ou moins sucrée, savoureuse et parfumée. — *Noyau* : non adhérent, assez gros, ovoïde, bombé, courtement mucroné, ayant l'arête dorsale ressortie mais peu tranchante.

Maturité. — Fin d'août et commencement de septembre.

Qualité. — Première ou deuxième, suivant le sol et l'exposition.

Historique. — Ce fruit compte au plus une trentaine d'années, et cependant on le cultive à peu près partout, vu son volume et sa beauté. Gagné dans notre département, il y fut à peine obtenu, que feu Jean-Laurent Jamin, pépiniériste à Bourg-la-Reine, près Paris, devançant tous ses confrères, se hâta de multiplier la nouvelle et précieuse pêche, à la naissance de laquelle un heureux hasard, peut-on dire, l'avait en quelque sorte fait assister. Cette précipitation eut un résultat fort regrettable : elle ne permit pas au premier descripteur de la Reine des Vergers, à celui même qui devait la signaler au monde horticole, d'en bien préciser l'origine. En 1847 on lisait effectivement, dans le *Portefeuille des horticulteurs*, les lignes suivantes :

« ..... La pêche *Reine des Vergers* est une des introductions les plus remarquables de cette année (1847), car il manquait jusqu'à ce jour dans nos vergers une pêche en plein vent, d'un volume égal à nos plus belles variétés d'espalier, et qui joignît à cette qualité déjà si appréciable, une fertilité sans égale et un goût ne le cédant à aucune autre. Elle a été découverte il y a deux ans (en 1845) à Lorès, dans le département de Maine-et-Loire, par M. Jamin (J. L.), qui s'est empressé de propager ce beau fruit, persuadé qu'il rendait un service signalé aux vergers, en y introduisant une variété si recommandable.......... Elle sera mise dans le commerce cette année. » (Tome Ier, pp. 353 et 354.)

Trois ans plus tard, en 1850, un membre de la Société d'Horticulture de France, M. Loyre, recevait chez lui, le 14 septembre, cinq de ses collègues ayant mission d'y constater le mérite du nouveau pêcher, dont il possédait un très-beau sujet. De là, rapport, avec insertion dans les *Annales de la Société*, où le renseignement fautif précédemment donné sur l'origine dudit pêcher, reparaissait plus circonstancié, mais tout aussi rempli d'inexactitudes :

« ..... Cette pêche — y racontait-on — qui fut présentée pour la première fois à l'Exposition de septembre 1847, par MM. Jamin et Durand, est originaire de Lorèze, près Doué (Maine-et-Loire), où elle fut trouvée dans une propriété appartenant à M. Joneau. C'est là que M. Jamin la vit et l'obtint, en même temps que M. Louis Chatenay, pépiniériste à

Doué, qui proposa de la nommer *Reine des Vergers*, par allusion au lieu de sa naissance... » (Tome XLI, p. 466.)

Depuis lors, cette dernière version se trouva constamment rééditée par ceux de nos pomologues — Poiteau (1853), Congrès pomologique (1859), Eugène Forney (1863), Paul de Mortillet (1865), Carrière (1872), Alphonse Mas (1874) — qui décrivirent la Reine des Vergers. Rétablissons donc les faits, rendons l'enfant à son vrai père, nous auprès duquel il est né, il a grandi, et à qui, certes, il doit une bonne part de sa renommée : Ce n'est pas à Lorès ou Lorèze, ou Loris, mais à Louresse-Rocheménier, commune du canton de Doué-la-Fontaine, arrondissement de Saumur, qu'en 1843, et non en 1845, fut obtenue d'un sauvageon la pêche dont il s'agit. Son obtenteur n'était pas le fermier Joneau, c'était un riche propriétaire de Louresse, M. Moriceau. Et quand en 1845 M. Jamin, conduit par le pépiniériste Chatenay, de Doué-la-Fontaine, petite ville que cinq kilomètres seulement séparent de Louresse, admira dans le jardin de M. Moriceau les énormes fruits de la nouvelle variété, déjà M. Chatenay — car M. Moriceau ne pensait nullement à la propager — l'avait greffée, puis nommée *Monstrueuse de Doué*, appellation qu'elle porta longtemps dans nos contrées, et qu'elle y porte encore, sauf chez les arboriculteurs, où le surnom Reine des Vergers, venu de Jamin en 1847, a fini par prévaloir. Telle est, nous l'affirmons, la vérité *vraie* sur l'obtention et la propagation de notre Monstrueuse de Doué.

Observations. — Les fruits de ce pêcher se conservent facilement une dizaine de jours, aussi sont-ils des plus avantageux pour l'alimentation des marchés. On doit même, afin de leur procurer toute la saveur possible, les cueillir un peu verts et les laisser acquérir au fruitier leur complète maturité.

PÊCHE RHODACENA. — Synonyme de *Pavie Alberge jaune*. Voir ce nom.

PÊCHE RIESEN VON POMPONNE. — Synonyme de *Pavie de Pomponne*. Voir ce nom.

103. PÊCHE RIGAUDIÈRE.

Description de l'arbre. — *Bois :* assez fort. — *Rameaux :* peu nombreux, étalés et arqués, gros et courts, modérément exfoliés à la base, ridés au sommet, vert blanchâtre à l'ombre, rouge vif au soleil. — *Lenticelles :* rares, grandes et arrondies, rousses, proéminentes. — *Coussinets :* saillants, développés latéralement en arête. — *Yeux :* généralement accompagnés de boutons à fleur, écartés du bois, gros ou très-gros, ovoïdes-obtus, des plus duveteux, aux écailles brunes et disjointes. — *Feuilles :* assez grandes, épaisses et coriaces, vert terne en dessus, vert clair en dessous, ovales-allongées, longuement acuminées, planes, très-profondément dentées et surdentées. — *Pétiole :* gros et long, sanguin en dessous, à cannelure des plus prononcées. — *Glandes :* faisant entièrement défaut. — *Fleurs :* grandes et d'un très-beau rose.

FERTILITÉ. — Abondante.

CULTURE. — Pour activer la végétation de ce pêcher, il faut, de préférence, le greffer sur amandier et le placer à l'espalier, car il s'accommoderait assez mal du plein-vent.

Description du fruit. — *Grosseur :* au-dessous de la moyenne. — *Forme :* régulièrement globuleuse, non mamelonnée, à sillon bien marqué. — *Cavité caudale :* peu prononcée. — *Point pistillaire :* petit, placé généralement de côté au centre d'une faible dépression. — *Peau :* mince, s'enlevant très-facilement, des plus duveteuses, jaune clair et blafard sur la face placée à l'ombre, ponctuée puis amplement lavée de carmin vif à l'insolation. — *Chair :* blanchâtre, fine, compacte, très-fondante, rosée près du noyau. — *Eau :* abondante, excessivement rafraîchissante, délicieusement sucrée et parfumée. — *Noyau :* non adhérent, moyen, ovoïde, un peu bombé, ayant l'arête dorsale assez tranchante.

Pêche Rigaudière.

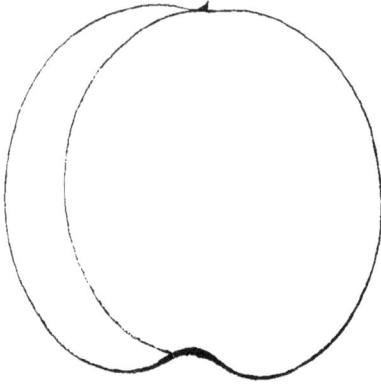

MATURITÉ. — Commencement du mois d'août.

QUALITÉ. — Première.

Historique. — Le pêcher Rigaudière est un gain de M. Auguste Boisselot, propriétaire à Nantes et bien connu de nos horticulteurs par d'heureux semis d'arbres fruitiers. Il obtint celui-ci en 1863 et m'en offrit des greffes en 1865, m'autorisant à le multiplier; ce que je fis avec empressement, après avoir apprécié l'exquise qualité de ses produits.

---

104. Pêche de ROMORANTIN.

Synonymes. — *Pêches :* 1. JAUNE DE ROMORANTIN (Carrière, *Description et classification des variétés de pêchers*, 1867, p. 62). — 2. GROSSE-DE-ROMORANTIN (O. Thomas, *Guide pratique de l'amateur de fruits*, 1876, p. 50).

Description de l'arbre. — *Bois :* très-fort. — *Rameaux :* assez nombreux et généralement étalés, très-gros et très-longs, des plus exfoliés, vert-pré à l'ombre, brun terne ou rouge sombre au soleil. — *Lenticelles :* assez abondantes, de grandeur variable, arrondies ou linéaires, brunes et proéminentes. — *Coussinets :* bien développés. — *Yeux :* presque toujours flanqués de plusieurs boutons à fleur, écartés du bois, volumineux, larges à la base, obtus au sommet, aux écailles noirâtres et bien soudées. — *Feuilles :* nombreuses, grandes, épaisses, vert brillant en dessus, vert blanchâtre en dessous, ovales-allongées, courtement acuminées, légèrement gaufrées, à bords largement et irrégulièrement crénelés. — *Pétiole :* assez long, très-nourri, flexible, à cannelure prononcée. — *Glandes :* de deux sortes, les unes globuleuses, les autres réniformes. — *Fleurs :* petites, rose foncé.

Fertilité. — Grande.

Culture. — Sa remarquable vigueur permet de l'écussonner sur tous sujets et de lui imposer la forme qu'on désire, car il fait d'aussi beaux plein-vent que d'admirables espaliers.

Description du fruit. — *Grosseur :* moyenne et parfois plus volumineuse. — *Forme :* globuleuse, inéquilatérale, non mamelonnée, à sillon très-apparent régnant seulement sur un seul côté. — *Cavité caudale :* vaste mais peu profonde. — *Point pistillaire :* des plus petits et généralement bien enfoncé dans une large dépression. — *Peau :* mince, se détachant aisément, fort duveteuse, jaune verdâtre à l'ombre, toute maculée de rouge violacé à l'insolation. — *Chair :* blanchâtre, fine, fondante, sanguinolente près du noyau. — *Eau :* très-abondante, vineuse, de saveur exquise et des plus sucrées. — *Noyau :* non adhérent, petit, ovoïde, à large base, légèrement bombé et mucroné, ayant l'arête dorsale modérément ressortie.

Pêche de Romorantin.

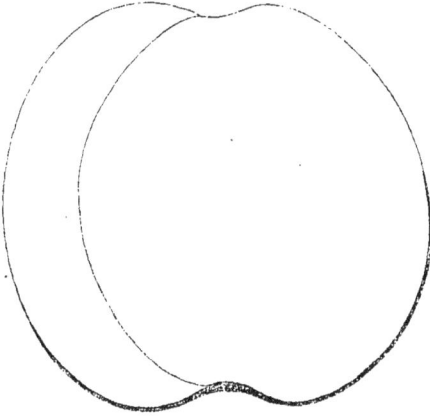

Maturité. — Vers le milieu du mois de septembre.

Qualité. — Première.

Historique. — Je n'ai pu savoir si ce pêcher, comme paraît l'indiquer son nom, est originaire de Romorantin (Loir-et-Cher). Nous le multiplions depuis une quinzaine d'années, et n'avons pu retrouver la note de provenance qui le concernait. Assez répandu, il mérite assurément la culture, vu l'excellence de ses produits.

Pêches : RONALDS'S BRENTFORD MIGNONNE,

— RONALDS'S EARLY GALANDE,

— RONALDS'S SEEDLING GALANDE,

Synonymes de pêche *Galande* et de pêche *Mignonne* (*Grosse-*). Voir ces noms.

Pêches : ROSAMONT,

— ROSANNA,

— ROSANNE,

— ROSANNE (PETITE-),

Synonymes de pêche *Rossanne*. Voir ce nom.

Pêcher ROSE. — Synonyme de pêcher *à Fleurs Semi-Doubles*. Voir ce nom.

Pêches de ROSIER. — Synonymes de pêcher *à Fleurs Semi-Doubles* et de pêche *Mignonne (Grosse-)*. Voir ces noms.

---

105. Pêche ROSSANNE.

Synonymes. — *Pêches :* 1. Rossane de Languedoc (Merlet, *l'Abrégé des bons fruits*, 1667, p. 43). — 2. Alberge jaune (la Quintinye, *Instruction pour les jardins fruitiers et potagers*, 1690, t. I, p. 317). — 3. Roussane (dom Claude Saint-Etienne, *Nouvelle instruction pour connaître les bons fruits, selon les mois de l'année*, 1670, p. 138). — 4. Purple Alberge (Batty Langley, *Pomona Londinensis*, 1729, p. 104, pl. 30, fig. 5; — Thompson, *Catalogue of fruits cultivated in the garden of the horticultural Society of London*, 1842, p. 109, n° 3). — 5. Ravanne (le frère Bonnelle, *le Jardinier d'Artois*, 1766, p. 231). — 6. Pêche Jaune (Duhamel, *Traité des arbres fruitiers*, 1768, t. II, p. 10). — 7. Rosanne (*Id. ibid.*). — 8. Auberge jaune (Société Économique de Berne, *Traité des arbres fruitiers*, 1768, t. I, p. 190). — 9. Pourprée (*Id. ibid.*). — 10. Avant-Pêche jaune (*l'Agronome ou la Maison rustique mise en forme de dictionnaire*, 1770, t. III, p. 30). — 11. Petite-Alberge (*Ibidem*). — 12. Roussaine (Knoop, *Fructologie*, 1771, p. 88). — 13. Pourpre (Miller, *Dictionnaire des jardiniers*, traduit de l'anglais par de Chazelles et Holandre, 1786, t. V, p. 476, n° 18). — 14. Safran (J. V. Sickler, *Teutscher Obstgärtner*, 1797, t. VIII, p. 233). — 15. Rosanna (Forsyth, *Treatise on the culture and management of fruit trees*, 1802, traduction de Pictet-Mallet, pp. 53 et 348). — 16. Petite-Roussanne (de Launay, *le Bon-Jardinier*, 1807, p. 140). — 17. Saint-Laurent jaune (*Id. ibid.*). — 18. Rosamont (Bosc, *Dictionnaire d'agriculture*, 1809, t. IX, p. 487). — 19. Petite-Rosanne (Thompson, *Catalogue of fruits cultivated in the garden of the horticultural Society of London*, 1826, p. 80, n° 144). — 20. Petite-Rossane abricotée (d'Albret, *Cours théorique et pratique de la taille des arbres fruitiers*, 1851, p. 327). — 21. Alberge (Elliott, *Fruit book*, 1854, p. 281). — 22. French Rareripe (*Id. ibid.*). — 23. Gold Fleshed (*Id. ibid.*). — 24. Golden Mignonne (*Id. ibid.*). — 25. Golden Rareripe (*Id. ibid.*). — 26. Hardy Galande (*Id. ibid.*). — 27. Yellow Rareripe (*Id. ibid.*). — 28. Alberge rouge (Dochnahl, *Obstkunde*, 1858, t. III, p. 218, n° 103). — 29. Purpur (*Id. ibid.*). — 30. Red Alberge (*Id. ibid.*). — 31. Rothe Alberge (*Id. ibid.*). — 32. Rother Aprikosen (*Id. ibid.*). — 33. Jaune hative (André Leroy, *Catalogue descriptif et raisonné des arbres fruitiers et d'ornement*, 1873, p. 27, n° 82).

Description de l'arbre. — *Bois :* faible. — *Rameaux :* assez nombreux, érigés plutôt qu'étalés, gros, peu longs, non géniculés, très-exfoliés, surtout à la base, jaune verdâtre à l'ombre, rouge carminé au soleil. — *Lenticelles :* clairsemées, petites, grises, arrondies ou linéaires. — *Coussinets :* saillants et se prolongeant latéralement en arête. — *Yeux :* souvent accompagnés de boutons à fleurs, écartés du bois, volumineux, ovoïdes-pointus, légèrement duveteux, aux écailles noirâtres et disjointes. — *Feuilles :* de grandeur moyenne, épaisses, luisantes et vert jaunâtre en dessus, vert blanchâtre en dessous, ovales-allongées, longuement acuminées en vrille, gaufrées au centre, largement dentées et crénelées sur leurs bords. — *Pétiole :* gros et court, sanguin en dessous, faiblement cannelé. — *Glandes :* de deux sortes; les unes réniformes, ce sont les plus nombreuses et les plus grosses, les autres globuleuses et très-petites. — *Fleurs :* moyennes, d'un rose foncé.

Fertilité. — Grande.

Culture. — Il réussit bien sur tous sujets et sous toutes formes, mais l'espalier avantage encore sa végétation et sa fertilité.

Description du fruit. — *Grosseur :* au-dessous de la moyenne, ou moyenne. — *Forme :* inconstante, assez irrégulière et légèrement mamelonnée, elle est le plus habituellement globuleuse un peu cylindrique, ou globuleuse. beaucoup plus renflée sur un côté que sur l'autre, mais elle a le sillon toujours bien accusé. — *Cavité caudale :* très-évasée, de profondeur moyenne. — *Point pistillaire :* petit et saillant. — *Peau :* mince, finement duveteuse, s'enlevant avec facilité, à fond jaune roussâtre passant au jaune orangé sur le côté frappé par le soleil, où elle est aussi plus ou moins lavée de carmin foncé. — *Chair :* jaune intense, des plus fondantes, non filamenteuse, rougeâtre près du noyau. — *Eau :* abondante, bien sucrée, acidule, possédant un parfum particulier fort agréable. — *Noyau :* non adhérent, moyen, ovoïde-arrondi, bombé, ayant la pointe terminale assez courte et l'arête dorsale aplatie, émoussée.

Pêche Rossanne. — *Premier Type.*

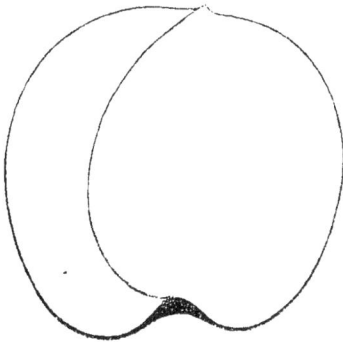

Deuxième Type.

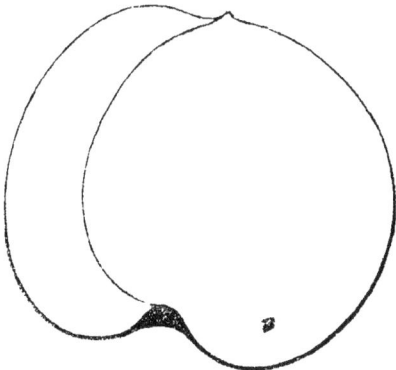

Maturité. — Vers le milieu d'août.

Qualité. — Deuxième.

Historique. — Au xviiᵉ siècle on appelait Rosanne ou Rossanne, Rousanne ou Roussanne, du latin *russus, russeus*, roux, un petit groupe de pêchers dont les produits, à peau roussâtre en partie, justifiaient assez bien, du reste, cette dénomination. L'aîné de tous est celui qui nous occupe ici. Précédemment (pp. 186-187) nous avons décrit un de ses cadets, la Nectarine jaune, ou Roussanne d'hiver. Maintenant, si l'on demandait où le reste de la famille a pu passer, nous avouerions l'ignorer formellement... Roussanne ne fut pas le nom primitif de la présente pêche, mais le premier des trente-trois surnoms qu'on lui connaît aujourd'hui. Vers l'année 1540 elle pénétra du Languedoc chez les Parisiens, sous l'étiquette Alberge jaune, que la Quintinye (1680) lui conservait encore, et se propagea dans la Capitale et ses environs, avec tant de rapidité, que vingt ans après il s'y rencontrait peu de jardins où sa culture ne tînt une large place. Ces faits sont attestés par Joannes Bruyerinus, en son *de Re cibaria* (livre XI, chap. xv), curieux ouvrage datant de 1560. Mais ce pêcher est-il vraiment originaire du Languedoc? L'Espagne, qui confine à cette dernière province, pourrait-elle point, au contraire, le lui disputer?..... Nous le croyons, par ce double motif que le terme *Alberchigo*, Alberge, appartient de temps immémorial à la nomenclature du pêcher, dans ledit royaume, et qu'aussi le *Dictionnaire* de Littré regarde Alberge comme dérivé d'*Alberchigo*, plutôt que de l'arabe *allebegi*, ou du latin *alba*, blanc. (Voir également, au t. V, pp. 35-36, l'article Abricot Alberge; puis, pp. 43-44 de ce volume, l'article Pêches Alberges.)

Observations. — C'est par ERREUR que les noms *Alberge jaune, Auberge jaune, Avant-Pêche jaune, French Rareripe, Gold Fleshed, Golden Mignonne, Golden Rareripe, Hardy Galande*, et pêche *Jaune*, ont été dits par nous, chacun à son ordre alphabétique, synonymes de PAVIE ALBERGE JAUNE, car ils se rapportent uniquement à la pêche Rossanne, ainsi que nous l'avons déjà déclaré page 209. — Lindley, en 1831, et Mas, en 1873, n'ont donné que des glandes réniformes à cette variété, ce qui n'est pas entièrement exact : elle en offre aussi de globuleuses, mais en petit nombre.

Pêche ROSSANNE ABRICOTÉE (PETITE-). — Synonyme de pêche *Rossanne*. Voir ce nom.

Pêche ROSSANNE D'HIVER. — Synonyme de *Nectarine jaune*. Voir ce nom.

Pêches : ROSSANNE DE LANGUEDOC,

— ROTHE ALBERGE,

— ROTHER APRIKOSEN,

Synonymes de pêche *Rossanne*. Voir ce nom.

Pêche ROUGE PAYSANNE. — Synonyme de pêche *Madeleine de Courson*. Voir ce nom.

Pêches : ROUSSAINE,

— ROUSSANE,

Synonymes de pêche *Rossanne*. Voir ce nom.

---

106. Pêche ROUSSANNE BERTHELANE.

Description de l'arbre. — *Bois :* fort. — *Rameaux :* nombreux, étalés, longs et assez grêles, amplement exfoliés, d'un vert foncé à l'ombre, d'un rouge-brique au soleil. — *Lenticelles :* abondantes, très-fines, blanches, arrondies. — — *Coussinets :* saillants. — *Yeux :* souvent flanqués de boutons à fleur, écartés du bois, volumineux, ovoïdes-pointus, duveteux, aux écailles noirâtres et mal soudées. — *Feuilles :* nombreuses, très-grandes, vert brillant en dessus, vert mat en dessous, obovales ou ovales-allongées, très-courtement acuminées, planes et largement, mais peu profondément, dentées sur leurs bords. — *Pétiole :* court et très-nourri, carminé à l'insolation, à cannelure large et profonde. — *Glandes :* grosses et réniformes. — *Fleurs :* petites, d'un rose intense.

FERTILITÉ. — Satisfaisante.

CULTURE. — Il croît parfaitement, se greffe sur tous sujets et peut se prêter à toutes les formes.

Description du fruit. — *Grosseur* : assez volumineuse. — *Forme :* ovoïde-arrondie, très-raccourcie, à peine mamelonnée, à sillon large et peu creusé. —

Pêche Roussanne Berthelane.

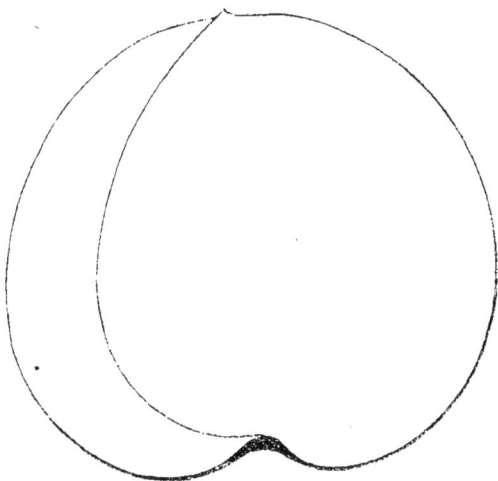

Cavité caudale : très-évasée mais rarement bien profonde. — *Point pistillaire :* petit, parfois saillant et parfois, aussi, légèrement enfoncé. — *Peau :* s'enlevant facilement, des plus duveteuses, vert clair jaunâtre à l'ombre, amplement lavée de carmin à l'insolation. — *Chair :* blanchâtre, très-fondante, assez filamenteuse, sanguinolente au centre. — *Eau :* excessivement abondante, peu sucrée, agréablement acidulée. — *Noyau :* non adhérent, moyen, ovoïde, courtement mucroné, très-bombé, ayant l'arête dorsale émoussée.

MATURITÉ. — Vers le milieu du mois de septembre.

QUALITÉ. — Deuxième.

Historique. — Cette variété, qui est dans notre école de pêchers depuis au moins vingt ans, provenait, je le crois mais ne puis l'affirmer, des environs de Toulouse, sinon de Toulouse même, d'où, peut-être, feu le pépiniériste Jean Rey nous l'avait envoyée. Je n'en connais aucune description et soupçonne la *Bertholome,* pêche incomplétement caractérisée par M. Thomas, en 1876 (*Guide de l'amateur de fruits,* p. 52), d'être identique avec celle-ci, dont le nom se sera trouvé quelque peu défiguré. En tout cas, elle n'en diffère ni pour les glandes, ni pour les fleurs, ni pour le volume, ni pour la maturité.

PÊCHE ROUSSANNE A CHAIR DE CALLEVILLE ROUGE. — Synonyme de pêche *Sanguinole.* Voir ce nom.

PÊCHE ROUSSANNE (PETITE-). — Synonyme de pêche *Rossanne.* Voir ce nom.

PÊCHE ROUSSANNE TARDIVE. — Synonyme de *Nectarine Jaune.* Voir ce nom.

PÊCHE ROYALE CHARLOTTE. — Synonyme de pêche *Madeleine hâtive.* Voir ce nom.

PÊCHER ROYAL GEORGE. — Voir *Madeleine rouge tardive*, au paragraphe OBSERVATIONS.

PÊCHES : ROYAL KENSINGTON,

— ROYAL SOVEREIGN,

— LA ROYALE,

Synonymes de pêche *Mignonne (Grosse-)*. Voir ce nom.

107. PÊCHE ROYALE.

Synonyme. — *Pêche* LATE ADMIRABLE (Batty Langley, *Pomona Londinensis*, 1729, p. 106, pl. 32, fig. 5).

Description de l'arbre. — *Bois :* fort. — *Rameaux :* nombreux, presque érigés, gros et longs, non géniculés, très-exfoliés à la base, vert jaunâtre à l'ombre, rouge terne ou rouge sanguin à l'insolation. — *Lenticelles :* clair-semées, petites, arrondies, grises et proéminentes. — *Coussinets :* ressortis. — *Yeux :* accompagnés généralement de boutons à fleur, légèrement écartés du bois, gros et ovoïdes-obtus, aux écailles grises et duveteuses. — *Feuilles :* grandes, épaisses, vert brillant en dessus, vert pâle en dessous, très-longuement acuminées, bordées de dents régulières dont la pointe est surmontée d'un cil noirâtre. — *Pétiole :* gros et court, sanguin habituellement dans toute sa longueur et profondément cannelé. — *Glandes :* réniformes. — *Fleurs :* petites, d'un rose passant au rouge.

FERTILITÉ. — Convenable.

CULTURE. — Sa croissance bien soutenue permet de l'écussonner sur franc, amandier et prunier, puis de le destiner au plein-vent ou à l'espalier, car il fait de très-jolis arbres sous ces deux formes.

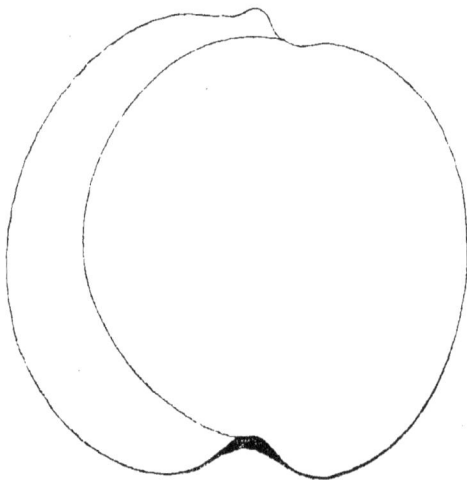

Description du fruit. — *Grosseur :* volumineuse. — *Forme :* globuleuse, ayant généralement un côté plus gros que l'autre, fortement mamelonnée, à sillon bien marqué. — *Cavité caudale :* assez profonde. — *Point pistillaire :* saillant et presque toujours placé de côté. — *Peau :* se détachant aisément, très-duveteuse, jaune blanchâtre sur la partie placée à l'ombre, largement carminée sur celle que frappe le soleil. — *Chair :* blanche, fine, fondante, rougeâtre au centre. — *Eau :* abondante, sucrée, délicieusement acidulée et parfumée. — *Noyau :* non adhérent,

assez gros, ovoïde, longuement mucroné, bombé, ayant l'arête dorsale peu tran
chante.

MATURITÉ. — Plutôt avant la mi-septembre, qu'après.

QUALITÉ. — Première.

Historique. — Le moine Triquel, en 1659, signala et décrivit cette pêch
exquise dans la seconde édition de son *Instruction pour les arbres fruitiers* (p. 149)
dont la première date de 1653, mais en laquelle, ne la possédant pas, j'ignore s'
déjà elle se trouvait mentionnée. Ce fut, très-probablement, un gain obtenu dan
les environs de la Capitale, et peut-être bien, même, à Port-Royal-des-Champs
abbaye où s'était, en 1644, retiré le célèbre Arnauld d'Andilly, l'auteur si conn
du *Jardinier royal*. On sait qu'effectivement, et avec succès, il s'efforça, pendan
le long temps qu'il vécut là, d'y faire naître de nouveaux fruits. Toujours est-i
que la Quintinye, aussi habile courtisan que savant arboriculteur, prit vite e
haute estime cette belle variété, la planta à Versailles dès qu'il l'eût goûtée, et tô
la fit servir aux desserts de Louis XIV. Voici le jugement qu'il en a porté :

« *La Royale*, pêche que je n'avois pas encore plantée — écrivait-il vers 1680 — est une
espèce d'Admirable, hors qu'elle est constamment plus tardive et colore plus noir en dehors,
et un peu davantage près du noyau; du reste entièrement semblable à l'Admirable [pour l.
bonté], et par conséquent admirable elle-même, c'est-à-dire très-excellente. » (*Instruction pour
les jardins fruitiers et potagers*, 1690, t. I, p. 448.)

Malgré tous nos gains modernes, la Royale est restée l'une des meilleures
pêches connues, et figurera toujours avantageusement dans une collection de
choix.

Observations. — Elle est parfois confondue, pour certains rapports de forme,
avec les pêches Belle de Vitry, Bourdine et Téton de Vénus, mais en diffère
essentiellement par nombre de caractères, comme on le verra de suite, en comparant ces quatre variétés, dont nous donnons la description.

PÊCHE ROYALE CHARTREUSE. — Provenue, en 1863, des semis de M. Buisson,
manufacturier à la Tronche, près Grenoble (Isère), et soumise par lui au Congrès
pomologique, le 9 septembre 1865, cette nouvelle pêche nous fut offerte par son
obtenteur, qui nous en fit l'éloge (1866). Cependant, maintes circonstances ne
nous ayant pas permis de la déguster, il nous devient impossible de la figurer ici,
non plus que de l'y caractériser. Toutefois nous allons décrire son arbre, espérant
par là nous acquitter au moins partiellement de la dette contractée envers M. Buisson, dont les principaux gains sont gratuitement venus dans nos pépinières :

Description de l'arbre. — *Bois :* peu fort. — *Rameaux :* assez nombreux,
érigés, de grosseur et longueur moyennes, un peu géniculés, légèrement exfoliés
à la base, vert gai à l'ombre, rouge sanguin au soleil, où ils sont également
fouettés de rouge cramoisi. — *Lenticelles :* assez rares, petites, arrondies. — *Coussinets :* saillants. — *Yeux :* parfois flanqués de boutons à fleur, faiblement écartés
du bois, petits, ovoïdes-aplatis, aux écailles noirâtres et disjointes. — *Feuilles :*
moyennes, vert sombre en dessus, vert blanchâtre en dessous, lancéolées-élargies,
très-longuement acuminées, crénelées à la base du rameau, largement et peu
profondément dentées à son sommet; toutes ont en outre, à l'extrémité de

chaque dent, un petit cil brun foncé. — *Pétiole :* assez long, gros ou moyen, carminé en dessous et profondément cannelé. — *Glandes :* volumineuses, réniformes. — *Fleurs :* petites, roses.

FERTILITÉ. — Satisfaisante.

CULTURE. — De végétation un peu lente, on doit le greffer préférablement sur amandier, et le placer à l'abri du mur pour lui procurer un plus prompt développement. Toutefois la forme plein-vent peut aussi lui convenir, mais aux dépens de sa production et de sa durée.

Les fruits de ce pêcher sont de volume moyen, de deuxième qualité, et mûrissent en septembre.

Pêches : ROYALE (GROSSE-),

—   ROYALE HATIVE,

Synonymes de pêche *Bourdine*. Voir ce nom.

PÊCHE RUMBOLLION. — Synonyme de pêche *Rambouillet*. Voir ce nom.

S

Pêche SAFRAN. — Synonyme de pêche *Rossanne*. Voir ce nom.

Pêche SAINT-GEORGE. — Synonyme de pêche *Smock*. Voir ce nom.

Pêche de SAINT-JEAN. — Synonyme de pêche *Double de Troyes*. Voir ce nom.

Pêche SAINT-LAURENT JAUNE. — Synonyme de pêche *Rossanne*. Voir ce nom.

Pêche SAINT-LAURENT ROUGE. — Synonyme de *Avant-Pêche rouge*. Voir ce nom.

---

108. Pêche SALWEY.

Description de l'arbre. — *Bois :* fort. — *Rameaux :* nombreux, étalés et arqués, gros et longs, exfoliés à la base, ridés au sommet, jaune verdâtre à l'ombre, rouge terne au soleil. — *Lenticelles :* rares, grosses, blanches, arrondies ou linéaires. — *Coussinets :* bien ressortis et se prolongeant latéralement en arête. — *Yeux :* accompagnés de boutons à fleur, écartés du bois, moyens, coniques, aux écailles brunes et assez solidement soudées. — *Feuilles :* très-nombreuses, de dimension variable, mais généralement grandes, vert jaunâtre en dessus, vert glauque en dessous, ovales-allongées, longuement acuminées en vrille, légèrement gaufrées au centre et finement bordées de dents que surmonte un cil marron. — *Pétiole :* court, assez gros mais flexible, sanguin dans toute sa longueur et largement cannelé. — *Glandes :* volumineuses et réniformes. — *Fleurs :* très-petites, rose foncé.

Fertilité. — Grande.

Culture. — Convient pour toutes formes et se greffe sur tous sujets.

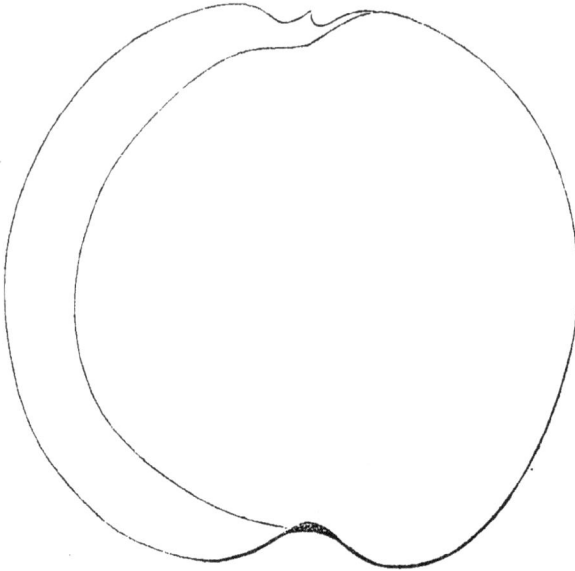

Description du fruit. — *Grosseur* : considérable. — *Forme* : sphérique, mamelonnée, habituellement plus renflée d'un côté que de l'autre, à sillon étroit et rarement bien profond. — *Cavité caudale* : très-évasée, assez creuse. — *Point pistillaire* : petit et placé au milieu d'une forte dépression, sur un léger mamelon. — *Peau* : assez mince, s'enlevant facilement, très-duveteuse, jaune blafard sur la face placée à l'ombre, jaune intense sur celle de l'insolation, où elle est en outre lavée, frangée et tachetée de rouge violacé. — *Chair* : d'un jaune orangé, fine, fondante quoique compacte, sanguinolente près du noyau. — *Eau* : abondante, sucrée, acidule, savoureusement parfumée. — *Noyau* : non adhérent, assez gros, ellipsoïde, courtement et obtusément mucroné, légèrement bombé, ayant l'arête dorsale coupante et ressortie.

Pêche Salwey.

MATURITÉ. — Courant d'octobre.

QUALITÉ. — Première.

Historique. — Ce très-bon et très-beau fruit, qui porte le nom de son obtenteur, appartient à l'Angleterre et compte au plus une trentaine d'années. Robert Hogg, dans son *Fruit manual*, édition de 1875, annonce qu'il a été gagné, par le colonel Salwey, d'un semis de noyaux rapportés d'Italie par M. Charles Turner, de Slought. Renseignements que nous complétons en disant que l'introduction des noyaux, provenant de la pêche appelée San-Giovanni chez les Florentins, date de 1844. Quant au lieu où le colonel les sema, ce fut à Egham-Park, au comté de Surrey.

PÊCHE SAMMET-NIVETTE. — Synonyme de pêche *Nivette veloutée*. Voir ce nom.

PÊCHES : SANDALIE,

— SANDALIE HERMAPHRODITE,

Synonymes de pêche *Admirable jaune*. Voir ce nom.

Pêches SANGUINE, SANGUINOLE. — Au commencement du xviiᵉ siècle, déjà l'on nommait ainsi certaines pêches à chair et à peau d'un rouge-sang, et qui vulgairement reçurent presque aussitôt les surnoms *Betterave, Carotte, Mûrier, Rave, Ravelette.* En 1628 le Lectier, d'Orléans, page 31 de son *Catalogue arboricole*, citait le premier de tous une pêche puis un pavie Rave. Merlet, en 1667, décrivait la Sanguinole, ou Dreuselle, ou Betterave, dont nous allons parler ci-après. Enfin le moine Claude Saint-Etienne, trois ans plus tard (1670), allait jusqu'à en signaler huit! Mais comme sa *Nouvelle instruction pour connaître les bons fruits,* n'est, à vrai dire, qu'une Pomologie très-fautive, où trop souvent la même variété figure sous plusieurs noms différents, nous pensons pouvoir réduire à quatre, les huit pêches à chair rouge dont il fit mention, et qui sont : « 1° L'An-« geline ou Bette-rave; 2° La pesche de Bure, ou de Suisse, ou Bette-rave, bonne « au commencement de septembre, rouge comme Bette-rave sous la peau, et « *le reste de la chair, blanc,* mais rougeâtre autour du noyau; 3° Pesche de Bure, ou « Bette-rave, bonne vers la Toussaint; 4° Pavis Bette-rave, n'est aussi bon que « vers la Toussaint, et tient au noyau; 5° Pesche incarnate dedans; 6° Pesche « Roussane, toute rouge dedans, comme la pomme de Calleville; 7° Pesche Rave « licée, bonne environ la fin de septembre, licée comme un Brugnon, noirâtre « dessus, et de sang caillé sous la peau : en Anjou s'appelle Angeline; 8° Un Pavis « assez gros, rouge dedans, d'un doigt d'épais. » Ainsi, sans grande hésitation, nous réunissons au 1°, le 7°, qui porte même dénomination; nous acceptons le 2°, au 3° nous assimilons le 5°, cette pêche « incarnate dedans, » dont notre moine n'a même pas su le nom, et le 6°, cette Roussane — assez mal nommée, on en conviendra — à chair rappelant celle du Calleville rouge d'Hiver; puis au 4° nous joignons le 8°, par ce motif que tous les deux sont qualifiés pavies; ce qui ramène à quatre variétés, au total, les huit inscrites sur les listes de Claude Saint-Etienne. Et, certes, rien ne garantit que ce nombre quatre ne puisse encore être diminué, le manque assez général de descriptions ouvrant, ici, large place au doute et à l'erreur. Quoi qu'il en soit, notre classement de ces anciennes pêches à chair rouge, réduirait donc aux variétés suivantes, celles cultivées en 1670 : 1° Pêche Rave *lissée,* ou Betterave, ou Angeline, qui, nécessairement, ne pouvait être qu'une Nectarine ou qu'un Brugnon, mais de laquelle je ne puis retrouver trace; 2° Pêche de Bure, de Suisse, ou Betterave précoce, bonne au commencement de septembre, et dont la chair montrait quelques parties blanchâtres, ce qui peint bien notre antique Sanguine; 3° la Pêche de Bure, ou Betterave très-tardive, ou Incarnate dedans, ou Roussane à chair de Calleville rouge, que Merlet, en 1667, appelait Dreuselle, puis Sanguinole, le dernier de ses noms que nos pépiniéristes actuels aient conservé; 4° enfin le Pavie Betterave, mûr vers la Toussaint, assez gros et rouge dedans, variété m'ayant tout l'air de se rapporter à ce vieux Petit-Pavie de Pomponne, qu'en 1791, Fillassier, dans son *Dictionnaire du jardinier français* (t. II, p. 353), décrivait encore fort exactement, et de la disparition duquel je me suis plaint ci-devant (p. 231), en reproduisant son signalement afin d'aider à le reconnaître. Ainsi, deux pêches seulement, sur les quatre de l'espèce sanguinolente propagée dès 1600, se rencontrent encore, aujourd'hui, dans les pépinières françaises, et s'y viennent ajouter à la Cardinale (voir ce fruit, p. 82), que Duhamel, en 1768, caractérisa le premier, puis à la Sanguine de Jouy, ou pêche de Vigne, et à la Sanguine de Manosque, tirant son nom d'une localité des Basses-Alpes dont on la croit originaire. Mais, cette Manosque, M. Carrière seul, je crois, l'a décrite et figurée (*Jardin fruitier du Muséum,* 1872-1875, t. VII), et n'a pu nous la procurer, l'école de pêchers du Jardin des Plantes de Paris ayant, en partie, été détruite par le rigoureux hiver de 1871. C'est donc, tout compte fait, cinq variétés de pêcher à fruits sanguinolents qui composent actuellement ce groupe, plus curieux par son caractère si particulier, que précieux pour la bonté de ses produits, très-médiocres en général.

---

109. Pêche SANGUINE.

Synonymes. — *Pêches :* 1. Bette-Rave précoce (dom Claude Saint-Etienne, *Nouvelle instruction pour connaître les bons fruits, selon les mois de l'année,* 1670, p. 130). — 2. De Bure précoce (*Id. ibid.*). — 3. De Suisse (*Id. ibid.,* p. 140). — 4. Cardinal Furstemberg (les Chartreux, de Paris, *Catalogue de leurs pépinières pour l'année 1752*). — 5. Cardinale de Fustemberg (de Grâce, *le Bon-Jardinier,* 1788, p. 142). — 6. Grosse-Admirable (du Breuil, *Cours d'horticulture,* 1854, t. II, p. 654). — 7. Sanguine de Palluau (André Leroy, *Catalogue descriptif et raisonné des arbres fruitiers et d'ornement,* 1858, p. 23, nº 85). — 8. Sanguine Grosse-Admirable (Carrière, *le Jardin fruitier du Muséum,* 1872-1875, t. VII). — 9. Sanguinole [*par erreur*] (Mas, *le Verger,* 1874, t. VII, p. 119).

Description de l'arbre. — *Bois :* fort. — *Rameaux :* très-nombreux, érigés, gros et longs, excessivement exfoliés à la base, ce qui leur donne une couleur fauve que domine cependant, à l'insolation, un rouge violacé. — *Lenticelles :* assez rares, petites, arrondies, grisâtres. — *Coussinets :* très-ressortis et se prolongeant latéralement en arête. — *Yeux :* écartés du bois à la base du rameau, noyés dans l'écorce à l'autre extrémité, volumineux, ovoïdes-pointus, ayant les écailles mal soudées, grises et bordées de noir. — *Feuilles :* nombreuses, assez grandes, vert sombre en dessus, vert clair en dessous, lancéolées-élargies, longuement acuminées, ondulées sur les bords, qui sont en outre largement dentés. — *Pétiole :* bien nourri, de longueur moyenne, sanguin dans toute sa longueur et profondément cannelé. — *Glandes :* réniformes. — *Fleurs :* moyennes, rose intense.

Fertilité. — Remarquable.

Culture. — Comme il est très-délicat, on le greffe de préférence sur amandier, mais il pousse aussi, quoique moins vigoureusement, sur le prunier; la forme qu'il préfère, est l'espalier; le plein-vent ne lui convient guère.

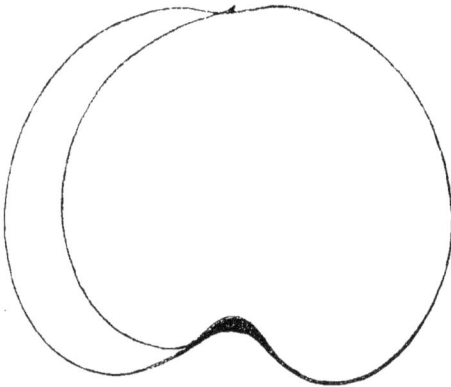

Description du fruit. — *Grosseur :* moyenne et souvent beaucoup plus volumineuse. — *Forme :* ovoïde sensiblement arrondie et plus ou moins raccourcie, non mamelonnée, parfois inéquilatérale, à sillon peu marqué. — *Cavité caudale :* assez considérable. — *Point pistillaire :* noir, des plus faibles, placé au centre d'une très-légère dépression. — *Peau :* mince, fort duveteuse, s'enlevant difficilement, à fond jaune verdâtre qui passe au jaune orangé sur le côté de l'insolation, où elle est, en outre, lavée, ponctuée et fouettée de carmin clair, puis marbrée, près du sommet, de carmin très-foncé. — *Chair :* ferme et des plus filamenteuses, assez verdâtre et striée de rose dans les parties non frappées par le soleil, rosée partout ailleurs, à la surface, mais excessivement sanguinolente au centre. — *Eau :* très-abondante, fraîche, possédant une certaine saveur, quoiqu'un peu trop acidulée. — *Noyau :* non adhérent, moyen, bombé, ovoïde, ayant le mucron assez long et aigu, et l'arête dorsale modérément ressortie.

Maturité. — Commencement de septembre.

Qualité. — Deuxième ou troisième.

Historique. — Ainsi que nous l'avons établi ci-dessus, dans l'article sur le groupe des pêches Sanguine et Sanguinole, cette variété fit son apparition en France au début du xvii° siècle. Elle y fut importée de la Suisse, en même temps que sa congénère, la Sanguinole, dont il sera question à la page suivante. Et dom Claude Saint-Étienne, qui dès 1670 (pp. 130 et 140) la décrivit avec assez d'exactitude, eut soin d'indiquer son lieu de naissance, en l'appelant pêche de Suisse, ou de Bure, localité située dans le canton de Berne, et dont le nom s'écrit aujourd'hui, Buren. Or, comme Sanguine et Sanguinole ont porté, toutes deux, les surnoms pêche de Suisse, pêche de Bure, pêche Betterave, force nous est, pour éviter quelque confusion, d'ajouter aux uns le déterminatif *précoce* (qui s'applique à la présente variété, mûrissant en septembre) et aux autres le déterminatif *tardive,* bien justifié par la maturité de la Sanguinole, complète seulement vers la Toussaint. Des anciens surnoms de la Sanguine, il en fut un, principalement, qui faillit lui rester, au détriment de ses noms primitifs. Je veux parler du nom pêche *Cardinal de Furstemberg,* dont la création remonte à 1704, époque où mourut ce cardinal, alors très-populaire et depuis longtemps abbé du monastère de Saint-Germain-des-Prés, aux portes de Paris. Mais les Chartreux, en 1752, reconnurent la fraude et la divulguèrent aussitôt dans le *Catalogue de leurs pépinières;* révélation heureuse, car un tel nom, je l'ai déjà dit, avait chance, par sa notoriété, de faire croire à l'existence d'une nouvelle pêche.

Observations. — Parfois aussi, et très-fautivement, ce même nom du Cardinal de Furstemberg a été appliqué à la pêche Cardinale, précédemment caractérisée (p. 82), puis à la Sanguinole, qui va maintenant nous occuper. La Sanguine, répétons-le, a droit uniquement de le placer parmi ses synonymes, et les pomologues qui l'ont donné aux deux autres variétés, prouvent par là même n'avoir pas étudié les *Catalogues des Chartreux,* autrement, eussent-ils jamais, sachant le nom Cardinal de Furstemberg synonyme de Sanguine, songé à le réunir à celui de deux pêches mûrissant plus de six semaines après cette dernière? — M. Carrière, en 1873, a décrit ce fruit (*Jardin fruitier du Muséum,* t. VII) sous le surnom de pêche Sanguine Grosse-Admirable, qui nous était inconnu, et M. Mas, lui, a eu la fâcheuse idée (*le Verger,* 1874, t. VII) de l'appeler pêche Sanguinole, donnant ainsi à une variété qui se mange à la Toussaint, le nom d'une variété qu'on peut utiliser dès le mois de septembre. Mais ce qui rend l'erreur vraiment surprenante, c'est que ce très-habile pomologue dit sa Sanguinole, mûre en septembre, semblable à celle de Duhamel, qui justement, en 1768 (t. II, p. 43), avait soin, en caractérisant la sienne, de préciser « qu'elle mûrissait *après la mi-octobre.* » On voit donc à quel point il est facile de se tromper, même quand on a pour soi le savoir et la conscience, qui certes ne faisaient pas défaut au regrettable M. Mas.

PÊCHE SANGUINE ADMIRABLE (GROSSE-). — Synonyme de pêche *Sanguine*. Voir ce nom.

PÊCHE SANGUINE OR BLOOD. — Synonyme de pêche *Sanguinole*. Voir ce nom.

PÊCHE SANGUINE CARDINALE. — Voir pêche *Cardinale*, au paragraphe HISTORIQUE.

PÊCHE SANGUINE DE JOUY. — Synonyme de pêche *de Vigne*. Voir ce nom.

PÊCHE SANGUINE DE MANOSQUE. — Voir l'article *Pêches Sanguine et Sanguinole*.

PÊCHE SANGUINE DE PALLUAU. — Synonyme de pêche *Sanguine*. Voir ce nom.

PÊCHE SANGUINE ROUSSANNE. — Voir l'article *Pêches Sanguine et Sanguinole*.

110. Pêche SANGUINOLE.

Synonymes. — *Pêches* : 1. RAVE (le Lectier, d'Orléans, *Catalogue des arbres cultivés dans son verger et plant*, 1628, p. 31). — 2. BETTE-RAVE TARDIVE (Triquel, prieur de Saint-Marc, *Instructions pour les arbres fruitiers*, 3ᵉ édition, 1659, p. 152; — dom Claude Saint-Étienne, *Nouvelle instruction pour connaître les bons fruits, selon les mois de l'année*, 1670, p. 131; — Merlet, *l'Abrégé des bons fruits*, 1675, p. 41; — Duhamel, *Traité des arbres fruitiers*, 1768, t. II, p. 43). — 3. DREUSELLE (Merlet, *ibid.*, 1667, p. 39; — Duhamel, 1768, *ibid.*). — 4. DE BURE TARDIVE (dom Claude Saint-Étienne, 1670, *ibid.*). — 5. INCARNATE DEDANS (*Id. ibid.*, p. 185). — 6. ROUSSANNE A CHAIR DE CALLEVILLE ROUGE (*Id. ibid.*, p. 140). — 7. DE SUISSE TARDIVE (*Id. ibid.*). — 8. DRUSETTE (Liger, *Culture parfaite des jardins fruitiers et potagers*, 1714, p. 444). — 9. DRUSELLE (Duhamel, 1768, *ibid.*). — 10. DE MÛRIER (Société Économique de Berne, *Traité des arbres fruitiers*, 1768, t. I, p. 204). — 11. HONGROISE (Knoop, *Fructologie*, 1771, p. 79). — 12. DONSELLE (l'abbé Roger Schabol, *la Pratique du jardinage*, 1772, t. II, p. 133). — 13. CARDINALE TARDIVE (les Chartreux, de Paris, *Catalogue de leurs pépinières*, 1775, p. 14). — 14. BLOODY (Thompson, *Catalogue of fruits cultivated in the garden of the horticultural Society of London*, 1826, p. 81, nᵒ 154). — 15. SANGUINE OR BLOOD (*Id. ibid.*). — 16. CAROTTE (Dochnahl, *Obstkunde*, 1818, t. III, p. 193).

Description de l'arbre. — *Bois* : faible. — *Rameaux* : assez nombreux, érigés, courts et grêles, géniculés, exfoliés, vert jaunâtre à l'ombre, rouge-brun à l'insolation. — *Lenticelles* : clair-semées, arrondies ou linéaires, petites et grisâtres. — *Coussinets* : moyens. — *Yeux* : souvent flanqués de boutons à fleur, rapprochés du bois, assez gros, coniques légèrement obtus, aux écailles brunes et plus ou moins cotonneuses. — *Feuilles* : de grandeur moyenne, ovales-allongées, courtement acuminées, régulièrement dentées, d'un beau vert en dessus, d'un vert blanchâtre en-dessous, mais devenant rougeâtres quand vient l'automne. — *Pétiole* : bien nourri, peu long, rigide, carminé, à faible cannelure. — *Glandes* : petites, réniformes. — *Fleurs* : grandes et roses.

Fertilité. — Convenable.

Culture. — Délicat et peu vigoureux, il a besoin de l'espalier; le franc est le sujet qui lui plaît le mieux; cependant il s'accommode aussi de l'amandier ou du prunier.

Description du fruit. — *Grosseur :* au-dessus de la moyenne. — *Forme :* globuleuse plus ou moins allongée, inéquilatérale, légèrement mamelonnée, à sillon sensiblement marqué, d'un côté surtout. — *Cavité caudale :* étroite, profonde. — *Point pistillaire :* saillant et très-petit. — *Peau :* épaisse, s'enlevant difficilement, des plus duveteuses, d'un rouge sombre sur le côté de l'insolation et d'un rouge grisâtre sur celui de l'ombre, où apparaissent à peine quelques marbrures jaune sale. — *Chair :* complétement sanguinolente, assez ferme, fibreuse. — *Eau :* peu abondante, à peine sucrée, ayant généralement une saveur herbacée. — *Noyau :* non adhérent, ovoïde, moyen, très-rustiqué, courtement mucroné, assez bombé, ayant l'arête dorsale modérément ressortie.

Pêche Sanguinole.

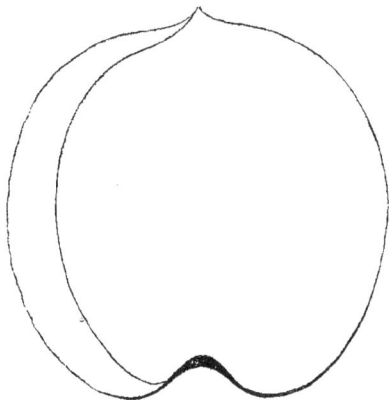

Maturité. — Fin d'octobre.

Qualité. — Troisième comme fruit à couteau, première pour tous les usages culinaires.

Historique. — Cette si curieuse pêche, contemporaine et compatriote de la Sanguine, date, nécessairement, de la même époque, et provient du même pays (la Suisse) que celle-ci, avec laquelle, depuis un siècle, on l'a presque toujours confondue, malgré les caractères notables qui l'en distinguent, et l'écart de maturité d'au moins six semaines, qui l'en sépare. Nous renvoyons donc à notre précédent article pour tous détails sur son passé, et nous bornons, en ce paragraphe, à constater que la variété ici décrite et figurée sous le nom Sanguinole, est parfaitement identique avec la pêche ainsi appelée par nos vieux pomologues. C'est d'abord le moine Triquel (1659), qui la dépeint assez bien, quoique de façon trop concise : « Pesche *Bete-rave*, dit-il, toute grise et velue, sanguine par le « dedans, quite le noyau; meure à la fin d'octobre (p. 152); » puis Merlet (1675), tout aussi bref que Triquel : « La pesche *Dreuselle* — nom, probablement, de « l'obtenteur ou de l'un des propagateurs — explique-t-il, est un peu plus longue « que ronde, fort veluë et colorée, est sèche et des plus agreables pour sa chair, « qui est presque toute rouge, d'où vient qu'on la nomme *Sanguinole* (p. 34). » Enfin Duhamel (1768) nous donne non-seulement sur elle, mais aussi sur l'arbre qui la porte, tous les renseignements désirables :

« L'Arbre de la *Sanguinole,* ou *Betterave,* ou *Druselle* — écrit-il — n'est pas grand, mais il produit assez de fruit. Les bourgeons sont menus et d'un rouge foncé du côté du soleil. Les feuilles sont médiocrement grandes, dentelées sur les bords; elles rougissent en automne.

Les fleurs sont grandes, de couleur de rose. Le FRUIT est assez rond, et petit. La peau est partout teinte d'un rouge obscur, et très-chargée d'un duvet roux. Toute la chair est rouge comme une Betterave, et un peu sèche. L'eau est âcre et amère, à moins que la fin de septembre et le commencement d'octobre ne soient chauds. Le noyau est petit et d'une couleur rouge foncé. Cette pêche curieuse, et aussi bonne en compote qu'elle est peu agréable crue, mûrit après la mi-octobre. » (*Traité sur les arbres fruitiers*, t. II, p. 43.)

Observations. — Parfois, notamment en Allemagne, ce fruit a été appelé pêche *de Vigne* (Dochnahl, *Obstkunde*, 1858, t. III, p. 193), mais nous n'avons pas cru devoir reproduire ce synonyme, qui certes eût fait naître mainte erreur.

PÊCHE SANGUINOLE ANGLAISE. — Synonyme de *Brugnon violet musqué*. Voir ce nom.

PÊCHE SANS PEAUX. — Synonyme de pêche *de Pau*. Voir ce nom.

PÊCHER SAULE. — Synonyme de pêcher à *Fleurs blanches*. Voir ce nom.

PÊCHES : SCANDALIAN,

— SCANDALIE,

— SCANDALIS JAUNE,

Synonymes de pêche *Admirable jaune*. Voir ce nom.

PÊCHE SCHÖNE CHEVREUSE. — Synonyme de pêche *Chevreuse hâtive*. Voir ce nom.

PÊCHE SCHÖNE JERSEY. — Synonyme de pêcher *Unique*. Voir ce nom.

PÊCHE SCHÖNE KANZLERIN. — Synonyme de pêche *Chancelière*. Voir ce nom.

PÊCHE SCHÖNE PERUVIANISCHE. — Synonyme de pêche *Chevreuse hâtive*. Voir ce nom.

PÊCHE SCHÖNE TOULOUSERIN. — Synonyme de pêche *Belle de Toulouse*. Voir ce nom.

Pêche SCHÖNE VON BEAUCE. — Synonyme de pêche *Belle-Beausse.* Voir ce nom.

_____

Pêche SCHÖNE VON DOUÉ. — Synonyme de pêche *Belle de Doué.* Voir ce nom.

_____

Pêche SCHÖNE VON TIRLEMONT. — Synonyme de pêche *Galande.* Voir ce nom.

_____

Pêche SCHÖNE VON VITRY. — Synonyme de pêche *Belle de Vitry.* Voir ce nom.

_____

Pêche SCHÖNE WÄCHTERIN. — Synonyme de pêche *Galande.* Voir ce nom.

_____

Pêche SCHÖNER PERUANISCHER LACK. — Synonyme de pêche *Chevreuse hâtive.* Voir ce nom.

_____

Pêche SEEDLING NOBLESSE. — Voir pêche *Noblesse,* au paragraphe Observations.

_____

Pêche SELSEY'S ELRUGE. — Synonyme de *Nectarine Violette hâtive.* Voir ce nom.

_____

Pêcher SERRATA. — Synonyme de pêcher *Unique.* Voir ce nom.

_____

Pêcher SERRATE EARLY YORK. — Synonyme de pêche *York précoce.* Voir ce nom.

_____

Pêchers : SERRATED,

_____ } Synonymes de pêcher *Unique.* Voir ce nom.

— SERRATED LEAF,

_____

Pêche SMALL MIGNONNE. — Synonyme de pêche *Double de Troyes.* Voir ce nom.

_____

Pêches : SMITH'S EARLY NEWINGTON,

_____ } Synonymes de *Pavie Blanc* (*Gros-*). Voir ce nom.

— SMITH'S NEWINGTON,

_____

111. Pêche SMOCK.

Synonymes. — *Pêches :* 1. Saint-George (A. J. Downing, *the Fruits and fruit trees of America*, 1849, p. 492, n° 59). — 2. Smock Freestone (*Id. ibid.*).

Description de l'arbre. — *Bois :* fort ou très-fort. — *Rameaux :* nombreux, étalés, longs et gros, flexueux, légèrement exfoliés à la base, vert jaunâtre à l'ombre, rouge sombre à l'insolation. — *Lenticelles :* assez abondantes, petites, arrondies, grisâtres, proéminentes. — *Coussinets :* bien ressortis et se prolongeant latéralement en arêtes peu prononcées. — *Yeux :* souvent flanqués de boutons à fleur, petits, ovoïdes-obtus, aplatis, collés sur l'écorce, aux écailles noires et disjointes. — *Feuilles :* très-nombreuses, petites, vert brillant en dessus, vert blanchâtre en dessous, lancéolées-élargies, longuement acuminées en vrille, planes et régulièrement et faiblement dentées et crénelées. — *Pétiole :* de grosseur et longueur moyennes, légèrement carminé en dessous, à cannelure peu marquée. — *Glandes :* de deux sortes, les unes globuleuses, les autres réniformes. — *Fleurs :* petites, rose assez intense.

Fertilité. — Grande.

Culture. — Il veut l'espalier, plutôt que le plein-vent, mais réussit bien sur tous sujets et sous toutes formes.

Description du fruit. — *Grosseur :* volumineuse. — *Forme :* globuleuse, non mamelonnée, inéquilatérale, à sillon bien marqué, régnant sur un seul côté. — *Cavité caudale :* des plus profondes et très-évasée. — *Point pistillaire :* placé au centre d'une forte dépression. — *Peau :* assez épaisse, s'enlevant facilement, duveteuse, jaune obscur légèrement grisâtre sur la partie placée à l'ombre, mais ponctuée, lavée et fouettée de carmin et de rouge vif, à l'insolation, où elle porte en outre quelques larges taches lie-de-vin. — *Chair :* abricotée et ferme, quoique fondante, un peu filamenteuse, très-sanguinolente auprès du noyau. — *Eau :* fort abondante, vineuse, sucrée, douée d'une délicieuse saveur. — *Noyau :* non adhérent et ovoïde, gros, bombé vers le sommet, où ne se voit aucune pointe terminale; l'arête dorsale est saillante et assez vive.

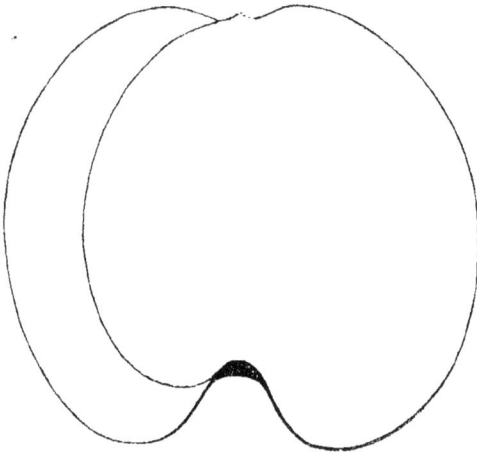

Maturité. — Milieu de septembre.

Qualité. — Première.

Historique. — Je l'ai tirée d'Amérique en 1858, où elle était encore dans sa nouveauté, puisque A. J. Downing, l'y décrivant en 1849 (p. 492, nº 59), disait que M. Smock, de Middletown, dans le New-Jersey, centre même de la grande culture du pêcher, l'y avait gagnée de semis tout récemment. C'est une excellente variété, recommandable non-seulement par les qualités de sa chair, mais aussi par son charmant coloris.

Pêche SMOCK FREESTONE. — Synonyme de pêche *Smock*. Voir ce nom.

Pêche SMOTH-LEAVED ROYAL GEORGE. — Synonyme de pêche *Galande*. Voir ce nom.

Pêchers : DE SMYRNE,

— DE SMYRNE A FEUILLES DENTÉES, } Synonymes de pêcher *Unique*. Voir ce nom.

Pêcher SNOW. — Voir pêcher *à Fleurs blanches*, au paragraphe Observations.

Pêche SOUVENIR DE JEAN REY. — Synonyme de pêche *Belle de Toulouse*. Voir ce nom.

Pêches : SPÄTE CHEVREUSE,

— SPÄTE PERUVIANISCHE, } Synonymes de pêche *Chevreuse tardive*. Voir ce nom.

Pêche SPÄTE PURPURFÄRBIGE. — Synonyme de pêche *Pourprée tardive*. Voir ce nom.

Pêche SPÄTE ROTHE MAGDALENE. — Synonyme de pêche *Madeleine hâtive*. Voir ce nom.

Pêche SPÄTE VIOLETTE. — Synonyme de pêche *Violette tardive*. Voir ce nom.

Pêche SPÄTER PERUANISCHER LACK. — Synonyme de pêche *Chevreuse tardive*. Voir ce nom.

Pêche SPÄTER PURPUR ROTHER LACK. — Synonyme de pêche *Pourprée tardive*. Voir ce nom.

Pêche SPITZ. — Synonyme de pêche *Nivette veloutée.* Voir ce nom.

Pêche de STANDWICK. — Synonyme de *Nectarine de Stanwick.* Voir ce nom.

Pêche STEWARD'S LATE GALANDE. — Synonyme de pêche *Chancelière.* Voir ce nom.

Pêche STROMAN'S CAROLINA. — Voir *Pavie Amelia,* au paragraphe Observations.

Pêche STUMP THE WORLD. — Synonyme de pêche *du New-Jersey.* Voir ce nom.

Pêche SUPERB ROYAL. — Synonyme de pêche *Mignonne (Grosse-).* Voir ce nom.

Pêche de SUISSE PRÉCOCE. — Synonyme de pêche *Sanguine.* Voir ce nom.

Pêche de SUISSE TARDIVE. — Synonyme de pêche *Sanguinole.* Voir ce nom.

112. Pêche SURPRISE DE PELLAINE.

Description de l'arbre. — *Bois :* fort. — *Rameaux :* assez nombreux, étalés, gros et longs, flexueux, largement exfoliés à la base, vert olivâtre à l'ombre et rouge carminé à l'insolation. — *Lenticelles :* assez abondantes, grosses, arrondies, proéminentes et squammeuses. — *Coussinets :* peu développés. — *Yeux :* accompagnés habituellement de boutons à fleur, bien écartés du bois, volumineux et ovoïdes-aplatis, aux écailles noires, cotonneuses et disjointes. — *Feuilles :* nombreuses, de grandeur moyenne, vert-pré en dessus, vert mat en dessous, assez courtement acuminées en vrille, ovales-allongées, planes ou canaliculées, profondément dentées et surdentées en scie. — *Pétiole :* gros, long, tomenteux, carminé en dessous, à cannelure étroite mais très-creuse. — *Glandes :* faisant complétement défaut. — *Fleurs :* très-grandes et d'un rose pâle.

Fertilité. — Abondante.

Culture. — De croissance assez soutenue, on le greffe sur franc, amandier ou prunier; il fait constamment de beaux arbres, soit en espalier, soit en plein-vent.

Description du fruit. — *Grosseur :* moyenne. — *Forme :* ovoïde plus ou moins régulière, fortement mamelonnée, à sillon étroit et peu marqué. — *Cavité pédonculaire :* très-évasée, de profondeur moyenne. — *Point pistillaire :* saillant. —

Peau : épaisse, se détachant difficilement, excessivement duveteuse, vert jaunâtre à l'ombre, carminée sur l'autre face. — *Chair :* d'un blanc verdâtre, molle, fondante, rosée et parfois rouge vif près du noyau. — *Eau :* abondante, très-sucrée, savoureusement parfumée. — *Noyau :* non adhérent, gros, ovoïde, bien bombé, à sommet aigu, ayant l'arête dorsale étroite et coupante.

Pêche Surprise de Pellaine.

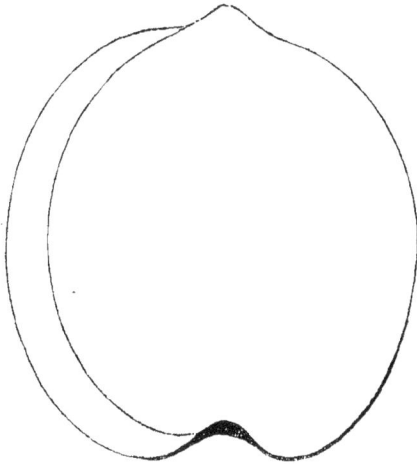

Maturité. — Fin septembre et commencement d'octobre.

Qualité. — Première.

Historique. — Cette très-bonne pêche tardive passe pour être d'origine belge; c'est là, du moins, ce que les frères Simon-Louis, de Metz, qui me l'ont fournie, annonçaient dans leur *Catalogue de* 1866 (p. 11) : « Variété « toute nouvelle, disaient-ils, « mise au commerce en 1864 par M. Henri Delloyer, jardinier à Orp-le-Grand « (Belgique). »

---

113. Pêche SUSQUEHANNA.

Synonymes. — *Pêches :* 1. Griffith (Charles Downing, *the Fruits and fruit trees of America*, 1863, p. 623). — 2. Griffith Malacotune (*Id. ibid.*, 1869, p. 634). — 3. Griffith Mammoth (*Id. ibid.*).

Description de l'arbre. — *Bois :* fort. — *Rameaux :* peu nombreux, érigés, gros et longs, légèrement flexueux, exfoliés à la base du rameau, d'un beau rouge sur le côté de l'insolation, jaune verdâtre sur celui de l'ombre, qui passe complétement au carmin, quand vient l'automne. — *Lenticelles :* clair-semées, petites, arrondies, blanchâtres. — *Coussinets :* saillants. — *Yeux :* flanqués de boutons à fleur, écartés du bois, moyens, ovoïdes-aplatis, duveteux, aux écailles brunes et mal soudées. — *Feuilles :* peu nombreuses, de dimension variable, mais généralement assez grandes, vert jaunâtre en dessus, d'un vert blanchâtre en dessous, qui tourne, à l'automne, au jaune-safran, épaisses, ovales-allongées, longuement acuminées en vrille, légèrement canaliculées et largement dentées et crénelées. — *Pétiole :* gros, de longueur moyenne, carminé en dessous, étroitement cannelé. — *Glandes :* grosses, réniformes. — *Fleurs :* moyennes et d'un rose assez intense.

Fertilité. — Très-abondante.

Culture. — Il jouit d'une grande vigueur, se greffe sur tous sujets et fait, sous n'importe quelle forme, des arbres d'une véritable beauté.

Description du fruit. — *Grosseur :* volumineuse. — *Forme :* globuleuse, légèrement comprimée aux pôles, assez inéquilatérale, non mamelonnée, à sillon très-peu marqué. — *Cavité*

Pêche Susquehanna.

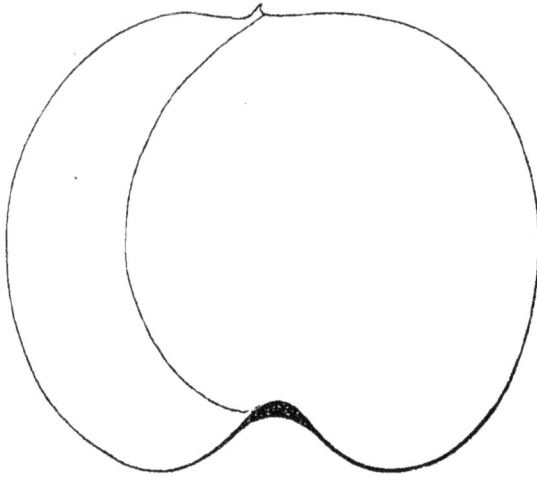

caudale : très-large et très-profonde. — *Point pistillaire :* saillant et placé de côté au centre d'une faible dépression. — *Peau :* assez mince, s'enlevant avec facilité, abondamment duveteuse, jaune intense sur la partie placée à l'ombre, largement lavée du plus beau carmin foncé sur celle frappée par le soleil. — *Chair :* jaune plus ou moins orangé, fine, fondante, teintée de rouge près du noyau. — *Eau :* abondante, vineuse, sucrée, délicieusement acidulée et parfumée. — *Noyau :* non adhérent, gros, ovoïde-arrondi, assez bombé, longuement mucroné, ayant l'arête dorsale un peu tranchante.

Maturité. — Fin d'août.

Qualité. — Première.

Historique. — C'est une pêche d'origine américaine et qui compte au plus une vingtaine d'années d'existence. Charles Downing, son premier descripteur, dit (1863, p. 633) qu'elle fut gagnée par M. Griffith, sur les bords du Susquehanna, fleuve important qui traverse le Maryland et la Pensylvanie; mais il ne précise pas lequel des deux états habitait l'obtenteur.

Pêche SWISS MIGNONNE. — Synonyme de pêche *Mignonne* (*Grosse*-). Voir ce nom.

114. Pêche de SYRIE.

Synonymes. — *Pêches* : Barral (*Congrès pomologique, session de* 1857, *Procès-Verbaux*, p. 5). — 2. D'Égypte (*Id. ibid.*). — 3. Michal (*Id. ibid.*). — 4. De Tullins (*Id. ibid.*). — 5. Des Chartreux (Carrière, *Description et classification des variétés de pêchers*, 1867, p. 57). — 6. D'Oullins (O. Thomas, *Guide pratique de l'amateur de fruits*, 1876, p. 225). — 7. Syrische (*Id. ibid.*). — 8. Chartreuse jaune (de quelques pépiniéristes).

Description de l'arbre. — *Bois :* de force moyenne. — *Rameaux :* nombreux, bien érigés, assez longs et assez gros, flexueux, largement exfoliés à la base, légèrement ridés au sommet, vert jaunâtre à l'ombre, rouge-brun au soleil. — *Lenticelles :* rares, très-petites, arrondies. — *Coussinets :* assez développés. — *Yeux :* flanqués de boutons à fleur, écartés du bois, ovoïdes-obtus, aux écailles cotonneuses, grisâtres et quelque peu disjointes. — *Feuilles :* nombreuses, de grandeur moyenne, vert-pré en dessus, vert blanchâtre en dessous, lancéolées-élargies, assez courtement acuminées en vrille, très-irrégulièrement dentées et crénelées sur leurs bords. — *Pétiole :* assez court, peu fort, très-flexible, sanguin en dessous dans presque toute sa longueur, à cannelure étroite et profonde. — *Glandes :* petites, réniformes pour la majeure partie, mais quelques-unes, aussi, sont régulièrement globuleuses. — *Fleurs :* petites et d'un rose intense.

FERTILITÉ. — Grande.

CULTURE. — Sa végétation soutenue conseille de le destiner au plein-vent, plutôt qu'à l'espalier ; il fait, du reste, de beaux arbres sous l'une et l'autre de ces deux formes, et se plaît sur toute espèce de sujets.

Pêche de Syrie. — *Premier Type.*

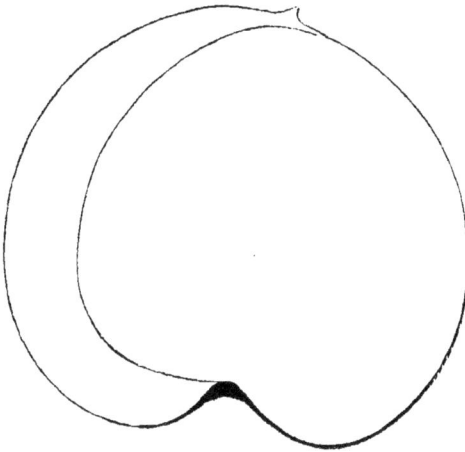

Description du fruit, — *Grosseur :* au-dessus de la moyenne. — *Forme :* ovoïde-raccourcie ou ovoïde plus allongée, mais toujours inéquilatérale et mamelonnée, à sillon modérément développé. — *Cavité caudale :* large et profonde. — *Point pistillaire :* placé de côté sur le petit mamelon. — *Peau :* assez épaisse et se détachant assez bien, fortement duveteuse, jaune-paille nuancé de vert sur la face placée à l'ombre, amplement lavée de rouge terne et fouettée de carmin sur celle de l'insolation. — *Chair :* jaune blanchâtre, fine, tendre et très-rosée au centre. — *Eau :* très-abondante, sucrée, agréablement acidulée et parfumée.— *Noyau :* non adhérent, moyen, ovoïde, un peu bombé, courtement mucroné, ayant l'arête dorsale tranchante et ressortie.

Deuxième Type.

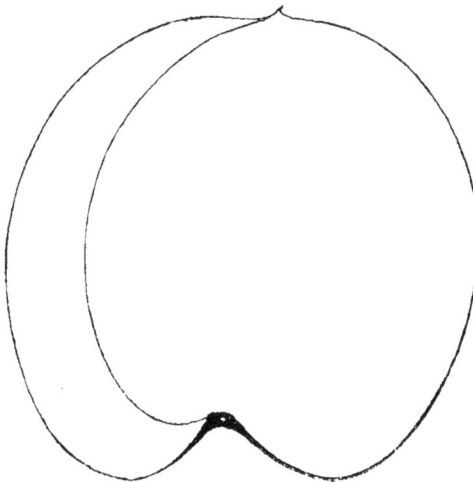

MATURITÉ. — Commencement et milieu de septembre.

QUALITÉ. — Première.

Historique. — M. Charles Buisson, filateur et pomologue à la Tronche, près Grenoble (Isère), m'offrit en février 1860 des greffes de ce pêcher exotique, qu'on cultive beaucoup aux environs de cette dernière ville, notamment à Tullins, ce qui justifie l'un de ses principaux surnoms. C'est, m'écrivit-il, au commandant

Barral, de Tullins même, qu'en 1805 fut due l'importation et l'obtention du pied-type. Quittant alors avec l'armée française, l'Égypte, pour rentrer sur le sol de la patrie, ce militaire, grand amateur de pêches, rapporta tout un sac de noyaux provenus de cette espèce, qu'à Saint-Jean d'Acre (Syrie) il avait eu le loisir d'apprécier. Elle se reproduisait de semis, il le savait, et c'est pourquoi, précisément, il la choisit. A peine installé à Tullins, M. Barral mit en terre la majeure partie des noyaux venus de Saint-Jean d'Acre, fit don du restant à diverses personnes du bourg, et quelques années plus tard le commandant, ainsi que ceux qui l'avaient imité, un M. Michal, entre autres, récoltèrent des pêches exquises, rappelant bien, affirmait l'importateur, l'espèce dont elles étaient sorties. Les différents noms qu'au début on lui donna, sont actuellement relégués aux synonymes; pêche de Syrie, accepté partout, est donc la seule dénomination sous laquelle il faille la propager.

Observations. — Le pêcher *des Chartreux,* signalé par M. Carrière, en 1867, comme provenu d'un noyau de *Brugnon violet musqué,* dit aussi *Brugnon des Chartreux,* semé en 1859, s'est montré chez nous parfaitement identique avec la pêche de Syrie, tant pour les glandes, fleurs, feuilles, que pour les produits. Je fais la même déclaration quant à certaine *Chartreuse jaune,* mise au commerce, depuis une douzaine d'années, par quelques pépiniéristes. — Le synonyme pêche d'Oullins, reconnu à la pêche de Syrie, et qui vient évidemment du surnom Tullins, mal lu, ne doit pas la faire confondre avec la prétendue *Tardive d'Oullins,* dénomination sous laquelle on trouve, ne l'oublions pas, la pêche La Grange, d'origine américaine et décrite plus haut, page 141. — Une *Belle-Chartreuse* m'apparaît caractérisée par Bosc, en 1809, dans le tome IX, p. 487, du *Dictionnaire d'agriculture*; il importe de ne pas la croire identique avec la pêche de Syrie, dont deux des synonymes, pêche des Chartreux et Chartreuse jaune, pourraient favoriser cette méprise. Qu'est devenue la Belle-Chartreuse? Catalogues et Pomologies n'en font aucune mention. Bosc, qui n'en décrivit pas l'arbre, en rend, du reste, la recherche très-difficile. Toutefois ce botaniste affirmait qu'elle se rapproche « infiniment » de la pêche Chancelière : il se peut donc qu'ayant acquis, depuis, la certitude de l'identité des deux fruits, on ait abandonné le surnom Belle-Chartreuse pour le nom Chancelière, beaucoup plus ancien. — Une autre *Belle-Chartreuse* gagnée par M. Buisson, le pomologue même dont nous parlions au début de cet article, existe également, ainsi que nous l'avons constaté dans le paragraphe historique de l'Admirable Saint-Germain (p. 43), mais ne saurait avoir aucun rapport avec celle qu'on signalait en 1809.

Pêche SYRISCHE. — Synonyme de pêche *de Syrie.* Voir ce nom.

T

Pêche TARDIVE ADMIRABLE. — Synonyme de pêche *Bourdine*. Voir ce nom.

Pêche TARDIVE DE CRAWFORD. — Synonyme de pêche *Crawford tardive*. Voir ce nom.

Pêche TARDIVE DES MIGNOTS. — Voir pêche *de Corbeil*, au paragraphe OBSERVATIONS.

Pêche TARDIVE D'OULLINS. — Synonyme de pêche *La Grange*. Voir ce nom; voir aussi pêche *de Syrie*, au paragraphe OBSERVATIONS.

Pêche TARDIVE POURPRÉE. — Synonyme de pêche *Pourprée tardive*. Voir ce nom.

Pêche TARDIVE DE TOULOUSE. — Synonyme de pêche *Belle de Toulouse*. Voir ce nom.

Pêches : TEIDOU,

— TEINDON,

Synonymes de pêche *Teindou*. Voir ce nom.

Pêche TEINDOU (**Synonymes.** *Pêches :* 1. TENDON, Nolin et Blavet, *Essai sur l'agriculture moderne*, 1755, p. 179. — 2. TEINDON, Chaillou, *Catalogue de ses pépinières de Vitry-sur-Seine*, 1755, p. 5. — 3. TEIN DOUX, Duhamel, *Traité des arbres fruitiers*, 1768, t. II, pp. 38-39. — 4. TEINT-DOUX, les Chartreux, de Paris, *Catalogue de leurs pépinières*, 1775, p. 11. — 5. TEIDOU, Calvel, *Traité complet sur les pépinières*, 1805, t. II, p. 229. — 6. BLASSROTHER, Dochnahl, *Obstkunde*, 1858, t. III, p. 213, n° 88. — 7. BLONDINE, *id. ibid.* — 8. ZARTGEFÄRBTER LACK, *id. ibid.*). — Cette variété française, qui commençait à faire parler d'elle vers 1730, n'est plus dans mes pépinières depuis une dizaine d'années; je la crois, même, disparue de la culture, où elle était devenue fort rare. M. Paul de Mortillet, en 1865, à la page 126 du tome Ier de son recueil intitulé *les Meilleurs fruits*, a décrit et figuré une pêche qu'il regarde comme identique avec l'ancienne Teindou. Il se fonde pour parler ainsi, dit-il, sur la ressemblance qui lui paraît exister entre sa variété et celle qu'en 1768 figura et caractérisa Duhamel. Mais nous sommes loin, après minutieux examen, d'être de cet avis, et voici pourquoi : Duhamel nous montre une Teindou globuleuse, comprimée aux pôles, à noyau moyen, très-courtement mucroné ; M. de Mortillet, lui, nous en présente une ovoïde-raccourcie, à très-gros noyau longuement mucroné. Puis encore Duhamel classe parmi les moyennes, les fleurs de ce pêcher, et se contredit en les dessinant, car il leur donne, au contraire, une très-petite dimension, alors que celles de la variété Mortillet sont, au contraire, « assez grandes dans leur section. » Une chose eût éclairci les doutes, ç'aurait été la comparaison des glandes. Duhamel, muet sur ce point, ne saurait s'y prêter ; quant à M. de Mortillet, il annonce que son Teindou est à glandes globuleuses. Or, mon défunt arbre, à moi, était à *petites fleurs et à glandes réniformes;* et les Chartreux, de Paris, qui signalèrent les premiers, en 1736, ce même pêcher, lui reconnaissaient également de petites fleurs (p. 179), comme aussi Nolin et Blavet, pomologues et arboriculteurs du temps (1755); d'où vient qu'il m'a paru beaucoup plus sage, alors, de ne pas m'exposer, en le remplaçant par un des sujets de M. Paul de Mortillet, à vendre probablement une fausse Teindou, au lieu et place de la véritable. Le nom de cette pêche, selon l'Allemand Mayer (t. II, p. 356), serait venu « de la légère teinte de carmin dont « elle se couvre. » C'est possible ; et cependant ses premiers descripteurs, les pères Chartreux, qui étaient d'érudits pépiniéristes, orthographièrent son nom, Teindou, qu'autrement ils eussent écrit, Teint-Doux. Il est vrai, toutefois, qu'à partir de 1775 on le trouve imprimé de la sorte dans les diverses éditions de leur *Catalogue.* Néanmoins Duhamel, en 1768, accepta Teindou, et cette dernière forme, qui peut-être rappelle le nom de l'obtenteur, a généralement prévalu.

PÊCHES : TEIN DOUX,	
— TEINT-DOUX,	Synonymes de pêche *Teindou.* Voir ce nom.
— TENDON,	
PÊCHES : A TÉTIN,	
— TÉTIN TARDIVE,	Synonymes de pêche *Téton de Vénus.* Voir ce nom.
— TÉTON,	

115. Pêche TÉTON DE VÉNUS.

Synonymes. — *Pêches :* 1. Du Chevalier (sous Louis XIV, d'après Alexandre Mazas, *Histoire de l'ordre royal et militaire de Saint-Louis*, 1860, t. I, p. 170). — 2. Tétin tardive (la Quintinye, *Instruction pour les jardins fruitiers et potagers*, 1690, t. I, pp. 418-422). — 3. Tuteon de Venice (Langley, *Pomona Londinensis*, 1729, p. 101, pl. 27, fig. 4). — 4. Téton (Knoop, *Fructologie*, 1771, p. 79). — 5. Breast of Venus (Dochnahl, *Obstkunde*, 1858, t. III, p. 209, n° 71). — 6. A. Tétin (*Id. ibid.*). — 7. Venusbrust (*Id. ibid.*). — 8. Venus-Düte (*Id. ibid.*). — 9. Venus's Nipple (*Id. ibid.*).

Description de l'arbre. — *Bois :* assez faible. — *Rameaux :* peu nombreux et courts, étalés, gros, non géniculés, très-exfoliés à la base, vert-pré à l'ombre, brun rougeâtre au soleil. — *Lenticelles :* abondantes, petites, arrondies, grises et proéminentes. — *Coussinets :* aplatis. — *Yeux :* accompagnés le plus habituellement de boutons à fleur, écartés du bois, volumineux, coniques-aigus ou ellipsoïdes, ayant les écailles assez bien soudées. — *Feuilles :* nombreuses, grandes, lisses, vert foncé en dessus, vert-pré en dessous, ovales-allongées, très-longuement acuminées, plutôt crénelées que dentées assez profondément sur leurs bords. — — *Pétiole :* gros, de longueur moyenne, flexible, étroitement mais sensiblement cannelé. — *Glandes :* petites, brunes, globuleuses. — *Fleurs :* petites et d'un rose peu foncé.

Fertilité. — Satisfaisante.

Culture. — Sa végétation toujours chétive commande de le placer à l'espalier, au midi, sur amandier ou prunier; on peut aussi le destiner au plein-vent, mais les arbres y seront moins convenables, et d'un rapport moins assuré.

Description du fruit. — *Grosseur :* volumineuse. — *Forme :* ovoïde-arrondie, assez régulière, à mamelon allongé et prononcé, à sillon étroit et peu creusé. — *Cavité caudale :* très-évasée mais sans grande profondeur. — *Point pistillaire :* bien apparent, et souvent oblique, sur le sommet du mamelon. — *Peau :* mince, s'enlevant avec facilité, assez duveteuse, blanc jaunâtre nuancé de vert sur la partie placée à l'ombre, rouge-vif fouetté de brun-rouge sur la face qui regarde le soleil. — *Chair :* blanchâtre, fine et fondante, légèrement rosée près du noyau. — *Eau :* des plus abondantes, bien sucrée, vineuse et douée d'une saveur vraiment très-délicate. — *Noyau :* non adhérent, gros, ovoïde, assez

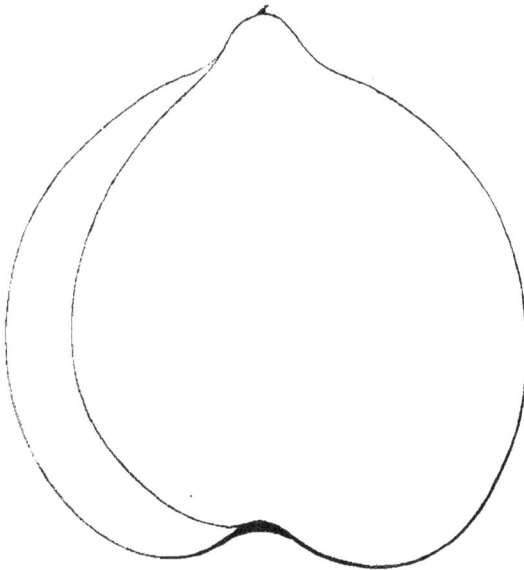

longuement mucroné, peu bombé, ayant l'arête dorsale saillante et coupante.

Maturité. — Vers le milieu de septembre.

Qualité. — Première.

Historique. — En 1667 Merlet, le premier de tous, mentionnait la curieuse
et bonne variété que nous venons d'étudier : « Le *Téton de Vénus*, disait-il, est
« une pesche moins longue que la pesche de Pau, plus pointuë, a la chair delicate
« et pleine d'eau. » (*L'Abrégé des bons fruits*, 1re édition, p. 41.) Or, cette citation
prouve, sans réplique, que dès le milieu du xviie siècle on commençait à la
connaître sous le nom qu'elle porte encore aujourd'hui, et qui, certes, par sa
forme imagée, dénote bien le sans-façon gaulois dont nos pères étaient alors
imbus. On sera donc fort surpris, maintenant qu'on a vu la pêche Téton de Vénus
circuler avant 1667, dans nos jardins, sous cette mythologique dénomination,
d'entendre, en 1860, Alexandre Mazas raconter ce qui suit dans son *Histoire de
l'ordre royal et militaire de Saint-Louis :*

« Après 1789 — écrit-il — tout ce qui était ancien, devint suspect, même le nom des
fruits : on les changea; la pêche *du Chevalier* [de Girardot, mousquetaire qui, retiré du
service, vivait dans son bien à Montreuil, où il cultivait de merveilleuses pêches] devint ainsi
la pêche Téton de Vénus. » (Tome Ier, p. 170.)

D'où résulterait, pour quiconque ne pourrait contrôler l'assertion de Mazas,
que Téton de Vénus est un surnom qui date de 1791 ou de 1792, et fut créé par
MM. les Terroristes, afin de remplacer le nom pêche *du Chevalier*, lequel n'aurait
pas eu l'heur de les satisfaire..... Hélas! jusqu'où la passion politique peut-elle
entraîner l'homme, que même un esprit honnête et sérieux, comme le fut Mazas,
laisse aussi fâcheusement tomber de sa plume, pareilles niaiseries!..... Mais
si nous avons constaté que dès 1667 la pêche Téton se prélassait en bonne place
aux espaliers français, nous avons voulu constater en outre la présence, ou
l'absence, du surnom pêche du Chevalier, dans la nomenclature. Or, ce surnom,
est-il besoin de l'affirmer, jamais n'y figura. Du reste, et nous avons le document
original en notre bibliothèque, quand Thouin, directeur du Jardin des Plantes de
Paris, dressa le 10 décembre 1792, par ordre ministériel, l'*Inventaire des arbres
fruitiers qu'on lui dit de choisir, pour l'État, dans les pépinières des Chartreux*, vouées
à la destruction, nous voyons qu'il y mentionna carrément : le pêcher *Royal*, les
poiriers *Roi d'Été*, *Marquise*, *Royal d'Hiver*, ainsi que le pommier *Princesse noble*
et le prunier *Royal de Tours*, lesquels furent tous réétiquetés de la sorte, puis
remis en terre, au Jardin des Plantes. Le seul fait contraire, imprimé, que j'aie
relevé, c'est dans l'*Annuaire du cultivateur pour 1793-1794*, dont fut rédacteur
G. Romme, représentant du peuple : là, par exemple, prune *de Citoyen* remplace
prune de Monsieur, et *Grosse-Claude verte*, prune Reine-Claude. Mais, par contre,
on y garde le nom pomme *de Reinette*..... Quoi qu'il en soit, enfin, de tout ce passé
du pêcher Téton de Vénus, nous ne saurions dissimuler, malheureusement, que
cet arbre disparaît chaque jour des pépinières, nombre de praticiens lui repro-
chant, avec raison, son manque absolu de rusticité, puis les difficultés qu'on
éprouve souvent à mener ses produits à maturité parfaite.

116. Pêche TILLOTSON PRÉCOCE.

Synonyme. — *Pêche* EARLY TILLOTSON (A. J. Downing, *the Fruits and fruit trees of America*, 1849, p. 475, n° 14).

Description de l'arbre. — *Bois :* assez fort. — *Rameaux :* nombreux, érigés, gros et longs, géniculés, légèrement exfoliés, vert jaunâtre à l'ombre et rouge foncé à l'insolation. — *Lenticelles :* clair-semées, petites, grisâtres, arrondies ou linéaires. — *Coussinets :* saillants et prolongés latéralement en arête. — *Yeux :* souvent flanqués de boutons à fleur, rapprochés du bois, petits, ovoïdes-obtus, aux écailles brunes, duveteuses et faiblement soudées. — *Feuilles :* nombreuses, grandes, vert-pré en dessus, vert blanchâtre en dessous, lancéolées-élargies, assez longuement acuminées, planes ou quelque peu canaliculées, finement et profondément dentées. — *Pétiole :* court et bien nourri, rigide, à cannelure des plus accusées. — *Glandes :* faisant entièrement défaut. — *Fleurs :* petites, rose intense.

FERTILITÉ. — Grande.

CULTURE. — On le greffe sur franc, prunier ou amandier, et il y fait toujours des arbres convenables, soit pour le plein-vent, soit pour l'espalier, forme qui lui est très-avantageuse lorsqu'on veut encore hâter sa précocité.

Description du fruit. — *Grosseur :* moyenne. — *Forme :* globuleuse, inéquilatérale, à peine mamelonnée, à sillon régnant des deux côtés. — *Cavité caudale :* étroite et profonde. — *Point pistillaire :* petit et saillant. — *Peau :* mince, s'enlevant aisément, bien duveteuse, jaune pâle, amplement, mais peu fortement, lavée et ponctuée de rouge vif sur la partie placée au soleil. — *Chair :* blanchâtre ou verdâtre, ferme quoique fondante, rosée près du noyau. — *Eau :* abondante, sucrée, possédant une saveur aigrelette aussi rafraîchissante qu'agréable. — *Noyau :* non adhérent, moyen, ovoïde, renflé près du sommet, à très-court mucron, à arête dorsale mousse et peu développée.

MATURITÉ. — Fin juillet ou commencement d'août.

QUALITÉ. — Deuxième.

Historique. — C'est une variété américaine, âgée déjà d'une quarantaine d'années, la chose est reconnue, mais il existe deux opinions quant à son lieu de naissance. A. J. Downing, en 1849 (p. 475), la dit, effectivement, originaire du comté de Wayne, où son propagateur aurait été M. Thomas, de Macedon; version que n'admet pas un autre pomologue des États-Unis, M. John Thomas, qui dans *the American fruit culturist* (1867, p. 315), la fait naître au comté de Cayuga, dans l'état de New-York.

PÊCHE TIPPICANOE. — Synonyme de *Pavie Tippécanoé*. Voir ce nom.

PÊCHES : TRANSPARENTE,

——————————— } Synonymes de pêche *Mignonne*
                 } (*Grosse-*). Voir ce nom.
—   TRANSPARENTE RONDE,

---

117. Pêche TRIOMPHE DE SAINT-LAURENT.

Description de l'arbre. — *Bois :* fort. — *Rameaux :* nombreux, étalés et érigés, gros, longs, flexueux, ridés au sommet, exfoliés à la base, vert jaunâtre ponctué de carmin à l'ombre, rouge violacé au soleil. — *Lenticelles :* assez abondantes, petites, arrondies ou linéaires, rousses et squammeuses. — *Coussinets :* très-accusés. — *Yeux :* accompagnés de boutons à fleur, écartés du bois, moyens, coniques, aux écailles cotonneuses, noirâtres et mal soudées. — *Feuilles :* peu nombreuses, petites ou moyennes, épaisses et coriaces, vert jaunâtre en dessus, vert blanchâtre en dessous, lancéolées-élargies, courtement acuminées, gaufrées au centre, à bords largement mais faiblement crénelés et dentés. — *Pétiole :* de longueur et grosseur moyennes, carminé dans toute son étendue, à cannelure peu marquée. — *Glandes :* de deux sortes, les unes réniformes, les autres globuleuses. — *Fleurs :* moyennes, amarante foncé.

FERTILITÉ. — Satisfaisante.

CULTURE. — Tout sujet lui convient, ainsi que toute forme.

Description du fruit. — *Grosseur :* considérable. — *Forme :* globuleuse, inéquilatérale, non mamelonnée, à sillon large mais faiblement accusé. — *Cavité caudale :* des plus prononcées. — *Point pistillaire :* occupant le centre d'une assez vaste dépression. — *Peau :* mince, quittant bien la chair, légèrement duveteuse, jaune-paille sur le côté de l'ombre, fouettée de rose près la cavité pédonculaire et amplement carminée à l'insolation. — *Chair :* blanchâtre, fondante, non filamenteuse, rosée près du noyau. — *Eau :* très-abondante, bien sucrée, acidulée, à saveur exquise. — *Noyau :* non adhérent, moyen, ovoïde-arrondi, assez bombé, peu mucroné, ayant l'arête dorsale assez coupante mais presque toujours modérément ressortie.

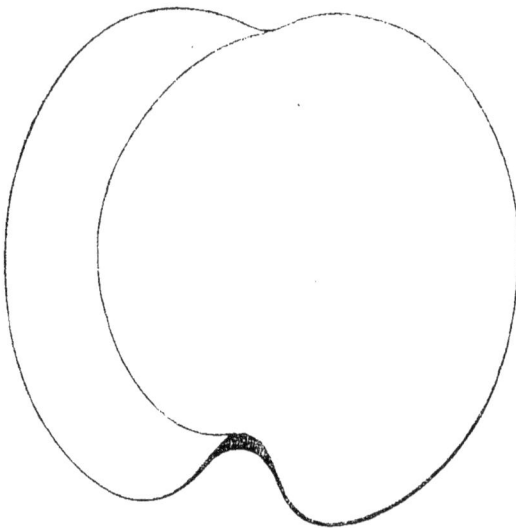

MATURITÉ. — Vers le milieu du mois d'août.

QUALITÉ. — Première.

Historique. — M. Galopin, pépiniériste à Liége (Belgique), nous vendait ce pêcher en 1866, et nous l'en croyons le premier propagateur; toujours est-il qu'avant 1864 nul autre encore n'avait parlé de cette variété. Depuis, souvent elle a figuré dans maints *Catalogues* de commerce, mais sans désignation d'obtenteur, réserve fort étonnante pour un fruit aussi beau que bon.

PÊCHE DE TROIX BLANCHE. — Synonyme de *Avant-Pêche blanche*. Voir ce nom.

PÊCHE DE TROIX DOUBLE. — Synonyme de pêche *Double de Troyes*. Voir ce nom.

PÊCHE DE TROIX JAUNE. — Synonyme de *Avant-Pêche jaune*. Voir ce nom.

PÊCHE DE TROYE. — Synonyme de *Avant-Pêche blanche*. Voir ce nom.

PÊCHE DE TROYES (GROSSE-). — Synonyme de pêche *Double de Troyes*. Voir ce nom.

PÊCHE DE TROYES HATIVE. — Synonyme de *Avant-Pêche blanche*. Voir ce nom.

PÊCHE DE TROYES TARDIVE. — Synonyme de pêche *Double de Troyes*. Voir ce nom.

PÊCHE TRUE EARLY PURPLE. — Synonyme de pêche *Pourprée hâtive*. Voir ce nom.

PÊCHE TRUE RED MAGDALEN. — Synonyme de pêche *Madeleine de Courson*. Voir ce nom.

PÊCHE DE TULLINS. — Synonyme de pêche *de Syrie*. Voir ce nom.

PÊCHE TUTEON DE VENICE. — Synonyme de pêche *Téton de Vénus*. Voir ce nom.

U

Péches UNIES. — Voir l'article *Brugnon, Brugnonier*.

118. Pêche UNIQUE.

Synonymes. — *Pêches :* 1. Emperor of Russia (Thompson, *Catalogue of fruits cultivated in the garden of the horticultural Society of London*, 1826, p. 83, n° 185). — 2. Serrated (*Id. ibid.*). — 3. New Serrated (*Id. ibid.*, 1849, p. 113). — 4. Cut-Leaved (A. J. Downing, *the Fruits and fruit trees of America*, 1849, p. 477, n° 18). — 5. New Cut-Leaved (*Id. ibid.*). — 6. De Smyrne a Feuilles dentées (Hérincq et Lavallée, *le Nouveau Jardinier illustré*, 1865, p. 1229). — 7. Serrata (Paul de Mortillet, *les Meilleurs fruits*, 1865, t. I, p. 194, n° 45). — 8. De Smyrne (*Id. ibid.*). — 9. Schöne Jersey (docteur Lucas, *Illustrirtes Handbuch der Obstkunde*, 1869, t. VI, p. 515). — 10. A Feuilles découpées (André Leroy, *Catalogue descriptif et raisonné d'arbres fruitiers et d'ornement*, 1875, p. 27, n° 96). — 11. Belle de Jersey (O. Thomas, *Guide pratique de l'amateur de fruits*, 1876, p. 224). — 12. Empereur de Russie (*Id. ibid.*). — 13. Nouveau a Feuilles dentées en Scie (*Id. ibid.*). — 14. Serrated Leaf (*Id. ibid.*).

Description de l'arbre. — *Bois :* assez faible. — *Rameaux :* peu nombreux, érigés, longs et grêles, non géniculés, légèrement exfoliés à la base, vert olivâtre à l'ombre, rouge terne au soleil. — *Lenticelles :* très-rares et souvent manquant entièrement, peu visibles et des plus petites. — *Coussinets :* modérément ressortis, mais se prolongeant latéralement en arête. — *Yeux :* très-petits, faiblement écartés du bois, coniques-pointus, aux écailles noirâtres et bien soudées. — *Feuilles :* assez nombreuses, vert sombre en dessus, vert clair en dessous, elliptiques, très-étroites, fort longuement acuminées, si profondément dentées et surdentées, qu'on les dirait laciniées. — *Pétiole :* gros et long, flexible, carminé en dessous, à cannelure profonde. — *Glandes :* faisant complétement défaut. — *Fleurs :* petites, rose intense.

Fertilité. — Ordinaire.

Culture. — Il est assez rustique sur toute espèce de sujets et prospère convenablement sous n'importe quelle forme.

Description du fruit. — *Grosseur :* moyenne. — *Forme :* globuleuse ou ovoïde-arrondie, inéquilatérale, toujours assez irrégulière, très-légèrement mamelonnée, à sillon bien marqué, d'un côté surtout. — *Cavité caudale :* large et profonde. — *Point pistillaire :* placé obliquement sur le sommet du petit mamelon.

Pêche Unique.

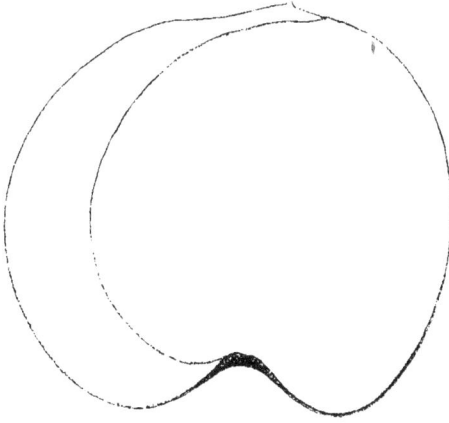

— *Peau :* mince, se détachant aisément, fortement duveteuse, jaune verdâtre fouetté de rose sur la face placée à l'ombre, amplement lavée de carmin violâtre sur celle de l'insolation. — *Chair :* d'un blanc jaunâtre, fine et fondante, quelque peu rougeâtre au centre. — *Eau :* des plus abondantes, sucrée, légèrement parfumée, agréablement acidulée, mais ayant généralement un arrière-goût herbacé qui lui enlève partie de son mérite. — *Noyau :* non adhérent, gros, ovoïde-arrondi, très-bombé au sommet, très-comprimé à son point d'attache, courtement et obtusément mucroné, ayant l'arête dorsale non coupante et peu prononcée.

MATURITÉ. — Fin d'août.

QUALITÉ. — Deuxième.

Historique. — Les pomologues américains Thomas (1835) et A. J. Downing (1849) nous apprennent que cette variété, si remarquable par la serrature de ses feuilles, provient des bois de New-Jersey, dans l'état de New-York, et qu'elle y fut, en 1812, trouvée à l'état sauvage par M. Floy, un de leurs confrères en pomologie, qui s'empressa de la recueillir et de la propager. Quelques années plus tard, déjà les Anglais la possédaient à Chiswick, au Jardin de la Société d'Horticulture de Londres, et comme alors les héros du jour étaient pour eux Wellington et le czar Alexandre, ils crurent faire merveille en la baptisant *Emperor of Russia*. Aujourd'hui ce surnom, tout d'actualité, finit par disparaître sous celui de pêche Unique, première appellation qu'elle ait reçue, et dont, au reste, son singulier feuillage la rendait parfaitement digne.

V

119. Pêche VALDY.

Description de l'arbre. — *Bois :* fort. — *Rameaux :* peu nombreux, étalés et arqués, gros, courts, très-exfoliés à la base, vert herbacé à l'ombre, rouge sombre au soleil. — *Lenticelles :* assez abondantes, grosses, carminées, arrondies ou linéaires. — *Coussinets :* aplatis. — *Yeux :* souvent accompagnés de boutons à fleur, écartés du bois, volumineux, ovoïdes-obtus, ayant les écailles noires et bien soudées. — *Feuilles :* assez nombreuses, grandes ou moyennes, vert clair en dessus, vert blanchâtre en dessous, ovales-allongées, courtement acuminées, légèrement ondulées, régulièrement dentées en scie. — *Pétiole :* gros et long, sanguin en dessous, à cannelure large mais peu profonde. — *Glandes :* grosses et réniformes. — *Fleurs :* moyennes, roses.

Fertilité. — Grande.

Culture. — L'espalier au midi sera toujours la forme et l'exposition qui lui conviendront le mieux, mais on peut également le destiner au plein-vent, comme aussi le greffer sur toute espèce de sujets.

Description du fruit. — *Grosseur :* considérable. — *Forme :* globuleuse plus ou moins régulière, inéquilatérale, non mamelonnée, à sillon bien marqué. — *Cavité caudale :* très-prononcée.—*Point pistillaire :* placé au centre d'une très-vaste dépression. — *Peau :* assez épaisse, s'enlevant peu facilement, bien duveteuse, à fond jaune brillant largement lavé de carmin vif qui, sur le côté du soleil, passe au rouge-brun foncé.—*Chair :* jaune, fine et fondante, quelque peu rosée au centre. — *Eau :* abondante, fort sucrée, agréablement acidulée

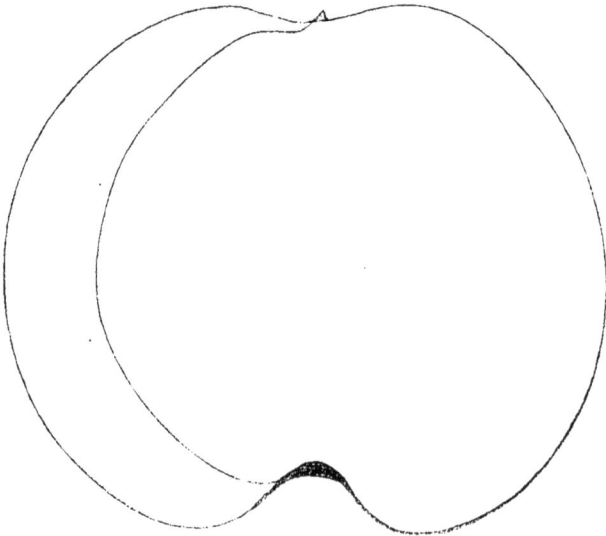

et savoureusement parfumée. — *Noyau :* non adhérent, moyen, ovoïde-arrondi, à joues assez plates et court mucron, ayant l'arête dorsale saillante et coupante.

Maturité. — Vers le milieu d'août.

Qualité. — Première.

Historique. — Cet excellent et très-beau fruit nous était offert, en 1867, par son obtenteur, M. Valdy, négociant à la Croix-Blanche (Lot-et-Garonne), lequel s'occupait alors de le propager. Nous nous sommes donc empressé de le multiplier, puis de l'inscrire sur nos *Catalogues,* où certes il figure avantageusement parmi les variétés de choix.

Pêche VANGUARD. — Synonyme de pêche *Noblesse.* Voir ce nom.

120. Pêche VAN ZANDT.

Synonymes. — *Pêches :* 1. Van Zandt's Superb (A. J. Downing, *the Fruits and fruit trees of America,* 1849, p. 487, n° 45). — 2. Waxen Rareripe (*Id. ibid.*).

Description de l'arbre. — *Bois :* très-fort. — *Rameaux :* peu nombreux, étalés à la base, érigés au sommet, gros et des plus longs, sensiblement exfoliés,

Premier Type.

vert jaunâtre fouetté de rouge sur le côté de l'ombre, rouge sanguin sur celui de l'insolation. — *Lenticelles :* abondantes, petites, blanches, arrondies. — *Coussinets :* saillants et se prolongeant latéralement en arête. — *Yeux :* généralement groupés par trois dans toute la longueur du rameau, fort écartés du bois, volumineux, ovoïdes-pointus, duveteux, aux écailles brunes et disjointes. — *Feuilles :* nombreuses, habituellement très-grandes, épaisses, vert sombre en dessus, vert clair en dessous, ovales-allongées, courtement acuminées en vrille, gaufrées au centre, à bords largement et irrégulièrement dentés et crénelés. — *Pétiole :* long et bien nourri, sanguin en dessous dans toute la longueur de la feuille, à cannelure étroite et profonde. — *Glandes :* petites et globuleuses. — *Fleurs :* petites, rose intense.

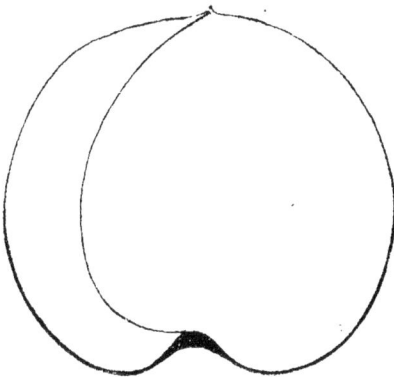

Deuxième Type.

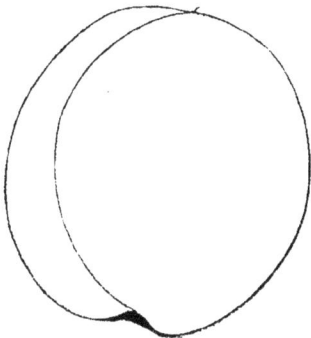

Fertilité. — Satisfaisante.

Culture. — Doué d'une grande vigueur il réussit parfaitement sur tous sujets et se prête non moins bien à toutes les formes.

Description du fruit. — *Grosseur :* moyenne ou petite. — *Forme :* passant de la globuleuse légèrement comprimée à la base et faiblement mamelonnée, à l'ovoïde inéquilatérale et non mamelonnée; le sillon, seul, est toujours bien apparent. — *Cavité caudale :* évasée, profonde ou modérément développée. — *Point pistillaire :* saillant. — *Peau :* très-mince, s'enlevant aisément, fort duveteuse, jaune pâle sur la partie placée à l'ombre, ponctuée de purpurin puis fouettée et maculée de rouge vif sur le côté de l'insolation. — *Chair :* verdâtre, fondante, fibreuse, un peu rosée près du noyau. — *Eau :* excessivement abondante, sucrée, parfumée, vraiment exquise. — *Noyau :* non adhérent, moyen, ovoïde, ayant les joues renflées, la pointe terminale aiguë et l'arête dorsale légèrement coupante.

Maturité. — Vers le milieu d'août.

Qualité. — Première.

Historique. — Gain d'un M. R. B. Van Zandt, de Flushing, ville de Long-Island, en l'état de New-York, cette pêche américaine fut signalée par William Prince, qui la décrivit en 1831 dans *the Pomological manual*. Elle était alors de toute récente obtention et ne tarda guère à se répandre, sa grande bonté rachetant son faible volume, la seule chose qu'on lui puisse reprocher.

Pêche VAN ZANDT'S SUPERB. — Synonyme de pêche *Van Zandt*. Voir ce nom.

Pêches VELOUTÉE. — Synonymes de pêche *Mignonne* (*Grosse-*) et de pêche *Nivette veloutée*. Voir ces noms.

Pêches : VELOUTÉE (GROSSE-),

— VELOUTÉE DE MERLET,

} Synonymes de pêche *Mignonne* (*Grosse-*). Voir ce nom.

Pêche VELOUTÉE TARDIVE. — Synonyme de pêche *Nivette veloutée*. Voir ce nom.

Pêches : VENUSBRUST,

— VENUS-DÜTE,

— VENUS'S NIPPLE,

} Synonymes de pêche *Téton de Vénus*. Voir ce nom.

Pêches : VÉRITABLE CHANCELIÈRE A GRANDES FLEURS,

— VÉRITABLE CHANCELLERIE,

} Synonymes de pêche *Chancelière*. Voir ce nom.

PÊCHES : VÉRITABLE POURPRÉE HATIVE,

—————————

— VÉRITABLE POURPRÉE HATIVE A GRANDES FLEURS,

} Synon. de
p. *Pourprée
hâtive.* Voir
ce nom.

—————————

PÊCHE DI VERONA GROSSISSIMO. — Synonyme de pêche *de Vérone.* Voir ce nom.

—————————

●

121. PÊCHE DE VÉRONE.

Synonyme. — *Pêche* DI VERONA GROSSISSIMO (*Catalogo speciale della collezione di alberi frutti-feri esistenti nell' orto è giardino sperimentale della R. Società Toscana d'orticultura nel suburbio di Firenze,* p. 10).

Description de l'arbre. — *Bois :* fort. — *Rameaux :* généralement peu nombreux, étalés à la base, érigés au sommet, gros et courts, non géniculés, amplement exfoliés, vert jaunâtre lavé de rose clair sur le côté de l'ombre, rouge vif sur celui de l'insolation. — *Lenticelles :* clair-semées, grosses, roussâtres, arrondies. — *Coussinets :* aplatis. — *Yeux :* parfois accompagnés de boutons à fleur, écartés du bois, volumineux, ovoïdes-pointus ou coniques-aigus, aux écailles brunes, duveteuses et bien soudées. — *Feuilles :* nombreuses, épaisses, grandes ou moyennes, vert terne en dessus, vert blanchâtre en dessous, ovales-allongées, longuement acuminées, gaufrées au centre, à bords largement crénelées. — *Pétiole :* court et assez grêle, flexible, carminé en dessous, à cannelure profonde.

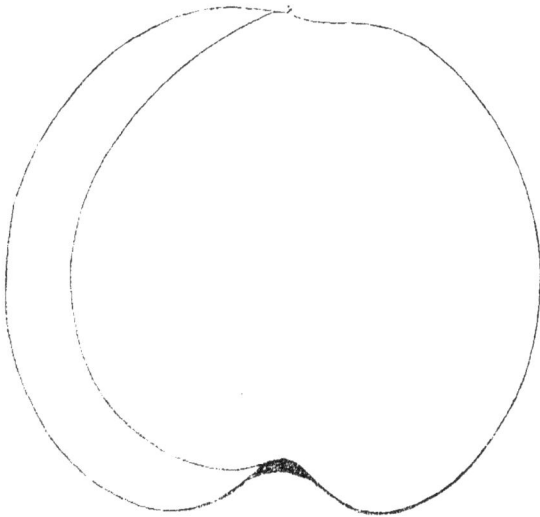

— *Glandes :* grosses et réniformes. — *Fleurs :* petites, d'un rose assez intense.

FERTILITÉ.—Grande.

CULTURE. — Le greffer de préférence sur amandier, puis le placer à l'espalier; on peut aussi le destiner au plein-vent, mais sous cette forme il est très-rare d'en obtenir de beaux arbres.

Description du fruit. — *Grosseur :* considérable.—*Forme :* globuleuse ou ovoïde fortement arrondie, plus ou moins inéquilatérale, non mamelonnée, à sillon large et peu creux. — *Cavité caudale :* profonde et très-évasée. — *Point pistillaire :* petit et saillant. — *Peau :* mince, se détachant bien, finement duveteuse, jaune blanchâtre, ponctuée et lavée de rose à l'insolation. — *Chair :* blanchâtre, tachée de vert, bien fondante, habituellement un peu rougeâtre près du noyau. — *Eau :* abondante, assez sucrée, fortement acidulée et plus ou moins parfumée. — *Noyau :* non adhérent, gros, ovoïde, bombé à son milieu, comprimé à l'attache, ayant la pointe terminale aiguë et prononcée, l'arête dorsale coupante et ressortie.

Maturité. — Fin d'août et commencement de septembre.

Qualité. — Deuxième.

Historique. — D'assez moderne obtention — vers 1830 — ce gros fruit porte le nom du lieu où il est né : Vérone, sur l'Adige, ville de l'ancien royaume Lombard-Vénitien. Les Allemands ont été des premiers à le mentionner, car dès 1841 J. G. Dittrich, dans son *Systematisches Handbuch der Obstkunde*, imprimé à Iéna, le disait, mais bien erronément, synonyme de la *Biancone di Verona*, qui est un pavie. Les frères Simon-Louis, pépiniéristes à Metz, sont les introducteurs, chez nous, de cette volumineuse pêche, que M. Prudent Besson, horticulteur à Turin, leur expédiait en 1856. Les Italiens la déclarent de première qualité. Dans notre établissement, elle s'est montrée constamment trop acidulée pour y mériter pareil rang ; et de même au Muséum de Paris, où M. Carrière l'étudiait déjà en 1865 (voir *Revue horticole,* année 1870, p. 212).

———————

Pêche de VIGNE (**Synonymes.** *Pêches :* Sanguine de Jouy, Mas, *le Verger,* 1872, t. VII, p. 95, n° 46. — De Jouy, O. Thomas, *Guide pratique de l'amateur de fruits,* 1876, p. 223). — Sous ce nom, vulgairement appliqué depuis un temps immémorial à la Sanguine de Jouy, ou pêche de Jouy, provenue et propagée de semis dans le vignoble de Jouy-aux-Orches, près Metz, on désigne une variété dépourvue de glandes, à fleurs assez grandes et d'un rose intense, à fruit moyen, ovoïde, faiblement mamelonné, peu coloré, doué d'une chair en partie marbrée de rouge, très-fondante, très-juteuse et d'agréable parfum, variété mûre fin septembre et presque inconnue en dehors de la Moselle, aussi n'avons-nous pas jugé devoir la multiplier en pépinière. Si donc j'en parle, c'est afin d'éviter que son surnom pêche de Vigne puisse amener quelque confusion entre elle et la séculaire et défunte pêche de Corbeil, dite aussi Commune des Vignes.

Observations. — En 1844 Victor Paquet disait dans son *Traité de la conservation des fruits* (p. 294) : « Les Normands cultivent en plein vent, sous le nom de *Pierrots,* d'excellentes pêches qui se reproduisent de noyaux. » Cette variété ainsi localisée, ne serait-elle point identique avec la Sanguine de Jouy ?... Je n'ai pu le vérifier, c'est pourquoi je fais ici cette question, dans l'espoir qu'un jour ou l'autre quelque pomologue essaiera d'y répondre.

———————

Pêche de VIGNE. — Voir pêche *Sanguinole,* au paragraphe Observations.

———————

Pêches de VIGNE, *ou* COMMUNE, *ou* ORDINAIRE DES VIGNES. — On appelle généralement ainsi les égrains de pêcher venus de semis, puis transplantés dans les vignobles ; car il n'existe plus de variété-type ayant droit à cette dénomination, qui jadis fut longtemps le principal synonyme de l'antique pêche *de Corbeil* (voir ce nom, pp. 102-103), puis synonyme aussi, au xviiie siècle, de la Grosse-Violette, notre Nectarine Violette hâtive ; mais, sous ce dernier point, la Breton-nerie seul (1784) a publié ce surnom dans son *École du jardin fruitier* (t. II, p. 184) et je doute fort que la Grosse-Violette en ait jamais été vraiment pourvue. En 1787 l'abbé Rozier (*Dictionnaire d'agriculture*, t. VII, p. 473) émit l'opinion que « la « pêche Ordinaire des Vignes pourrait bien avoir été le type des variétés de pêche « cultivées aujourd'hui, puisqu'elle se perpétue toujours la même par le semis de « son noyau. » Et je suis de l'avis du célèbre agronome, sachant surtout que pêche de Vigne et pêche de Corbeil, sont identiques. Je pense même, comme plus haut je l'ai déjà dit (article *Persèque*, pp. 235-236), qu'on pourrait encore, à ces deux fruits, en réunir un troisième, la pêche Persèque, cultivée dans tous les vignobles du Midi, et dont les caractères ne semblent pas de nature à s'y refuser.

Pêche au VIN. — Synonyme de pêche *de Corbeil*. Voir ce nom.

Pêche de VIN. — Synonyme de pêche *Madeleine blanche*. Voir ce nom.

Pêche du VIN. — Synonyme de pêche *Pourprée hâtive*. Voir ce nom.

Pêche de VIN BLANCHE. — Synonyme de pêche *Madeleine blanche*. Voir ce nom.

Pêche de VIN ROUGE. — Synonyme de pêche *Madeleine de Courson*. Voir ce nom.

Pêches VINEUSE. — Synonymes de pêche *Mignonne (Grosse-)* et de pêche *Vineuse hâtive*. Voir ces noms.

Pêche VINEUSE DE FROMENTIN. — Synonyme de pêche *Vineuse hâtive*. Voir ce nom ; voir aussi pêche *Mignonne (Grosse-)*, au paragraphe Observations.

---

122. Pêche VINEUSE HATIVE.

Synonymes. — *Pêches :* 1. Pourprée (la Quintinye, *Instruction pour les jardins fruitiers et potagers*, 1690, t. I. p. 436). — 2. Vineuse (*Id. ibid.*). — 3. Vineuse de Fromentin (les Char-treux, de Paris, *Catalogue de leurs pépinières*, 1752, p. 3). — 4. Fausse Pourprée hative (Duhamel, *Traité des arbres fruitiers*, 1768, t. II, p. 19). — 5. Pourprée vineuse (Fillassier, *Dictionnaire du jardinier français*, 1791, t. II, p. 337). — 6. Fromentiner Lieblings (Dochnahl, *Obstkunde*, 1858, t. III, p. 202, nº 37). — 7. Mignonne vineuse (*Id. ibid.*). — 8. Belle de mes Yeux (André Leroy, *Catalogue descriptif et raisonné des arbres fruitiers et d'ornement*, 1865, p. 24, nº 16).

Description de l'arbre. — *Bois :* assez fort. — *Rameaux :* peu nombreux, érigés, de grosseur et longueur moyennes, non géniculés, légèrement exfoliés, vert jaunâtre à l'ombre, d'un beau rouge à l'insolation. — *Lenticelles :* rares et petites, arrondies. — *Coussinets :* saillants. — *Yeux :* flanqués habituellement de boutons à fleur, très-écartés du bois, parfois même sortis en éperon, gros, ovoïdes, aux écailles brunes et disjointes. — *Feuilles :* nombreuses, grandes, vert brillant en dessus, vert clair en dessous, ovales-pointues, très-longuement acuminées, ondulées sur les bords, qui sont régulièrement et profondément dentés en scie. — *Pétiole :* long et bien nourri, rigide, à cannelure très-accusée. — *Glandes :* de deux sortes, les unes globuleuses, les autres réniformes. — *Fleurs :* assez grandes et d'un rose intense.

Fertilité. — Abondante.

Culture. — Il se plaît sur tous les sujets et peut être élevé sous la forme qu'on désire, vu sa vigueur et sa rusticité.

Description du fruit. — *Grosseur :* au-dessus de la moyenne. — *Forme :* globuleuse, inéquilatérale, comprimée aux pôles, très-faiblement mamelonnée, à sillon large mais rarement bien accusé. — *Cavité caudale :* profonde, évasée. — *Point pistillaire :* presque saillant, placé sur le sommet du léger mamelon, qui occupe le centre d'une assez forte dépression. — *Peau :* mince, s'enlevant aisément, très-duveteuse, vert clair jaunâtre à l'ombre, amplement maculée de rouge-pourpre à l'insolation. — *Chair :* blanchâtre, assez fine, des plus fondantes, rosée sous la peau et près du noyau. — *Eau :* abondante, vineuse, bien sucrée, agréablement acidulée et parfumée. — *Noyau :* non adhérent, moyen et ovoïde-arrondi, fort bombé, ayant la pointe terminale obtuse, très-courte, et l'arête dorsale peu développée.

Pêche Vineuse hâtive.

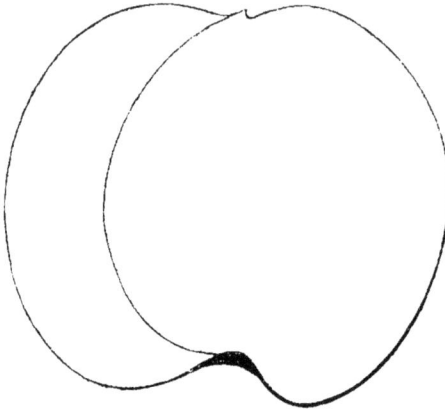

Maturité. — Fin d'août et début de septembre.

Qualité. — Première.

Historique. — Voici l'éloge que la Quintinye, vers 1685, faisait de cette pêche, qui déjà paraissait assez connue, sans toutefois qu'il nous ait été possible d'en rencontrer une plus ancienne mention :

« ..... Le pêcher *Pourpré*, qu'on nomme autrement *Vineuse* — disait-il — est un de ceux qui rapportent le plus..... c'est pourquoy je le préfère à la Bourdin..... Cette variété marque son coloris par un de ses noms, et les qualitez de son goût par l'autre ; en effet elle est d'un rouge-brun enfoncé, dont la chair est assez penetrée ; elle est tres-ronde et assez grosse, la chair assez fine, et le goût relevé. » (*Instruction pour les jardins fruitiers et potagers*, 1690, t. I, p. 436.)

Probablement obtenue dans quelque jardin des environs de Paris, la Vineuse resta longtemps confinée tant à Versailles qu'aux alentours de la Capitale, où les « curieux » étaient seuls à lui donner place à l'espalier. Aussi quand apparurent, vers 1705, ses homonymes et congénères, la Pourprée hâtive puis la Pourprée tardive, promptement on la confondit avec elles, malgré le notable écart de maturité qui l'en séparait. En 1768 Duhamel eût pu, certes, remédier à cet inconvénient, il avait toute autorité pour cela, mais il se contenta de cette simple observation :

« En comparant — écrivit-il — la description de cette *Pourprée hâtive*, ou *Vineuse*, avec la précédente [celle de la Grosse-Mignonne], il est aisé d'apercevoir pourquoi cette Pourprée n'est pas placée avec les pêches qui ont la même dénomination. Je ne lui ôte point un nom sous lequel elle est connue, et qui exprime sa couleur, mais je la range auprès de la Grosse-Mignonne, dont elle est une variété qui en diffère peu, et qui s'en distingue facilement par la couleur de la peau et de la chair, et par le temps de sa maturité. » (*Traité des arbres fruitiers*, 1768, t. II, pp. 19-20.)

A plus d'un siècle de distance, mieux pénétré que Duhamel de la nécessité d'extirper de la nomenclature une appellation n'y pouvant perpétuer que l'erreur, nous avons cru, nous, à l'exemple de Poiteau (*Pomologie française*, 1846, t. Ier), devoir changer le nom de cette fausse Pourprée hâtive. Désormais, nous la propagerons donc sous celui de *Vineuse hâtive*, son plus ancien synonyme, qui aura pour heureux effet de rendre ainsi toute méprise impossible entre elle et les deux autres Pourprées : la hâtive et la tardive.

Observations. — Le synonyme *Vineuse de Fromentin*, acquis à cette variété depuis 1752 (*Catalogue des Chartreux*), ne saurait permettre d'y réunir la pêche du même nom décrite et figurée en 1846 par Poiteau, dans sa *Pomologie française;* outre que ce botaniste y caractérise également la Vineuse hâtive, ou fausse Pourprée, sa Vineuse de Fromentin — de nous inconnue — possède, en effet, petites fleurs, glandes réniformes et maturité assez tardive, toutes choses qui la séparent du présent pêcher. — M. Paul de Mortillet a décrit aussi notre Vineuse hâtive (*les Meilleurs fruits*, 1865, t. I, p. 79), mais au lieu de lui donner, comme Poiteau, ce dernier nom, que déjà la Quintinye, on l'a vu, lui connaissait avant 1690, il l'a rebaptisée *Mignonne tardive*, elle qui, précisément, fut toujours qualifiée de HATIVE! Et de plus, il lui attribue erronément le synonyme Belle-Beausse, ainsi du reste que nous l'avons précédemment constaté (p. 56).

Pêche VINEUSE TARDIVE. — Synonyme de pêche *Chevreuse tardive*. Voir ce nom.

Pêche VIOLETTE. — Synonyme de *Nectarine Violette tardive*. Voir ce nom.

Pêches VIOLETTES. — Cette dénomination spécifique, synonyme à la fois de Brugnon, de Pêche-Noix, puis de Nectarine, ne s'introduisit qu'après 1600 dans la nomenclature du pêcher. Elle était même si rare en 1628, que le Lectier, d'Orléans, ne parlait encore, dans le *Catalogue de son verger*, d'aucune pêche Violette. Bonnefond, dans le *Jardinier français*, en 1651 (p. 114), et le Gendre, curé d'Hénonville, en sa *Manière de cultiver les arbres fruitiers* (p. 136), datant de 1652, sont les premiers pomologues chez lesquels je la rencontre. Mais elle ne tarda guère, ensuite, à se généraliser, comme il apparaît par l'examen des ouvrages horticoles de la fin du XVIIe siècle. Ce fut le coloris foncé de la peau de certains Brugnons et Nectarines, coloris semblant plus violâtre encore par l'absence de tout duvet, qui donna naissance à ce nom, dont l'usage, aujourd'hui, est presque abandonné. Voir aussi l'article *Brugnon, Brugnonier.*

Pêches : VIOLETTE D'ANGERVILLERS,

— VIOLETTE D'ANGERVILLIERS,

— VIOLETTE D'ANGEVILLIERS,

Synonymes de *Nectarine Violette hâtive.* Voir ce nom.

Pêche VIOLETTE BLANCHE. — Synonyme de *Nectarine Blanche d'Andilly.* Voir ce nom.

Pêche VIOLETTE CERISE. — Synonyme de *Nectarine Cerise.* Voir ce nom.

Pêches : VIOLETTE CHARTREUSE (GROSSE-),

— VIOLETTE (GROSSE-),

— VIOLETTE HATIVE,

Synonymes de *Nectarine Violette hâtive.* Voir ce nom.

Pêche VIOLETTE HATIVE. — Synonyme de pêche *Galande.* Voir ce nom.

Pêches : VIOLETTE HATIVE (GROSSE-),

— VIOLETTE HATIVE (PETITE-),

Synonymes de *Nectarine Violette hâtive.* Voir ce nom.

Pêches : VIOLETTE JAUNE. — Synonyme de *Nectarine Jaune.* Voir ce nom.

Pêche VIOLETTE LICÉE. — Synonyme de *Nectarine Violette hâtive.* Voir ce nom.

Pêches : VIOLETTE MARBRÉE,

— VIOLETTE PANACHÉE,

Synonymes de *Nectarine Violette tardive.* Voir ce nom.

PÊCHES : VIOLETTE TARDIVE,

—   VIOLETTE TARDIVE (GROSSE-),

—   VIOLETTE TARDIVE MARBRÉE,   } Synonymes de *Nectarine Violette tardive*. Voir ce nom.

—   VIOLETTE TRÈS-TARDIVE,

—   VIOLETTE TULIPÉE,

PÊCHE VIRGINALE A FLEURS ET FRUITS BLANCS. — Synonyme de pêcher à *Fleurs blanches*. Voir ce nom.

W

123. Pêche WARD TARDIVE.

Synonyme. — *Pêche* Ward's Late free (Charles Downing, *the Fruits and fruit trees of America,* 1863, p. 627).

Description de l'arbre. — *Bois :* assez faible. — *Rameaux :* peu nombreux, étalés à la base, érigés au sommet, gros et courts, exfoliés à leur extrémité inférieure, d'un vert blanchâtre à l'ombre, d'un rouge-brique à l'insolation. — *Lenticelles :* rares, grisâtres, arrondies ou linéaires. — *Coussinets :* aplatis. — *Yeux :* parfois flanqués de boutons à fleur, collés sur l'écorce, petits, ovoïdes-obtus, aux écailles noirâtres et bien soudées. — *Feuilles :* nombreuses, petites ou moyennes, vert sombre en dessus, vert-pré en dessous, ovales-allongées, acuminées en vrille, à bords régulièrement dentés en scie. — *Pétiole :* long, grêle, flexible, rougeâtre en dessous, à cannelure peu accusée. — *Glandes :* de deux sortes, les unes réniformes, les autres globuleuses. — *Fleurs :* petites, d'un rose foncé.

Fertilité. — Grande.

Culture. — Quoique de vigueur modérée il réussit assez bien sur tous les sujets, mais préfère l'espalier au plein-vent.

Description du fruit. — *Grosseur :* assez volumineuse. — *Forme :* arrondie plus ou moins allongée, sensiblement inéquilatérale, faiblement comprimée aux pôles, à mamelon presque nul, à sillon régnant sur les deux côtés, mais peu marqué. — *Cavité caudale :* large et assez profonde. — *Point pistillaire :* petit, à fleur de fruit. — *Peau :* mince, quittant bien la chair, fortement duveteuse, à fond jaune d'or qui passe au gris sale sur la face placée au soleil, où elle est finement ponctuée de carmin, puis marbrée et maculée de rouge-pourpre. — *Chair :* blanc verdâtre, fondante, très-filamenteuse, à peine rosée près du noyau. — *Eau :* des plus abondantes, fraîche, vineuse, fort sucrée et savoureusement parfumée. — *Noyau :* non adhérent, gros, ovoïde, bombé près du sommet, ayant la pointe terminale courte, obtuse, et l'arête dorsale modérément accusée.

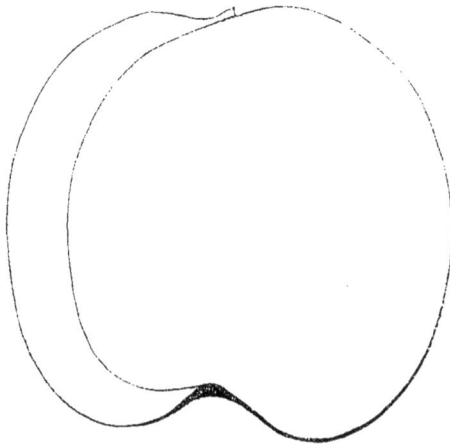

Maturité. — Dernière quinzaine de septembre.

Qualité. — Première.

Historique. — Charles Downing, le pomologue américain si connu, paraît avoir été, dans son édition de 1863, le premier qui ait décrit cette pêche, qu'il déclare originaire des États-Unis, mais sans en indiquer l'âge ni le lieu de naissance. Nous croyons toutefois qu'elle eut pour obtenteur le docteur A. Ward, d'Athens, en Géorgie, grand amateur d'arbres fruitiers et l'un des correspondants de Downing. Quant à l'année où le pied-type de cette variété se mit à fruit, elle ne saurait être de beaucoup antérieure à 1860, date à laquelle le pépiniériste Berckmans, d'Augusta (Géorgie), m'en expédiait des greffes portant l'annotation, « nouveauté. »

Pêche WARD'S LATE FREE. — Synonyme de pêche *Ward tardive.* Voir ce nom.

Pêche WAXEN RARERIPE. — Synonyme de pêche *Van Zandt.* Voir ce nom.

Pêche WEISSBLÜHENDER LIEBLINGS. — Synonyme de pêcher *à Fleurs blanches.* Voir ce nom.

Pêche WEISSE FRÜHE. — Synonyme de *Avant-Pêche blanche.* Voir ce nom.

Pêche WEISSE MAGDALENA. — Synonyme de pêche *Madeleine blanche.* Voir ce nom.

Pêche WHITE AVANT. — Synonyme de *Avant-Pêche blanche.* Voir ce nom.

Pêchers : WHITE-BLOSSOM,

—   WHITE BLOSSOMED INCOMPARABLE,   } Synonymes de pêcher *à Fleurs blanches.* Voir ce nom.

Pêche WHITE ENGLISH. — Synonyme de *Pavie Heath.* Voir ce nom.

Pêche WHITE GLOBE. — Synonyme de *Pavie Blanc (Gros-).* Voir ce nom.

Pêche WHITE MAGDALENE. — Synonyme de pêche *Madeleine blanche.* Voir ce nom.

PÊCHE **WHITE MALACATON.** — Synonyme de pêche *Morris blanche.* Voir ce nom.

PÊCHE **WHITE NUTMEG.** — Synonyme de *Avant-Pêche blanche.* Voir ce nom.

PÊCHE **WHITE RARERIPE.** — Synonyme de pêche *Morris blanche.* Voir ce nom ; voir aussi pêche *Rareripe rouge,* au paragraphe OBSERVATIONS.

PÊCHE **WILLERMOZ.** — Synonyme de pêche *Crawford précoce.* Voir ce nom.

PÊCHES : **WILLIAMS' ORANGE,**

—   **WILLIAMS' SEEDLING,**

} Synonymes de *Nectarine Pitmaston's Orange.* Voir ce nom.

PÊCHE **WILLOW.** — Synonyme de pêcher *à Fleurs blanches.* Voir ce nom.

PÊCHE **WOLLIGE NIVETTE.** — Synonyme de pêche *Nivette veloutée.* Voir ce nom.

PÊCHE **WUNDERSCHÖNER LACK.** — Synonyme de pêche *Admirable.* Voir ce nom.

Y

Pêche **YELLOW ADMIRABLE**. — Synonyme de pêche *Admirable jaune*. Voir ce nom.

Pêche **YELLOW RARERIPE**. — Synonyme de pêche *Rossanne*. Voir ce nom ; voir aussi pêche *Rareripe rouge*, au paragraphe OBSERVATIONS.

124. Pêche **YORK PRÉCOCE**.

Synonymes. — *Pêches :* 1. EARLY PURPLE (Hovey, *the Fruits of America*, 1847, t. I, p. 45). — 2. EARLY YORK (*Id. ibid.*). — 3. LARGE EARLY YORK (*Id. ibid.*). — 4. SERRATE EARLY YORK (O. Thomas, *Guide pratique de l'amateur de fruits*, 1876, p. 225).—5. YORK PRÉCOCE A FEUILLES DENTÉES EN SCIE (*Id. ibid.*).

Description de l'arbre. — *Bois :* fort. — *Rameaux :* nombreux, érigés, gros et très-longs, non flexueux, amplement exfoliés à la base, jaune verdâtre sur le côté de l'ombre, rouge sombre sur celui de l'insolation. — *Lenticelles :* clair-semées, petites, linéaires, rousses et squammeuses. — *Coussinets :* peu développés mais se prolongeant latéralement en arête. — *Yeux :* souvent flanqués de boutons à fleur, très-rapprochés du bois ou noyés dans l'écorce, petits, ovoïdes-obtus, aplatis, légèrement duveteux, aux écailles noirâtres et disjointes. — *Feuilles :* nombreuses, grandes, épaisses, vert blanchâtre en dessus, vert glauque en dessous, lancéolées-élargies, courtement acuminées, gaufrées au centre, légèrement ondulées sur leurs bords, qui sont finement et très-régulièrement dentés en scie. — *Pétiole :* gros et long, rosé en dessous, faiblement cannelé. — *Glandes :* faisant en partie défaut; quelques feuilles seulement en portent, qui sont des plus petites et globuleuses. — *Fleurs :* moyennes et d'un rose intense.

FERTILITÉ. — Ordinaire.

CULTURE. — Il prospère parfaitement sur toute espèce de sujets, soit en plein-vent, soit à l'espalier, forme qui cependant lui convient mieux quand on désire hâter encore la maturité de ses produits.

Description du fruit. — *Grosseur :* moyenne. — *Forme :* ovoïde-arrondie, assez régulière, non mamelonnée, à sillon plus ou moins accusé et régnant sur les deux faces. — *Cavité caudale :* vaste et profonde. — *Point pistillaire :* saillant ou légèrement enfoncé dans une faible dépression. — *Peau :* mince, s'enlevant aisément, assez duveteuse, vert blanchâtre sur la partie placée à l'ombre et ponctuée, marbrée et maculée de rouge vif sur celle frappée par le soleil. — *Chair :* blanchâtre, fine, fondante, à peine rosée près du noyau. — *Eau :* abondante, sucrée, acidule, délicatement parfumée. — *Noyau :* non adhérent et moyen, ovoïde, bombé, courtement et obtusément mucroné, ayant l'arête dorsale coupante et assez développée.

Pêche York précoce.

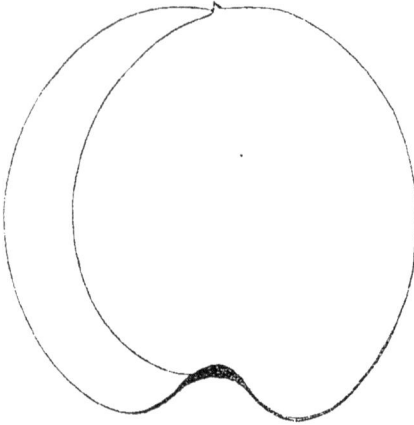

Maturité. — De la fin de juillet au commencement d'août.

Qualité. — Première.

Historique. — M. Mas, qui a décrit cette pêche en 1871 (*le Verger*, t. VII, p. 115), la croyait d'origine anglaise ; elle est, au contraire, de provenance américaine, comme l'indique Hovey dans ses *Fruits of America :* « Parmi les « nombreuses variétés de pêches — écrivait-il en 1847 — obtenues par les horti- « culteurs des États-Unis, l'Early York tient un haut rang. » (T. I, p. 45). Son obtention dut avoir lieu après 1817, autrement le pomologue William Coxe, dont le recueil date de cette époque, l'eût citée, ce qu'il n'a pas fait. Downing, en 1849, indique, au reste, qu'alors elle n'était déjà plus une nouveauté, puisqu'il dit (p. 475) : « La York précoce a été longtemps la plus populaire des pêches hâtives « de cette contrée [l'État de New-York]. » Maintenant, d'où lui vient son nom ? De York, très-probablement, localité située dans la Pensylvanie, état qui borne au sud celui de New-York. Voilà plus de vingt ans que nous propageons ce pêcher, que M. Berckmans, pépiniériste à Augusta (Géorgie), nous fit parvenir en 1856.

Observations. — Avons-nous caractérisé la véritable Early York, ou seulement une des deux variétés qui en sont sorties, et auxquelles on a donné ce même nom ? Nous ne saurions nous prononcer, car si les Pomologies américaines affirment que les feuilles dudit pêcher sont dépourvues de glandes, le nôtre peut, à la rigueur, être ainsi qualifié, puisqu'il faut l'examiner avec un soin extrême pour y constater, sur certains pétioles uniquement, la présence de quelques très-petites glandes globuleuses. Toutefois, et il importe de le publier, Hovey, l'auteur cité au début de cet article, a jugé bon de consigner, en son ouvrage, le fait suivant : « Dans le New-Jersey — a-t-il expliqué — il existe une ou deux variétés de « pêches cultivées comme étant l'Early York ; elles sont, indubitablement, des

« semis de celle-ci, mais qui s'en distinguent facilement par leurs feuilles à
« glandes globuleuses, différentes, en cela, des feuilles de la véritable Early
« York, où l'on n'en voit d'aucun genre, et qui sont finement dentées en scie. »
(*Ibid.*, p. 45.)

Pêche YORK PRÉCOCE A FEUILLES DENTÉES EN SCIE. — Synonyme de
pêche *York précoce*. Voir ce nom.

Z

PÊCHE ZARTGEFÄRBTER LACK. — Synonyme de pêche *Teindou*. Voir ce nom.

PÊCHES : ZELHEMER BRUNELLE,

— DE ZELHERN,

} Synonymes de *Nectarine Hâtive de Zelhem*. Voir ce nom.

PÊCHER ZWERG. — Synonyme de pêcher *Nain*. Voir ce nom.

PÊCHE DE ZWOL. — Synonyme de pêche *Mignonne* (*Grosse-*). Voir ce nom.

PÊCHE DE ZWOL DOUBLE. — Synonyme de pêche *Bourdine*. Voir ce nom.

PÊCHE ZWOLSCHE. — Synonyme de pêche *Double de Troyes*. Voir ce nom.

SUPPLÉMENT SYNONYMIQUE.

Pêche INCARNATE DEDANS. — Synonyme de pêche *Sanguinole*. Voir ce nom.

Pêche PAVIE DE POMPONNE (PETIT-). — Voir l'article pêches *Sanguine*, *Sanguinole*.

FIN DU GENRE PÊCHER.

CATALOGUE

DE LA

BIBLIOTHÈQUE POMOLOGIQUE

DE FEU ANDRÉ LEROY

PÉPINIÉRISTE A ANGERS.

ETTE Bibliothèque si spéciale, dont la réunion n'exigea pas moins d'une quinzaine d'années, se compose de 476 ouvrages formant 1117 volumes. Très-large part y est faite, nécessairement, aux Recueils horticoles émanés d'auteurs français ; mais l'Allemagne, l'Amérique, l'Angleterre, la Belgique, le Danemark, la Grèce, la Hollande, l'Italie, la Suisse, y comptent aussi d'importantes publications, qui seules permettent d'étudier comparativement les variétés fruitières et d'en préciser les migrations.

Pour l'accroître, l'éminent Pépiniériste par les ordres duquel on l'avait rassemblée, ne recula devant aucune dépense. Le 23 juillet 1875, malheureusement, sa mort mit fin aux achats de livres, alors que de divers pays on nous signalait des œuvres depuis longtemps convoitées.

Telle qu'elle est, cependant, la Bibliothèque pomologique d'André Leroy reste encore une des plus complètes qui existent.

Nous l'avions classée chronologiquement, afin d'opérer, de coordonner avec promptitude, nos recherches. Produire son Catalogue dans ce même ordre, semble donc convenable, en ce sens, surtout, qu'on appréciera bien mieux, ainsi, quelle a été de siècle en siècle la marche progressive de la Pomologie.

Aujourd'hui cette précieuse collection a pris place chez le gendre d'André Leroy, M. Loriol de Barny, résidant à Angers, au château du Pin, où le plus cordial accueil attendra toujours les Pomologues en quête de bouquins rarissimes, et désireux, à leur aide, d'élucider quelque point obscur de l'histoire des fruits.

B. DE ST-D.

CATALOGUE

DE LA

BIBLIOTHÈQUE POMOLOGIQUE

D'ANDRÉ LEROY.

---

§ **I.** — **Auteurs ayant écrit avant l'invention de l'Imprimerie.**

286 ans avant J.-C.   THEOPHRASTI de Historia plantarum, et de Causis plantarum, a Theodoro Gaza latine redditi; 1 vol. petit in-8°, sorti des presses Aldines vers 1520.

149 ans avant J.-C.   CATO. De Re rustica; édition Nisard, 1850, in-8°.

— LE MÊME, traduction de Saboureux de la Bonneterie, 1771, 1 vol. in-8°.

26 ans avant J.-C.   VARRONIS Rerum rusticarum de agricultura; édition Nisard, 1850, in-8°.

— LE MÊME, édition Panckoucke, 1843, 1 vol. in-8°.

— LE MÊME, traduction de Saboureux de la Bonneterie, 1771, 1 vol. in-8°.

1er siècle de notre ère.   COLUMELLÆ de Re rustica; édition Nisard, 1850, in-8°.

— LE MÊME, édition Panckoucke, 1844, 3 vol. in-8°.

— LE MÊME, traduction de Saboureux de la Bonneterie, 1771, 2 vol. in-8°.

— LE MÊME. De Cultura hortorum, avec Avis et Préface du médecin allemand Jean Cuspinien, mort en 1329; plaquette in-4°, imprimée de 1490 à 1500; caractères gothiques.

DIOSCORIDIS Opera, græce et latine, ex interpretatione J. A. Saraceni; 1598, 1 vol. in-f°.

PLINII Historiarum mundi; édition Panckoucke, 1831, 20 vol. in-8°.

IVe siècle.   VEGETII RENATI Artis veterinariæ, sive mulomedicinæ libri quatuor; traduction de Saboureux de la Bonneterie, 1771, 1 vol. in-8°.

ve siècle.   PALLADII de Re rustica; édition Nisard, 1850, in-8°.

    — LE MÊME, édition Panckoucke, 1843, 1 vol. in-8°.

    — LE MÊME, traduction de Saboureux de la Bonneterie, 1771, 1 vol. in-8°.

xe siècle.   CONSTANTIN, CÉSAR, les XX livres auxquelz sont traictés les bons enseigne-
ments d'agriculture; traduit du grec par Anthoine Pierre; 1550, 1 vol.
petit in-12.

xive siècle.   ANONYME. Le Menagier de Paris, traité de morale et d'économie domestique,
composé vers 1393 par un bourgeois parisien; 1846, 2 vol. in-8°.

§ II. — Auteurs ayant écrit depuis l'invention de l'Imprimerie.

Vers 1520.   ANONYME. Le Grant Herbier en françoys, contenant les qualitez, vertus et pro-
prietez des herbes, arbres, gommes, et semences. Extraict de plusieurs
traictez de medecine, come de Auincene, de Rasis, de Constantin, de
Isaac, et de Plataire, selon le commun vsage; 1 vol. petit in-4°.

1536.   JEAN RUEL. De Natura stirpium libri tres; 1 vol. in-f°.

1540.   CHARLES ESTIENNE. Seminarium, et plantarium fructiferarum, præsertim
arborum quæ post hortos conseri solent; 1 vol. in-12.

1554.   LE DOCTEUR ANTOINE MIZAULD. Catalogi septem sympathiæ et antipathiæ, seu
concordiæ et discordiæ rerum aliquot memorabilium..., etc.; forte
plaquette in-12, non paginée.

1558.   PIERRE BELLON. Les Remonstrances svr le defavlt dv labovr et culture des
plantes, et de la cognoissance d'icelles, contenant la maniere d'affran-
chir et appriuoiser les arbres sauuages; 1 vol. in-12.

1560.   F. DAVY. Traité de la manière de semer et faire pépinières; petit in-12.

1560.   GORGOLE DE CORNE. Traité de la manière d'enter, planter et nourrir arbres
et jardins; petit in-12.

1560.   NICOLAS DU MESNIL. Traité de l'art d'enter, planter et cultiver jardins; petit
in-12.

1560.   LE DOCTEUR ANTOINE MIZAULD. De Secretis hortorum; 1 vol. in-12.

1560.   — LE MÊME. De Hortensium arborum insitione opusculum; forte plaquette
in-12.

1566.   JÉRÔME CARDAN, médecin milanais. Les Livres intitulez de la subtilité, et
subtiles inventions, ensemble les causes occultes et raisons d'icelles;
traduit du latin par Richard le Blanc; 1 vol. in-8°, réglé.

1571.   AGOSTINO GALLO. Secrets de la vraye agriculture... divisez en XX journées...
traduit de l'italien par Fr. de Belleforêt; 1 vol. petit in-4°.

1589.   CHARLES ESTIENNE et LIÉBAULT. La Maison rustique; 1 vol. in-4°.

1592.   MARCO BUSSATO da Ravenna. Giardino di agricoltura; 1 vol. petit in-4°.

1598.   JEAN BAUHIN. Historiæ fontis et balnei Bollensis admirabilis liber quartus;
1 vol. petit in-4°.

1605.   LE DOCTEUR ANTOINE MIZAULT. Epitome de la maison rustique, comprenant le
Jardin médicinal et le Jardinage; 2 vol. in-8°.

1608.   OLIVIER DE SERRES. Le Théâtre d'agriculture et ménage des champs;
1 vol. in-4°.

1620.   MICHAEL KNABEN. Hortipomologium; texte allemand; 1 vol. petit in-4°.

1628.   LE LECTIER, procureur du roi à Orléans. Catalogue des arbres cultivés dans
son verger et plant; plaquette in-8°.

1640. Boyceau de la Baraudière. Traité du jardinage; 1 vol. grand in-fº.

— Le même, 1688, 1 vol. in-12.

1650. Jean Bauhin. Historia plantarum universalis; 3 vol. in-fº.

1652. Le Gendre, curé d'Hénonville. La Manière de cultiver les arbres fruitiers; 1ʳᵉ édition, 1 vol. in-12.

— Le même, 2ᵉ édition, 1653, 1 vol. in-12.

— Le même, 3ᵉ édition, 1661, 1 vol. in-12.

— Le même, 4ᵉ édition, 1684, 1 vol. in-12.

1653. De Bonnefond. Le Jardinier français; 4ᵉ édition, 1 vol. in-18.

— Le même, 5ᵉ édition, 1698, 1 vol. in-18.

— Le même, 8ᵉ édition, 1731, 1 vol. in-18.

— Le même, 9ᵉ édition, 1735, 1 vol. in-18.

— Le même, 10ᵉ édition, 1737, 1 vol. in-18.

1653. Le docteur Jacques Daléchamp. Histoire générale des plantes, traduite de l'édition latine de 1586, par Jacques Dumoulin; 2 vol. in-fº.

1655. De la Varenne. Le Cuisinier françois, enseignant la maniere de bien apprester et assaisonner toutes sortes de viandes, grasses et maigres, légumes et patisseries en perfection; 1 vol. in-12.

1656. De Bonnefond. Les Délices de la campagne, suite du Jardinier français; (Elzévier) 1 vol. in-18.

1658. P. Morin. Remarques nécessaires pour la culture des fleurs; 1 vol. in-12.

1659. Triquel, prieur de Saint-Marc. Instruction pour les arbres fruitiers; 1 vol. in-18.

— Le même, nouvelle édition, 1672, 1 vol. in-12.

1661. Arnaud d'Andilly. Le Jardinier royal; 1ʳᵉ édition (Elzévier), 1 vol. in-18.

— Le même, 3ᵉ édition, 1677, 1 vol. in-12.

1662. Jean Jonston. Dendrographias, sive Historiæ naturalis de arboribus et fruticibus tam nostri quam peregrini orbis libri decem; 1 vol. in-fº.

1666. Rapini Hortorum libri IV; 1 vol. in-12.

— Le même. Les Jardins, poëme en quatre chants, traduction de Voiron et de Gabiot; 1 vol. in-8º.

1667. Jean Merlet. L'Abrégé des bons fruits; 1ʳᵉ édition, 1 vol. in-12.

— Le même, 2ᵉ édition, 1675, 1 vol. in-12.

— Le même, 3ᵉ édition, 1690, 1 vol. in-12.

1668. Ulysse Aldrovand. Dendrologia, seu Historia arborum naturalis; 1 vol. in-fº.

1670. Dom Claude Saint-Etienne. Nouvelle instruction pour connaître les bons fruits, selon les mois de l'année; 1 vol. in-18.

1674. Morin. Instruction facile pour connaître toutes sortes d'orangers et citronniers, avec un Traité de la taille des arbres; 1 vol. in-18.

1675. J. Laurent. Abrégé pour les arbres nains et autres; 1 vol. in-12.

1678. Claude Mollet. Théâtre des jardinages; 1 vol. in-18.

1683. Le docteur Venette. L'Art de tailler les arbres fruitiers, suivi de l'Usage des fruits des arbres pour se conserver en santé ou pour se guérir lorsque l'on est malade; 1 vol. in-12.

1690. Heinrich Hessein. Garten-Lust (texte allemand); 1 vol. petit in-4º.

1690. De la Quintinye. Instruction pour les jardins fruitiers et potagers; 2 vol. in-4º.

1692. L'ABBÉ DE LA CHATAIGNERAYE. La Connaissance parfaite des arbres fruitiers; 1 vol. in-12.

1696. RENÉ DAHURON. Nouveau traité de la taille des arbres fruitiers; 1 vol. in-12.

1696. JOH. HENRICUS URSINUS. Arboretum biblicum, in quo arbores et frutices passim in s. litteris occurentes, ut et plantæ, herbæ ac aromata, notis philologicis, philosophicis, theologicis, exponuntur, et illustrantur; 3 vol. in-12.

1705. DOM GENTIL, chartreux. Le Jardinier solitaire; 2e édition, 1 vol. in-12.

— LE MÊME, 5e édition, 1723, 1 vol. in-12.

1712. ANGRAN DE RUENEUVE. Observations sur l'agriculture et le jardinage; 2 vol. in-12.

1714. LOUIS LIGER. Culture parfaite des jardins fruitiers et potagers; 1 vol. in-12.

1719. L'ABBÉ DE VALLEMONT. Curiositez de la nature et de l'art sur la végétation, ou l'agriculture et le jardinage dans leur perfection; 1 vol. in-12.

1719. LOUIS LIGER. Le Jardinier fleuriste, ou la culture universelle; 2e édition, 1 vol. in-12.

— LE MÊME, nouvelle édition, 1792, 1 vol. in-12.

1722. ALEXANDRE LEBLOND. La Théorie et la Pratique du jardinage, où l'on traite à fond des beaux jardins appelés communément jardins de plaisance et de propreté; 1 vol. in-4°.

1722. SAUSSAY. Traité des jardins; 1re édition, 1 vol. in-12.

— LE MÊME, 2e édition, 1732, 1 vol. in-12.

1729. BATTY LANGLEY. Pomona, or the fruit-garden illustrated. Containing sure methods for improving all the best kinds of fruits now extant in England; 1 vol. in-f°.

1735. LE NORMAND, directeur du potager du Roi. Catalogue des meilleurs fruits, avec les temps les plus ordinaires de leur maturité; plaquette in-12.

1736. LES PÈRES CHARTREUX, de Paris. Catalogue des arbres à fruit cultivés dans leurs pépinières; 1 vol. in-12.

— LES MÊMES, 1775, 1 vol. in-12.

— LES MÊMES, 1785, 1 vol. in-12.

1738. DE LA RIVIÈRE. Méthode pour bien cultiver les arbres à fruit; 1 vol. in-12.

1743. LOUIS LIGER. Culture parfaite des jardins fruitiers et potagers, avec des dissertations sur la taille des arbres; 1 vol. in-12.

1747. DEZALLIER D'ARGENVILLE. La Théorie et la Pratique du jardinage, où l'on traite à fond des beaux jardins appelés jardins de plaisance et de propreté; 1 vol. in-4°.

1750. DE COMBLES. Traité de la culture des pêchers; 2e édition, 1 vol. in-12.

1752. — LE MÊME. L'École du jardin potager; 2e édition, 2 vol. in-12.

— LE MÊME, 3e édition, 1780, 2 vol. in-12.

— LE MÊME, 5e édition, 1802, 2 vol. in-12.

1752. DE LACOUR. Les Agréments de la campagne, ou remarques sur les jardins de plaisance et les plantages, traduit du hollandais; 3 vol. in-12.

1753. THIERRIAT. Observations sur la culture des arbres à haute tige; 1 vol. in-12.

1755. CHAILLOU. Catalogue de ses pépinières de Vitry-sur-Seine; plaquette in-12.

1755. LES ABBÉS NOLIN ET BLAVET. Essai sur l'agriculture moderne, dans lequel il est traité des arbres, arbrisseaux, oignons, fleurs, etc.; 1 vol. in-12.

1755. Louis Liger. La nouvelle Maison rustique, ou Économie générale de tous les biens de campagne; 2 vol. in-4°.

1755. Duhamel du Monceau. Traité des arbres et arbustes qui se cultivent en France en pleine terre; 2 vol. in-4°.

1758. — Le même. La Physique des arbres, où il est traité de l'anatomie des plantes et de l'économie végétale; 2 vol. in-4°.

1760. — Le même. Des Semis et plantations des arbres, et de leur culture; 1 vol. in-4°.

1760-1766. Hermann Knoop. Pomologia, das ist Beschreibungen und Abbildungen der besten Sorten der Aepfel und Birnen; 1 vol. grand in-f°.
— Le même. Pomologia, das ist Beschreibungen und Abbildungen der besten Arten der Aepfel, Birnen, Kirschen und einiger Pflaumen; 1 vol. grand in-f°.

1761. François Home. Les Principes de l'agriculture et de la végétation; traduit de l'anglais par Marais; 1 vol. in-12.

1762-1764. Hall. Le Gentilhomme cultivateur, ou Cours complet d'agriculture; traduit de l'anglais par Dupuy-Demportes; 16 vol. in-12.

1765. Le marquis de Chambray. L'Art de cultiver les pommiers, les poiriers, et de faire des cidres selon l'usage de la Normandie; 1 vol. in-12.

1766. F. C. Bonnelle. Le Jardinier d'Artois; 1 vol. in-8°.

1766. Duchesne fils. Histoire naturelle des fraisiers; 1 vol. in-12.

1768. Société Économique de Berne. Traité des arbres fruitiers, extrait des meilleurs auteurs; traduit de l'allemand; 2 vol. in-12.

1768. Duhamel du Monceau. Traité des arbres fruitiers; 2 vol. grand in-4°.

1768. De la Marck. Essai sur l'histoire naturelle des fraisiers de Duchesne fils; 1 vol. in-12.

1770. Anonyme. L'Agronome ou la Maison rustique mise en forme de dictionnaire; 4 vol. in-12.

1771. Cosimo Trinci Pistojese. L'Agricoltore sperimentato, ovvero regole generali sopra l'agricoltura; 1 vol. petit in-8°.

1771. Thomas Whately. L'Art de former les jardins modernes; traduit de l'anglais; 1 vol. in-8°.

1771. Hermann Knoop. Fructologie, ou Description des arbres fruitiers ainsi que des fruits; traduit de l'allemand; 1 vol. petit in-f°.
— Le même. Pomologie, ou Description des meilleures sortes de pommes et de poires; traduit de l'allemand; 1 vol. petit in-f°.

1772. L'abbé Roger Schabol. La Pratique du jardinage; 1re édition, 2 vol. in-12.
— Le même, 2e édition, 1782, 2 vol. in-12.

1773. Anonyme. Essai sur la taille des arbres fruitiers, par une Société d'amateurs; 1 vol. in-12.

1774. Anonyme. Le Bon-Jardinier; 1 vol. in-24.

1774. L'abbé Roger Schabol. La Théorie du jardinage; 1 vol. in-12.

1776. Anonyme. Lettre sur le poirier; plaquette in-12.

1776. Wathelin. Théorie des jardins; 1 vol. in-8°.

1776-1777. Anonyme. La Gazette d'agriculture, commerce, arts et finances; 2 vol. in-4°.

1776-1801. Johann Mayer. Pomona franconica, ou Description des arbres fruitiers les plus connus et les plus estimés en Europe, qui se cultivent maintenant au jardin de la cour de Wurzbourg; texte allemand avec traduction française en regard; 3 vol. in-4°.

1777. FULCRAN DE ROSSET. L'Agriculture, ou les Géorgiques françaises; poëme; 1 vol. in-12.

1778. MILLER. Essai sur les arbres d'ornement, les arbrisseaux et arbustes de pleine terre; 1 vol. in-8°.

1779. DE CALONNE. Essais d'agriculture en forme d'entretiens : les pépinières, la vigne, les arbres fruitiers, etc.; 1 vol. in-12.

1780-1783. HEINRICH MANGER. Systematische Pomologie; texte allemand; 1 vol. in-f°.

1781. MUSTEL. Traité théorique et pratique de la végétation ; 4 vol. in-8°.

1782. L'ABBÉ DELILLE. Les Jardins, ou l'art d'embellir les paysages; 1 vol. in-18.

1782. LEVACHER DE LA FEUTRIE. L'Ecole de Salerne, ou l'art de conserver la santé ; 1 vol. in-12.

1782. LE GRAND D'AUSSY. Histoire de la vie privée des Français, depuis l'origine de la nation jusqu'à nos jours; avec des notes, corrections et additions de J. B. Roquefort; 3 vol. in-8°.

1783. DE GRACE. Le Bon-Jardinier; 1 vol. in-24.

1783. DE LA BRETONNERIE. Correspondance rurale; 3 vol. in-12.

1784. — LE MÊME. L'École du jardin fruitier; 2 vol. in-12.

1785. DE GRACE. Le Bon-Jardinier; 1 vol. in-24.

1785. ALLETZ. L'Agronome, Dictionnaire portatif du cultivateur; 1re édition, 2 vol. in-12.
       — LE MÊME, 2e édition, 1787, 2 vol. in-12.

1785. LE BERRIAYS. Traité des jardins; 4 vol. in-12.

1786. DE GRACE. Le Bon-Jardinier; 1 vol. in-24.

1786. PHILIPPE MILLER. Dictionnaire des jardiniers et des cultivateurs; traduit de l'anglais par MM. de Chazelles et Holandre; 8 vol. in-8°.

1787. L'ABBÉ ROZIER. Cours complet d'agriculture, ou Dictionnaire universel d'agriculture; 10 vol. in-4°.

1787. LAVOCAT. Le Vigneron expert, ou la vraie manière de cultiver la vigne ; 1 vol. in-12.

1787. L'ABBÉ TESSIER, A. THOUIN ET FOUGEROUX DE BONDAROY. Dictionnaire d'agriculture (extrait de l'Encyclopédie méthodique); 6 vol. in-4°.

1788. ABERCROMBIE ET MAWE. Traité abrégé de la culture des arbres fruitiers; traduit de l'anglais; 1 vol. petit in-12.

1788. DE GRACE. Le Bon-Jardinier; 1 vol. in-18.

1789. — LE MÊME. Le Bon-Jardinier; 1 vol. in-18.

1790. — LE MÊME. Le Bon-Jardinier; 1 vol. in-18.

1790. MAUPIN. Manuel des vignerons de tous les pays; plaquette in-8°.

1790. PIERRE LEROY. Catalogue des arbres, arbrisseaux et arbustes cultivés dans ses jardins et pépinières d'Angers; plaquette in-8°.

1790. SAUSSAY. Étrennes des jardiniers, praticiens et amateurs de jardinage; 1 vol. in-18.

1791. FILLASSIER. Dictionnaire du jardinier français; 4 vol. in-12.

1791. JEAN SENEBIER. Dictionnaire de physiologie végétale des arbres et arbustes (extrait de l'Encyclopédie méthodique), suivi de méthodes et tables pour la cubature des bois en mesures anciennes; 1 vol. in-4°.

1792. LOUIS LIGER. Le Jardinier fleuriste; 1 vol. in-12.

1792. ANDRÉ THOUIN. Catalogue des arbres qui ont été levés dans le jardin des ci-devant Chartreux, à Paris, pour le Jardin National des Plantes; manuscrit autographe, signé; plaquette de 8 pages in-4°.

1793. De Grace. Le Bon-Jardinier; 1 vol. in-18.

1793-1794. G. Romme. Annuaire du cultivateur, réimprimé par ordre du département de Maine-et-Loire; 1 vol. in-12.

1794-1804. J. V. Sickler. Der teutsche Obstgärtner; 22 vol. in-8°.

1795. A. Thouin et l'abbé Tessier. Dictionnaire de l'art aratoire et du jardinage (extrait de l'Encyclopédie méthodique); 2 vol. in-4°.

1797. De Grace. Le Bon-Jardinier; 1 vol. in-18.

1798. D'Ardenne. L'Année champêtre; 2 vol. in-12.

1798. C. Butret. Taille raisonnée des arbres fruitiers, et autres opérations relatives à leur culture; 1 vol. in-12.

1798. J. P. Buchoz. Traité de la culture des arbres et arbustes qui peuvent, en France, passer l'hiver en plein air; 3 vol. in-12.

1798-1823. Van Mons. Catalogue descriptif abrégé, contenant une partie des arbres fruitiers qui, depuis 1798 jusqu'en 1823, ont formé sa collection; manuscrit petit in-f°.

1799-1800. De Grace. Le Bon-Jardinier; 1 vol. in-18.

1799-1819. Aug.-Fréd.-Adr. Diel. Kernobstsorten; 21 vol. in-12.

1800-1801. Arthur Young. Le Cultivateur anglais, ou OEuvres choisies d'agriculture et d'économie rurale et politique; traduit de l'anglais; 18 vol. in-8°.

1800-1801. De Grace. Le Bon-Jardinier; 1 vol. in-18.

1801. Léonor Lemoine. Cours de culture des arbres à fruit; plaquette in-12.

1802. Fr. K. L. Sickler. Histoire générale des fruits à partir des temps les plus anciens jusqu'à Constantin le Grand; avec une carte des migrations des arbres fruitiers; texte allemand; 1 vol. grand in-8°.

1803. J. F. Bastien. Année du jardinage; 2 vol. in-8°.

1804. Olivier de Serres. Le Théâtre d'agriculture et ménage des champs; nouvelle édition, augmentée de Notes et d'un Vocabulaire, par la Société d'Agriculture du département de la Seine; 2 vol. in-4°.

1804. Louis Dubois. Du Pommier, du Poirier et du Cormier; 2 vol. in-12.

1804. Etienne Calvel. Notice historique sur la Pépinière des Chartreux, au Luxembourg; plaquette in-12.

1804. — Le même. Manuel pratique des plantations; 1 vol. in-12.

1805. — Le même. Des Arbres fruitiers pyramidaux, vulgairement appelés quenouilles; 1 vol. in-12.

       — Le même. Traité complet sur les pépinières; 3 vol. in-12.

1805. G. L. Roard. Traité de la culture de la vigne, ou l'art de faire les vins, l'eau-de-vie, etc.; 1 vol. in-8°.

1805. W. Forsyth. Traité de la culture des arbres fruitiers; 1 vol. in-8°.

1805. Tollard aîné. Traité des végétaux qui composent l'agriculture de l'empire français; 1 vol. in-12.

1807. Anonyme. Le Panier de fruits, ou Descriptions botaniques et notices historiques des principaux fruits cultivés en France; 1 vol. in-8°.

1807. A. Cadet de Vaux. Mémoires sur quelques inconvénients de la taille des arbres à fruit, et nouvelle méthode de les conduire pour en assurer la fructification; plaquette in-8°.

1807. — Le même. De la Restauration et du gouvernement des arbres à fruit; 1 vol. in-8°.

1807. H. A. Briquet. Éloge de J. de la Quintinye; plaquette in-8°.

1807.   DE LAUNAY. Le Bon-Jardinier; 1 vol. in-12.

1808.   — LE MÊME. Le Bon-Jardinier; 1 vol. in-12.

1808.   LEROY JEUNE. Catalogue des arbres fruitiers, arbustes, plantes et graines de ses pépinières du Grand-Jardin, à Angers; plaquette in-8°.

1809.   INSTITUT DE FRANCE. Nouveau cours complet d'agriculture théorique et pratique, ou Dictionnaire raisonné et universel d'agriculture; 13 vol. in-8°.

1809.   GABRIEL THOUIN. Cours de culture et naturalisation des végétaux étrangers; manuscrit autographe entièrement inédit, format in-4°.

1810.   MUSSET-PATHAY. Bibliographie agronomique, ou Dictionnaire raisonné des ouvrages sur l'économie rurale et domestique, et sur l'art vétérinaire; suivie de Notices Biographiques sur les auteurs; 1 vol. in-8°.

1810.   J. B. PUJOULX. La Botanique des jeunes gens; 2 vol. in-8°.

1811.   LE COMTE LELIEUR. Mémoire sur les maladies des arbres fruitiers; 1 vol. in-12.

1811.   DE LAUNAY. Le Bon-Jardinier; 1 vol. in-12.

1812.   — LE MÊME. Le Bon-Jardinier; 1 vol. in-12.

1812-1848. Transactions of the Horticultural Society of London; 10 vol. in-4°.

1815.   AUBERT DU PETIT-THOUARS. Recueil de Rapports et de Mémoires sur la culture des arbres fruitiers; 1 vol. in-8°.

1815.   LOUIS REYNIER. Recherches sur la véritable patrie de l'abricotier; plaquette in-4°.

1816.   LE BARON DE TSCHUDY. Catalogue des arbres des pépinières de Colombé, près Metz; 1 vol. in-8°.

1817.   RENAULT. Notice sur la nature et la culture du pommier; 1 vol. in-8°.

1817.   WILLIAM COXE. A View of the cultivation of fruit trees, and the management of orchards and cider;.... apples, pears, peaches, plums and cherries, cultivated in the middle States of America; 1 vol. in-8°.

1817.   FÉBURIER, VILMORIN ET NOISETTE. Le Bon-Jardinier; 1 vol. in-12.

1817.   LAMBRY. Exposé d'un moyen pour empêcher la vigne de couler; plaquette in-8°.

1817.   J. L. CHRIST. Obstbaumzucht; 1 vol. in-8°.

1817.   AUBERT DU PETIT-THOUARS. Mémoire sur les effets de la gelée dans les plantes; plaquette in-8°.

         — LE MÊME. Sur la formation des arbres, naturelle ou artificielle; plaquette in-8°.

1819.   A. TATIN. Principes raisonnés et pratiques de la culture des arbres fruitiers et autres; 2 vol. in-8°.

1819.   BORY DE SAINT-VINCENT, DRAPIEZ ET VAN MONS. Annales générales des Sciences physiques; 5 vol. in-8°.

1821.   LOUIS NOISETTE. Le Jardin fruitier; 1re édition, 3 vol. in-4°.

1821.   BOSC ET BAUDRILLARD. Dictionnaire de la culture des arbres et de l'aménagement des forêts (extrait de l'Encyclopédie méthodique); 1 vol. in-4°.

1821.   LOUIS DU BOIS. Pratique simplifiée du jardinage; 1 vol. in-12.

1821-1832. AUG.-FRÉD.-ADR. DIEL. Vorzüglichste Kernobstsorten; 6 vol. in-12.

1823.   PIROLLE, VILMORIN ET NOISETTE. Le Bon-Jardinier; 1 vol. in-12.

1824.   — LES MÊMES. Le Bon-Jardinier; 1 vol. in-12.

1824.   MATHIEU DE DOMBASLE. Calendrier du Bon-Cultivateur; 1 vol. in-12.

1824-1825. PIROLLE. L'Horticulteur français; 1 vol. in-12.

1824-1831. LE BARON DE FÉRUSSAC. Bulletin des Sciences naturelles; 27 vol. in-8°.

1825. VILMORIN, NOISETTE ET BOITARD. Le Bon-Jardinier; 1 vol. in-12.

1825. TESSIER ET BOSC. Annales de l'Agriculture française; 4 vol. in-8°.

1825. AUBERT DU PETIT-THOUARS. Notice historique sur la pépinière du Roi, au Roule; plaquette in-8°.

1826. ROBERT THOMPSON. Catalogue of fruits cultivated in the garden of the Horticultural Society of London, at Chiswick; 1re édition, 1 vol. in-8°.

1827. JOSEPH SCHMIDBERGER. Obstbaumzucht; 4 vol. in-12.

1827. ANDRÉ THOUIN. Cours de culture et de naturalisation des végétaux; 3 vol. in-8°.

1827. C. BAILLY. Manuel complet, théorique et pratique, du jardinier; 2 vol. in-12.

1827. LE VICOMTE DE VIART. Le Jardiniste moderne, guide des propriétaires qui s'occupent de la composition de leurs jardins ou de l'embellissement de leur campagne; 1 vol. in-12.

1827-1837. Mémoires de la Société d'Agriculture et de Commerce de Caen; 4 vol. in-8°.

1828. LÉONOR LEMOINE. Leçons sur la plantation, la culture et la taille des arbres à fruit, de la vigne et du pêcher; 1 vol. in-18.

1829. G. GALLESIO. Traité du citrus; 1 vol. in-8°.

1829. ODOLANT-DESNOS. Traité de la culture des pommiers et poiriers, et de la fabrication du cidre et du poiré; 1 vol. in-8°.

1829. C. A. THORY. Monographie ou Histoire naturelle du genre groseillier; 1 vol. in-8°.

1829 et 1833. AUG.-FRÉD.-ADR. DIEL. Verzeichniss der Obstsorten; 1 vol. in-12.

1829-1878. Annales et Journal de la Société Centrale d'Horticulture de Paris; 36 vol. in-8°.

1830. SAGERET. Pomologie physiologique, ou Traité du perfectionnement de la fructification; 1 vol. in-8°.

1831. GEORGE LINDLEY. A Guide to the orchard and kitchen garden; 1 vol. in-8°.

1832-1879. BARRAL ET CARRIÈRE. Revue horticole, Journal d'Horticulture pratique, fondé en 1829; 41 vol. in-12 et in-8°.

1833. BÉRARD AINÉ. Mémoire en réponse aux questions sur les semis; plaquette in-8°.

1833. D'APRÈS AUG.-FRÉD.-ADR. DIEL. Classification des fruits à pépin; texte allemand; plaquette in-4°.

1833. POITEAU. Le Bon-Jardinier; 1 vol. in-12.

1833-1846. Annales de Flore et de Pomone, ou Journal des Jardins et des Champs; 14 vol. in-8°.

1834. POITEAU. Théorie Van Mons, ou Notice historique sur les moyens qu'emploie M. Van Mons pour obtenir d'excellents fruits de semis; plaquette in-8°.

1835. VAN MONS. Arbres fruitiers. Leur culture en Belgique et leur propagation par la graine; 2 vol. in-12.

1835. MILLET DE LA TURTAUDIÈRE. Description des fleurs et des fruits nés dans le département de Maine-et-Loire; 1 vol. in-8°.

1835. LE COMTE LELIEUR. Notice au sujet de la Théorie Van Mons, adressée à M. Poiteau; plaquette in-8°.

1836.   LE COMTE LELIEUR. Lettre sur le perfectionnement des fruits, adressée à M. Héricart de Thury, président de la Société d'Horticulture de Paris; plaquette in-8°.

1837-1838.   SCHEIDWEILER. L'Horticulteur belge, Journal des Jardiniers et des Amateurs; 2 vol. in-8°.

1838.   J. M. LEMAITRE DE SAINT-AUBIN. Mémoire sur un fruitier pyramidal; plaquette in-8°.

1838.   TURPIN. Différence des tissus cellulaires de la pomme et de la poire; plaquette in-4°.

1838-1861.   Annales du Comice horticole de Maine-et-Loire; 9 vol. in-8°.

1839.   LOUIS NOISETTE. Le Jardin fruitier; 2° édition, 3 vol. in-8°.

1839.   POITEAU ET VILMORIN. Le Bon-Jardinier; 1 vol. in-12.

1839.   PRÉVOST, de Rouen. Descriptions pomologiques; 1 vol. in-8°.

1839-1841.   JOH.-GEORG. DITTRICH. Systematisches Handbuch der Obstkunde, nebst Anleitung zur Obstbaumzucht; 3 vol. in-8°.

1839-1847.   LEMAIRE ET GÉRARD. L'Horticulteur universel, Journal général des Jardiniers et Amateurs; 8 vol. in-8°.

1840.   J. C. LOUDON. The Gardener's magazine; 1 vol. grand in-8°.

1841.   FÉLIX MALOT. L'Éducation du pêcher en espalier, sous la forme carrée; 1 vol. in-8°.

1841-1862.   COMICE HORTICOLE D'ANGERS. Pommes. Album de dégustations; manuscrit in-f°.

1841-1862.   COMICE HORTICOLE D'ANGERS. Poires. Album de dégustations; manuscrit in-f°.

1842.   ROBERT THOMPSON. Catalogue of fruits cultivated in the garden of the Horticultural Society of London, at Chiswick; 3° édition, 1 vol. in-8°.

1842.   P. LEBLANC. Catalogue des livres, dessins et estampes de la bibliothèque de feu J. B. Huzard, inspecteur général des Écoles Vétérinaires, et membre de l'Institut; 3 vol. in-8°.

1842.   LE COMTE LELIEUR. La Pomone française, ou Traité des arbres fruitiers; 1 vol. in-8°.

1842.   DE BONNECHOSE. Recherches historiques sur les progrès de l'horticulture et de l'étude de la botanique dans le Bessin; plaquette in-8°.

1842.   COMICE HORTICOLE D'ANGERS. Statistique horticole de Maine-et-Loire; 1 vol. in-8°.

1842.   POITEAU ET VILMORIN. Le Bon-Jardinier; 2 vol. in-12.

1842-1860.   Actes du Congrès de Vignerons et de producteurs de cidre, de France; 8 vol. in-8°.

1843.   POITEAU ET VILMORIN. Le Bon-Jardinier; 2 vol. in-12.

1843.   P. TOURRÈS. Notice sur le prunier Robe-de-Sergent, vulgairement prune d'Agen; plaquette in-8°.

1843.   BERNARD. Traité de la culture de l'olivier; 1 vol. in-8°.

1843-1852.   Bulletins de la Société d'horticulture de Caen; 2 vol. in-8°.

1844.   VICTOR PAQUET. Traité de la conservation des fruits; 1 vol. grand in-12.

1844.   — LE MÊME, Almanach horticole; 1 vol. in-18.

1844-1860.   Annales de la Société d'Agriculture d'Indre-et-Loire; 4 vol. in-8°.

1845.   POITEAU ET VILMORIN. Le Bon-Jardinier; 3 vol. in-12.

1845.   PRÉVOST, de Rouen. Traité pratique de l'éducation et de la culture du pommier à cidre dans la Normandie, surtout dans la Seine-Inférieure; plaquette in-18.

1845. HENRI LECOQ. De la Fécondation naturelle et artificielle des végétaux, et de l'hybridation ; 1 vol. in-12.

1845. AUDOT. Annuaire de l'horticulteur ; 1 vol. in-18.

1845-1848. JOSEPH HARRISSON. The Floricultural cabinet and florist's magazine ; 4 vol. in-8º.

1845-1857. VICTOR PAQUET. Journal d'Horticulture pratique, Moniteur général des travaux et progrès du jardinage ; 8 vol. in-12.

1846. POITEAU. Pomologie française ; 4 vol. grand in-fº.

1846-1855. The Journal of the Horticultural Society of London ; 9 vol. in-8º.

1847. POITEAU ET VILMORIN. Le Bon-Jardinier ; 2 vol. in-12.

1847. C. M. HOVEY. The Fruits of America ; 2 vol. in-8º.

1847. V. PAQUET. Almanach horticole ; 1 vol. in-18.

1847. A. BIVORT. Album de pomologie ; 4 vol. in-4º.

1847. FRÉDÉRIC GÉRARD. Portefeuille des horticulteurs, Journal pratique des Jardins ; 2 vol. in-8º.

1847. E. MASSON. Voyage horticole en Europe ; plaquette in-8º.

1847-1849. Annales du Cercle pratique d'Horticulture de Rouen ; 2 vol. in-8º.

1847-1849 et 1861. Transactions of the New-York state Agricultural Society ; 4 vol. in-8º.

1847-1849 et 1859-1861. Transactions of the American Institute ; 6 vol. in-8º.

1847-1866. Annales de la Société d'Horticulture de la Gironde ; 4 vol. in-8º.

1848. HARDY. Catalogue des vignes de la pépinière du Luxembourg ; plaquette in-4º.

1848. J. DE LIRON D'AIROLES. Projet d'établissement de la colonie horticole de l'Ouest ; plaquette in-8º.

1848. C. FORTUNÉ WILLERMOZ. Observations sur le genre poirier, avec critiques et synonymies ; plaquette in-8º.

1848. A. JULIEN. Topographie de tous les vignobles connus ; — topographie de ceux de l'antiquité ; — classification générale des vins ; 1 vol. in-8º.

1848. CAZALIS-ALLUT. Mémoires sur l'agriculture, la viticulture et l'œnologie ; 1 vol. in-8º.

1849. — LE MÊME. 1º L'Altise de la vigne. — 2º Observations de viticulture et d'œnologie ; plaquette in-8º.

1849. MASON. Descriptive catalogue of agricultural and horticultural implements, machines, and seeds ; 1 vol. in-8º.

1849. M. A. COSSONNET. Pratique raisonnée de la taille des arbres fruitiers et de la vigne ; 1 vol. in-8º.

1849. A. J. DOWNING. The Fruits and fruit trees of America ; 9º édition, 1 vol. grand in-12.

1849-1851. Bulletin de la Société d'Horticulture du Rhône ; 1 vol. in-8º.

1849-1870. Bulletin de la Société Centrale d'Horticulture de la Seine-Inférieure ; 8 vol. in-8º.

1850. MILLET DE LA TURTAUDIÈRE. Pomologie de Maine-et-Loire ; plaquette grand in-8º.

1850. J. C. LOUDON. An Encyclopedia of gardening ; 1 vol. in-8º.

1850. A. J. DOWNING. A Treatise on the theory and practice of landscape gardening, adapted to North America ; 1 vol. in-8º.

1850-1857. — LE MÊME. The Horticulturist, Journal of rural art and rural taste ; 8 vol. grand in-8º.

1850-1857. C. M. HOVEY. The Magazine of horticulture ; 8 vol. grand in-8º

1850-1863. ANDRÉ LEROY. Poires. Album de dégustations ; manuscrit petit in-f°.

1851. — LE MÊME. Pommes. Album de dégustations ; manuscrit petit in-f°.

1851. COMICE HORTICOLE D'ANGERS. Compte rendu de l'Exposition des produits vinicoles du département de Maine-et-Loire (1849-1850), précédé de quelques généralités sur la viticulture et l'œnologie de l'Anjou ; 1 vol. in-8°.

1851. URSIN VASSEUR. Taille des arbres en espalier ; nouvelle méthode ; plaquette in-8°.

1851. J. B. D'ALBRET. Cours théorique et pratique de la taille des arbres fruitiers ; 1 vol. in-8°.

1851. F. G. SKINNER. The Plough, the loom, and the anvil ; 1 vol. grand in-8°.

1851-1852. LEE AND VICK. The Genesee farmer, Journal devoted to agriculture et horticulture ; 2 vol. in-8°.

1851-1853. J. A. WARDER. The Western horticultural Review ; 3 vol. grand in-8°.

1851-1872. F. HERINCQ. L'Horticulteur français, Journal des amateurs et des intérêts horticoles ; 20 vol. in-8°.

1852. P. BARRY. The Fruit Garden ; 1 vol. grand in-12.

1852. ARTHUR CANNON. Proceedings of the second session of the american pomological Congress ; 1 vol. in-8°.

1852. COUVERCHEL. Traité complet des fruits de toute espèce ; 1 vol. in-8°.

1852. DUVAL. Histoire du pommier et sa culture ; 1 vol. in-8°.

1852. TOUGARD. Tableau alphabétique et analytique des variétés de poires classées par ordre mensuel de maturité ; plaquette in-8°.

1852-1854. Bulletin de la Société d'Horticulture de la Seine ; 3 vol in-8°.

1852-1858. Société Nantaise d'Horticulture. Résumé de ses travaux ; 2 vol. in-8°.

1852-1878. Bulletin de la Société d'Horticulture de la Sarthe ; 6 vol. in-8°.

1853. LOISEL. Culture naturelle et artificielle des asperges ; plaquette in-18.

1853. POITEAU. Cours d'horticulture ; 2 vol. in-8°.

1853 A. DU BREUIL. Cours d'Arboriculture ; 3e édition, 2 vol. in-12.

1853. LOUIS LECLERC. Les Vignes malades, pendant l'été de 1852 ; 1 vol. in-8°.

1853. ALEX. JORDAN. De l'Origine des arbres fruitiers ; 1 vol. in-8°.

1853. J. A. HARDY. Traité de la taille des arbres fruitiers ; 1 vol. in-8°.

1853. AMBROSE WIGHT. The Prairie farmer ; 1 vol. in-8°.

1853. HANSON. The Florist and horticultural Journal ; 1 vol. in-8°.

1853. Catalogue des produits ayant figuré à l'Exposition d'horticulture d'Angers ; plaquette in-18.

1853. ROBINSON SCOTT. The Florist and horticultural Journal ; 1 vol. in-8°.

1853-1860. A. BIVORT. Annales de pomologie belge et étrangère ; 8 vol. grand in-4° jésus.

1854. F. R. ELLIOTT. Fruit book ; 1 vol. in-12.

1854. LE BARON FERD. VON BIEDENFELD. Handbuch aller bekannten Obstsorten ; 2 vol. grand in-8°.

1854. LE COMTE ODART. Traité des cépages les plus estimés ; 3e édition, 1 vol. in-8°.

1854. NARCISSE DESPORTES. Tableau méthodique et synonymique des fraisiers cultivés ; plaquette in-8°.

1854. J. DE LIRON D'AIROLES. Description de quelques fruits inédits, nouveaux ou très-peu répandus ; plaquette in-8°.

1854-1860. L. E. LANGETHAL. Deutsches Obstcabinet (cerises, fraises, groseilles, noisettes, pêches, poires, pommes, prunes) ; 3 vol. in-4°.

1854-1867. Catalogue des fruits cultivés à Geest-Saint-Rémy, près Jodoigne (Belgique), dans le jardin de la Société Van Mons; 2 vol. in-8°.

1854-1878. L'Illustration horticole, Journal spécial des serres et des jardins; 24 vol. in-8°.

1855. THUILLIER-ALOUX. Catalogue général raisonné des poiriers qui peuvent être cultivés dans la Somme; 1 vol. in-8°.

1855. CARRIÈRE. Des Pépinières; 1 vol. in-18.

1855. BOSSIN. Instruction pratique sur la plantation des asperges; plaquette in-18.

1855. LAUJOULET. Arboriculture fruitière de la Haute-Garonne; plaquette in-8°.

1855. ALPH. DE CANDOLLE. Géographie botanique raisonnée, ou exposition des faits principaux et des lois concernant la distribution géographique des plantes de l'époque actuelle; 2 vol. in-8°.

1855-1860. FR.-JAC. DOCHNAHL. Obstkunde; 4 vol. in-12.

1856. ANATOLE MASSÉ. Notions sur l'art de bien planter les arbres fruitiers et d'agrément, et sur la culture complète des pommiers et des poiriers à cidre en Normandie; plaquette in-8°.

1856. CHARLES BALTET. Voyage horticole à Lyon; plaquette in-8°.

1856-1861. Journal mensuel des travaux de l'Académie d'Horticulture de Gand; 4 vol. grand in-8°.

1856-1868. Annales de la Société d'Agriculture de la Charente; 6 vol. in-8°.

1856-1872. Procès-Verbaux des séances du Congrès pomologique de France; 1 plaquette in-4° et 2 vol. in-8°.

1856-1879. VAN HOUTTE. Flore des serres et des jardins de l'Europe, Journal général d'horticulture; 22 vol. grand in-8°.

1857. VICTOR RENDU. Ampélographie française; 1 vol. in-8°.

1857. POITEAU ET VILMORIN. Le Bon-Jardinier; 2 vol. in-12.

1857-1858. Journal d'agriculture de la Charente; 1 vol. in-8°.

1857-1862. H. GALEOTTI ET FUNCK. L'Horticulteur praticien, Revue de l'horticulture française et étrangère; 5 vol. in-8°.

1857-1878. ED. ET CH. MORREN. La Belgique horticole (Revue mensuelle); 21 vol. in-8°.

1858. W. FIELD. A Manual for the propagation, planting, cultivation, and management of the pear tree; 1 vol. in-18.

1858. L'ABBÉ P. PASCAL. Éléments d'horticulture; 1 vol. in-18.

1858-1861. EDOUARD LUCAS. Description des fruits du Wurtemberg; texte allemand; 2 cahiers in-4°.

1858-1862. J. DE LIRON D'AIROLES. Notice pomologique, description de poires inédites. 3 vol. in-8°.

1858-1870. Annales de la Société d'Horticulture de Bergerac; 3 vol. in-8°.

1858-1870. Annales de la Société d'Horticulture de la Haute-Garonne; 4 vol. in-8°.

1858-1877. J. DECAISNE. Le Jardin fruitier du Muséum; 8 vol. in-4°.

1858-1878. Bulletin de la Société d'Horticulture de la Côte-d'Or; 6 vol. in-8°.

1859. ROBERT HOGG. The Apple and its varieties, being a history and description of the varieties of apples cultivated in the gardens and orchards of Great Britain; 1 vol. in-8°.

1859. J. DE LIRON D'AIROLES. Liste synonymique historique des variétés du poirier; 1 vol. in-8°.

1859. LE COMTE ODART. Ampélographie universelle, ou Traité des cépages les plus estimés; 4e édition, 1 vol. in-8°.

1859. L'ABBÉ RAOUL. Manuel pratique d'arboriculture; 1 vol. in-18.

1859.   E. TROUILLET. Notions d'arboriculture à la portée de tout le monde ; plaquette in-12.

1859-1860.   JACQUES VALSERRE. La Revue d'économie rurale ; 1 vol. grand in-8°.

1859-1870.   Bulletin de la Société Autunoise d'Horticulture ; 3 vol. in-8°.

1860.   GUILLORY AÎNÉ. Les Congrès de Vignerons français ; 1 vol. in-8°.

1860.   LOUIS TAVERNIER. Liste des fruits obtenus dans le département de Maine-et-Loire ; plaquette in-4°.

1860.   — LE MÊME. Rapport sur l'Exposition horticole de Berlin ; plaquette in-8°.

1860.   P. JOIGNEAUX. Les Arbres fruitiers ; 1 vol. in-18.

1860.   LAUJOULET. Appel aux Sociétés d'Horticulture de France et de Belgique pour un projet d'association scientifique ; plaquette in-8°.

1860.   PAUL DE MORTILLET. Poires pour les dix mois de juillet à mai ; 1 vol. in-8°.

1860.   LE COMTE LÉONCE DE LAMBERTYE. Traité de la culture forcée, par le thermo-siphon, du melon, du concombre et de la vigne ; plaquette in-8°.

1860.   MATHIAS. Considérations sur la maladie de la vigne dans le département de la Côte-d'Or ; plaquette in-8°.

1860 et 1865.   CHARLES BALTET. Les bonnes Poires ; leur description abrégée et la manière de les cultiver ; 2° et 3° éditions, 2 plaquettes in-8°.

1860-1869.   J. CHERPIN. Revue des jardins et des champs, Journal mensuel publié avec la collaboration d'horticulteurs et d'agronomes français et étrangers ; 8 vol. grand in-8°.

1860-1870.   Bulletin de la Société d'Horticulture de la Dordogne ; 3 vol. in-8°.

1861.   LUIZET PÈRE. Classification des fruits du genre pêcher ; plaquette in-8°.

1861.   FR.-JAC. DOCHNAHL. Biblotheca hortensis ; 1 vol. in-12.

1861.   CHARLES BUISSON. Proposition d'une classification et d'une dénomination des pêches ; plaquette in-8°.

1861.   F. BONCENNE. Cours élémentaire d'horticulture ; 1 vol. in-18.

1861.   CHARLES BALTET. Rapport sur le Jardin fruitier du Muséum, ouvrage de M. Decaisne ; plaquette in-8°.

1861.   LE DOCTEUR HENRI ISSARTIER. Culture des arbres fruitiers à tout vent ; 1 vol. in-18.

1861.   GUILLORY AÎNÉ. Les Vignes rouges et les vins rouges en Maine-et-Loire ; 1 vol. in-8°.

1861.   A. DU BREUIL. Cours d'arboriculture théorique et pratique ; 5° édition, 2 vol. in-12.

1861.   Liste des fruits moulés appartenant à la Société d'Horticulture de Rouen ; plaquette in-8°.

1861-1862.   Bulletin de la fédération des Sociétés d'Horticulture de Belgique ; 2 vol. grand in-8°.

1861-1863.   OBERDIECK ET LUCAS. Illustrirtes Handbuch der Obstkunde ; 6 vol. in-8°.

1861-1868.   LE DOCTEUR J. GUYOT. Viticulture de la Charente-Inférieure, de l'Est de la France, du Sud-Ouest, du Centre-Sud, du Nord-Ouest, du Centre-Nord, de l'Ouest et de la Haute-Savoie ; 6 vol. in-8°.

1862.   LAUJOULET. Cours public d'arboriculture. Discours d'ouverture ; plaquette in-8°.

1862.   Catalogo speciale della collezione di alberi fruttiferi della Società Toscana d'Orticultura ; plaquette in-8°.

1862.   GRESSENT. L'Arboriculture fruitière en vingt-six leçons ; 1 vol. in-18.

1862. J. DE LIRON D'AIROLES. Les Poiriers les plus précieux parmi ceux qui peuvent être cultivés à haute tige, aux vergers et aux champs; plaquette in-8°.

1862. — LE MÊME. Exposé général sur l'état de la pomologie; plaquette in-8°.

1862. BUCHETET. Catalogue de fruits et racines alimentaires moulés et peints; plaquette in-8°.

1862. Report of the Commissioner of agriculture of Washington, for the year 1862; 1 vol in-8°.

1862. E. A. CARRIÈRE. Nomenclature des pêches et des brugnons; plaquette in-18.

1862. LE DOCTEUR FLEUROT. Essais gleucométriques; plaquette in-8°.

1862. E. DURAND. Les Vignes de la Nord-Amérique, avec une Introduction de Ch. des Moulins; plaquette in-8°.

1862. BAPTISTE DESPORTES. Expédition des arbres et des fruits par la gare d'Angers; 1re édition, plaquette in-8°.

1862. ROBERT HOGG. The fruit Manual; 1 vol. in-12.

1862. A. HARDY. Catalogue des végétaux et graines du Jardin d'Acclimatation de Hamma, près Alger; 1 vol. in-8°.

1862. DE LA TRAMBLAIS. Note sur une espèce de poire (de Curé) originaire du Berry; plaquette in-8°.

1862-1863. L'ABBÉ DUPUY. L'Abeille pomologique, Revue d'arboriculture pratique; 2 vol. in-8°.

1862-1863. EUGÈNE FORNEY. Le Jardinier fruitier, principes simplifiés de la taille des arbres fruitiers, augmenté d'une étude sur les bons fruits; 2 vol. in-8°.

1862-1872. Bulletin de la Société d'Horticulture de Fontenay-le-Comte; 2 vol. in-8°.

1863. A. DU BREUIL. Culture perfectionnée et moins coûteuse du vignoble; 1 vol. grand in-18.

1863. E. A. CARRIÈRE. Réfutation de divers articles du docteur J. Guyot contre le système de M. Daniel Hooibrenkx, sur la culture de la vigne; plaquette in-8°.

1863. CHARLES DOWNING. The Fruits and fruit trees of America; 10e édition; 1 vol. grand in-12.

1863. ROSE CHARMEUX. Culture du chasselas à Thomery; 1 vol. in-18.

1863. Bulletin de la session du Congrès international de Pomologie qui a eu lieu à Namur (Belgique), le 28 septembre 1862 et jours suivants; plaquette in-8°.

1863. DE LA VERGNE. Instruction pratique pour le soufrage de la vigne; plaquette in-12.

1863. GUILLORY AÎNÉ. Études sur les accidents et la maladie de la vigne; plaquette in-8°.

1863. CHARLES BUISSON. Classification et dénomination des pêches. Réponse aux observations de M. Willermoz; plaquette in-8°.

1863. PLANCHENAULT. Notice historique et pratique sur la culture de la vigne, spécialement en Anjou; plaquette in-8°.

1863. GARDETTE. Notice biographique sur William Draper Brinkle, docteur-médecin et membre de la Société horticole de Pensylvania (Amérique); plaquette in-8°.

1863-1874. Pomologie de la France, ou Histoire et description de tous les fruits cultivés en France et admis par le Congrès pomologique; 8 vol. grand in-8°.

1864. DE BOUTTEVILLE. Note sur la pomme Winter-Gold pearmain; plaquette in-8°.

332 BIBLIOTHÈQUE POMOLOGIQUE

1864. Le comte Léonce de Lambertye. Le Fraisier; 1 vol. in-8°.

1864. J. de Liron d'Airoles. Fruits peu connus, ou les Arbres fruitiers de la Loire-Inférieure; plaquette in-8°.

1864. Bulletin du Congrès international d'Horticulture qui a été réuni à Bruxelles les 24, 25 et 26 avril 1864; 1 vol. in-8°.

1864. Baptiste Desportes. Statistique des arbres, fruits et légumes expédiés d'Angers pendant une saison; 2ᵉ édition; plaquette in-8°.

1865. Aristide Dupuis. Une Visite aux pépinières de M. André Leroy, à Angers; plaquette in-8°.

1865. Hérincq et Alph. Lavallée. Le Nouveau Jardinier illustré, suivi d'un Dictionnaire des termes employés en horticulture; 1 vol. grand in-12.

1865. Ferd. Gloed. Les Bonnes fraises; 1 vol. in-12.

1865. Alphonse Karr. Nice et son horticulture. Rapport sur l'Exposition régionale de Nice en 1865; plaquette in-12.

1865. Victor Pulliat. Cépages et vins du Beaujolais; plaquette in-8°.

1865-1867. Charles Baltet. De la Culture du poirier; 1ʳᵉ et 2ᵉ éditions, plaquettes in-12.

1865-1868. Paul de Mortillet. Les meilleurs fruits : Pêches, Cerises, Poires; 3 vol. in-8°.

1865-1868. Oberdieck et Lucas. Monatshefte; 4 vol. in-8°.

1865-1869. Gressent. L'Arboriculture fruitière; 3ᵉ et 4ᵉ éditions, 2 vol. in-12.

1865-1874. Biographies des membres décédés de la Société d'Horticulture de Paris; 2 vol. in-8°.

1865-1874. Mas. Le Verger, publication périodique d'arboriculture et de pomologie; 8 vol. grand in-8°.

1866. Robert Hogg. The fruit Manual; 3ᵉ édition, 1 vol. in-12.

1866. Charles Baltet. Importance de la culture des arbres fruitiers; plaquette in-8°.

1866. — Le même. Souvenir du Congrès de Bruxelles; plaquette in-8°.

1867. E. A. Carrière. Description et classification des variétés de pêchers et de brugnonniers, précédé d'un aperçu généalogique du groupe pêcher; 1 vol. in-8°.

1867. Édouard Lucas. Classification des pommes; texte allemand; 1 vol. in-f°.

1868. De Boutteville. De l'Existence limitée et de l'extinction des végétaux propagés par division; plaquette in-8°.

1868. — Le même. Histoire de la poire d'Épargne; plaquette in-8°.

1868. Burvenich et Van Hull. Excursion arboricole et pomologique à l'Exposition universelle et aux environs de Paris; plaquette in-8°.

1869. H. Morellet. Nos fruits, ce qu'ils sont et d'où ils viennent; plaquette in-8°.

1869. Durand, horticulteur à Bourg-la-Reine, près Paris. Arbres fruitiers, arbres d'ornement, arbustes et rosiers cultivés dans son établissement; 1 vol. in-8°.

1869. Charles Downing. The Fruits and fruit trees of America. Nouvelle édition entièrement refondue, 1 vol. grand in-8°.

1869. B. C. Du Mortier. Pomone tournaisienne (Belgique); 1 vol. in-8°.

1870. Hérincq et Alph. Lavallée. Le Nouveau Jardinier illustré; 1 vol. grand in-12.

1870-1877. Transactions of the Massachusett's Horticultural Society; 7 vol. in-8°.

1870-1879. Den Danske Frugthave (le Verger danois); 3 vol. grand in-4°.

1871. American pomological Society. 13ᵉ session. Procès-Verbaux; plaquette in-4°.

1872. Société horticole du Massachusetts. Procès-Verbaux; plaquette in-8°.

1872. JOHN SCOTT. The Orchardist, or Catalogue of fruits cultivated at Merriott, Somerset; 1 vol. in-8°.

1872. HÉRINCQ ET ALPH. LAVALLÉE. Le Nouveau Jardinier illustré; 1 vol. grand in-12.

1873. VAN HOUTTE. Pomone; 1 vol. in-4° oblong.

1873-1874. Société pomologique de l'état du Maine (Amérique). Rapport annuel du Secrétaire pour les exercices 1873 et 1874; 1 vol. in-8°.

1874. CHARLES GILBERT. Les Fruits belges. Mémoire couronné en 1873 par la Société Linnéenne de Bruxelles; plaquette in-8°.

1874-1879. MAS ET PULLIAT. Le Vignoble, ou Histoire, culture et description des vignes à raisins de table et à raisins de cuve; 5 demi-vol. grand in-8° jésus sont déjà publiés.

1875. ARMAND HUSSON. Statistique sur les consommations de Paris; 1 vol. in-8°.

1875. DE LA TRÉHONNAIS. Le Touquet, histoire d'une forêt; plaquette grand in-8°.

1875. ROBERT HOGG. The fruit Manual; 4ᵉ édition, entièrement refondue, 1 vol. grand in-8°.

1875. Société pomologique américaine de Chicago (Illinois). Procès-Verbaux de la 15ᵉ session; 1 vol. in-4°.

1875. CHARLES BALTET. Culture des arbres fruitiers au point de vue de la grande production; plaquette in-8°.

1875. A. E. DOLIVOT. Les arbres fruitiers à branches renversées; 1 vol. in-8°.

1875. HIPP. LANGLOIS. Histoire et culture des pêchers de Montreuil; 1 vol. grand in-8°.

1875-1879. E. VAUCHER. Revue horticole, viticole et agricole de la Suisse Romande; 4 vol. in-8°.

1876. Société d'Horticulture du Massachusetts (Amérique). Procès-Verbaux de l'année 1876; 1 vol. in-8°.

1876. ÉDOUARD PYNAERT. Notice biographique sur feu M. Alphonse Mas, pomologiste; plaquette grand in-8°.

1876-1879. Le Nord-Est, Revue agricole et horticole; 3 vol. grand in-8°.

1877-1879. LUCIEN CHAURÉ. Le Moniteur d'horticulture, arboriculture, viticulture, sciences, arts et industries horticoles; 3 vol. grand in-8°.

ANGERS, IMPRIMERIE LACHÈSE ET DOLBEAU, CHAUSSÉE SAINT-PIERRE.